Hans-Christoph Vahle

Die Pflanzendecke unserer Landschaften
Eine Vegetationskunde

Hans-Christoph Vahle

Die Pflanzendecke unserer Landschaften

Eine Vegetationskunde

Verlag Freies Geistesleben

Über den Autor:
Hans-Christoph Vahle, geboren 1953, studierte Landespflege mit Schwerpunkt Vegetationskunde. Lehrtätigkeit in Hannover, Essen und Vechta sowie Mitarbeit in der Ausbildung der Landwirtschaftslehrlinge bei Demeter-NRW. Zahlreiche Vegetationskartierungen und Landschaftsprojekte in Niedersachsen und Westfalen. Maßgebliche Mitarbeit an einer zehnbändigen Monografie über *Die Pflanzengesellschaften Niedersachsens*. Von 1993 bis 2003 an der Universität Witten/Herdecke mit Forschungsarbeiten zur Gestaltbiologie von Pflanzengesellschaften, in denen detailliert-wissenschaftliche Ansätze mit ästhetisch-ganzheitlichen Konzepten verbunden wurden. 2003 erschien seine Habilitationsschrift *Gestaltbiologie von Pflanzengesellschaften*, 2004 bis 2006 arbeitete er im Institut für Biologisch-Dynamische Forschung (Darmstadt). Seit 2006 leitet er das von ihm initiierte Landschaftsentwicklungsprojekt *Ravensberger Lichtlandschaften* bei Bielefeld. Homepage: www.vegetationskun.de

Herausgegeben von der Pädagogischen Forschungsstelle
beim Bund der Freien Waldorfschulen

1. Auflage 2007

Verlag Freies Geistesleben
Landhausstraße 82, 70190 Stuttgart
Internet: www.geistesleben.com

ISBN 978-3-7725-1145-5

Fotos (wenn nicht anders angegeben), Zeichnungen und Aquarelle: Hans-Christoph Vahle
Einbandgestaltung: Thomas Neuerer unter Verwendung eines Fotos von Hans-Christoph Vahle
Druck: EGEDSA, Sabadell

Inhalt

Vorwort

Nahezu unbemerkt von der Gesellschaft, auch von neueren ganzheitlichen Strömungen in ihr, hat sich im Verlauf des 20. Jahrhunderts die Vegetationskunde entwickelt. Durch meinen Biologielehrer, Friedrich-Ernst Redslob, bin ich schon als Schüler mit dieser Forschungsrichtung bekannt geworden und habe seither ihre verschiedenen Entwicklungsphasen unmittelbar miterleben können. Als Fazit zur Jahrtausendwende ist meine persönliche Feststellung, dass in der Vegetationskunde ein unschätzbares und weitgehend unbekanntes Potenzial für Ökologie, Landschaftsentwicklung und Landwirtschaft vorhanden ist, dass dieses Potenzial aber nicht genutzt wird und – weit schlimmer – die Vegetationskunde stattdessen ins wissenschaftliche Abseits gedrängt und viele entsprechende Institute geschlossen werden.

Das liegt meines Erachtens unter anderem daran, dass Vegetationskunde in der Gesellschaft kaum bekannt ist und deshalb hier auch keine Wertschätzung vorhanden sein kann. Um dem abzuhelfen, habe ich mir mit diesem Buch die Aufgabe gestellt, Vegetationskunde über einen kleinen Kreis von «Eingeweihten» hinaus allgemein bekannt zu machen. Insofern versteht sich das vorliegende Buch als Lehrbuch, aber nicht als Lehrbuch im Rahmen einer Fachausbildung, sondern einer Allgemeinbildung. Warum ich Vegetationskunde als allgemeines Bildungsgut für so wichtig halte, wird im Buch schrittweise deutlich werden.

Mein persönlicher Impuls für die vorliegende Arbeit entspringt meiner persönlichen Verbundenheit mit zwei großen alten Meistern der Pflanzensoziologie: Reinhold Tüxen und Ernst Preising. Als junger Student hatte ich das Glück, bei Tüxen ein sechswöchiges Praktikum ableisten zu können, wobei ich mich nicht nur unversehens an der «Front der pflanzensoziologischen Forschung» (Tüxen) wiederfand, sondern auch eine ganz andere Sichtweise mit auf den Weg bekam. Dieses «Andere» ergab sich schrittweise im persönlichen Gespräch, in gemeinsamen Spaziergängen durch den Buchenwald im Weserbergland bei Rinteln und während Tüxens mitreißenden Vorträgen.

Hierbei wurde Tüxens ästhetischer Zugang zur Landschaft und zur Vegetation deutlich (vgl. Tüxen 1986), was auf mich einen tiefen Eindruck machte. Eine weitere positive Erfahrung war die, zu bemerken, dass Tüxen eine tiefe Liebe zu den Menschen und ihrer konstruktiven Arbeit in und an der Landschaft entwickelt hatte, was beispielsweise in seinem Vortrag «Japan – Landschaft und Menschen» zum Ausdruck kam. Darüber hinaus war für mich immer wieder faszinierend, wie Tüxen detaillierte Analysen und den Blick auf das Ganze miteinander verbinden konnte. Diese «andere» Seite der Pflanzensoziologie wurde zunächst auch von Tüxens engsten Mitarbeitern und Schülern gesehen und bewundert, geriet aber später bei den folgenden jüngeren Generationen mehr und mehr in Vergessenheit.

Nach Tüxens Tod führte mich die Mitarbeit an der Monografie über die *Pflanzengesellschaften Niedersachsens* (Preising et al. 1990 ff.) mit Ernst Preising zusammen. Für jede dieser Pflanzengesellschaften sollte auch das Erscheinungsbild, also die Vegetationsgestalt, beschrieben werden; hierbei zeigte sich, wie wenig zu dem Thema bisher publiziert worden war. Preising brachte für meine Fragen nach der Gestalt von Vegetation tiefes Verständnis auf und machte mir in vielen Diskussionen über dieses Thema Mut, hieran selbstständig weiterzuarbeiten.

So versuchte ich, mit einer Forschungsarbeit über die *Gestaltbiologie von Pflanzengesellschaften* (Vahle 2003) diese Lücke zu schließen, bemerkte aber gleichzeitig, dass damit methodisch und inhaltlich ganz neue Wege eingeschlagen werden können und müssen, die letztlich zu einem Paradigmenwechsel führen. Das gesamte Forschungsvorhaben war nur deshalb möglich, weil Wolfgang Schad mir durch eine Anstellung im *Institut für Evolutionsbiologie und Morphologie* der Universität Witten/Herdecke einen kreativen Freiraum verschaffte, in dem ich die «Gestaltbiologie» im Rahmen einer Habilitationsschrift ausarbeiten und als Buch herausgeben konnte.

Über die wissenschaftliche Ebene hinaus ergab sich – da mit dem Gestaltthema auch die Ästhetik berührt wurde – fast wie von selbst, dass das Thema nicht nur für Vegetationskundler interessant sein könnte; für eine weitere Verbreitung musste allerdings eine nicht-fachwissenschaftliche Sprache gefunden werden. Und mehr noch: Da nicht nur die Gestaltbiologie von Pflanzengesellschaften, sondern die Vegetationskunde überhaupt in weiten Kreisen der Bevölkerung ganz unbekannt ist, kam schließlich ein Lehrbuch für Vegetationskunde dabei heraus.

In dieses Buch sind außer den wesentlichen Inhalten der «Gestaltbiologie» weitere eigene Publikationen eingeflossen, die verschiedene Aspekte der Vegetationskunde vertiefen (siehe Vahle 1989, 1995, 1996a, 1996b, 1997, 1998, 1999a, 2004a, 2004b, 2005). Diese Veröffentlichungen habe ich vollständig oder auszugsweise, jedenfalls in neu überarbeiteter Form, in dieses Buch übernommen.

Ich habe versucht, meine Darstellung konsequent als *Übungsbuch* zu schreiben. Was bedeutet, nicht in erster Linie Fakten zu vermitteln – obwohl das auch –, sondern einen Übungsweg darzustellen, der beim Lesen und Mitdenken schrittweise nachvollzogen werden kann. Aus diesem Grunde haben viele Kapitel einen ungewöhnlichen inneren Aufbau, der von Fachbüchern stark abweicht. Normalerweise steht in Lehrbüchern am Kapitelanfang eine These oder eine Kernaussage, die dann im Folgenden erläutert und mit Beispielen unterfüttert wird. Nicht so in diesem Übungsbuch: Hier stehen Beispiele, Phänomene am Anfang, von denen aus ein langsames Vortasten zu allgemeinen Prinzipien leitet, die schließlich in eine Kernaussage münden.

So können sich Wahrnehmen und Denken eng an die Tatsachen anschmiegen, und die Kernaussage baut sich von innen her auf; sie wird innerlich miterlebt und nicht von außen als «Vokabel» gelernt – was oberflächlich und hohl bleiben würde. Dieses Vorgehen zeigt eine enge Verwandtschaft zur goetheanistischen Forschungsmethodik, wie sie von Goethe entwickelt und von Rudolf Steiner erkenntnistheoretisch begründet wurde. Indem ich mich mit meiner vegetationskundlichen Denkweise hier wiederfand, habe ich versucht, mich möglichst konsequent am Goetheanismus zu orientieren und die vegetationskundliche Methodik nach dieser Richtung hin weiter auszubauen. So entstand aus der «Gestaltbiologie von Pflanzengesellschaften» eine goetheanistisch orientierte Vegetationskunde, wie sie hiermit vorliegt.

Ein ganz herzlicher Dank gilt allen denen, die das Manuskript des Buches Korrektur gelesen haben: Angela Hein (Uffing), Monika Hofmann (Dortmund), Dagmar Krüger (Hannover), Gesa Lein (Karlsruhe), Maya Naskar (Witten), Hubert Ziebarth (Witten), Ylva Zimmermann (Witten). Sie alle gaben viele gute und interessante Anregungen.

Das Buch konnte ich in «relativ» kurzer Zeit fertig stellen, da ich in der Lage war, es sozusagen «hauptberuflich» in meiner normalen Arbeitszeit zu schreiben. Das war dadurch möglich, dass sich verschiedene Menschen mit der Idee verbanden und durch ihre finanzielle Förderung den Freiraum für diese geistige Arbeit geschaffen haben. So konnte sich das «freie Geistesleben» des Wissenschaftlers voll entfalten, ohne an marktwirtschaftliche Zwänge gebunden zu sein. In diesem Sinne möchte ich folgenden Stiftungen meinen tief empfundenen Dank aussprechen, ohne deren Mithilfe dieses Buch in der vorliegenden Form nicht hätte entstehen können:

Damus-Stiftung
Mahle-Stiftung
Verein Evidenzgesellschaft
Gemeinnützige Treuhandstelle Bochum
Zukunftsstiftung Landwirtschaft
HB-Stiftung Berneburg
Stiftung Helixor
Rudolf Steiner-Fonds
  für wissenschaftliche Forschung
Pädagogische Forschungsstelle
  beim Bund der Freien Waldorfschulen

1. Ausgangssituation

Zu Beginn der Versuch einer Beschreibung: Wie sieht unser Verhältnis zur Vegetation heute aus? Was wissen wir über die Bedeutung der Pflanzendecke? Wo kommen wir mit ihr in Kontakt? Was von dem pflanzlichen Leben ist auch mit uns verwandt? Und – nach dem Motto ‹Man sieht den Wald vor lauter Bäumen nicht› – was bedeutet dieser Blickwechsel von der einzelnen Pflanze zum ganzen Pflanzenbestand?

Die vom Menschen verlassene Landschaft

Wenn wir uns heute in der Landschaft außerhalb der Siedlungen umschauen, bemerken wir, dass sich das Landschaftsbild vor allem aus zwei Elementen zusammensetzt. Das eine sind die großen, maschinengerechten Produktionsflächen der Hightech-Landwirtschaft, das andere sind die am Rande oder dazwischen liegenden Restflächen, die nicht mehr genutzt werden und mit Brombeeren, Strauchwerk und Bäumen zugewachsen sind. Meist findet man weder in dem einen noch in dem anderen Bereich einen Menschen.

Nur zu bestimmten Zeiten erscheint auf den ausgedehnten Ackerschlägen ein tonnenschwerer Schlepper mit angekoppeltem Arbeitsgerät. Die Maschine lässt auf die Anwesenheit eines Menschen schließen, der jedoch in der geschlossenen Kabine kaum zu sehen ist. Ja, der Führerstand eines modernen Treckers ist etwas ganz anderes als noch vor fünfzig Jahren. Der Bauer sitzt in seinem klimatisierten Gehäuse, eventuell mit Musik-Kopfhörern, und arbeitet sich so schnell wie möglich über den Acker.

Das wirft die Frage auf, ob der Mensch denn heute eigentlich überhaupt noch in der Landschaft anwesend ist. Es sind ohnehin nicht viele, die in der Landschaft – im Sinne der landwirtschaftlich genutzten Kulturlandschaft – arbeiten: in Deutschland nur wenige Prozent der Bevölkerung. Das war vor hundert oder zweihundert Jahren ganz anders, nahezu umgekehrt: Der größte Teil der europäischen Bevölkerung arbeitete ganz oder teilweise in der Landwirtschaft. Auch die Art der Arbeit hat sich geändert. Die wenigen modernen Landwirte haben im Gegensatz zu früher viel weniger den ganz unmittelbaren Kontakt zur Erde, der in einem geschlossenen Schlepper weitaus geringer ist als zu Fuß hinter einem Pferdegespann oder zuvor (nur) mit der Sense in der Hand. Dieser Schritt war aber notwendig, um zu einer gewissen Emanzipation, zur Befreiung von der harten körperlichen Arbeit zu kommen.

Durch die fehlende Unmittelbarkeit ist Befreiung, aber auch Entfremdung von Natur, Landschaft und Lebensprozessen eingetreten. Eine irgendwie geartete individuelle Kreativität, die durch direkte menschliche Arbeit in die Landschaft hineingetragen werden könnte, entfällt weitgehend. Die gemeinte Kreativität hatte in der Geschichte der mitteleuropäischen Landschaften die Vielfalt an Biotopen und Lebensgemeinschaften hervorgebracht, die es von Natur aus hier nicht geben würde: das Mosaik von

Äckern, Wiesen und Weiden, von Trockenrasen und Heiden, Hecken und Feldgehölzen und vielem anderen mehr.

Heute wird – bis auf wenige Ausnahmen, z.B. im Ökolandbau – diese lebendige Vielfalt der Kulturlandschaften nicht mehr gefördert, sondern sie verschwindet wieder. Das liegt nicht pauschal daran, dass zu viele Menschen in der Landschaft sind – eher im Gegenteil: Zu wenige Menschen arbeiten hier kreativ, zu wenige tragen zu einer Steigerung der Lebenskräfte bei. Andererseits ist der Mensch heute auf eine indirekte Weise in der Landschaft sehr stark anwesend, allerdings nicht mit seiner kreativen Unmittelbarkeit, sondern mittelbar: als ein diffuser, technomorpher, destruktiver Einfluss, der über Luft- und Wasserverschmutzung, Flächenverbrauch und Agrochemie in die Landschaft getragen wird. Dieser Einfluss ist jedoch von menschlicher Kreativität, wie ich sie verstehe, weit entfernt.

Neben diesem Rückzug des Menschen aus der Landschaft auf rein physischer Ebene ist noch ein weiteres Phänomen zu bemerken. Man könnte ja sagen, dass heutzutage doch recht viele Menschen in der Landschaft unterwegs seien, und zwar freiwillig – als Jogger, Mountainbiker, Wanderer, Spaziergänger oder Kletterer. Hier wird die Landschaft nicht zu Arbeitszwecken aufgesucht, sondern zur Freizeitgestaltung. Das muss zunächst einmal als Fortschritt gewertet werden: als Befreiung aus der «Sklaverei» der Arbeit mit der Möglichkeit eines selbst bestimmten und nicht erzwungenen Zuganges zur Landschaft. Insofern könnte man in diesem neuartigen Zustrom der Menschen zur Landschaft eine Gegenbewegung zum Rückzug des Menschen aus der Landwirtschaft verstehen. Ist aber durch die Freizeitnutzung der Mensch – oder besser: das Menschliche, die menschliche Kreativität – tatsächlich wieder vermehrt in der Landschaft anwesend?

Nehmen wir an, wir gehen spazieren, zu zweit oder in einer kleinen Gruppe. Was geschieht? Wir unterhalten uns – gerade durch das Gehen wird eine gewisse ungezwungene Gesprächsatmosphäre gefördert, wir lockern uns körperlich und gleichzeitig auch geistig-seelisch. Wir vertiefen uns ins Gespräch, dadurch sind wir mit uns selbst beschäftigt, mit unserem eigenen Seelenraum oder mit dem unserer Begleiter. So schließen wir uns zu einem gewissen Grade von der Umgebung, der Landschaft, ab. Die Wahrnehmung ist nicht auf die Landschaft gerichtet, jedenfalls nicht bewusst, sondern auf innere Seelenräume. Das meiste von dem, was uns die ständig wechselnden Landschaftsbilder auf unserem Wege bieten, nehmen wir gar nicht wahr, wir können uns später nicht daran erinnern.

Unsere Seelenwärme, unsere Zuneigung, unsere sympathische Aufmerksamkeit, die wir im Augenblick der bewussten, aktiven Wahrnehmung der Landschaft schenken würden, wird ihr so vorenthalten. Obwohl wir in diesen Fällen physisch anwesend sind, findet auf der seelischen Ebene keine kreative Auseinandersetzung mit der Umgebung statt. Als ganzer Mensch – wozu auch die aktive Wahrnehmung gehört – ziehen wir uns auch auf dieser Ebene aus der Landschaft zurück.

Ganz so schlimm kann es aber nicht sein, wird man vielleicht einwenden, denn es gibt doch viele Menschen, die gerade in neuerer Zeit wieder den Naturkontakt suchen, die sogar ein Interesse an den verschiedenen Tier- und Pflanzenarten haben. Die vielen Naturführer auf dem Buchmarkt spiegeln diese Nachfrage nach Naturwahrnehmungen. Wo kann die vielfältige Natur, die «Biodiversität», aber wahrgenommen werden? Nicht auf monotonen Agrarsteppen, auch nicht unbedingt in Wald- und Gebüschdickichten. Sondern in differenzierten und vielgliedrigen Biotopen, wie Bächen, Weihern und Seen, Mooren und Sümpfen, Magerweiden, Trockenrasen und Heiden, gräbendurchzogenen

Feuchtwiesen und heckendurchsetzten Trockenwiesen. Das alles sind aber «geschützte Biotope» im Sinne des Naturschutzgesetzes und unterliegen damit grundsätzlich dem Betretungsverbot. Die Anwesenheit eines «normalen» Menschen in diesen Gebieten ist unerwünscht.

Man könnte sich trösten mit den ökologischen Wissenschaftlern, die ja im Auftrag der Gesellschaft in diese Gebiete hineingehen dürfen, um Forschung zu betreiben. So wäre doch der Mensch, vertreten durch die Wissenschaftler, in einer sehr aktiven Form in der Landschaft anwesend, und zwar wahrnehmend und denkend. Die Sache hat nur einen Haken: Sowohl dem klassischen Naturschutz als auch den modernen Konzepten zur Landschaftspflege liegt ein Denkmodell zugrunde, das beispielsweise in dem Buch *Naturschutz* von Remmert (1990) offen angesprochen wird: Prozesse in Natur und Landschaft sollten möglichst ohne den Menschen stattfinden, denn der Mensch sei der größte Zerstörer, der schlimmste Feind der Natur (s. hierzu auch Suchantke 1993).

War das Naturschutzkonzept früher eher statisch orientiert – beispielsweise Erhaltung der Lüneburger Heide im Status quo –, so hat es heute überwiegend dynamischen Charakter angenommen, man nennt das dann «Prozessschutz». Beiden Konzepten liegt jedoch ein negatives Menschenbild zugrunde: die Vorstellung des Menschen als einer Störgröße, die am besten aus der Landschaft herausgehalten wird. Schlagworte wie «Mut zur Wildnis» oder «Wildnis wagen» sind beredte Ausdrücke für die gedankliche und praktische «Säuberung» der Landschaft vom Störfaktor Mensch. Das zugrunde liegende Denkmodell entfernt den Menschen aus der Landschaft, und zwar grundsätzlich auf der gedanklichen Ebene. Was zunächst gedanklich in wissenschaftlich-ökologischen Modellen entstand, wurde inzwischen auch allgemeines «Bildungsgut». Unterstützt wird diese Einstellung durch die knappen Kassen, aus denen die Arbeit an der Landschaft nicht mehr bezahlt werden kann – ein weiterer Grund, alles sich selbst zu überlassen.

Zusammenfassend finden wir den Rückzug des Menschen aus der Landschaft demnach auf drei verschiedenen Ebenen:
- der direkten körperlichen Arbeit (physische Ebene)
- der seelischen Ebene
- der gedanklichen Ebene.

Das bedeutet, dass – von keimhaften Ausnahmen abgesehen – dieser Rückzug auf allen Ebenen stattfindet, die den Menschen ausmachen: Körper, Seele und Geist. Ist das aber ein Problem?

Ich denke, ja. Es gibt zwei Gründe zur Sorge in dieser Richtung. Das eine ist das, was wir als die «ökologische Krise» bezeichnen. Weltweite Dezimierung vieler Tier- und Pflanzenarten – manche werden ausgerottet, bevor sie noch erkannt und beschrieben wurden –, drohende Klimakatastrophe, Verschmutzung der Luft, der Meere und des Trinkwassers ... alle Phänomene zeigen den verantwortungslosen Umgang mit dem Leben unseres Planeten. Man ist leicht geneigt, allein die kapitalistische Profitwirtschaft oder die imperialistischen Machtgelüste gewisser westlicher Staaten dafür verantwortlich zu machen – was ja zu einem großen Teil auch stimmt. Nur liegen die Ursachen noch tiefer.

Die Situation der Welt hängt immer davon ab, wie wir Menschen denken, fühlen und handeln. Gerade jetzt, wo es wichtig wäre, die volle Verantwortung für die Biosphäre, für das Leben der Erde zu übernehmen, ziehen wir uns im Denken, Fühlen und Handeln aus dieser Sphäre heraus. Das hat nicht nur Auswirkungen auf die Biodiversität. Durch den Rückzug tun wir uns außerdem selbst etwas an. Und das ist der zweite Punkt der Sorge. Wir wissen oder fühlen zumindest, dass der Umgang mit Pflanzen heilsam ist. Wir kennen schon die therapeutische

Bedeutung von Gartenarbeit und Naturerlebnis, und inzwischen wächst auch eine Ahnung davon, dass die Arbeit in und an der Landschaft sowohl für die beteiligten Menschen als auch für die Gesundheit der Landschaft eine Bedeutung hat (z.B. Brämer 2003, Callo et al. 2004, Hellmark 2005). Also eine therapeutische Wirkung in zwei Richtungen! Was liegt da näher als zu fragen, ob der Umgang mit Pflanzen im Garten auf die Dimension der Landschaftsgestaltung und -pflege gebracht werden kann? Wie kann von der einzelnen Pflanze der Bogen zur gesamten Biosphäre geschlagen werden?

Hierauf versuche ich in diesem Buch eine Antwort zu geben: Wie finden wir diesen wichtigen Schritt von der einzelnen Pflanze zur ganzen Pflanzendecke der Landschaft? Welche Bedeutung hat diese Pflanzendecke für uns? Welche Bedeutung haben andersherum wir Menschen für diese Pflanzendecke, was können wir ihr geben? In diesem Sinne möchte ich das Kapitel mit einer großen Frage von Christian Morgenstern abschließen:

«Hast du noch nie empfunden: es muss anders werden! Wenn du z.B. im Wald saßest und die lieben Bäume und Gräser um dich herum sahest, von denen dich doch so ein Weltabgrund der Nichterkenntnis schied! Was waren sie eigentlich, wo war ihre Seele, wo war der Punkt, in dem ihr euch brüderlich treffen konntet, nicht nur in dumpfer Liebe von deiner Seite, sondern euch gleichsam ins gottgeschwisterliche Auge schauend? Wäre es nicht unsinnig, wenn es in einer Welt, so weit und verschwenderisch angelegt, immer so bliebe, nie anders würde? Muss es nicht anders werden? Und löst diese Not und Notwendigkeit nicht etwas in dir, das sagt: Ja, es muss besser werden, und ich will Tag um Tag dem Geist und den Geistern der Dinge entgegengehen, sind sie doch gewiss auch schon längst auf dem Wege zu mir.»

Die grüne Biosphäre

«Am Sonntag gehen wir 'raus ins Grüne» – dieser Satz beinhaltet viel mehr, als man aufgrund seiner Alltäglichkeit vielleicht zunächst denken sollte. Was ist dieses Grüne? Es ist die wichtigste Farbe der mitteleuropäischen Landschaften im Sommer. Wenn man sich nicht gerade in einer Stadt, einem Dorf oder auf einem Flugplatz aufhält, sondern in der Landschaft – egal ob halbwegs natürlich oder agrarisch bestimmt –, erscheint das Landschaftsbild zweigliedrig: oben (hoffentlich) blauer Himmel, unten (unterhalb der Horizontlinie) verschiedene Grüntöne.

Dieses Grün ist Pflanzengrün. Pflanzengrün ist aber nicht einfach eine Mischung aus Blau und Gelb, wie sie der Malkasten bietet. Solch ein blau-gelb-gemischtes Grün wirkt eher chemisch-tot. Pflanzengrün entsteht erst durch das Einmischen von Rot: Dann leuchtet es auf, wird lebendig (Abb. 1). Darin steckt ein Geheimnis: Die chemischen Strukturformeln von Chloro-

Abb. 1: Vergleich von zwei Grüntönen. Der Plastikeimer zeigt «reines» Grün, nur aus Gelb und Blau gemischt; beim «Pflanzengrün» des Rasens kommt zu diesem «reinen» Grün noch eine Spur Rot. Dadurch wird die «Giftigkeit» des reinen Grüns gebrochen.

phyll (Pflanzengrün) und Hämoglobin (Blutfarbstoff) sind fast gleich – bis auf das zentrale Atom. Wenn hier ein Eisenatom steht, ist es rotes Hämoglobin. Steht an dieser Stelle dagegen ein Magnesiumatom, haben wir grünes Chlorophyll. Diese verborgene Verwandtschaft kommt dadurch zum Ausdruck, dass Grün erst durch das Rot wirklich als Pflanzengrün aufleuchtet.

Das Rot im Grün ist allerdings wirklich «verborgen», da man es kaum durch Farbanalyse finden kann. So konnte Bertolt Hering (2004) in einer sehr ausführlichen Studie über Vegetationsfarben zeigen, dass die Eigenfarbe der Pflanzendecke, mit einem objektiven Farbmuster analysiert, ein sehr gelbes Grün ist. Rot scheint bei dieser Farbanalyse keine Rolle zu spielen. Hering kommt zu dem Ergebnis, dass die Vegetation viel gelber ist, als man denkt – und umgekehrt ist die wahrgenommene Farbe viel blauer als die Eigenfarbe. Diesen wahrgenommenen Blau- oder Violettschimmer in der Pflanzendecke (blaue Blüten ausgenommen) erzeugen wir in uns selbst als Antwort auf das vorherrschende Gelb – durch Simultankontrast.

Welch immense Rolle das Pflanzengrün für das Leben auf der Erde spielt, wird durch folgende Tatsachen deutlich: Die Biosphäre, also die lebendige Haut des Erdplaneten, besteht zu 99 Prozent aus Pflanzenmasse (Abb. 2). Bereits auf dieser quantitativen Ebene ist die grüne Pflanzendecke das herausragende Glied des Lebenszusammenhanges unseres Planeten. Ein weiterer Aspekt kommt hinzu: Die *grünen* Pflanzen betreiben Fotosynthese, bilden also mithilfe des Sonnenlichtes aus anorganischen Stoffen organische Substanzen – zunächst die Kohlenhydrate –, die wiederum die Grundlage für alles höhere Leben sind. Mensch und Tier hängen letztlich physisch vollkommen von dieser primären Leistung der Pflanzenwelt ab. Damit hat das Pflanzengrün auch die besondere qualitative Bedeutung der «Urproduktion» oder «Primärproduktion».

Abb. 2: Die grüne Biosphäre als lebendige Haut um die Erde herum, zwischen Atmosphäre (blau) und Boden (gelb).

Nun ist dieses Pflanzengrün nicht überall auf der Erde das gleiche Grün, sondern durch die verschiedenen Standorte sehr differenziert (Abb. 3). Und nicht nur durch die Standorte! Betrachten wir einen Baum oder einen Busch im voll belaubten Zustand im Sommer, und zwar möglichst im Gegenlicht (Abb. 4). Dessen Blätter sind ja mehr oder weniger vom gleichen Grünton. Im Gegenlicht wird dieses einheitliche Grün jedoch recht differenziert, indem es je nach Lichteinfall anders erscheint.

Die glatten Blattoberflächen spiegeln das Licht so, dass ein helles, bläuliches, fast weißes Grün entsteht. Bei starkem Sonneneinfall scheint durch das gleißende Licht jede Farbigkeit verloren zu gehen. Andererseits bringen Schattenwürfe mehrerer Blätter übereinander ein sehr dunkles Grün hervor. Dieses dämmrige Grün kann durch den Kontrast zum gleißend spiegelnden Licht fast schwarz wirken.

Neben diesen Extremen, in denen das Grün jeweils seine eigene Farbe verliert und im Schwarz-Weiß-Kontrast aufgeht, findet man in dem Blattwerk viele leuchtend grüne Stellen, die umso intensiver strahlen, je mehr sie vom

Abb. 3: Verschiedene Grüntöne der Pflanzendecke. Oberlauf der Seeve im Naturschutzgebiet Lüneburger Heide.

Gegenlicht durchschienen werden. Sie zeigen besonders schön das *eigentliche* Pflanzengrün, das von innen heraus zu glühen scheint (ein sehr gelbes Grün!). So wird durch das Licht das Blattgrün in drei Aspekte zerlegt, die uns als Gleißen, Dämmern und Glühen erscheinen.

Das glühende Grün kann übrigens nicht nur bei Sonne und Gegenlicht im Buschwerk beobachtet werden; es gibt dazu noch andere Gelegenheiten. Auf eine sei besonders hingewiesen, die besonders bei Regenwetter gut wahrnehmbar ist, und zwar im Wald. Geht man auf einem Waldweg entlang – am besten auf einem breiteren Forstwirtschaftsweg –, kommt man an Stellen mit lichterem Baumbewuchs vorbei. Dort entstehen am Boden Bereiche, die etwas heller sind und stärkeren Krautwuchs tragen als die schattigeren Areale daneben.

Die typische Pflanze dieser kleinen «Lichtungen» ist das Springkraut (Großes Springkraut – *Impatiens noli-tangere* – und Kleinblütiges Springkraut – *Impatiens parviflora*). Sie bilden mit ihren hellgrünen, weichen Blättern dichte, bis zu hüfthohe Bestände an den lichteren Stellen am Wegrand (Abb. 5). Nähert man sich solch einer Gruppe mit Blick aus dem Waldesdunkel ins etwas hellere «Gegenlicht», so scheint die Springkraut-Gesellschaft von innen heraus zu leuchten – was gerade bei oder nach Regenwetter besonders eindrucksvoll ist, wenn die Umgebung noch ganz trübe wirkt.

Erweitern wir unseren Blick nun auf die Landschaft und betrachten eine «ganz normale» mit-

Abb. 4 (oben): Blätter einer Platane im Gegenlicht. Es erscheinen drei Grüntöne: • fast weißes, hellbläuliches Grün als spiegelndes Gleißen • dunkles, verschattetes Grün als Dämmern • leuchtendes, glühendes Grün bei durchstrahlten Blättern.

Abb. 5 (Mitte): Der Bestand des Großen Springkrautes *(Impatiens noli-tangere)* an einem halbschattigen Waldweg scheint von innen heraus zu leuchten.

Abb. 6 (unten): Westfälische Kulturlandschaft mit dunkelgrünem (fast schwarz wirkendem) Wald, hellgelbstrahlenden Kornfeldern und leuchtend grünem «Grünland» (Wiesen und Weiden). Bielefeld-Jöllenbeck, Juli 1987.

teleuropäische Kulturlandschaft im Sommer, etwa im Juli, möglichst bei Sonnenschein. Wir haben da ein Vegetationsmosaik von Waldstückchen, Kornfeldern, Wiesen und Weiden usw. (Abb. 6). Welche Grün-Qualitäten finden wir da? Die Wälder erscheinen dunkelgrün, fast schwarz, die reifen Kornfelder hingegen strahlend hell (sie haben zu dieser Zeit meist schon ihr Grün verloren), und nur die Wiesen und Weiden zeigen das leuchtende Pflanzengrün. Nicht umsonst heißen diese beiden im landwirtschaftlichen Sprachgebrauch «Grünland»!

Was in dem einzelnen Busch oder Baum durch verschiedenen Lichteinfall als Farbqualitäten entsteht, findet sich in der Landschaft als tatsächliche Farben auf verschiedene Pflanzenbestände verteilt: helles Gleißen im Kornfeld, leuchtendes Grün im Grünland, Verschattung im Wald. Umgekehrt bedeutet das, dass sich die Hauptfarben der Landschaft im Kleinen widerspiegeln – in den beleuchtungsabhängigen Farbnuancen des einzelnen Busches.

Diese Grün-Betrachtung mag ein erster Schritt sein, um mit der Vegetation, der Pflanzendecke unserer Landschaften, bekannt zu werden, mit dieser lebendigen Haut des Erdplaneten, von der wir immer einen kleinen Ausschnitt vor unserer Tür haben. Auch die kleinen grünen Pflänzchen in den Pflasterritzen des Gehsteigs sind Teil der erdumspannenden, lebendigen Haut, der Biosphäre. Der grünen Pflanzendecke, der Vegetation, begegnen wir auf Schritt und Tritt. Und es wird klar, dass wir – als Träger der Verantwortung für die Biosphäre – für eben diese lebendige Haut unbedingt einen vernünftigen, sachgemäßen, lebensnahen, liebevollen Zugang brauchen. Es mag vielleicht an dieser Stelle überraschen, wenn ich nun sage, dass wir diesen Zugang zur Sphäre der Pflanzendecke bisher kaum haben. Warum, das wird im folgenden Abschnitt deutlich werden.

Die Pflanze in uns

Haben wir wirklich kaum einen Zugang zur Pflanzendecke, wie im letzten Kapitel angedeutet? Ist das nicht eine etwas übertriebene Aussage angesichts unserer Gärten, Gemüsebeete, Zimmerpflanzen, Blumensträuße und unserer Kartoffeln und Salate auf dem Tisch? Andererseits: Wie viele Wildpflanzen kennt der durchschnittliche bundesdeutsche Bürger mit Namen? Zwei bis drei!

Wenn ich etwas wahrnehmen will, muss ich dafür ein Auffassungsorgan haben. Licht kann ich nur mit dem Auge, Töne nur mit dem Ohr wahrnehmen. Aber damit nicht genug: Ein und dasselbe Musikstück kann bei dem einen Menschen ästhetischen Genuss hervorrufen, beim anderen Traurigkeit, vom dritten als Lärmbelästigung empfunden werden. Hier spielt nicht nur das physiologische Funktionieren des Ohrs eine Rolle – das ist «lediglich» Voraussetzung –, sondern auch die innere, seelische Anlage zur emotionalen Auffassung des Gehörten.

Ist es uns möglich, ein Auffassungsorgan zu entwickeln, das uns einen angemessenen Zugang zum Wesen der Pflanze geben kann? Hier hilft eine Sichtweise, die schon im Altertum bei den Griechen angelegt war und später in der Philosophie immer wieder neu aufgegriffen wurde, z.B. durch Nicolai Hartmann (vgl. Morgenstern 1997). Sie gliedert die Welt in vier qualitativ unterschiedliche Schichten oder Seinsebenen: die anorganische, die organische, die seelische und die geistige Schicht (Abb. 7).

Überlegt man, inwieweit die bekannten vier Reiche der Welt Anteil an diesen Schichten haben, ergibt sich Folgendes: Das *Mineralreich* hat nur Anteil an der anorganischen Schicht. Indem die drei übergeordneten Schichten fehlen, kommen dafür die Gestalt und die Gesetzmäßigkeit des Anorganischen hier besonders rein zur Ausbildung; sie können hier auch gut studiert werden.

Abb. 7: Die vier Schichten der Welt und die Anteile der Naturreiche und des Menschen an diesen Schichten.

Das *Pflanzenreich* hat ebenfalls an der anorganischen Schicht Anteil, denn die chemischen Elemente innerhalb der Pflanze sind die gleichen wie außerhalb, jedoch in einer anderen Komposition. Diese spezielle Komposition in der lebenden Pflanze wird durch die nächsthöhere Ebene gesteuert, die organische Schicht. Die Pflanzenwelt hat also Anteil an zwei Schichten, wobei hier die organische Schicht besonders rein ausgeprägt ist, da sie nicht von höheren Schichten überlagert ist.

In der *Tierwelt* kommt die Schicht des Seelischen hinzu. Die organische Schicht hat die Tierwelt mit der Pflanzenwelt gemein, die anorganische Schicht mit der Pflanzenwelt *und* der Mineralwelt. Auch hier ist es so, dass die seelische Schicht, als die in diesem Fall höchst entwickelte, in der Tierwelt am reinsten ausgebildet ist.

Der *Mensch* schließlich hat ebenfalls an allen drei Schichten Anteil und integriert somit Mineral-, Pflanzen- und Tierreich in sich. Dazu kommt die speziell menschliche Ebene: die geistige Schicht.

Wie sieht nun das gesellschaftliche Bewusstsein für diese einzelnen Schichten aus, wie es sich beispielsweise in speziellen Wissenschaften zeigt? Ein ausgeprägtes und weit ausgearbeitetes Bewusstsein besteht für die anorganische Schicht in den Wissenschaftsrichtungen der Physik und Chemie, die sich als Biochemie und Physiologie weit in den Bereich von Pflanze, Tier und Mensch erstrecken. Eine grundlegende Denkform dieser Wissenschaften ist das Kausalprinzip, d.h. das Aufeinanderfolgen von Ursache und Wirkung.

Überspringen wir erst einmal die organische Schicht und kommen zur Ebene des Seelischen. Auch hier gibt es bekannte Wissenschaften, die sich mit dieser Thematik beschäftigen. Innerhalb der Menschenkunde ist dies die Psychologie, für die Zoologie die Verhaltensforschung. Die Denkformen sind hier andere als in der Physik: Es wird im Prinzip nicht nach Ursachen, sondern nach Zielen und Zwecken gefragt.

Die Wissenschaften, die sich mit der geistigen

Schicht befassen, sind Geisteswissenschaften und Philosophie. Sie sind gesellschaftlich vielleicht nicht ganz so anerkannt wie die «harten» Naturwissenschaften, aber es gibt sie doch. Und sie arbeiten nach ganz anderen Methoden als die Naturwissenschaften, auch nach anderen als Psychologie und Verhaltensforschung.

Nun fehlt noch der Bereich der organischen Schicht, die auch als die Schicht des Lebens bezeichnet werden kann. Konsequent müsste die Wissenschaft hier Lebenswissenschaft heißen, also Biologie. Nun gibt es zwar diese gesellschaftlich durchaus bekannte «Wissenschaft des Lebens», aber deshalb noch kein Bewusstsein von dem, was Leben ist, also von der organischen Schicht. Das liegt daran, dass die konventionelle Biologie keine eigene methodische Gedankenform ausgebildet hat, im Gegensatz zu allen anderen genannten Wissenschaften. Diese haben jeweils für ihre Betrachtungsebene, ihre «Schicht», eine ganz eigenständige Methodik entwickelt. Nicht so die (konventionelle) Biologie (Trincher 1995).

Schad (1982a) hat dies sehr ausführlich in seinem Aufsatz über «Biologisches Denken» dargestellt. Er zeigt, dass die Biologie die Denkfiguren für ihre Schicht des Organischen aus den benachbarten Schichten bzw. Wissenschaften entlehnt: das Kausalprinzip aus Physik und Chemie und damit aus der anorganischen Ebene, das Finalismusprinzip aus der Psychologie bzw. der Verhaltensforschung, also aus der seelischen Ebene. Ein ganz eigenständiges Erklärungsmodell für die Organik fehlt der konventionellen Biologie. Es ist zwar im Goetheanismus entwickelt worden, jedoch damit noch lange nicht im gesellschaftlichen Bewusstsein. Fazit: Es gibt kollektiv anerkannte, unterschiedliche, differenzierte Zugänge zu den Schichten des Geistes, der Seele, der Materie. Es gibt einen solchen Zugang nicht für die Schicht des Organischen. Heißt das im Grunde nicht auch, dass die gesamte Pflanzenwelt, in der sich ja die organische Ebene, die Schicht des Lebens, besonders rein zeigt, bisher gar nicht richtig verstanden werden konnte?

Wir kennen die Materie in uns recht gut, wir kennen den Geist in uns, und wir kennen das Tier in uns – aber kennen wir auch *die Pflanze in uns*? Allein die Formulierung ist schon recht ungewöhnlich und fällt sofort aus dem ansonsten bekannten Rahmen. Die Pflanze in uns, das ist etwas, was unserem Alltagsbewusstsein bisher entgangen ist. *Die Pflanze in uns* wäre aber *das* Auffassungsorgan für alles Pflanzliche außerhalb von uns, für die Pflanzendecke um uns herum.

Die *Pflanze in uns* ist uns als Begriff nicht geläufig, und hier scheint eine Fähigkeit zu schlummern, die erst noch geweckt werden muss. Das ist es, was ich im letzten Abschnitt mit dem Zugang zur Sphäre der Pflanzendecke meinte, der bisher noch kaum entwickelt ist. Ob auch die ökologische Krise insgesamt damit zusammenhängt?

Die ökologische Krise ist die Krise des Verständnisses für globale Lebensprozesse. Dass es mit einem Bewusstsein von Lebensprozessen, egal welcher Art, allein nicht weit her ist, zeigt auch unser Umgang mit uns selbst, unseren eigenen Lebensprozessen. Hier sei die These gewagt: Das Nicht-Bewusstsein von der «Pflanze in uns» hängt unmittelbar zusammen mit der Zerstörung der Lebensprozesse in uns und unserer Umwelt. Und weiter: Zur Pflanze *in uns* kommen wir nur über die Erkenntnis der Pflanzendecke *außerhalb von uns*, der Vegetation! Wie noch zu zeigen sein wird, reichen dazu aber nicht Botanik, Physiologie oder Betrachtungen von Einzelpflanzen – so wichtig sie auch sind. Das rein Pflanzliche kann erst in der grünen Decke der Vegetation richtig erfasst werden, in dieser erdumspannenden Lebenssphäre. Nur ist eben dazu der Zugang nicht leicht; wäre er es, dann hätten wir nicht die geschilderten Probleme.

2. Annäherungen

Nachdem wir gesehen haben, wie wichtig die Vegetation, die Pflanzendecke für unser Leben ist und wie wenig wir einen Zugang zu ihr entwickelt haben, ist hier ein Entwicklungsschritt nötig. Wie können wir uns der Vegetation annähern? Eine wirkliche Annäherung, die das Wesentliche trifft, muss von den einzelnen Pflanzen Abstand nehmen und die Ganzheit der Pflanzendecke in den Blick bekommen. Hier wird ein Weg dazu beschrieben.

Ein Zugang zur Vegetationssphäre

Ich will hier eine kleine Übung vorführen, die den Übergang von der seelischen auf die organische (lebendige, pflanzliche) Ebene verdeutlicht (siehe Abb. 7).

Wenn Sie, liebe Leserin und lieber Leser, nun die folgenden Bilder betrachten, achten Sie bitte dabei auf das, was in Ihnen vorgeht. Betreiben Sie Selbstwahrnehmung: Welche Gefühle haben Sie? Wie stark sind diese Gefühle? Sind sie qualitativ unterschiedlich? Stellen sich überhaupt Gefühle ein?

Zweck der Übung ist es, den Übergang von der seelischen in die organische Schicht innerlich nachzuerleben und zu bemerken, *dass* etwas passiert und *was* da passiert.

Zur Abbildung 8: Lassen Sie dieses Bild auf sich wirken und beobachten Sie ihre eigenen seelischen Regungen dabei. Was würden Sie spontan ausrufen? Ist es süß? Niedlich? Wie stark ist Ihre emotionale Anteilnahme?

Abb. 8: Goldhamster.

Abb. 9: Spinne.

Wie geht es Ihnen mit dieser Spinne (Abb. 9)? Auch hier haben Sie wieder die Aufgabe, sich selbst bei Ihren Regungen zu beobachten. Was ist Ihr erster Impuls? Vielleicht ein leichtes Erschrecken? Würden Sie Ausdrücke wie «iiiih!» oder «ekelhaft» verwenden? Oder, wenn es nicht so drastisch zugeht und das Bild Sie etwas gleichgültiger lässt: Ist dennoch ein Unterschied in der Stimmung im Vergleich zum vorigen Bild zu bemerken?

Ob Sie einen Unterschied empfinden oder nicht – die nächste Frage lautet nun: Gibt es auch etwas Gemeinsames dieser beiden Bilder? Das ist vielleicht nicht so unmittelbar deutlich, kann aber schließlich doch als etwas wahrgenommen werden, was sich ganz auf der emotionalen Ebene abspielt. Und die charakteristischen Elemente dieser Gefühlsebene werden durch die beiden Bilder in das eigene bewusste Erleben gehoben: Sympathie und Antipathie.

Sie bemerken, dass wir uns augenblicklich auf der seelischen Ebene bewegen und unsere Aufgabe nun ist, von dieser Ebene auf die nächst tiefere, die Lebensebene, zu gehen. Wichtig ist dabei, sich in die seelische Ebene noch einmal richtig mit starken Affekten einzufühlen, um dann den Unterschied zum nächsten Bild deutlich zu erleben.

Abb. 10: Rose.

Wie wirkt die Rose (Abb. 10) auf Sie? Welche Seelenregungen bemerken Sie?

Sie nehmen vielleicht auch hier eine gewisse seelische Berührtheit wahr, aber wohl nicht in der Stärke wie bei den Tieren. Worte wie «süß» oder «ekelhaft» sind bei der Abbildung sicherlich fehl am Platz. «Schön» wäre wohl angemessen. Insgesamt dürfte aber die innere Anteilnahme im Vergleich zu den Tieren deutlich schwächer sein.

Zu Abbildung 11: Was sagen Sie zu diesem Kraut?

Wenn es Sie interessiert, was es ist: Stumpfblatt-Ampfer (*Rumex obtusifolius*). Welche Reaktionen bemerken Sie in sich? Sind da überhaupt welche? Vielleicht denken Sie spontan an Salat oder etwas, was mit Unkraut-Jäten zu tun hat. Nehmen Sie wahr, dass Sie solche seelischen Anrührungen wie bei den Tieren oder auch noch bei der Rose angesichts dieses Ampfers so gut wie nicht haben? Vielleicht bemerken Sie nun auch den Unterschied zur blühenden Pflanze deutlich, der darin besteht, dass die Blüte doch noch ziemlich deutlich zur Seele spricht – man schenkt einem lie-

Abb. 11: Ampfer

ben Menschen ja einen Blumenstrauß, keinen Kräuter- oder Blätterstrauß. Und falls Sie in Anbetracht dieses rein vegetativen Krautes vielleicht eine Blüte *erwarten*, die vielleicht noch kommen möge, weist das darauf hin, dass man als Mensch mit dem *reinen* Leben, wie es sich in der nur grünen Pflanze zeigt, nicht ganz «zufrieden» ist und gerne die seelische Ebene auch darin finden möchte.

Sind wir nun vollständig abgestiegen auf der Stufenleiter von der seelischen zur organischen Ebene, zur Lebensebene? Nicht ganz! Denn ein Aspekt ist uns geblieben, an dem wir uns auch seelisch noch festhalten können. Der wird nun im folgenden Bild ausgelöscht.

Abb. 12: Rasenstück.

Abbildung 12 zeigt ein Stück Rasen. Was sagen Ihre Emotionen dazu? Fällt Ihnen dazu irgendetwas ein?

Wenn Sie jetzt eher sprachlos sind, machen Sie sich nichts draus: Anderen ergeht es ebenso. Großartige Gefühle werden sich nicht einstellen. Vielleicht fehlen Ihnen sogar die Begriffe, um zu dem Phänomen etwas Sinnvolles sagen zu können. Eventuell gehen Ihnen Gedanken durch den Kopf wie «da trete ich drauf» oder «da liege ich gerne im Sommer drauf». Dann sind es aber nicht die Gefühle, die unmittelbar aus der Sache sprechen, sondern Assoziationen, die etwas mit einer Benutzbarkeit zu tun haben.

Nun erinnern Sie sich bitte wieder an die ursprüngliche Aufgabe: die Selbstbeobachtung. Die in der Abbildungsreihe (Abb. 8–12) ständig abnehmende Emotionalität kommt im Rasen zu einem erstaunlich extremen Abschluss, der im Rückblick auf die ganze Reihe konsequent erscheint. Das Ausbleiben von spontaner Gefühlsstärke kann nun als folgerichtig erkannt und akzeptiert werden. Die schrittweise Abnahme unserer inneren Beteiligung in der Reihe geht parallel zu einer nachlassenden Intensität der Ich-Du-Beziehung. Diese war bei der Begegnung mit dem Tier sehr ausgeprägt und verschwand völlig angesichts des Rasenstücks.

An diesem Beispiel können wir erleben, wie schwierig sich im Grunde die Zuwendung zur organischen Schicht der Welt, zur Schicht des *reinen Lebens*, gestaltet. So ist vielleicht zu erahnen, dass wir bisher einerseits kein ausreichendes Bewusstsein von der «Pflanze in uns» haben und andererseits aus der ökologischen Krise, der Krise des Lebens der Biosphäre, nicht recht herauskommen.

Es müssen Wege gefunden werden, die die Pflanze in uns und die Vegetation um uns in Kommunikation miteinander treten lassen, damit wir für Mensch und Landschaft heilsam tätig werden können. Es wird kein ganz leichter Weg werden – das hat das Rasenstück gezeigt. Beginnen wir zunächst damit, der Vegetation überhaupt Beachtung zu schenken und Achtsamkeit für die grüne Pflanzendecke *an sich* zu entwickeln, den Blick zu lösen von den einzelnen Blumen, und die Wahrnehmung auf den ausgebreiteten Pflanzenteppich zu lenken, der die Erde überzieht. Das ist ein spannender und ungewohnter Schritt!

Der übergreifende Charakter der Vegetation

Kann ich das Wesen des Pflanzlichen überhaupt erfassen, wenn ich mich auf die individuelle Einzelpflanze und erst recht auf die Blüte konzentriere (siehe Abb. 13)? Wenn wir die Blüte als das Eigentliche der Pflanze in den Vordergrund stellen, blenden wir einen entscheidenden Aspekt des Pflanzenwesens aus. Dieser Aspekt liegt allerdings für unser auf Gegenstände fixiertes Bewusstsein nicht offen zutage, sondern betrifft einen – zunächst nicht sichtbaren – Prozess, nämlich den der Fotosynthese. Er ist einer der wichtigsten Grundprozesse für die Existenz unseres Lebens auf der Erde, und er wird von den grünen Pflanzen vollzogen. In der Fotosynthese bildet das Blattgrün (Chlorophyll) mithilfe des Sonnenlichtes aus Wasser und Kohlendioxid pflanzliche Substanz und gibt dabei Sauerstoff ab. Ohne diesen Sauerstoff und ohne diese Pflanzensubstanz wäre höheres Leben auf der Erde undenkbar.

Die Blüten haben normalerweise kein Blattgrün und betreiben daher keine Fotosynthese. Sie machen eher das Gegenteil. Durch ihre Sauerstoffatmung und die Kohlendioxidabgabe sind sie vom Prozess her eher mit der Tierwelt verwandt, wo es auch keine Fotosynthese gibt. So kann man die Fotosynthese als den *eigentlichen* Prozess der Vegetation ansehen. Da sie aber nur in den grünen Teilen der Pflanze ablaufen kann, müsste konsequenterweise der Sprossbereich (Stängel und Blätter) als das Eigentliche der Pflanzenwelt bezeichnet werden, da sich hier derjenige Charakter zeigt, der allein an das Pflanzliche gebunden ist. Auch die Wurzeln betreiben diese Fotosynthese nicht. Man könnte das vielleicht so ausdrücken: Die Pflanze ist erst im grünen Sprossbereich wirklich Pflanze.

In einem nächsten Schritt muss dieser Satz schon wieder modifiziert werden. Denn wenn ich sage *die Pflanze* und damit das Individuum meine, dann ist diese Ansicht eigentlich unsachgemäß. Denn wo sehe ich, wenn ich unbefangen beobachtend durch die Landschaft wandere, *eine Pflanze*? Das Grün der Vegetation, das auch in einer noch so bunt blühenden Wiese immer vorherrscht, erscheint fast nie als individuelle Einzelpflanze, sondern als zusammenhängende Decke. Dieses deckenhafte Grün ist – zumindest in Mitteleuropa – landschaftsprägend, indem es sich in unterschiedlichen Form- und Farbmodifikationen über Hügel und Täler zieht und sich selbst ins Wasser hinein fortsetzt.

Wenn man sich einen Wald von oben, etwa von einem Berg aus, anschaut, ist ein grünes Blättermeer mit unregelmäßiger Oberfläche zu sehen – nicht etwa einzelne Bäume. Man spricht ja auch von einem Kronendach des Waldes, das durch eine kontinuierliche Vegetationsdecke gekennzeichnet ist.

Einmal auf diese zusammenhängende Schicht aufmerksam geworden, kann man das Kronendach in dieser Hinsicht auch von unten betrachten. Das grüne Blätterdach, vom Waldboden aus angesehen, lässt hier ebenfalls den Eindruck ei-

Abb. 13: Glockenblumen tauchen bei einem Spaziergang im Blickfeld auf. Eine Frage der Wahrnehmung: Man bemerkt die farbigen Blumen, man bemerkt die einzelnen Pflanzen, aber der Rest der Vegetation wird ausgeblendet oder unscharf.

Abb. 14: Von unten wirkt das Kronendach eines Waldes wie eine zusammenhängende Schicht, in der einzelne Baumindividuen nicht abzugrenzen sind.

ner durchgehenden Schicht entstehen (Abb. 14). Aus diesem grünen Dach gliedern sich, zunächst fein, dann immer dicker werdend, die Zweige und Äste der Bäume heraus, um dann, zu Stämmen zusammengeschlossen, senkrecht nach unten strebend, den Erdboden zu erreichen.

Vielleicht wird diese Art der Beschreibung als etwas merkwürdig empfunden, weil sie der natürlichen Wuchsrichtung der Bäume entgegenläuft, sich also von oben nach unten bewegt. Aber dadurch wird eine andere Sichtweise erreicht, nämlich vom Ganzen zu dessen Teilen fortzuschreiten. Und das Ganze des Waldes findet man eben (zunächst) nicht im freien Stammraum des Waldes, sondern dort, wo die Kontinuität offensichtlich ist, im Kronenraum. Während man im Stammraum den Wald vor lauter Bäumen nicht sieht, weil man auf die einzelnen Stämme fokussiert und das Ganze aus dem Blick verliert, kann man sich selbst zum Sehen des Waldes als Ganzheit erziehen, indem man zuerst das Kronendach betrachtet.

Mit dem Stamm- und Kronenraum ist der Wald allerdings erst unvollständig erfasst, denn er setzt sich ja in den Boden hinein fort. Bei umgestürzten Bäumen, die ihren Wurzelteller teilweise mit aus dem Boden herausgerissen haben, kann man beobachten, wie dieses «Sich-Fortsetzen» in den Boden hinein aussieht. Es ist das Gegenstück zur Aufgliederung des Stammes in den Kronenraum hinein, wo die Äste und Zweige immer feiner werden und schließlich im Blätterdach verschwinden. Ähnlich im Boden: Etwa in Höhe der Bodenoberfläche weitet sich der Stamm etwas auf, teilt sich in die großen Hauptwurzeln, die dann zur Seite und nach unten hin immer feiner werden (Abb. 15).

Hier stellt sich das auf die Einzelbäume fixierte Bewusstsein vor, dass das Baumindividuum an den Wurzelspitzen aufhört. Dieses Bewusstsein kann gar nicht anders denken, als dass alle Bäume mit ihren Wurzelsystemen im Boden *nebeneinander* wachsen, voneinander getrennt durch die anorganischen Teile des Bodens. Zwar stellt man sich das nicht so primitiv vor, dass jedes Wurzelsystem sein eigenes abgezirkeltes Areal hätte, aber doch prinzipiell so, dass die Wurzeln der Bäume, wenn auch vielfältig verschlungen und durcheinanderwachsend, doch jeweils nebeneinanderliegen.

Nun hat die ökologische Waldforschung aber Tatsachen herausgefunden, die solch eine Vorstellung von individuell nebeneinander existierenden und um Wasser und Nährstoffe konkurrierenden Bäumen als falsch erscheinen lassen. Denn da gibt es Verbindungen zwischen den Wurzeln verschiedener Bäume, entweder vermittelt durch Wurzelpilze *(Mykorrhiza)* oder sogar durch direkte Verwachsungen – und zwar nicht nur unter Baumindividuen der gleichen Art, sondern auch zwischen verschiedenen Arten (Graham & Bormann 1966, zit. nach Schad 1987). Es ist da also ein Zusammenhang der Waldvegetation vorhanden, der noch viel intimer ist als der Zusammenhang im Kronendach.

Die Einheit des Waldes, die im Boden physiologisch (und damit materiell) tatsächlich vorliegt, besteht aber nicht nur aufgrund von Verwachsungen direkter oder indirekter Art. Bekanntlich ist ein ökologisch intakter Boden – gleich ob Acker, Wiese oder Wald – reich belebt, vor allem mit verschiedenen Klein- und Kleinstlebewesen. Man macht sich oft gar keine Vorstellung davon, welch eine Masse an lebender Substanz das bedeutet. So findet man in einem biologisch bebauten Boden 2,5 kg lebende Biomasse auf 1 m^2, wobei Bakterien und Pilze mit je 1 kg und Regenwürmer mit 0,4 kg den Hauptanteil ausmachen. Dieses Bodenleben konzentriert sich auf die oberste humose Schicht des Bodens in einer Tiefe von etwa 5–20 cm (Scheffer & Schachtschabel 1973).

Wenn wir auch erkennen, dass ein Bodenleben existiert, so ist unser analysierendes Bewusstsein doch geneigt, den lebenden und den toten Anteil des Bodens begrifflich zu trennen

Abb. 15: Stammfuß einer Buche. Die Wurzeln gliedern sich in den Boden hinein auf.

(Schad 1987). Die Bodenorganismen sind jedoch ohne die «tote» Bodensubstanz gar nicht lebensfähig. Schad vergleicht den «toten» Bodenanteil mit der Interzellularsubstanz (leblose Materie zwischen den lebenden Zellen, meist als Stütz- oder Festigungssubstanz) des menschlichen Organismus: «Genauso wie der menschliche Organismus als bloße Zellenmenge nur ein einziger weicher Klumpen wäre und nicht als ein Organismus fungieren könnte, wenn nicht alle Interzellularsubstanzen auch da wären, so auch im ökologischen Organismus. Auf die realen Funktionen bezogen gehören Zellular- und Interzellularsubstanz mit zum Begriff, besser gesagt: zur Idee des Organismus dazu. Auf den Öko-Organismus gesehen heißt das, dass die als ‹tot› geltenden Anteile im Boden voll zum Gesamtorganismus Boden dazugehören.»

Man müsste also, um dem Wesen des Bodens und damit des gesamten Waldes gerecht zu werden, die Vorstellung entwickeln, dass es sich bei dem Boden um eine durchgehende lebendige Haut handelt, die den mineralischen Untergrund überzieht und durchdringt. Zu dieser lebendigen Schicht gehören auch die Wurzeln der Waldbäume und Kräuter, die diese Zone vielfältig verflochten durchziehen und in innigstem physiologischem Kontakt mit dieser Lebensschicht stehen. Ja, mehr noch: Sie sind selbst genauso Teil dieser Schicht wie die zuvor genannten Mikroorganismen.

Den Zusammenhang des Waldes, den wir im Kronendach anschaulich erfassen konnten, haben wir im Boden als wirkliche physiologische Einheit vorliegen. Aus dieser lebendigen Bodenhaut gliedern sich nun die Baumwurzeln, zunächst als Feinwurzeln noch ganz mit dem übrigen Bodenleben über die Mykorrhizapilze verbunden, dann immer dicker werdend, heraus, schließen sich zu den mächtigen Hauptwurzeln zusammen und treffen sich dann im Stammfuß, der den einzelnen Baumstamm trägt. So gliedert sich eine große Zahl individueller Gebilde aus dem Zusammenhang der lebendigen Bodenschicht heraus (Abb. 16). Man könnte bei den Bäumen geradezu von individuellen Ausstülpungen aus dem lebendigen Kontinuum des Bodens sprechen. In diesem Sinne ist der Baum «hügelig gewordene Erde» (Steiner 1924, s. Abb. 17).

In der Wurzelsphäre der Vegetation zeigt sich ein Charakter des Pflanzlichen, der dem Individualcharakter der Blüte bzw. der Blütenregion geradezu entgegengesetzt ist: das Nicht-Individuelle, die überindividuelle Einheit. Nur tritt diese Eigenschaft der Vegetation zumeist nicht in unser Bewusstsein, da sie einerseits im Boden verborgen liegt und andererseits nicht unmittelbar «durch die Blume» zu unserer Seele spricht. Als ein Abbild dieser physiologischen Einheit der Vegetation im Boden kann aber im Beispiel des Waldes das Kronendach angesehen werden, das ebenfalls zusammenhängenden Deckencharakter hat. Allerdings muss man auf diesen Aspekt erst aufmerksam werden, da unser individualisierendes Gegenstandsbewusstsein diese Decke normalerweise gleich in Einzelgegenstände auflöst (Abb. 18).

Dass diese Sichtweise nicht nur für Wälder angemessen ist, zeigt ein weiteres Beispiel. Ein hektargroßes Schilfröhricht scheint für uns aus Tausenden von Individuen, den Schilfhalmen, zu bestehen. Es ist aber sehr gut möglich (und im Falle des Schilfrohres auch sehr wahrscheinlich), dass wir es hier mit nur einer einzigen Pflanze zu tun haben, die sich durch unterirdische Sprossausläufer über eine große Fläche verbreitet hat (Abb. 19).

Wir brauchen nun nicht überall in der Erde zu graben, um die Vegetation als flächenhaften Zusammenhang zu begreifen. Das ergibt sich im Grunde schon aus der einfachen Anschauung im Gelände. Die grüne Vegetationsdecke erscheint uns hier als ein gegliedertes Mosaik verschiedener Flächen, für die wir schon in der Alltagssprache Begriffe haben: Wald,

Abb. 16 (links oben): Aus der lebendigen Bodenschicht des Waldes gliedern sich die Stämme wie Ausstülpungen heraus und erscheinen dann wie individuelle Gebilde. Im Kronendach wird die Einheit des Waldes wieder anschaubar.

Abb. 17 (links unten): Dieser Ahornstamm mit austreibendem Zweig wirkt wie ein kleiner bewachsener Hügel – überzogen mit dichten Moospolstern und einem «Bonsai-Ahorn» darauf.

Abb. 18 (rechts oben): «Man sieht den Wald vor lauter Bäumen nicht.» Oft sind wir geneigt, die Baumstämme und damit die Bäume als Einzelteile des Waldes anzusehen. Ist der Wald nur die Summe von Einzelbäumen? Oder mehr? Wenn wir auf die maigrünen Blätter schauen, die sich an Ästen und Zweigen quer zwischen den Stämmen ausbreiten, zeigt sich auch hier schon der übergreifende Charakter des Waldes als Ganzheit, der sich dann besonders stark im Kronendach wiederfindet.

Abb. 19 (rechts unten): Dieses Schilfröhricht entstand vielleicht nur aus einer einzigen gekeimten Pflanze, die sich über Jahrzehnte und Jahrhunderte mit unterirdischen Ausläufern verbreitet hat. Also *eine* Pflanze?

Abb. 20: Wiesenlandschaft mit unterschiedlichen Bereichen. Auf dem Bild erkennen wir verschiedene Pflanzengesellschaften der Wiesen und Weiden, die sich durch Färbung und Struktur unterscheiden. In einer feuchten Senke weist uns das Gelb des Kriechenden Hahnenfußes auf den zeitweise nassen Boden, das Rot des Sauerampfers zeigt einen etwas extensiver genutzten Randstreifen, und die dunkelgrünen Stauden am Grabenrand im Vordergrund markieren einen nassen, nährstoffreichen, seltener gemähten Standort, der die Entwicklung hoher Stauden und Gräser zulässt.

Wiese, Heide, Röhricht, Gebüsch, Rasen, Feld usw. Diese groben Einheiten kann man bei nur etwas mehr Aufmerksamkeit weiter differenzieren. In der Wiesenlandschaft der Abb. 20 erkennt man, dass sich die Wiese in mehrere Bereiche gliedern lässt, die durch Farbe und Struktur schon von Weitem unterschieden werden können. Für diese Teilbereiche existieren allerdings im alltäglichen Sprachgebrauch keine eindeutigen Begriffe mehr. Die Erforschung solch unterschiedlicher Vegetationsausprägungen ist die Aufgabe der Vegetationskunde. Im Hinblick auf eine ganzheitlich orientierte Landschaftskunde ist es sinnvoll, sich die vegetationskundliche Forschungsmethodik einmal näher anzusehen.

3. Vegetationskundliche Forschung

Es ist für die meisten Menschen recht unbekannt, dass es eine Wissenschaftsrichtung gibt, die sich mit den *Gesellschaften* von Pflanzen beschäftigt. Sie versucht herauszufinden, nach welchen Gesetzen sich welche Pflanzenarten zu Pflanzengesellschaften zusammenschließen. Damit eröffnet sich ein Ausblick auf Lebensorganisationen höherer Ordnung, da die Pflanzengesellschaften mehr sind als die Summe ihrer Einzelpflanzen. Dadurch ist eigentlich schon längst eine Pionierarbeit für die in neuerer Zeit diskutierte «organismische Biologie» geleistet. Statt dass aber diese Vorreiterrolle der Pflanzensoziologie recht gewürdigt wird, zerfällt sie als Wissenschaft an den Hochschulen. Worin liegt das begründet? Was ist ganz konkret das Besondere der Pflanzensoziologie, das sie sogar in die Nähe der goetheanistischen Biologie stellt? Was sind ihre Probleme, wo muss es neue Weiterentwicklungen geben?

Die Vegetationskunde als Forschungsrichtung

In der Vegetationskunde geht es darum, in der Pflanzendecke Ähnlichkeiten und Unterschiede zu erfassen und zu beschreiben. Das kann auf unterschiedlichen Wegen geschehen. Bewährt hat sich eine Forschungsrichtung, die in den ersten Jahrzehnten des 20. Jahrhunderts von Josias Braun-Blanquet entwickelt wurde. Diese Arbeitsrichtung in der Vegetationskunde wird *Pflanzensoziologie* genannt; als ihr «Geburtsjahr» kann 1928 gelten, als Braun-Blanquet sein grundlegendes Monumentalwerk *Pflanzensoziologie. Grundzüge der Vegetationskunde* veröffentlichte.

Die Idee Braun-Blanquets war, dass sich die Konstellation *aller* am Standort wirkenden Kräfte einschließlich der Wirkungen des Menschen in der Artenzusammensetzung der Vegetation widerspiegelt: «Die Pflanzengesellschaften reagieren vielfach weniger auf einen bestimmten Faktor als auf den Faktorenkomplex, der den Standort charakterisiert» (Braun-Blanquet 1964: 18).

Es sind hierbei nicht einzelne, ausgewählte Pflanzenarten Gegenstand der Betrachtung, sondern *alle* an einem konkreten Ort gemeinsam vorkommenden Arten und Individuen: die Pflanzengemeinschaft. Mithilfe der Artenkombination können Unterschiede und Gemeinsamkeiten von Pflanzengemeinschaften herausgefunden werden, ähnliche Bestände zu *Typen* zusammengefasst und gegen andere Typen abgegrenzt werden. Diese Typen werden als Pflanzengesellschaften bezeichnet.

Braun-Blanquet hatte also den Schritt von der Einzelpflanze zur Pflanzendecke getan, sich dabei allerdings noch nicht von der Vorstellung einzelner Pflanzen als eigenständiger Individuen gelöst. So schreibt er (1964): «Unumschränkt herrscht hier der Kampf ums Dasein; er regiert direkt oder indirekt die meisten Äußerungen des sozialen Lebens der Pflanzen.»

Seine besondere Arbeitsrichtung wurde bald weithin bekannt, sodass ständig Interessierte zu pflanzensoziologischen Kursen eingeladen werden konnten. Unter ihnen war im Jahre 1926 auch Reinhold Tüxen: «Tüxen erkannte rasch die Bedeutung und Möglichkeiten der Pflanzensoziologie ... Mit genialem Blick erfasste er die der Vegetation innewohnende Ordnung und trug wesentlich zum Auf- und Ausbau des Systems der Pflanzengesellschaften bei. Als überzeugender Redner, begeisterungsfähiger Lehrer und guter Organisator hat er der Pflanzensoziologie auch außerhalb ihres engeren Umkreises weithin Geltung verschafft» (Dierschke 1994: 21). Und er hat die Sichtweise seines Lehrers (der die Pflanzen als konkurrierende Individuen auffasste) weitgehend überwunden, indem er einen deutlichen Schritt in Richtung auf einen ganzheitlichen Ansatz machte. Er begriff nämlich die Vegetation (bzw. die Biozönose) als organische Ganzheit. Der Begriff «Organismus» wurde hierfür zwar abgelehnt, aber das, was Tüxen beispielsweise in seiner Arbeit über «Wesenszüge der Biozönose: Gesetze des Zusammenlebens von Pflanzen und Tieren» (Tüxen 1965) schreibt, zeigt deutlich, dass die Biozönose im Grunde als ein Organismus gedacht oder doch zumindest empfunden wurde.

Die pflanzensoziologische Methode

Die wissenschaftliche Methode, die von Braun-Blanquet entwickelt und von Tüxen und seinen Schülern weiter ausgebaut wurde, ist wert, einmal näher betrachtet zu werden. Denn sie verbindet qualitative und quantitative Aspekte, verbindet chemisch geschultes analytisches Denken mit anschauender Sichtweise und umspannt schließlich den ganzen Bogen von der Analyse bis zur Synthese.

Auswahl der Aufnahmeflächen

Der erste Schritt ist stark an die Anschauung gebunden. Nach dem Erscheinungsbild der Vegetation werden Flächen abgegrenzt, die sich nach Färbung, Höhe, Struktur unterscheiden. Beispielsweise sind auf dem Wiesenbild in Abb. 21 schon auf den ersten Blick offensichtliche Unterschiede zu sehen: Im Vordergrund rechts zeigt sich eine dunkelgrüne Fläche, im Hintergrund links eine weiß gepunktete Fläche, dazwischen eine Fläche mit «normalem» Wiesengrün, die nach hinten rechts in einen altrosa getönten Bereich übergeht.

Diese Vegetationsgliederung ist rein nach der Anschauung gewonnen, ohne genauere Artenkenntnis. So etwas kann prinzipiell von jedem Menschen geleistet werden, der aufmerksam beobachtet, nicht nur von einem Vegetationskundler. Die Anschauung ergibt also schon eine gewisse Analyse des Vegetationskontinuums einer Landschaft in unterschiedliche Flächen. Diese werden nun in einem weiteren Analyseschritt in ihre Elemente, die Pflanzenarten und -individuen, gedanklich zerlegt.

Analyse der Aufnahmeflächen

Im Zentrum der unterschiedenen Flächen werden dazu Probequadrate abgesteckt, in denen die Zusammensetzung der Pflanzenarten analysiert wird. Es werden alle Pflanzenarten (zumindest die höheren Pflanzen und Moose) aufgelistet und deren Mengenanteile nach einer standardisierten Skala geschätzt (Tab. 1). Dazu ist es notwendig, dass man auch wirklich alle Pflanzenarten bestimmen kann, auch diejeni-

Abb. 21: Wiesenlandschaft mit unterschiedlichen Flächen – flacher Hügel mit weißem Blütenmuster, flache Senken mit dunklem Grün, dazwischen «normales» Grün, im Hintergrund rosa überhauchtes Grün. Hermann-Löns-Park in Hannover, Juni 1984.

gen, die nur vegetativ oder als unscheinbare Jungpflanzen vorkommen. Diese Arbeit schult den Blick für den Sprossbereich der Pflanzen, da nicht erwartet werden kann, dass alle Arten zum Zeitpunkt der Aufnahme blühen.

Zusätzlich zu der Artenanalyse werden noch Angaben zum Standort (Wasser, Boden, Licht, menschliche Einflüsse usw.) erhoben. Die gesamte Datensammlung für einen Vegetationsbestand nennt man *Vegetationsaufnahme* oder exakter *pflanzensoziologische Bestandsaufnahme*, die auf einem «Aufnahmezettel» steht (Abb. 22). Im Grunde wird bei der Vegetationsaufnahme versucht, das komplexe Lebensgefüge eines Vegetationsausschnittes auf einen Datensatz zu reduzieren, um damit eine solide Vergleichsbasis zwischen verschiedenen solcher Ausschnitte zu haben.

Vergleich verschiedener Vegetationsaufnahmen durch Tabellenarbeit

Der Vergleich vieler Vegetationsbestände wird durch das Verfahren der Tabellenarbeit möglich. Hierzu werden die erstellten Vegetationsaufnahmen spaltenweise in eine Tabelle eingetragen, sodass sie alle zusammen mit *einem* Blick übersehen werden können. Das ergibt zunächst ein ziemliches Durcheinander von Eintragungen, das keinerlei Ordnung – zumindest nicht auf den ersten Blick – erkennen lässt. Dieses Stadium nennt man die Rohtabelle (Tab. 2).

Im nächsten Schritt geht es darum, die verborgene Ordnung in dieser Tabelle zu entdecken. Denn eine Ordnung müsste ja zu finden sein, da wir im Gelände neben unterschiedlichen auch ähnliche Bestände aufgenommen haben.

Mit dem **Deckungsgrad** wird die von einer Pflanzenart bedeckte Fläche ausgedrückt:	
Skala	Deckung
5	75 - 100 % der Aufnahmefläche deckend
4	50 - 75 % der Aufnahmefläche deckend
3	25 - 50 % der Aufnahmefläche deckend
2	5 - 25 % der Aufnahmefläche deckend
1	1 - 5 % der Aufnahmefläche deckend
+	< 1 % der Aufnahmefläche deckend
r	sehr spärlich, nur 1-3 Exemplare

In manchen pflanzensoziologischen Arbeiten wird als zweite Ziffer die **Soziabilität** hinzugefügt (= wie die Individuen einer Art miteinander wachsen) und von dem Deckungsgrad durch einen Punkt getrennt:

Skala	Soziabilität
5	in großen Herden über die gesamte Aufnahmefläche
4	in größeren Flecken oder Teppichen («Schweizer Käse»)
3	in Polstern oder Trupps
2	in Büscheln oder Horsten
1	einzeln wachsend

Die Soziabilität im Bildvergleich:

5	4	3	2	1

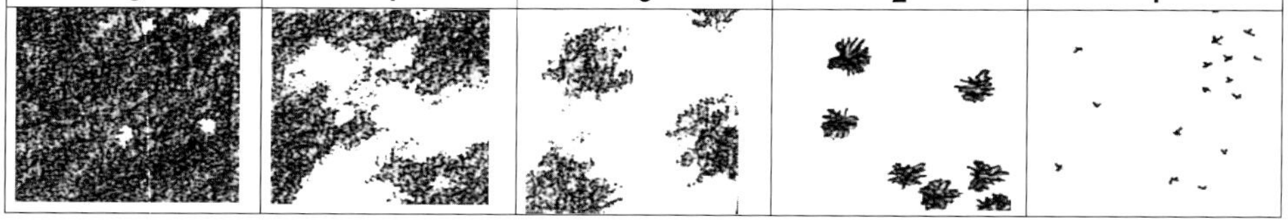

Tab. 1: Pflanzensoziologische Aufnahmeskala (vereinfacht). Mit dieser Skala wird jeder Pflanzenart der Aufnahmefläche ein Schätzwert zugeordnet. Beispiel: 2.3 bedeutet, dass die Art 5 bis 25 % der gesamten Aufnahmefläche bedeckt und dabei in Polstern oder Trupps wächst. Zur Vereinfachung wird die Artmächtigkeit +.1 nur als + geschrieben.

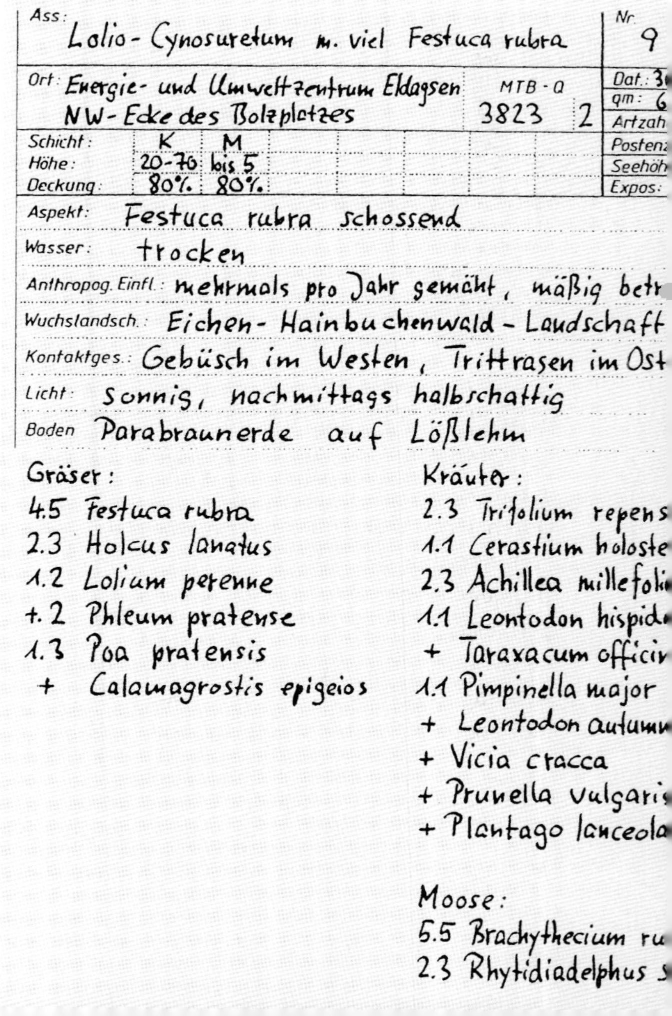

Ass: Lolio-Cynosuretum m. viel Festuca rubra
Nr. 9
Ort: Energie- und Umweltzentrum Eldagsen
NW-Ecke des Bolzplatzes
MTB-Q 3823 2
Dat.: 3
qm: 6
Artzah
Postenz
Seehöh
Expos:
Schicht: K M
Höhe: 20-70 bis 5
Deckung: 80% 80%
Aspekt: Festuca rubra schossend
Wasser: trocken
Anthropog. Einfl.: mehrmals pro Jahr gemäht, mäßig betr
Wuchslandsch.: Eichen-Hainbuchenwald-Landschaft
Kontaktges.: Gebüsch im Westen, Trittrasen im Ost
Licht: sonnig, nachmittags halbschattig
Boden: Parabraunerde auf Lößlehm

Gräser:
4.5 Festuca rubra
2.3 Holcus lanatus
1.2 Lolium perenne
+.2 Phleum pratense
1.3 Poa pratensis
\+ Calamagrostis epigeios

Kräuter:
2.3 Trifolium repens
1.1 Cerastium holoste
2.3 Achillea millefoli
1.1 Leontodon hispid
\+ Taraxacum offici
1.1 Pimpinella major
\+ Leontodon autum
\+ Vicia cracca
\+ Prunella vulgari
\+ Plantago lanceola

Moose:
5.5 Brachythecium ru
2.3 Rhytidiadelphus s

Abb. 22: Zettel einer Vegetationsaufnahme. Hierauf werden alle Pflanzenarten einer Untersuchungsfläche (in diesem Beispiel 6 m^2) eingetragen und die Mengenanteile geschätzt (nach Schätzungsskala der Tab. 1): Die erste Ziffer bedeutet Artmächtigkeit, die zweite Ziffer die Soziabilität. Die Bezeichnung «Ass» im Kopf des Zettels bedeutet «Assoziation» = wissenschaftlicher Name der Pflanzengesellschaft.

Neue laufende Nummer	1	2	3	4	5	6	7	8	9	10	11	12	13	14
Nr. der Aufnahme	1	2	3	4	5	6	7	8	9	10	11	12	13	14
Fläche (m^2)	10	6	8	10	12	15	9	10	6	1	1	9	8	9
Krautschicht Deckung %	95	95	90	90	95	90	100	95	80	30	50	100	80	90
Höhe cm	60-100	40-60	30-50	30-50	30-40	40-60	80-100	40	20-70	5-10	5-15	100-150	20-60	60-80
Moosschicht Deckung %	15	80	20	5	5	5	–	–	80	60	70	–	80	–
Artenzahl	18	16	23	21	23	19	16	21	18	13	16	15	12	24
Arrhenatherum elatius	3.4		2.2	+	1.2	4.4	1.3	1.2				+.3		2.4
Holcus lanatus	4.3	+.2	4.4	2.2	3.3	3.4	+.2	1.1	2.3	+.2	+.2	1.2	1.2	2.2
Dactylis glomerata	3.3	+.2	+.2	1.2	1.2	2.2	1.3	+				2.2		3.4
Festuca rubra	2.2	4.4		2.2	3.3	2.2		1.2	4.5		1.2		3.3	3.5
Poa trivialis	1.2		+.2	2.3	+	1.2	1.2	1.1		1.2	+	4.5		2.3
Lolium perenne	+	+							1.2	+.2	1.2			
Rumex acetosa	3.1		1.1	+	2.2	2.2	1.2	+						3.1
Pimpinella major	3.1					+			1.1					+
Vicia cracca	2.1		+	+	+	2.4	+	+	+			+		
Anthriscus sylvestris	1.1		+	+	+	+	3.4					5.5		4.5
Vicia sepium	+			+	1.1		+					+		2.3
Ranunculus repens	1.1	+	3.4	+	2.2	2.2	1.2	4.5				+		1.3
Veronica chamaedrys	1.1		+		2.3									1.1
Heracleum sphondylium	1.1		+	+	2.2	1.1	2.1	1.1				3.2		2.1
Glechoma hederacea	1.1		+	1.1	+	+		1.1				1.1		1.1
Cerastium holosteoides	1.1	2.3	+		+	+	+		1.1	+	+		2.1	
Carduus crispus	+													
Brachythecium rutabulum	2.3	5.5	2.3	2.3	2.3	2.3			5.5		1.2		5.5	
Helictotrichon pubescens		+.2												
Phleum pratense		1.2					+		+.2				2.2	
Poa pratensis		1.2	+.2		+	1.2		+	1.3		+		2.2	2.3
Trifolium repens		5.4			+	+.2			2.3	2.3	3.3		2.3	
Taraxacum officinale		1.1		+	+			+	+	+	+		+	
Plantago lanceolata		1.1	+		2.1	+			+				+	
Leontodon autumnalis		1.1							+	2.1	2.1		2.1	
Leontodon hispidus		+							1.1					
Urtica dioica			+	+			2.3	+				2.1		1.3
Rumex obtusifolius			+											+.2
Rumex crispus			+					+						
Cirsium arvense			+				1.1							+
Lamium maculatum			+									1.1		
Potentilla anserina			+		+	+		+						
Achillea millefolium			+			+			2.3	+	1.1		1.1	
Aegopodium podagraria			+	4.4	3.4		2.4							+
Equisetum arvense				1.1	+									+
Elymus repens				1.1				1.1						
Alopecurus myosuroides				+										
Galium aparine				+			1.2					1.1		1.2
Epilobium ciliatum				+				+						
Ranunculus acris					1.1									
Carex hirta								+						
Leucanthemum vulgare								+						
Acer pseudoplatanus (Klg.)								+						
Calystegia sepium								+				+		
Calamagrostis epigeios									+					
Prunella vulgaris									+					
Rhytidiadelphus squarrosus									2.3					
Vulpia myuros										1.1	1.1			
Poa annua										+	+			
Agrostis stolonifera										1.2	+.2			
Sagina procumbens										+	+			
Pohlia nutans										3.4	4.4		+.3	
Lapsana communis												+		
Deschampsia cespitosa														+.2
Galeopsis tetrahit														2.3
Cirsium oleraceum														+.2
Fraxinus excelsior (Klg.)														+

Tab. 2: Rohtabelle als erste Stufe der Vegetationstabelle. Hierin sind alle Vegetationsaufnahmen in der Reihenfolge eingetragen, wie sie im Gelände gemacht wurden. Eine Spalte bedeutet eine Aufnahme. Durch Umstellung der Aufnahmen bzw. Spalten (Veränderung der horizontalen Reihenfolge) und Umstellung der Arten bzw. Zeilen (Veränderung der vertikalen Reihenfolge) erhält man die geordnete Endtabelle (Tab. 3). Herkunft der Aufnahmen: Gelände des Energie- und Umweltzentrums Eldagsen am Deister südl. Hannover 1994.

Neue laufende Nummer	1	2	3	4	5	6	7	8	9	10	11	12	13	14
Nr. der Aufnahme	12	14	7	4	5	3	1	8	6	2	13	9	10	11
Fläche m^2	9	9	9	10	12	8	10	10	15	6	8	6	1	1
Krautschicht Deckung %	100	90	100	90	95	90	95	95	90	95	80	80	30	50
Höhe cm	100-150	60-80	80-100	30-50	30-40	30-50	60-100	40	40-60	40-60	20-60	20-70	5-10	5-15
Moosschicht Deckung %	–	–	–	5	5	20	15	-	5	80	80	80	60	70
Artenzahl	15	24	16	21	23	23	18	21	19	16	12	18	13	16
Arrhenatherum elatius	+.3	2.4	1.4	+	1.2	2.2	3.4	1.1	4.4					
Heracleum sphondylium	3.2	2.1	2.1	+	2.2	+	1.1	1.1	1.1					
Anthriscus sylvestris	5.5	4.5	3.4	+	+	+	1.1		+					
Vicia cracca	+		+	+	+	+	2.1	+	2.4			+		
Rumex acetosa		3.1	1.2	+	2.2	1.1	3.1	+	2.2					
Glechoma hederacea	1.1	1.1		1.1	+	+	1.1	1.1	+					
Urtica dioica	2.1	1.3	2.3	+		+		+						
Galium aparine	1.1	1.2	1.2	+										
Aegopodium podagraria		+	2.4	4.4	3.4	+								
Vicia sepium	+	2.3	+	+	1.1		+							
Equisetum arvense		+		1.1	+									
Trifolium repens					+				+.2	5.4	2.3	2.3	2.3	3.3
Leontodon autumnalis										1.1	2.1	+	2.1	2.1
Lolium perenne							+			+		1.2	+.2	1.2
Achillea millefolium						+			+		1.1	2.3	+	1.1
Phleum pratense			+							1.2	2.2	+.2		
Leontodon hispidus										+		1.1		
Pohlia nutans											+.3		3.4	4.4
Vulpia myuros													1.1	1.1
Agrostis stolonifera													1.2	+.2
Poa annua													+	+
Sagina procumbens													+	+
Holcus lanatus	1.2	2.2	+.2	2.2	3.3	4.4	4.3	1.1	3.4	+.2	1.2	2.3	+.2	+.2
Poa trivialis	4.5	2.3	1.2	2.3	+	+.2	1.2	1.1	1.2				1.2	+
Dactylis glomerata	2.2	3.4	1.3	1.2	1.2	+.2	3.3	+	2.2	+.2				
Ranunculus repens	+	1.3	1.2	+	2.2	3.4	1.1	4.5	2.2	+				
Festuca rubra		3.5		2.2	3.3		2.2	1.2	2.2	4.4	3.3	4.5		1.2
Cerastium holosteoides			+		+	+	1.1		+	2.3	2.1	1.1	+	+
Brachythecium rutabulum				2.3	2.3	2.3	2.3		2.3	5.5	5.5	5.5		1.2
Poa pratensis		2.3			+	+.2		+	1.2	1.2	2.2	1.3		+
Taraxacum officinale				+	+			+		1.1	+	+	+	+
Plantago lanceolata					2.1	+			+	1.1	+	+		
Veronica chamaedrys		1.1			2.3	+	1.1							
Potentilla anserina					+	+		+	+					
Pimpinella major		+					3.1		+			1.1		
Cirsium arvense		+	1.1			+								
Lamium maculatum	1.1					+								
Rumex obtusifolius		+.2				+								
Calystegia sepium	+							+						
Elymus repens				1.1				1.1						
Epilobium ciliatum				+				+						
Rumex crispus						+		+						
Lapsana communis	+													
Galeopsis tetrahit		2.3												
Deschampsia cespitosa		+.2												
Cirsium oleraceum		+.2												
Fraxinus excelsior (Klg.)		+												
Alopecurus myosuroides				+										
Ranunculus acris					1.1									
Carduus crispus							+							
Carex hirta								+						
Leucanthemum vulgare								+						
Acer pseudoplatanus (Klg.)								+						
Helictotrichon pubescens										+.2				
Rhytidiadelphus squarrosus												2.3		
Calamagrostis epigeios												+		
Prunella vulgaris												+		

Tab. 3: Die gleiche Tabelle wie Tab. 2, nur mit umgruppierten Spalten und Zeilen. Dies ergibt die geordnete Endtabelle als letzte Stufe der Vegetationstabelle, die aus der Rohtabelle (Tab. 2) über mehrere Zwischenstufen entsteht. Erläuterungen im Text.

Diese Ordnung soll nur aus dem «Tabellenbild» gefunden werden und nicht nach irgendwelchem ökologischen Vorwissen.

Deshalb werden möglichst keine «Ordnungskriterien» von außerhalb verwendet, indem man z.B. nach Bodenfeuchtigkeit, Nährstoffgehalt usw. ordnet, sondern es soll zunächst nur das in Betracht kommen, was in der Vegetation selbst liegt, in dem Fall also die jeweilige Artenkombination. Es kommt darauf an, die Vegetationsaufnahmen innerhalb der Tabelle so umzugruppieren und anzuordnen, dass sich ihre Gesetze, d.h. die gemeinsamen und unterschiedlichen Artenkombinationen, von selbst zeigen.

Durch eine solche Neuordnung entsteht aus der ungeordneten Rohtabelle über meist mehrere Zwischenstufen die geordnete Endtabelle, aus der unmittelbar ersichtlich ist, welche Vegetationsbestände eine ähnliche Artenkombination aufweisen und deshalb als zusammengehörig erscheinen und welche Bestände nach der Artenkombination voneinander zu trennen sind (Tab. 3). Die Ordnungsarbeit war umso erfolgreicher, je dichter die «Blöcke» sind und je weniger Eintragungen daneben übrig bleiben (= Clusterbildung). Die blockweise Anordnung der Daten erlaubt ein unmittelbares, bildhaftes Erkennen von ähnlichen Beständen und von zusammengehörenden Arten.

So ein tabellarischer Block umfasst in der Tabelle 3 beispielsweise die Aufnahmen 1 – 9 und die Arten von *Heracleum sphondylium* (Wiesen-Bärenklau) abwärts bis *Glechoma hederacea* (Gundermann). Außerhalb dieses Blocks (also rechts davon) kommen die genannten Arten (bis auf eine Ausnahme) nicht vor, und gleichzeitig fehlen diesem Block (mehr oder weniger) die weiter unten folgenden Arten von *Trifolium repens* bis *Achillea millefolium*, die wiederum unter sich einen Block bilden. Man kann also sagen: Die Arten des ersten Blocks sind kennzeichnend (sind die «Merkmale») für die Vegetationsaufnahmen 1 – 9 und die Arten des zweiten Blocks entsprechend für die Aufnahmen 10–14. Da die genannten Arten die Aufnahmengruppen voneinander trennen, werden sie *Trennarten* genannt.

Durch den Vergleich sehr vieler Vegetationsaufnahmen stellt sich heraus, welche im Gelände aufgenommenen Einzelbestände zu *einem* Typus gehören, welche Merkmale dieser Typus hat und durch welche Merkmale er sich von anderen Beständen und Typen unterscheidet. Die Merkmale der Pflanzengemeinschaften sind aber die beteiligten Pflanzenarten selbst. Das Vorhandensein bestimmter Arten, das Fehlen von anderen Arten sowie die Menge der jeweils auftretenden Arten machen die charakteristische Artenkombination aus, die die Vegetationsbestände kennzeichnen.

In unserem Beispiel handelt sich offenbar um zwei durch die Artenkombination deutlich voneinander verschiedene Vegetationstypen (Pflanzengesellschaften). Jeder einzelne der dazugehörigen Bestände, repräsentiert durch die Vegetationsaufnahme, ist also ein konkreter Fall des allgemeinen Vegetationstypus. Bei genauerem Hinsehen fällt auf, dass sich die großen, auffälligen Blöcke durch andere, kleinere Blöcke noch weiter differenzieren lassen. Andererseits gibt es eine Reihe von Arten, die auch den größeren Blöcken gemeinsam sind. Das ist ein erster Hinweis darauf, dass es möglich ist, die Vegetationstypen hierarchisch zu ordnen.

Verwandtschaft und hierarchische Ordnung von Pflanzengesellschaften

Durch den Vergleich vieler Vegetationstabellen untereinander, wobei inzwischen für Mitteleuropa viele tausend einzelne Vegetationsaufnahmen verarbeitet wurden, konnte eine Synsystematik (*Syn*systematik = Systematik der Pflanzen*gesellschaften*) entwickelt werden, die allein auf der *floristischen Verwandtschaft* (d.h. Verwandtschaft nach der Artenkombination) beruht.

Klasse: Molinio-Arrhenatheretea
Grünland-Gesellschaften

Ordnung: Arrhenatheretalia
Fettwiesen und -weiden

Verband: Arrhenatherion
Fettwiesen

Assoziationen:	Dauco-Arrhenatheretum *Tal-Glatthaferwiese*
	Alchemillo-Arrhenatheretum *Berg-Glatthaferwiese*
	Chrysanthemo-Rumicetum thyrsiflori *Straußampfer-Überflutungswiese*

Verband: Cynosurion cristati
Fettweiden

Assoziationen:	Lolio-Cynosuretum *Weidelgras-Weißklee-Weide*
	Festuco-Cynosuretum *Rotschwingel-Weißklee-Weide*

Tab. 4: Beispiel für die Synsystematik – Gliederung einer Vegetationsklasse (nicht vollständig). Die Namen der Gesellschaften werden durch die Namen der kennzeichnenden oder dominanten Arten gebildet (maximal 2 Arten); der zuletzt stehende Name erhält die charakteristische Endung:

Assoziation:	-etum
Verband:	-ion
Ordnung:	-etalia
Klasse:	-etea

Hierbei werden floristisch verwandte Typen schrittweise zu immer größeren Gruppen zusammengefasst, wobei sich sukzessive ein hierarchisch geordnetes System ergibt. Diese Art der Systematik bildet die Grundlage des von den meisten Pflanzensoziologen akzeptierten Braun-Blanquet-Systems. Die Hauptrangstufen dieses Systems sind, von den niedrigen zu den höheren Einheiten fortschreitend: Assoziation, Verband, Ordnung, Klasse (Tab. 4). Kriterium für die Einordnung in eine Kategorie des Systems ist die Ähnlichkeit von Artenkombinationen (floristisches Prinzip).

Diesem System folgend, können in unserem Beispiel der Tabelle 3 die gefundenen Vegetationseinheiten folgenden Assoziationen zugeordnet werden:

Brennnessel-Giersch-Saumgesellschaft (Urtico-Aegopodietum, Aufn. 1–5), eine Staudengesellschaft, die sich bei nachlassender Nutzung oder Brachfallen aus der folgenden Gesellschaft (Glatthaferwiese) entwickelt und die noch viele Arten dieser Wiese als Relikte enthält. Sie kann noch weiter untergliedert werden in eine Ausbildung mit dominierender Brennnessel *(Urtica dioica)* und Bärenklau *(Heracleum sphondylium*, Aufn. 1–3) und eine mit dominierendem Giersch (*Aegopodium podagraria*, Aufn. 4–5).

Glatthaferwiese (Arrhenatheretum, Aufn. 6–9; vgl. S. 223 und 267), eine Mähwiese, die ein- bis zweimal im Jahr geschnitten wird. Sie hat allerdings sehr starke floristische Ähnlichkeiten mit der vorhergehenden Gesellschaft, sodass sie keine eigenen kennzeichnenden Arten zu haben scheint. Das liegt daran, dass die Brennnessel-Giersch-Saumgesellschaft eine Folgegesellschaft der Glatthaferwiese ist: Bei fehlender oder nachlassender Mahd setzen sich Hochstauden durch, wobei die Wiesenarten (Glatthafer: *Arrhenatherum elatius*, Knaulgras: *Dactylis glomerata*, Sauerampfer: *Rumex acetosa* usw.) allerdings noch lange im Bestand erhalten bleiben; und so kommt es zu Durchdringungen beider Artengruppen.

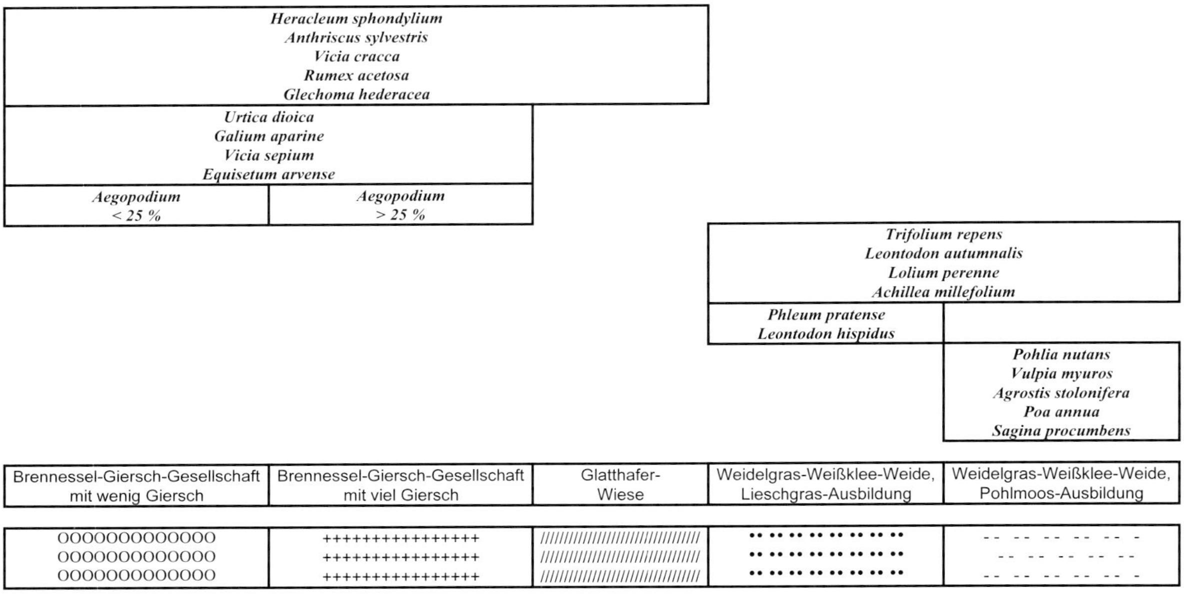

Abb. 23: Kartierschema. Es enthält alle wichtigen Trennarten der geordneten Endtabelle (Tabelle 3). Nach diesem Schlüssel können die Pflanzengesellschaften kartiert werden, die dann jeweils die unten stehende Signatur auf der Karte erhalten.

Weidelgras-Weißklee-Weide (*Lolio-Cynosuretum, Aufn. 10–14;* vgl. Abb. 184, S. 222), allerdings nicht in der typischen beweideten Form, sondern als Scherrasen mit vielfacher Mahd pro Jahr und mäßigem Betreten. Dadurch entwickelt sich eine Artenkombination, die der Weidelgras-Weißklee-Weide entspricht. Es können zwei Ausbildungen unterschieden werden: erstens eine dichtwüchsige mit hohem Anteil an Rotschwingel (*Festuca rubra*), Weißklee (*Trifolium repens*) und dem Moos *Brachythecium rutabulum* (Aufn. 10–12), die außerdem durch das Vorkommen von Lieschgras (*Phleum pratense*) und Steifhaarigem Löwenzahn (*Leontodon hispidus*) gekennzeichnet ist; zweitens eine stärker betretene locker- und niedrigwüchsige mit verschiedenen einjährigen Pflanzen und dem Moos *Pohlia nutans* (Aufn. 13–14).

Vegetationskartierung

Da die Pflanzengesellschaften in der Landschaft flächig verbreitet sind, können sie kartografisch erfasst werden. Zumeist benutzt man dazu als Grundlage eine topografische Karte (z.B. die Deutsche Grundkarte im Maßstab 1: 5000), auf der dann alle Pflanzengesellschaften lagegetreu eingezeichnet werden. Die Kartierung kann im Prinzip gleich an die Tabellenarbeit anschließen, auch ohne dass die gefundenen Vegetationstypen in das pflanzensoziologische System eingegliedert wurden. Dabei geht man so vor, dass man die Vegetationsgliederung, wie sie sich in der geordneten Endtabelle (Tab. 3) zeigt, zunächst in ein praktisch zu handhabendes Kartierschema umsetzt. Es soll alle diagnostisch wichtigen Trennartengruppen enthalten (Abb. 23). Hiernach wird nun das entsprechende Bearbeitungsgebiet flächenmäßig kartiert. Abgesehen von den praktischen Anwendungsmöglichkeiten einer solchen Kartierung (Hinweise auf Bodenart, Wasserhaushalt, Kleinklima usw.) hat sie auch einen methodischen Wert, denn sie ist zugleich immer auch die Überprüfung der tabellarisch gewonnenen Vegetationstypen. Erweist sich die Gliederung als richtig, d.h. dem Bearbeitungsgebiet angemessen, müssen alle konkret vorgefundenen Flächen nach dem Gliederungsschema eingeordnet werden können.

In dieser Phase spielt die Anschauung wieder eine herausragende Rolle. Denn jede Artenkombination zeigt sich in unterschiedlicher Färbung und Struktur, und so können die Bearbeiter sich visuell auf die zu kartierenden Trennartengruppen eichen, z.B. auf das bräunliche Grün einer Magerweide, das frische Maigrün einer Fettweide oder das dunklere Grün mit zahlreichen eingestreuten gelben Blüten einer Feuchtweide. Solche Farbaspekte verändern sich aber im Jahreslauf und sind auch von Gebiet zu Gebiet unterschiedlich ausgeprägt, sodass man sie immer wieder neu «eichen» muss. Dennoch stellt sich ein gewisses typisches Grundmuster (einschließlich einem bezeichnenden Aspektwechsel im Jahreslauf) für jeden Vegetationstyp heraus – eine ganz wesentliche Erfahrung des Pflanzensoziologen, aber bisher nicht Gegenstand einer methodisch-wissenschaftlichen Bearbeitung ist.

Durch langjährige Geländeerfahrung erlangen die Vegetationsforscher schließlich die Fähigkeit, eine Pflanzengesellschaft am Habitus zu erkennen, und zwar selbst auf größere Distanz hin und eventuell sogar vom fahrenden Zug oder Auto aus (Vahle & Dettmar 1988, Vahle 2003). Dieses Erkennen läuft nicht mehr nach der systematischen Abfrage von Merkmalen (d.h. Trennarten), sondern nach dem ganzen Erscheinungsbild. Die meisten erfahrenen Pflanzensoziologen haben diese Fähigkeit, können sie aber kaum anderen vermitteln (vgl. dazu Göbel 1989: 17, der genau das entsprechende Phänomen für das unmittelbare Erkennen einer Pflanzenfamilie beschreibt).

Anwendung der Erkenntnisse der Pflanzensoziologie

Schon gleich zu Beginn der Etablierung der Pflanzensoziologie in Mitteleuropa wurde gerade durch Tüxen die «angewandte» neben der «theoretischen» Pflanzensoziologie stark gefördert und ausgeweitet. Tüxen verstand es, die Ziele und Einsatzmöglichkeiten der Pflanzensoziologie allgemein verständlich darzustellen und das Interesse für diese Arbeitsrichtung besonders in der Landwirtschaft und Forstwirtschaft sowie in Wasserbau und Kulturtechnik zu wecken. Entsprechend wurde die damals noch junge Pflanzensoziologie durch Geldmittel aus eben diesen Wirtschaftszweigen sehr gefördert, die sich Angaben zur standortgerechten Anbauplanung und Nutzungsverbesserung erhofften. In dieser Zeit wurden die Zusammenhänge zwischen Vegetation und Boden, Wasserhaushalt, Klima sowie Einflüssen von Mensch und Tier gründlich erarbeitet.

Vegetation ist das Integral des Standortes. Was besagt diese Erkenntnis von Tüxen? Das Zusammenspiel aller Standortkräfte ist ein kompliziertes Wechselverhältnis. Die Art des Bodens, das Wasser in und über dem Boden, Wind, Licht und Wärme, aber auch der Einfluss von Mensch und Tier – sie alle wirken aufeinander ein, beeinflussen sich gegenseitig, schwächen sich teils ab, teils verstärken sie sich. Alles das tritt auch noch in Interaktion mit den Pflanzen, die ihrerseits alle anderen Faktoren verändern – so steigert ein Wald die Feuchtigkeit einer Gegend, während ein Magerrasen sie mindert. Das Ergebnis aller dieser Wechselwirkungen drückt sich schließlich in der Vegetation aus, in ihrer Artenzusammensetzung und ihrer Gestalt. Die Vegetation «integriert» also über die gesamte Summe aller Standortkräfte: Das ist gemeint mit «Vegetation als Integral».

Hat man diesen Zusammenhang einmal begriffen, kann man in der Pflanzendecke «lesen» lernen, und so wird Vegetation zur lesbaren Schrift der Landschaft, aus der die Eigenschaften des Bodens, des Wassers, des Kleinklimas sowie die Einflüsse von Mensch und Tier *flächenhaft* abgelesen werden können. Das ist besonders effektiv bei solchen Standortkräften, die der unmittelbaren Anschauung verborgen sind (Boden, Grundwasser usw.) oder die im Jahreslauf zu ganz bestimmten Zeiten auftreten (Wiesenmahd, Düngung, Hochwässer, Spätfröste usw.), zur Zeit der Beobachtung jedoch nicht wahrnehmbar sind. Nachdem die Vegetation auf diese Standortfaktoren geeicht worden ist, kann man daraufhin über die Vegetation, die ja der Anschauung flächendeckend zugänglich ist, ebenso flächendeckende Aussagen über die betreffenden Faktoren erhalten (Abb. 24).

Auf diese Art und Weise wird ein Lesen in der Landschaft möglich, nicht nur ein Lesen der Landschaftselemente Klima, Luft, Wasser und Boden, sondern auch ein Lesen der Wirkungen des Menschen in der Landschaft. Ich meine hier gar nicht in erster Linie destruktive Wirkungen, die sich in einem ständigen Rückgang an vielfältiger Landschaft und an Pflanzen- und Tierarten zeigt. Sondern im Gegenteil: In der Vegetation drücken sich auch die positiv-kreativen Wirkungen des Menschen aus, die die Landschaft bereichern – oder besser gesagt: bereicherten –, denn diese Wirkungen kennen wir vor allem von den vergangenen Menschengenerationen, die die vielfältige Kulturlandschaft mit Wiesen, Weiden, Äckern, Obstgehölzen, Trockenrasen, Heiden usw. erst geschaffen haben.

Alle diese Erkenntnisse, die ein Lesen in der Vegetation beinhalten, wurden schließlich in einem weiteren Anwendungsfeld umgesetzt, dem sogenannten *Lebendbau*. Hierbei ging es um effektive und kostengünstige Verfahren zur Begrünung extremer und durch Wind, Hochwasser usw. gefährdeter Böden, beispielsweise Sandaufschüttungen, Abraumhalden, frisch gegrabene Gewässerränder, Straßenböschungen. Durch die pflanzensoziologische Forschung wusste man, welche Pflanzengesellschaften auf diesen Standorten überhaupt möglich sein konnten und wie die sukzessive Abfolge verschiedener Gesellschaftsstadien vorstellbar war. Aus diesen Erkenntnissen heraus wurden erfolgreich Ansaat- und Bepflanzungsmaßnahmen entwickelt, die – da sie mit lebendem «Baustoff» (= Pflanzen) arbeiteten – *Lebendbaumaßnahmen* genannt wurden.

Im Zuge des wirtschaftlichen Wiederaufbaus nach dem Zweiten Weltkrieg hatte die Angewandte Pflanzensoziologie hier ein reiches Betätigungsfeld. Aber schon in den Sechzigerjahren ließ das Interesse der verschiedenen Zweige der Landbewirtschaftung an der Pflanzensoziologie, insbesondere am Lesen in der Landschaft, deutlich nach, da nun mit neuen Landbautechniken nach industriellen Maßstäben gearbeitet wurde. Die Ära der Angewandten Pflanzensoziologie als Instrumentarium für die Landbewirtschaftung neigte sich damit ihrem Ende zu.

Mit der starken Technisierung der Landwirtschaft in den Sechzigerjahren gewann auch – als Gegenbewegung – die Natur- und Umweltschutzbewegung an Stärke. In diesem mehr und mehr gesellschaftlich relevanten Bereich fand die Pflanzensoziologie ein neues Betätigungsfeld und auch die entsprechende finanzielle Förderung. Durch den Flächencharakter der Pflanzengesellschaften konnten großräumige Naturschutzbewertungen durchgeführt werden. Wichtig war auch, *Entwicklungen prognostizieren* zu können, wenn man sich für bestimmte Eingriffe (oder das Unterlassen von Eingriffen) entscheiden musste. Durch die Kenntnisse von Sukzessionsverläufen konnten solche Prognosen wenigstens näherungsweise gemacht werden.

Man sollte nun berechtigterweise annehmen, dass die Pflanzensoziologie aufgrund ihrer landschaftskundlichen Bedeutung und ihrer vielfältigen Einsatzmöglichkeiten gegenwärtig besonders wichtig sei. Das zunehmende Bewusstsein über die «ökologische Krise», die beginnende «Ökologisierung der Landwirtschaft» und allgemein das Zeitalter der Lebenswissenschaften erfordern geradezu eine ganzheitliche und integrative Wissenschaft, und die Pflanzensoziologie kommt dem schon ziemlich nahe. Statt aber die Pflanzensoziologie in diesem Sinne zu fördern und zu entwickeln, sieht die Realität ganz anders aus: Ihre gesellschaftliche Bedeutung geht seit mehreren Jahren immer weiter zurück. Warum?

Probleme der Pflanzensoziologie

An vielen Universitäten wird die Pflanzensoziologie inzwischen abgeschafft, indem Lehrstühle geschlossen, Forschungsmittel gestrichen oder die pflanzensoziologische in eine populationsbiologische Richtung gewandelt wird. In der Populationsbiologie (z.B. White 1985) wird der Ganzheitscharakter der Vegetation aus den Augen verloren, sodass man die Betrachtung rein auf die Verteilung der Pflanzen-*Individuen* in der Untersuchungsfläche beschränkt. Über diese «Individuen» denkt man so, dass sie mit verschiedenen «Strategien» in einen «Konkurrenzkampf» treten. Ein Denken über Pflanzengemeinschaften als Ganzheiten gerät vollständig aus dem Blick, und in letzter Konsequenz wird der Begriff der Pflanzengesellschaft völlig abgelehnt.

Die Pflanzensoziologie wird so durch eine

Abb. 24 (Seite 44 f.): Vergleich einer Bodenkarte (a) und einer Vegetationskarte (b) des gleichen Gebietes.
Erläuterungen zur Bodenkarte (a):

1	schlickdurchsetzter Niederungsmoortorf	über 12 dm mächtig
2	schlickdurchsetzter Niederungsmoortorf	8-12 dm mächtig
3	schlickdurchsetzter Niederungsmoortorf	3- 8 dm mächtig
4	Anmoore (auf verschiedenen Bodenarten)	
5	Sand mit überwiegendem Feinsandanteil	
6	schwach tonig-schluffiger Feinsand	
7	schwach tonig-schluffiger Feinsand bis tonig-schluffiger Feinsand	
8	tonig schluffiger Feinsand bis feinsandig-schluffiger Ton	
9	Gleyböden mit schwachen Grundwasserabsätzen	
10	Gleyböden mit mittleren Grundwasserabsätzen	
11	Gleyböden mit starken Grundwasserabsätzen	
12	braune Auenböden (Verbraunung bis 4 dm)	

Erläuterungen zur Vegetationskarte (b): Die 33 verschiedenen Vegetationseinheiten können aus Platzgründen hier nicht einzeln aufgeführt werden. Sie verteilen sich auf folgende Gruppen:

1-5	Röhrichte und Seggenrieder
6-13	Feuchtwiesen
14-26	Weiden
27	Sandtrockenrasen
28-29	Flutrasen
30-33	Ackerwildkraut-Gesellschaften

(Aus Meisel 1958.)

Zu K. Meisel: Abb. 1. Bodenkarte eines Ausschnittes des Blattes Veenberge (Landkreis Aschendorf-Hümmling). Aufgen. v. Amt für Bodenforschung, Hannover, i. M. 1 : 5000. Erläuterungen s. S. 118/19.

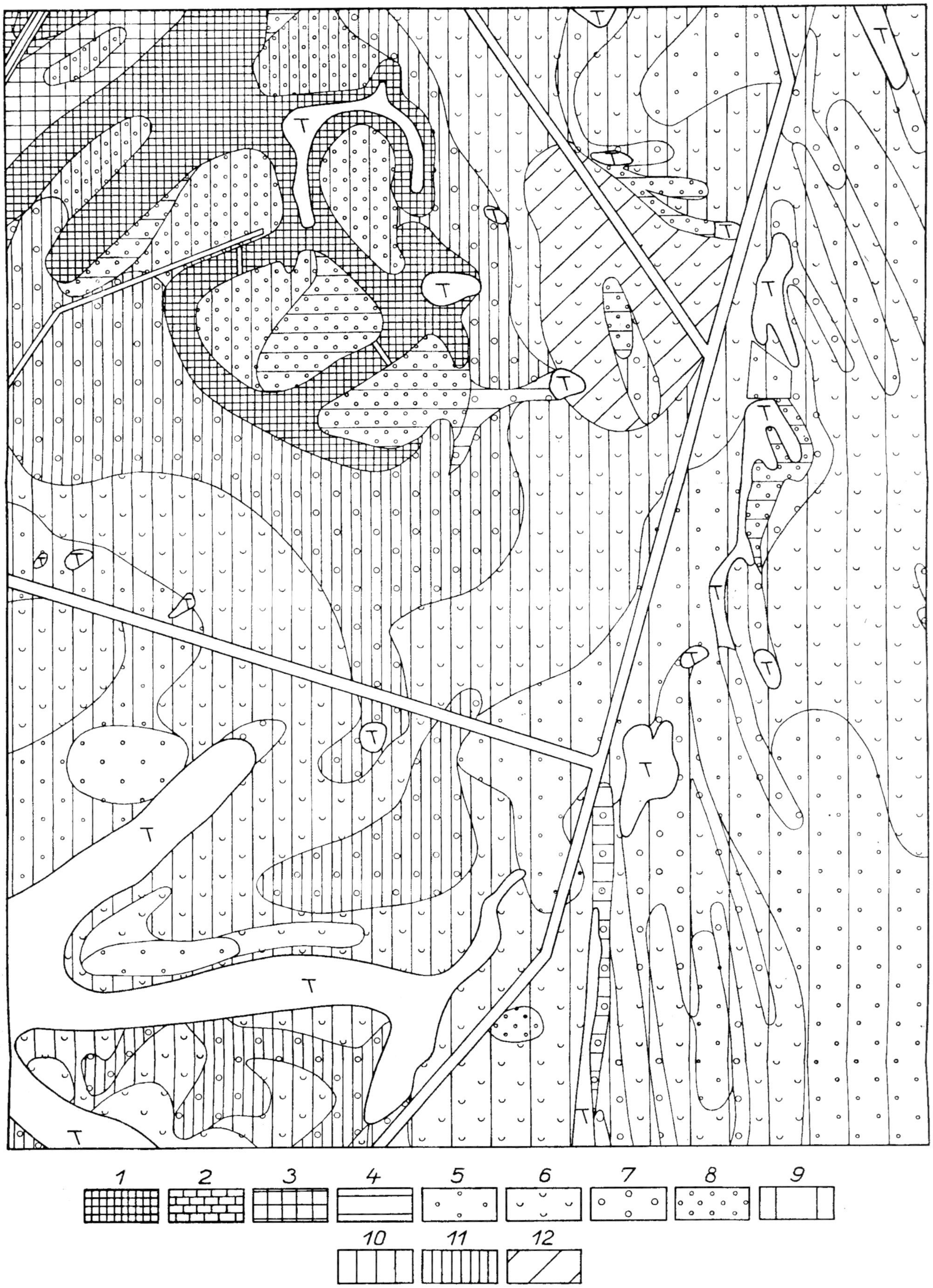

Zu K. MEISEL: Abb. 2. Vegetationskarte eines Ausschnittes des Blattes Veenberge (Landkreis Aschendorf-Hümmling). Aufgen. v. d. Bundesanstalt für Vegetationskartierung, Stolzenau/Weser, i. M. 1 : 5000. Erläuterungen s. S. 119-122.

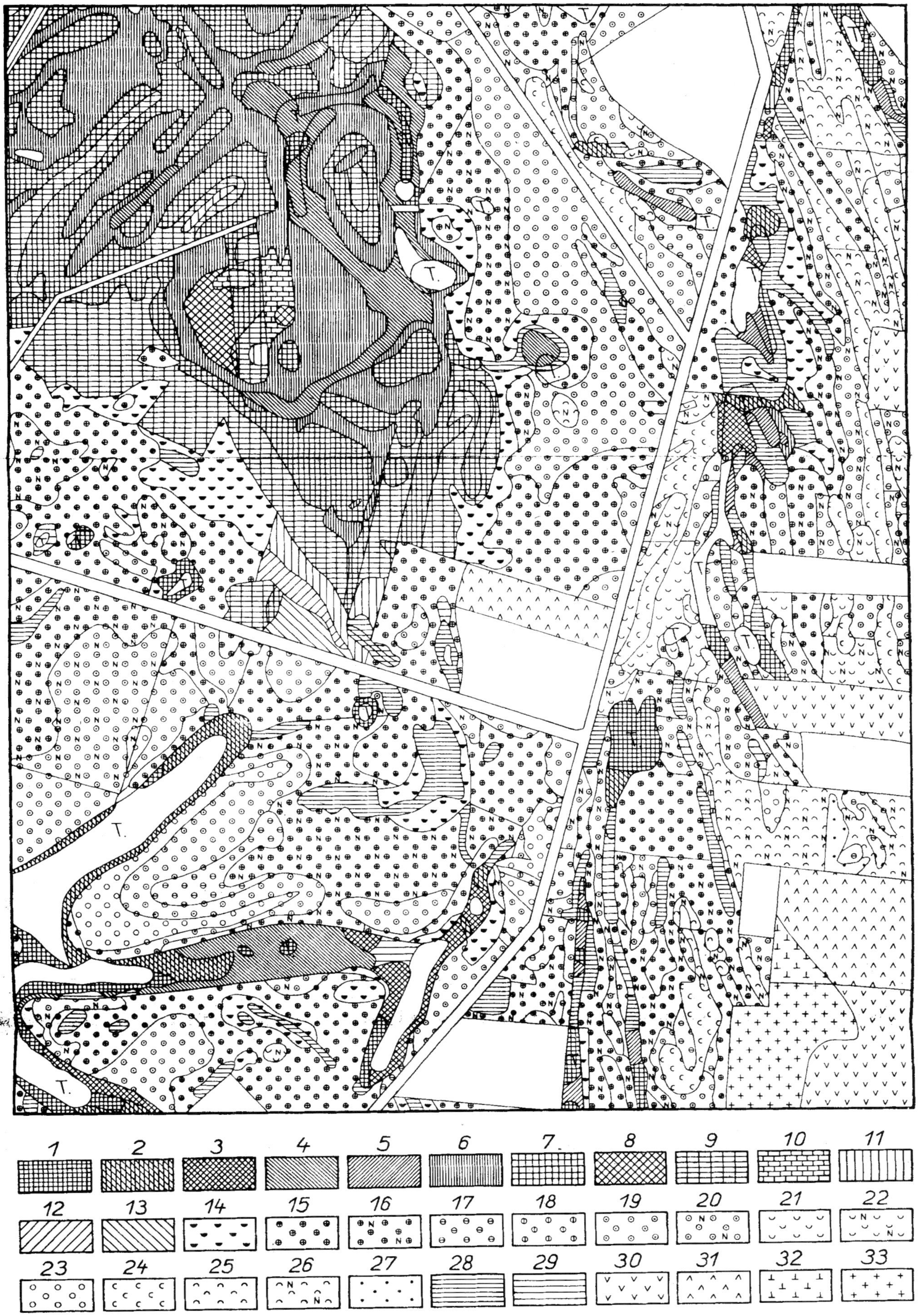

Denkform gefährdet, die das «Denken in Vegetationstypen» auflöst. Neben dieser Auflösungserscheinung droht dem typologischen Denken noch eine ganz andere Gefahr, die geradezu entgegengesetzter Natur ist. Das hierbei dominierende Denken zielt gerade auf das Gegenteil von Auflösung.

Wie oben beschrieben, ergibt sich ja im Verlauf der pflanzensoziologischen Tabellenarbeit die Möglichkeit, Vegetationstypen aufgrund ihrer floristischen Zusammensetzung zu bestimmen und gegeneinander abzugrenzen. Der positive Aspekt dieses Arbeitsschrittes ist der, zu einer klaren Begriffsbestimmung zu kommen. Es kann hierdurch herausgefunden werden, welche Artenkombination für welche Pflanzengesellschaft charakteristisch ist. Dadurch ist aber ein begleitender negativer Aspekt gewissermaßen schon vorprogrammiert.

Dieser liegt in dem Versuch begründet, ein festes Begriffssystem mit eindeutigen systematischen Zuordnungen zu erhalten. Dazu müssen alle Übergänge und Sonderformen gestrichen und vernachlässigt werden. Dies wird bei größeren systematischen Übersichten oft gemacht, um «reine Typen» zu erhalten. Dagegen ist dann nichts einzuwenden, wenn dies der Übersichtlichkeit und Klarheit wegen getan wird und wenn die Übergänglichkeiten nicht komplett ignoriert werden. Sehr bedenklich wird dieses Vorgehen jedoch dann, wenn die Ordnungsbestrebungen zu einem starren Formalismus führen.

Zu welch extremem Formalismus die synsystematische Arbeit führen kann, zeigt sich im *Code der pflanzensoziologischen Nomenklatur* (Barkman, Moravec, Rauschert 1986). Diese zunächst nach bester Absicht aufgestellten Regeln, um die synsystematischen Bezeichnungen der Pflanzengesellschaften zu vereinheitlichen, zu vereinfachen und übersichtlich zu gestalten, erweisen sich aus typologischer Sicht als verhängnisvoll. Wurde vor der Aufstellung dieser Regeln ein Vegetationstypus durch eine Tabelle beschrieben, d.h. in seinen vielen konkreten Erscheinungsformen dargestellt, so wird nun durch den «Code», der mit dem Anspruch eines Gesetzwerkes auftritt, gefordert, eine gültig zu beschreibende Pflanzengesellschaft durch *einen einzigen* konkreten Bestand (d.h. *eine* Vegetationsaufnahme bzw. *eine* Spalte in der Tabelle) endgültig zu definieren (Definition VIII), wobei dieser eine Bestand nicht einmal besonders charakteristisch für die gesamte zu beschreibende Gesellschaft sein muss (etwa im Sinne eines Ur-Phänomens): «Der nomenklatorische Typus braucht nicht ein besonderes typisches (charakteristisches) oder ein infolge besonderer Häufigkeit hervortretendes Element des Syntaxons zu sein» (Definition VIII).

In letzter Konsequenz ist dadurch ein Weg vorgezeichnet, der in eine völlige typologische Erstarrung hineinführt, eine «streng katalogisierende Ordnung» (Wagner 1983: 930), die dem Objekt mit seinen Übergänglichkeiten und seiner zeitlich-räumlichen Dynamik überhaupt nicht mehr gerecht wird. In dieser Formalisierung werden Typen zu Begriffsschubladen, zu Sammelkategorien, entweder mit fest definierten Grenzen oder mit fest definiertem Mittelpunkt. Was hierbei letztendlich erreicht wird, ist eine Erstarrung im System, die vor allem vom zentraleuropäischen Wissenschaftsraum ausgeht und dessen mehr verwaltungsmäßig orientiertes Denken widerspiegelt.

Beide hier beschriebenen Tendenzen der Erstarrung und der Auflösung sind im Grunde Eigenschaften, die der Typus selbst schon in sich trägt. Sie werden als *Beharrlichkeit* und *Plastizität* bezeichnet (Kunze 2005). In der Beharrlichkeit zeigt sich das, was wir «typisch» nennen, das immer wieder Ähnliche, das im wesentlichen Gleiche. In der Plastizität finden wir die kleinen Unterschiede, wir finden, dass es doch nie das Gleiche ist, wir finden das Bewegliche, Fließende. Zwischen beiden

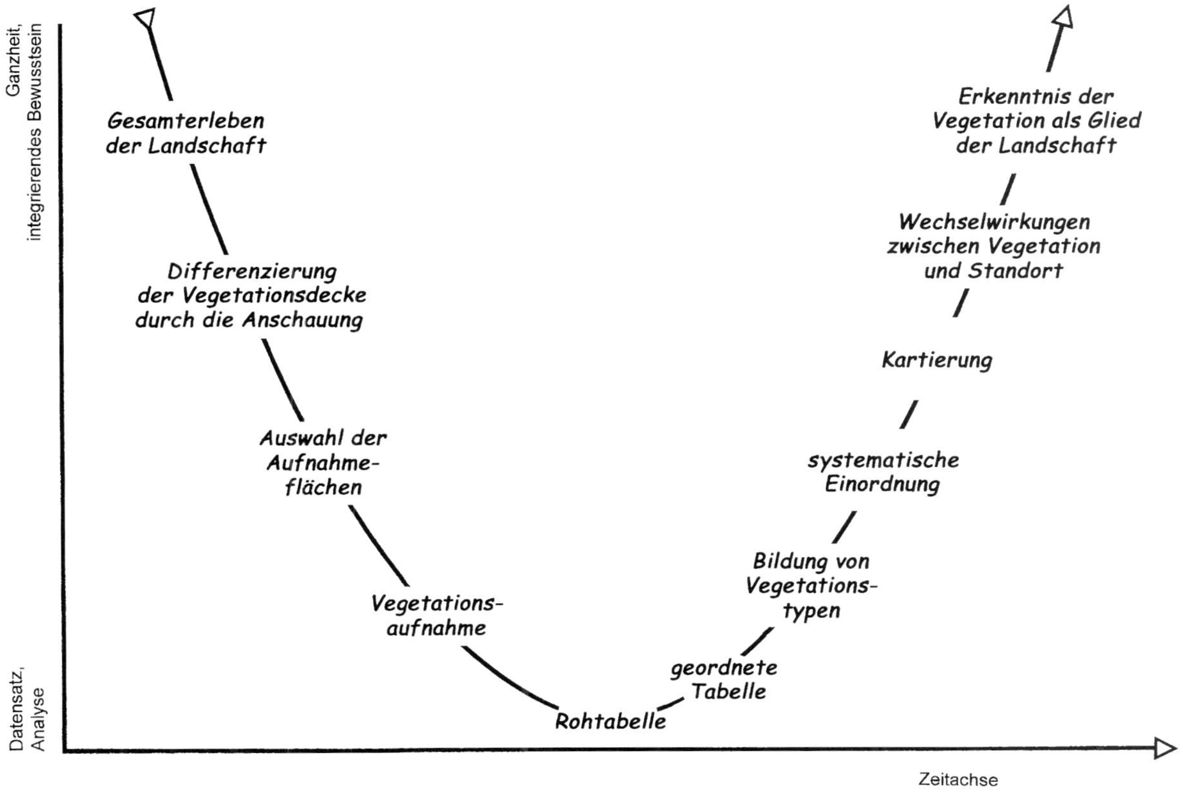

Abb. 25: Pflanzensoziologische «Erkenntnisparabel» in Anlehnung an Marti (1989).

Polen vermittelt der Typus, er integriert beide in sich. Ein Denken, das sich dem Typus verstehend nähern will, muss sich ebenso vermittelnd zwischen Beharrlichkeit und Plastizität bewegen können. Und hier liegt nach meiner Auffassung das Problem: Dieser besondere Kern des typologischen Konzeptes innerhalb der Vegetationskunde ist bisher nicht richtig erkenntnistheoretisch gegriffen, und deshalb droht immer das Abgleiten in die eine oder andere Richtung. Heute haben sich beide Einseitigkeiten getrennt entwickelt und zu einer gewissen «Entartung» geführt, die das Denken vom Kern der Typologie fortzieht.

Das typologische Denken muss sich immer mit diesen beiden Gefahren auseinandersetzen. Wenn der Aspekt der *Beharrlichkeit* einseitig ausgebildet wird, betont das sich hieran anlehnende Denken sehr stark das Systematische, das in «pathologischer Form» in die Formalisierung übergeht. Die andere Denkrichtung hat die Veränderungen im Sinn und kann schließlich nichts Beharrendes mehr akzeptieren, sie betont das *Plastische* des Typus zu stark und löst in ihrer «pathologischen Form» schließlich jede Art von Typus auf.

Angesichts der gegenwärtigen Entwicklungen der Pflanzensoziologie könnte man sich nun ganz von dieser Forschungsrichtung abwenden, wenn man auf der Suche nach einem ganzheitlichen Landschaftsverständnis ist. Ich hoffe aber, dass ich zweierlei zeigen konnte: erstens das Besondere der pflanzensoziologischen Sichtweise, die individuenübergreifend ist und sich vor allem mit dem vegetativen Aspekt der Pflanzendecke beschäftigt; zweitens die Notwendigkeit einer Analysephase auch bei einer ganzheitlich orientierten Forschung, mithin in Bezug auf die Vegetationsforschung die Notwendigkeit von Vegetationsaufnahmen, Tabellenarbeit usw.

Dass zu einer ganzheitlichen Landschaftserkenntnis auch die Analyse gehört, zeigt Marti (1989) in seiner beispielhaften Arbeit über *Heuschrecken und Landschaft. Ein exemplarischer Einblick in Theorie und Praxis goetheanistischer Naturwissenschaft.* Den gesamten wissenschaftlichen Prozess vom anfänglichen Gesamterleben der Landschaft über die Analyse der Einzelglieder (Arten) bis hin zur Zusammenschau der Einzeltatsachen stellt er als «Erkenntnisparabel» dar. Auch die pflanzensoziologische Methodik lässt sich ganz zwanglos in Form dieser Erkenntnisparabel darstellen (Abb. 25), was zeigt, wie ausgesprochen ganzheitlich sie arbeitet und wie nah sie bereits derjenigen Wissenschaftsmethodik steht, die Marti die goetheanistische Naturwissenschaft nennt. Das ist jedoch weitgehend unbekannt.

Gerade in Hinblick auf die gegenwärtig drohenden Vereinseitigungen innerhalb der Pflanzensoziologie erscheint es mir wichtig, sich auf ihren methodischen Kern zu besinnen, der in der Nähe des Goetheanismus steht. Hier kann eine konsequente und bewusste Weiterentwicklung der Vegetationskunde ansetzen.

4. Goetheanistische Vegetationskunde

Die Pflanzensoziologie unter goetheanistischen Aspekten neu zu betrachten könnte sie aus ihrer aktuellen Sackgasse führen. Was aber ist das Prinzip goetheanistischer Biologie, und wie sieht eine Anwendung innerhalb der Vegetationskunde aus? Hier kommen Aspekte zum Tragen, die in der «klassischen» Pflanzensoziologie schon unterschwellig veranlagt waren, aber methodisch völlig vernachlässigt wurden. Sie müssen heute neu eingeübt werden.

Einführung in die goetheanistische Forschungsmethode

Der Begriff «Goetheanismus» kann leicht den Eindruck erwecken, als handele es sich dabei um eine Ideologie oder Weltanschauung, die alles durch eine bestimmte Brille gefiltert sieht. So etwas ist hier aber nicht im Mindesten gemeint.

In seiner umfassenden Arbeit «Was ist Goetheanismus?» setzt sich Wolfgang Schad (2001) intensiv mit diesem Begriff auseinander. Er beschreibt, wie der Begriff eine wechselvolle Geschichte, inhaltlich unterschiedliche Facetten und verschiedene Grade von «Reizwortcharakter» hat. Auf diese Arbeit sei hier ausdrücklich verwiesen. Einer der Aspekte des Goetheanismus, der uns hier besonders interessiert, ist die Phänomenologie. Sie geht von der möglichst unvoreingenommenen, umfassenden Sinneswahrnehmung aus – der Anschauung im wahren Sinne des Wortes – und führt dann zum Typus- und zum Metamorphosenverständnis. Dieser mehr methodische Aspekt soll in der vorliegenden Arbeit im Vordergrund stehen, wie auch schon Goethe selbst formuliert: «Es ist hier nicht die Rede von einer durchzusetzenden Meinung, sondern von einer mitzuteilenden Methode, derer sich ein jeder als eines Werkzeuges nach seiner Art bedienen möge» (Goethe an Hegel, zit. nach Lehrs 1953).

Erstmals taucht der Begriff «Goetheanismus» im Jahre 1803 in einem Brief des schwedischen Diplomaten Karl Gustav Brinkmann an Goethe auf (Schad 2001: 23), wobei damit die *Weltzuwendung* Goethes insgesamt gemeint ist. Ist also die goetheanistische Methode etwas rein Historisches, etwas, was allein an die Person Goethes gebunden ist? Dann hätte es für uns heute keine praktische Bedeutung. Oder steckt im goetheanistischen Forschungsansatz etwas, was über die Bindung an den einzelnen Menschen Goethe hinausweist und damit objektiven und in gewissem Sinne zeitlosen Charakter hat?

Im Rahmen eines größeren Werkes über deutsche Literatur von Joseph Kürschner wurden von 1883 bis 1897 Goethes naturwissenschaftliche Schriften von Rudolf Steiner herausgegeben. Bei der intensiven Beschäftigung mit der Goetheschen Forschungsmethode fand Steiner heraus, dass es sich hierbei nicht um einen historisch überholten Ansatz handelt, sondern dass Goethe die *Grundlagen für eine naturwissenschaftliche Methode* gelegt hat, die jederzeit anwendbar ist. So liefert Steiner 1886 eine erkenntnistheoretische Begründung der Goetheschen Methode in seiner Schrift *Grundlinien einer Erkenntnistheorie der Goetheschen Weltanschauung.*

Wenn es sich auch beim Goetheanismus um eine jederzeit anwendbare Methode handelt, so ist doch offensichtlich, dass sie bisher kaum angewandt wurde. Das liegt sicher auch daran, dass dieser Ansatz in den meisten wissenschaftlichen Kreisen völlig unbekannt ist. Zum anderen fehlt bisher weitgehend eine Art praktischer Anleitung, *wie* man Goetheanismus methodisch betreibt.

Für eine erste methodische Annäherung sei aufgezählt, was wir als die Charakteristika des Goetheanismus verstehen:

- *Wissenschaft richtig betreiben:* Goetheanismus soll nicht als Gegensatz zur konventionellen Naturwissenschaft aufgefasst werden, sondern als deren Erweiterung im Sinne einer Überwindung eines einseitigen Reduktionismus.
- *Theoriebesetztes Denken abschaffen:* Fakten und Theorien bzw. Erklärungsmodelle müssen sauber voneinander getrennt werden, Erklärungsmodelle dürfen nicht als Fakten genommen werden. Jedes vorschnelle Urteil soll zurückgehalten, «Schubladendenken» vermieden werden.
- *Phänomenologie üben:* Die Wahrnehmung soll intensiv geschult werden, eine unmittelbare Begegnung mit der Sinneswelt soll herbeigeführt werden, diese soll aus verschiedenen Blickwinkeln betrachtet und dadurch eine Perspektivenflexibilität entwickelt werden.
- *Begriffe aus den Phänomenen schöpfen:* Die Erscheinungen sollen mithilfe der vergleichenden Gestaltkunde (Morphologie) so bearbeitet werden, dass die Gesetze sich selbst aussprechen können: «Denken in den Phänomenen».
- *Objektangemessen erklären:* Für die verschiedenen Seinsebenen sollen unterschiedliche Erklärungsmodelle verwendet werden – für die seelische Ebene andere als für die organische und wieder andere für die physische Ebene. Erklärungsformen dürfen nicht einfach übertragen werden (vgl. den Abschnitt «Die Pflanze in uns»).
- *Wesensbegegnung herbeiführen:* Hier wird die ethische Dimension des Forschungsweges berührt, sowohl in der Begegnung mit dem Objekt als auch in der Selbstschulung des Subjektes.

Als Anleitung zum eigenen praktischen goetheanistischen Arbeiten ist diese Charakteristik jedoch noch zu allgemein und zu abstrakt. Deshalb soll nun die eigentliche *methodische* Darstellung an Beispielen folgen.

Um das Besondere der goetheanistischen Methode richtig würdigen zu können, ist es sinnvoll, zunächst zu vergegenwärtigen, wie sich bei uns modernen Menschen das Zusammenspiel von Denken und Wahrnehmen gestaltet. Was tun wir, wenn wir ein interessantes Phänomen, eine Naturerscheinung sehen – und zwar so sehen, dass wir es dann auch wirklich in unserem wachen Bewusstsein haben? Zur Verdeutlichung sei ein Beispiel genannt, das Suchantke (1988) sehr schön beschreibt: Es gibt eine wüstenbewohnende Steinlerche (*Ammomanes deserti*), deren Gefieder jeweils genau die Färbung des Wüstengebietes zeigt, in dem der Vogel lebt. «Diese Art gliedert sich in zahlreiche Rassen, die allesamt steinigen Untergrund bevorzugen, und in allen bekannten Rassen gleicht die Farbe des Gefieders genau derjenigen des Gesteins, auf dem sie leben. Die dunkelste Rasse (*Ammomanes deserti annae*), die in schwarzer Lavawüste lebt, grenzt in ihrer Verbreitung direkt an eine der hellsten (*Ammomanes deserti coxi*), die hellgelben Wüstenboden bewohnt. Kein Individuum dieser beiden Rassen kann dazu gebracht werden, seinen farblich entsprechenden Untergrund zu verlassen» (Meinertzhagen 1954, zit. nach Suchantke 1988).

Mit unserer biologischen Allgemeinbildung denken wir uns zu dieser Beobachtung gleich den entsprechenden Begriff dazu, indem wir sagen, dass wir es da mit einem Beispiel perfekter Tarnung zu tun haben. Man muss sich jedoch klarmachen, dass dieser Begriff «Tarnung» etwas ist, was das Phänomen selbst nicht zeigt, sondern etwas, was wir aus unserer Vorstellung heraus dem Phänomen gewissermaßen überstülpen. Das Denken, das sich da einschaltet, ist ein Denken *über* die Phänomene; angemessen wäre aber ein Denken *in* den Phänomenen.

Das Denken in diesem beschriebenen Akt dient also im Grunde nur dazu, die entsprechende Schublade aus unserem angelernten Begriffsraster zu ziehen und das Phänomen darin einzusortieren. Oder anders ausgedrückt: Wir suchen sofort nach einer Erklärung für die entsprechende Naturerscheinung und lösen uns in diesem Augenblick von den Phänomenen an sich; indem wir nach einer Erklärung suchen und diese auch sofort in unserer Begrifflichkeit finden, verlassen wir die Ebene der Wahrnehmung.

Es soll hier nicht der Wert von Ursachenerklärungen bezweifelt werden – obwohl sie, vorschnell vollzogen, leicht falsch sein können, wie die Erklärung der Tarnung im obigen Beispiel: «Die Schutzwirkung, die Tarnung, ist in all diesen Fällen von unglaublicher Perfektion – solange sich das Tier nicht bewegt! Im Augenblick der Bedrohung pflegen sich die Tiere aber im Allgemeinen erregt zu bewegen, und die ganze schöne Schutztracht ist nutzlos. Die so wunderbare ‹Tarnung› der Steinlerchen wird durch das viele Hin- und Herfliegen und die Stimmfreudigkeit dieser Vögel völlig zunichte gemacht, außerdem wirft der stehende und laufende Vogel einen dunklen Schatten neben oder unter sich – ein dunkler Fleck, der sich bewegt, ist eine auffällige Erscheinung» (Suchantke 1988).

Es bleibt die Frage, wie das Denken *in* den Phänomenen funktionieren soll, da man ja ständig seine Erklärungsmöglichkeiten, Vorstellungen, Begriffe und Definitionen bereit hat, die sich ganz zwangsläufig bei der Wahrnehmung mit in den Vordergrund drängen. Die vermutlich einzige Möglichkeit, diesen Prozess abzudämpfen und damit die Phänomene als solche wieder mehr in den Vordergrund treten zu lassen, ist, dem selbsttätig ablaufenden Denken eine neue Aufgabe zu geben. Es müsste in einer solchen Weise lernen, die Arbeit an den Phänomenen nicht durch Erklärungsversuche ständig zu behindern, sondern sich direkt in den Dienst dieser Aufgabe zu stellen.

Ein wichtiger Schritt in dieser Richtung ist, das Denken zunächst nur zum Ordnen der Phänomene zu verwenden. Es werden dann also keine vorgefertigten Begriffe in die Phänomene hineingedacht oder irgendwelche Erklärungen gesucht. Die Arbeit des Denkens besteht dabei vorerst nur in einer gründlichen vergleichenden Tätigkeit innerhalb der sinnlich wahrnehmbaren Erscheinungen. Das Denken wird so zu einem Auffassungsorgan für die Ordnung, die den Erscheinungen zugrunde liegt. Das sei an einem Beispiel gezeigt. Hierbei geht es darum, der Gestaltwandlung von Blättern einer aufwachsenden Pflanze, die sich während der Metamorphose *zwischen* den Einzelblättern zeigt, nachzuspüren.

In Abb. 26 sind die Blätter vom Scharfen Hahnenfuß (*Ranunculus acris*) wiedergegeben, und zwar in der Reihenfolge, wie sie während einer Vegetationsperiode an einem einzelnen Spross entstehen. Die vier ersten Blätter sind grundständig, die folgenden sitzen an der aufrecht wachsenden Sprossachse. Richtet man nun seine Aufmerksamkeit auf das erste Blatt, bemerkt man, dass hier eine recht geschlossene Form vorliegt, eine Form also, bei der die zusammenhängende Fläche überwiegt, die im äußeren Umriss rundlich ist. Vom Rand her verlaufen Einschnitte in Richtung auf das Zentrum des Blattes, erreichen dieses aber nicht, sondern gehen zumeist nur bis zur Hälfte der Strecke Blattrand – Zentrum. Dadurch erscheint das

Abb. 26: Laubblattfolge des Scharfen Hahnenfußes (*Ranunculus acris*). Nach Grohmann (1981). Ausführliche Beschreibung im Text.

Blatt sehr dicht und flächig. Der Blattstiel ist ziemlich kurz, er erreicht nur etwas mehr als den Durchmesser der Spreite (Spreite = Blattfläche).

Das darauffolgende Blatt ist insgesamt ein wenig größer als das erste und hat einen längeren Stiel. Auch das Verhältnis von Blattstiel zu Spreite ist ein größeres als beim vorigen, indem der Stiel nun knapp die doppelte Länge der Spreite erreicht. Aber auch bei der Form der Blattspreite ist gegenüber dem ersten Blatt eine Veränderung zu verzeichnen. Die Blattfläche wirkt ein wenig lockerer, weil die vom Rand her kommenden Einschnitte viel tiefer in das Zentrum des Blattes hereinragen und zwei der Spalten sogar den Stielansatz erreichen. Der äußere Umriss kann nicht mehr als rund oder rundlich bezeichnet werden, sondern bildet in etwa ein Fünfeck. Die Formverwandtschaft mit dem ersten Blatt ist zwar offensichtlich, aber ebenso klar ist auch, dass es einen Unterschied gibt.

Beim dritten Blatt wird deutlich, dass die Tendenz in der Formveränderung vom ersten zum zweiten Blatt hier fortgesetzt wird. Dieses Blatt ist noch größer als das zweite, auch das Verhältnis von Blattstiel zu Spreite hat sich noch einmal vergrößert. Die Blattspreite bildet nun keine geschlossene Fläche mehr, sondern zerfällt, getrennt durch tiefe Einschnitte, in drei Lappen, die aber wiederum durch zahlreiche Spalten in sich gegliedert sind. Die dadurch entstehenden vielen Blattspitzen sind schärfer und schmaler ausgeprägt als die des ersten Blattes, die alle noch eine «rundere» Spitze haben. Auch beim dritten Blatt ist, trotz weiter zunehmender Verschiedenheit, immer noch die Formverwandtschaft mit dem ersten Blatt deutlich.

Im vierten Blatt – und damit im letzten grundständigen Blatt – erreicht die bisher beschriebene Formabwandlung einen Höhepunkt. An dieser Stelle erreichen sowohl Blattspreite als auch Stiel ihre größte Ausdehnung. Zugleich sind die trennenden Spalten so tief und zahlreich, dass man den Eindruck hat, als würden die schmalen Blattzipfel vom Zentrum nach allen Seiten ausstrahlen.

Vom fünften Blatt an kehrt sich die Gestaltveränderung um, denn Blattspreite und Blattstiel sind kleiner als beim vorigen Blatt. Doch entsteht hier keine Blattform, die den ersten drei

Blättern ähnlich wäre, weil die Aufgliederung der Blattfläche nicht ebenso rückläufig wird, sondern sich weiter fortsetzt. Das geht dann in den folgenden drei Blättern so weit, dass zum Schluss nur noch wenige, schmalste Blattzipfel gebildet werden. Die letzten beiden Blätter sind im Vergleich mit allen anderen so stark reduziert, dass eine Formverwandtschaft – für sich genommen – zunächst einmal nicht vermutet wird. Und dennoch sind diese «nadeligen» Blattformen die letzte Konsequenz der gesamten Gestaltverwandlung in dieser Blattreihe.

Rückblickend auf die ganze Reihe kann als ein Aspekt der Veränderung die schrittweise Ausdehnung und dann eine sich anschließende Zusammenziehung gefunden werden. Endpunkt dieser Zusammenziehung ist das letzte, sehr kleine Blatt. Als ein weiterer Aspekt ist ersichtlich, dass sich eine durchgängige Veränderung der Form der Blattspreite durch die gesamte Reihe beobachten lässt. Sie besteht darin, dass die anfangs mehr oder weniger geschlossene Blattfläche durch Einschnitte immer weiter zerteilt, aufgegliedert und schließlich nahezu aufgelöst wird, sodass gewissermaßen nur noch die Nervatur des Blattes übrig bleibt, ohne verbindendes Gewebe dazwischen. In Verbindung mit der schon genannten Zusammenziehung ergibt sich folgerichtig die Form, wie sie im letzten Blatt zu sehen ist.

Das, was uns alle diese Formen als verwandt erscheinen lässt, ist so etwas wie ein ursprünglicher Bauplan, der allen diesen Formen zugrunde liegt, der aber nie als solcher rein in Erscheinung tritt, sondern sich immer nur in gewissen Abwandlungen zeigt. Goethe nannte diese Verwandlung des wesentlich Gleichen *Metamorphose*.

Die soeben vollzogene Gestaltbeschreibung scheint auf den ersten Blick nur rein beschreibenden Charakter zu haben, indem die beobachteten Gegebenheiten möglichst naturgetreu wiedergegeben wurden. Bei näherem Hinsehen zeigt sich aber, dass hierbei schon vom Betrachter – durch seinen Gestaltsinn – ergänzend die Übergänge vollzogen wurden, die *zwischen* den physisch gegebenen Blattformen liegen. Nur so können wir von «Tendenzen» sprechen in dem Sinne, dass eine «Blattfläche durch Einschnitte immer weiter zerteilt, aufgegliedert und schließlich ganz aufgelöst wird». Physisch gesehen wird natürlich nirgendwo ein Blatt zerteilt oder aufgelöst – jedenfalls nicht im Wachstumsprozess, höchstens beim Absterben, um das es hier aber nicht geht. Der Prozess des Zerteilens usw. ist vielmehr eine Gestaltveränderung *zwischen* den physischen Gegebenheiten.

Was liegt dabei im Beobachter vor? Man kann sich klarmachen, welche Auffassungstätigkeiten beim Vergleich der Blattgestalten notwendig waren (vgl. zu folgendem Gedankengang Suchantke 1998a: 98). Als Erstes ist die Beobachtung zu nennen: Jedes Blatt musste genau angesehen werden, die Umrisse mussten mit dem Auge umfahren werden, es musste auf Proportionen geachtet werden usw. Die dadurch erfasste Gestalt musste nun möglichst exakt dem *Gedächtnis* eingeprägt werden, um sie als Vergleichsobjekt bei der Beobachtung des nächsten Blattes bereit zu haben. Um die der Beobachtung nicht gegebenen Verbindungen zwischen den unterschiedlichen Blattformen herzustellen, war es notwendig, die einzelnen Erinnerungsbilder ineinander zu überführen. Dazu wurde die ergänzende Kraft der *Fantasie* gebraucht.

Gedächtnis und Fantasie sind im Grunde zwei Gegensätze. Der Inhalt des Gedächtnisses ist an eine ehemalige konkrete Sinneserfahrung gebunden, die möglichst exakt «gespeichert» wird. Das Gedächtnis beinhaltet dadurch einen objektiven Tatbestand. Allerdings ist es vorwiegend statisch orientiert, da es sich immer nur Momentaufnahmen merken kann. Anders die Fantasie. Sie ist nicht an eine konkrete Sinneswahrnehmung gebunden, sondern kann ihre

Inhalte frei wählen und die von ihr aufgebauten Bilder willkürlich ineinander überführen. Sie hat aus diesem Grunde subjektiven und dynamischen Charakter.

Durch das Studium der Blattmetamorphosen geschieht nun bei dem Bearbeiter eine bemerkenswerte Verbindung von Gedächtnis und Fantasie: Die exakten Erinnerungsbilder werden ineinander überführt, wodurch das Gedächtnis beweglicher wird, und die Fantasie, die diese Bewegung zustande bringt, wird an die exakten Sinneswahrnehmungen, die im Gedächtnis gespeichert sind, gebunden. Dadurch wird sie ihrer Willkürlichkeit («blühende Fantasie») enthoben. Goethe nannte die daraus resultierende Fähigkeit in seinen Schriften zur Natur- und Wissenschaftslehre «exakte sinnliche Fantasie» (Dobel 1968: 706).

Der Organbildungsablauf, der der Blattmetamorphose zugrunde liegt, kann so vom Beobachter vervollständigend nachvollzogen werden. Die Veränderung der Formbildung von Blatt zu Blatt wird in die eigene Vorstellung aufgenommen. Das bedeutet aber nichts anderes, als dass die sich im Aufwachsen kontinuierlich wandelnde Formbildefähigkeit, die in der Pflanze wirkte und die verschiedenen Blattgestalten hervorbrachte, von dem eigenen Gestaltsinn des Menschen ebenso kontinuierlich nachvollzogen wird. Gerade in der Wahrnehmung der Pflanzenmetamorphose wird durch die Selbsterfahrung stufenweise ein Wahrnehmungsorgan im Beobachter ausgebildet, das ihn befähigt, den Sinnzusammenhang der Erscheinungen immer reicher aufzunehmen (Bockemühl 1997: 186). Ein solches Einleben und Eindenken in die Pflanzenbildung ist ein Denken *in* den Phänomenen.

Das *Denken in den Phänomenen* ist eine notwendige Voraussetzung für das Erfassen biologischer Gestalten. Eine organische Gestalt kann ohnehin nicht mathematisch berechnet werden, da sie sich «dem physikalisch strukturierten Raster offenbar grundsätzlich entzieht» (Froebe 1985: 348). Insofern ist Morphologie eigentlich Phänomenologie der Natur (Böhme 1997) bzw. hat diese zur Voraussetzung. Sie hat mit der gestaltbildenden Vorstellungsfähigkeit des Beobachters zu rechnen. Diese darf nicht als etwas Künstliches, Eingebildetes zu dem Beobachtbaren hinzukommen, sondern muss sich exakt an die Phänomene halten und diese verbinden. Das ist durch methodische Übung erreichbar.

Die morphologische Methode ist das Mittel, um den Typus zu finden. «Das morphologische Verfahren besteht darin, die Einzelformen, die allein der unmittelbaren Anschauung zugänglich sind, so zu ordnen, dass der Typus hinter ihnen sichtbar wird und aufleuchtet. Man kann diesen also wohl aufzeigen, aber nicht vorzeigen» (Troll 1928: 69). Für unsere Betrachtungen ist nun besonderes interessant, dass der Typus gewissermaßen der Schlüsselbegriff für Goethes Erkenntnisart ist. Hatten wir doch im Kapitel über die Probleme der Pflanzensoziologie gesehen, dass der Typus auch hier quasi eine Schlüsselposition einnimmt, indem er die Waage zwischen Beharrlichkeit und Plastizität hält. Wir müssen uns diesen Typusbegriff bei Goethe deshalb näher anschauen.

Wenn ich frage: «Was ist der Typus im Goetheschen Sinne?», dann würde mir Goethe wohl selbst antworten: «Das *Was* bedenke, mehr bedenke *Wie*!» Ich hätte dann also neben der von mir gestellten Frage «*Was* ist ...» noch die wichtigere nach dem *Wie* des Typus zu stellen. Mit dem *Wie* ist aber die Frage nach dem Werden verbunden: Wie wird der Typus? Das mag vielleicht für jemanden, der gewohnt ist, mit fest definierten Begriffen umzugehen, verwirrend klingen. Und doch liegt gerade in der Frage nach dem Werden der Schlüssel zum Verständnis des Typus.

Goethe hat den Typus einmal so charakterisiert: «Geprägte Form, die lebend sich entwickelt». Darin ist beides enthalten: Das *Was* – die geprägte Form – und das *Wie* – die lebend sich entwickelt. Die Frage nach dem *Wie* des Typus kann auch noch in der folgenden Weise aufgefasst werden: Wie kann ich den Typus erfassen? Denn wenn der Goethesche Typus sich dem scharf definierten, objektiven und damit vom einzelnen Menschen unabhängigen Begriff entzieht, dann muss es ja eine andere Verbindung zwischen dem Typus und dem erkennenden Menschen geben, und diese Verbindung muss auch eine sehr bestimmte sein, damit der subjektiven Willkür nicht Tür und Tor geöffnet werden. Im Folgenden sind also diese drei Aspekte darzustellen:

- Was ist der Typus?
- Wie entwickelt sich der Typus?
- Wie ist der Typus zu erfassen?

Zur Frage, was der Typus ist, wird gerne das Beispiel der Urpflanze zitiert. Die Urpflanze soll der Typus auf der Ebene der Pflanze sein, nämlich die allgemeine Pflanze in der speziellen, also das allgemeine pflanzliche Prinzip, was jeder konkreten Pflanze zugrunde liegt. In entsprechender Weise ließe sich aber auch beispielsweise ein «Autotyp», ein «Gebäudetyp» usw. beschreiben. Diese umgangssprachlichen «Typen» haben jedoch überhaupt nichts mit dem Goetheschen Typus zu tun. Darin zeigt sich, dass die eben gegebene Kennzeichnung des Typus im Sinne einer Definition («die allgemeine Pflanze in der speziellen») nicht ausreicht, da sie eine unzureichende und sogar falsche Vorstellung entstehen lässt. Das, was den Pflanzentypus und den Autotyp voneinander unterscheidet, kann nur durch die Frage nach dem *Wie* geklärt werden.

Wie entwickelt sich der Typus? Wenn wir eine Pflanze, beispielsweise den Scharfen Hahnenfuß, anschauen, haben wir immer nur ein Momentbild vor uns. Zur ganzen Pflanze gehört aber die gesamte Entwicklung vom Keimen bis zum Absterben. Alle die dabei erscheinenden Stadien, so unterschiedlich sie auch sein mögen, gehören selbstverständlich zum Typus dazu. Der Typus umfasst die ganze Vielfalt der Gestalten in Raum und Zeit, er selbst ist aber allein das Prinzip, das allen diesen Erscheinungen zugrunde liegt, aber nie in seiner Vollkommenheit sinnlich erscheint. Indem der Typus den vielfältigen, untereinander verwandten Bildungen zugrunde liegt, ist er gleichzeitig die wirksame Kraft, die diese Gestalten in der Zeit hervorbringt. Da jede dieser Gestalten aber zugleich spezieller Ausdruck des allgemeinen Typus ist, kann man sagen, dass der Typus sich in Raum und Zeit selbst zur Erscheinung bringt. Man spricht deshalb auch von der *Zeitgestalt* des Typus. Wie kann nun aber das vollkommene Prinzip erfasst werden, wenn es doch nie rein in Erscheinung tritt und damit auch für die Sinneswahrnehmung unzugänglich bleibt?

Das führt unmittelbar zu der Frage: Wie ist der Typus zu erfassen? Wenn heutzutage «Typen» gebildet werden – sei es in Form von Vegetationstypen, Biotoptypen usw. –, dann werden nach bestimmten, von außen gesetzten Kriterien Dinge mit ähnlichen Merkmalen zusammengefasst. Man erhält dann ein Gedankenkonstrukt, und der so gebildete Typus wird entsprechend als Abstraktion bezeichnet. Je nach Zweck der Typisierung und den angewandten Kriterien kann man ganz verschiedene Typuskategorien erhalten, ein und dasselbe Ding kann völlig unterschiedlichen Typen zugeordnet werden. Das ist wieder ein Beispiel für das Denken *über* die Phänomene, indem eine Ordnung *von außen* (die Kriterien der Typisierung) hinzugefügt wurde.

Dieses äußerlich-katalogisierende Denken muss, wie anfangs schon angesprochen, auf die uns anerzogene Denkökonomie zurückgeführt werden: Wir haben unsere festen Begriffe («Schubladen») und brauchen eine eindeutige Zuordnung der Dinge zu diesen Begriffen, um den inneren Halt nicht zu verlieren. So kommen wir aber nicht an den Typus heran, der sich dieser Denkart entzieht.

Zur Erfassung des Typus muss ein bewegliches Denken erlernt werden, das dem oben beschriebenen Entwicklungsaspekt des Typus gerecht wird, das also in der Zeitgestalt des Typus denken kann. Wir haben das schon bei der Übung mit der Hahnenfuß-Blattfolge praktiziert. Wir haben die exakten, objektiv beschreibbaren, sinnlich anschaubaren Blattbilder durch Fantasie, und zwar durch die «exakte sinnliche Fantasie», in Bewegung gebracht – nicht willkürlich, sondern der Wirklichkeit angemessen durch ein nachschaffendes, bewegliches Denken.

In diesem beweglichen und nachschaffenden Denken ist der Typus erfassbar, indem bei intensivem Durcharbeiten (Vergleichen) der Phänomene das Denken in der geschilderten Weise geschult wird, sodass gewissermaßen «Augen des Geistes» (Goethe) entstehen, die den Typus aus den Phänomenen herauslesen können. Und während die leiblichen Augen die Vielfalt der Erscheinungen sehen, sehen mit der Zeit die Augen des Geistes die Einheit, den Typus, durchschimmern.

Das braucht allerdings Zeit, es geht nicht von heute auf morgen. Vielleicht ist das auch ein Grund, weshalb der Goetheanismus bisher so wenig Verbreitung fand. Es gibt eben kein Rezept, das beliebig wie aus einem Kochbuch herausgeholt, sofort angewandt und anschließend wieder vergessen werden kann. Die «Augen des Geistes» können nicht einfach an- und ausgeschaltet werden, sondern sie müssen langsam wachsen und zu ihrer Funktion ausgebildet werden.

Dazu schreibt Lehrs (1953): «Goethe hat sich diesen Schritt nicht leicht werden lassen. Es gehörte zu seinen wissenschaftlichen Grundsätzen, niemals irgendeinen Begriff vorzeitig auszudenken. Er wusste, wer es sich zur Aufgabe machen will, den Geist, der sich im Gewande der sinnlichen Erscheinungen offenbart, zu erkennen und in Begriffen auszusprechen, der muss die Kunst des Wartens entwickeln, das heißt eines tätigen Wartens, das darin besteht, dass man schaut und schaut und das Geschaute zu sich sprechen lässt, bis man eines Tages im ‹Nachschaffen einer immer schaffenden Natur› reif geworden ist, ihr Geheimnis auszusprechen. Goethe war ein Meister in der Kunst des tätigen Wartens.»

Die goetheanistische Forschungsmethode in der Vegetationskunde

Die Wahrnehmungs- und Denkschulung in enger Verbindung zu den Phänomenen der Sinneswelt ist die Grundlage der goetheanistischen Forschung. Wie kann das für den Zugang zur Vegetation aussehen? Was sind hier die Phänomene? Hierzu hat die Vegetationskunde schon wichtige Vorarbeit geleistet. Sie hat die Fähigkeit ausgebildet, Pflanzengesellschaften zu sehen, also Ausschnitte aus der Vegetationsdecke. Sie hat es ermöglicht, sich von der Fixierung auf das einzelne Pflanzenindividuum zu lösen und größere Ganzheiten in den Blick zu nehmen.

Ganz selbstverständlich können wir bei einem Spaziergang in der Landschaft einen Wald von einer Wiese unterscheiden. Woran machen wir den Unterschied fest? Doch nicht an den einzelnen Pflanzenarten, die diese verschiedenen Pflanzengesellschaften aufbauen. Sondern das, was wir unmittelbar und spontan auffassen, ist der Eindruck einer Ganzheit: Der Wald wird als dunkelgrüner, in sich wolkenartig strukturierter Wall wahrgenommen, der sich von der Umgebung durch seine größere Höhe abhebt – die

Wiese ist ein flach ausgebreiteter, hellgrüner Teppich mit lang aufragenden «Fransen», die sich vielleicht im Wind bewegen und die von bunten Farbtupfern durchsetzt sind.

Das, was wir da wahrnehmen, wird im Lateinischen mit dem Wort *Habitus* bezeichnet. Ins Deutsche übersetzt ist es die Gestalt, das Aussehen, die Erscheinung und die Haltung. In der Bedeutung liegt also ein Doppelaspekt: einmal eine Eigenschaft von etwas (Gestalt, Haltung), zum anderen der Aspekt des Beobachters von diesem «Etwas»: Es kommt ihm «zur Erscheinung», es hat für ihn ein «Aussehen» (Sehen kann ja nur der Beobachter dieses Aussehen).

Auch das Wort «Gestalt» hat letztendlich diese Doppelbedeutung: Einmal bezeichnet Gestalt die äußere, vorhandene Erscheinungsform, zum anderen beschreibt Gestalt eine Erlebniseinheit, deren Einzelheiten als zu einer Ganzheit zusammengehörig aufgefasst werden (Brockhaus-Enzyklopädie 1969). Im Grunde handelt es sich um zwei Aspekte einer und derselben Sache: Jeder Gegenstand hat eine gesamtheitlich wahrnehmbare Erscheinungsform, die der Mensch ebenso in ihren Einzelheiten als auch in ihrer Einheit erfährt.

Nach unserer Erfahrung mit der spontanen Unterscheidung von Wald und Wiese ist es naheliegend und sinnvoll, den Gestaltbegriff auch auf Vegetation auszudehnen. So wird in der folgenden Darstellung unter *Vegetationsgestalt* – in Anlehnung an die allgemeine Gestaltdefinition – verstanden: *die äußere Erscheinungsform einer Pflanzengesellschaft, die dem Beobachter als Einheit oder Ganzheit erscheint.* Mit diesem Begriff ist also nicht gemeint: Vegetationsgestalt als Summe von Einzelpflanzengestalten –, denn diese erscheinen ja in unserer Wahrnehmung zuerst gar nicht.

Die verschiedenen Vegetationsgestalten sind die eigentlichen Phänomene, mit denen wir arbeiten müssen, wenn wir die Pflanzendecke der Landschaft goetheanistisch erforschen wollen. Dabei gibt es immer zwei «Gefahren» zu bedenken, die die gründliche Arbeit an den Vegetationsgestalten hemmen oder behindern können. Das eine ist der «Rückfall» auf die Stufe der Wahrnehmung einzelner Pflanzenindividuen, das andere ist der Drang zu einer Erklärung: Warum wächst das hier so? Wodurch wird das beeinflusst (auch in der Gestaltbildung beeinflusst)?

Beides muss zunächst zurückgehalten werden, und es ist die Frage, ob es eine Wahrnehmungs-«Technik» gibt, die es ermöglicht, sich voll auf das Phänomen, die Vegetationsgestalt, einzulassen. Wir haben hieran auf vielen Exkursionen gearbeitet; das Protokoll einer unserer ersten Geländeübungen aus dem Jahre 1988 sei hier im Original-Wortlaut wiedergegeben. Exkursionsort war das Gelände des biologisch-dynamisch bewirtschafteten Bauckhofes bei Amelinghausen in der Lüneburger Heide. Das Protokoll zeigt deutlich den langsamen Schwenk vom Erfassen der Landschaft als Ganzheit hin zur Gestaltwahrnehmung der Wiese.

Am 20. Februar dieses überaus milden Winters wandern wir durch eine schneelose Landschaft im Norden von Amelinghausen. Über die wellige, mit rotbrauner Heide bedeckte Geest und durch einen trüb-graugrünen Eichen-Birken-Wald gelangen wir von Norden her zum Tal der Lopau.

Auf der 10–20 m hohen Talkante stehend, den graugrünen Wald um uns herum, fällt jetzt unser Blick durch die Bäume auf das frische Grün der Wiese auf dem Talgrund, der gegenüber der stark bewegten Geest tischeben erscheint. Welch ein Kontrast zu der uns umgebenden trüben Leblosigkeit! Aus der freundlich-grünen Niederung blitzen silberweiße Wasserflächen der Quellbäche und Gräben durch die Silhouetten der Baumstämme zu uns herauf.

Wir können von hier oben aus die offene, flache Wiese ganz überschauen, die auf allen Seiten von Baumkulissen eingerahmt wird. Rechter Hand ist es

Abb. 27: Anfang Juni ist die Heide bräunlich-oliv. Alle Aquarelle der Abb. 27–29 stammen von einer goetheanistischen Landschaftsexkursion ins Gebiet des Lopautales in der Lüneburger Heide.

ein Gehölzstreifen aus Erlen, Weiden und Pappeln, der den begradigten Lauf der Lopau begleitet und zugleich die Grenze der Wiese markiert. Im Hintergrund schiebt sich, von links kommend, wiederum die bewaldete Geestkante ins Bild, die flache, grün leuchtende Fläche als dunkle Wand nach hinten begrenzend. Nur einzelne Erlenstämme heben sich vor dieser düsteren Kulisse als helle Streifen ab. In der Umrahmung aus Gehölzen und Wald wirkt die Wiese wie eine Aussparung, die nichts duldet, was über ihr Gleichmaß aufragt. So wölbt sich über ihr frei sichtbar der Februarhimmel aus einem Mosaik von bleigrauen Wolken und in nachmittäglichem Gegenlicht hellgelb erstrahlenden Wolkenlöchern.

Am 4. Juni besuchen wir diese Landschaft ein zweites Mal. Nachdem wir über die bräunlich-olivgrüne Heide gegangen sind und das halbschattige, sonnenfleckige Blätterwerk des Eichen-Birken-Waldes durchquert haben, stehen wir wieder in der Wiese (Abb. 27–29).

Es ist wie eine Befreiung, wenn man aus dem Wald heraustritt in das helle, freundliche Grün der Wiese. Vom Waldrand her rufen Kuckuck, Buchfink und Meisen. Ein aufgeschrecktes Reh verschwindet mit weiten Sprüngen im Halbdunkel des Waldsaumes. Schwalben jagen zwitschernd durch die Luft über der Wiese, und hoch oben am Himmel zieht ein Bussard miauend seine Kreise.

Ein warmer, aber doch frischer Wind trägt den duftigen Geruch von Gras und Kräutern herüber. Er streicht sanft über das Pflanzenkleid, dessen biegsame Halme und Blätter die Windbewegungen in rollenden Schwingungen nachzeichnen – der sichtbare Ausdruck des Windes. Verspielt gibt sich das Gras dem Wind hin, vertraut ihm sogar seine Fortpflanzung an, indem es seinen Pollen fliegen lässt.

Abb. 28 (oben): Lichter Birkenwald auf Sandboden am Rand des Lopautales.
Abb. 29 (unten): Helle Frühlingswiese in der Aue des Lopautales.

Über das weite, wogende Gräsermeer blickend sehen wir, dass das eigentliche Lindgrün der Wiesengräser großflächig unter einem zarten Schleier von samtigem Hellrosa verschwindet. Es sind die Blüten des Honiggrases, die zu Tausenden aus dem Grasdickicht hervorsprießen und das wuchernde Grün nach oben hin rötlich abschließen.

Doch löst sich der Blick aus der Ferne und wandert über die windbewegten Halme zu uns zurück. Da erkennen wir, sobald wir die Möglichkeit haben, den Blick etwas schräger nach unten in die Vegetation zu senken, dass nicht die ganze Wiese einheitlich vom hochwüchsigen rosa Honiggras bedeckt ist. Da sehen wir muldenartige Aussparungen, in denen jegliches Rot fehlt, in denen zunächst das Grün überwiegt und in denen die Vegetation ihre Höhe zurücknimmt. Auch sind es hier im Grünen nicht mehr die schlanken, stängelig-aufrechten Grasgestalten, sondern breitblättrig-flächige Formen, die den Boden als knöchel- bis wadenhohe Schicht überziehen.

Was in diesen Mulden aber vor allem auffällt, sind Scharen dottergelber Hahnenfußblüten, die den niedrigen Blattteppich wie ein Punktmuster überziehen. Bei genauerem Hinsehen erkennt man, dass sich diese gelb getupfte, flachwüchsige Vegetationsmatte auch in die hohen Grasbereiche hineinzieht und hier sozusagen eine Unterschicht bildet.

Es durchdringen sich also in unserer Wiese zwei Gegensätze. Eine hochwüchsige Oberschicht mit den aufstrebenden Halmen und länglich-schmalen Blattformen der Gräser, die die Vertikale betonen und eine innige Beziehung mit dem Luftraum eingehen; der vorherrschende Farbton der Vegetation ist hier etwas blassgrün, die rosa Blütenwolken des Honiggrases schließen den Grasbereich nach oben ab. Die niedrigwüchsige Unterschicht wird gebildet von kriechend sich ausbreitenden Pflanzen mit flächigen Blattspreiten, die ein dichtes, horizontales Blätterdach formen und ihren Wuchsbereich gegen Luft und Licht abschirmen. Hier herrschen kräftige Grüntöne vor, deren Bild strotzender Lebenskraft durch die gelben Hahnenfußblüten noch gesteigert wird.

Wenn wir uns nun in das Gras setzen oder uns gar hinlegen, um dem unteren Vegetationsbereich möglichst nahe zu sein, so wird es hier sehr windstill, es ist wärmer, etwas stickig, wohl auch etwas dumpfig-feucht. Durch die Feuchtigkeit erinnern wir uns an unseren Besuch im Winter: Da, wo jetzt die gelbgrünen Hahnenfuß-Mulden in der Wiese zu finden sind, stand im Winter Wasser wenige Zentimeter über dem Boden. Jetzt, im trockenen Sommer, ist von diesem Wasser nichts mehr zu sehen. Nur die dichte Blattdecke, die die Feuchtigkeit unter sich hält, erinnert noch daran.

(Arbeitsgruppe: Jörg Fischer, Renate Gebhardt, Armin Goltz, Horst Grüllmeier, Uwe Heide, Axel Köbele, Iris Marold, Gisa Quadflieg, Stephan Stockmar, Ewald Tewes, Hans-Christoph Vahle)

Es zeigte sich bei diesen Geländeübungen die besondere Fruchtbarkeit des gemeinsamen Gedankenaustausches, nachdem jeder Teilnehmer seine eigenen Wahrnehmungen selbst vollzogen hatte. Dadurch wurde man auf einiges aufmerksam, was einem allein entgangen wäre; damit wurde das Phänomen immer facettenreicher.

Nach dem gemeinsamen Gespräch gingen wir dazu über, die Wiese zu zeichnen oder zu malen, um unsere Wahrnehmung noch einmal zu vertiefen. Das erwies sich im Laufe der Zeit immer mehr als besonders geeignete Technik zur Vegetationswahrnehmung überhaupt.

Kurz nach der beschriebenen Geländeübung fand mit einer anderen Arbeitsgruppe eine zweite Exkursion statt, in der wir von der Gestaltbeschreibung *eines* Vegetationsausschnittes zu einer vergleichenden Gestaltkunde *mehrerer* Bestände übergingen: im Jugenddorf Ehrhorn bei Wintermoor in der Lüneburger Heide (13.–18. Juni 1988). Hier fanden wir ein kleinräumiges Mosaik verschiedener Nutzungsintensitäten, Bodenarten und kleinklimatischen Faktoren (Nord- bzw. Südseite von Gebäuden etc.), die sich in unterschiedlichen Vegetationsgestalten widerspiegelten. Auch hier sei das Originalprotokoll wiedergegeben:

Nach längerer Betrachtung eines Grasbestandes mit Kriechendem Hahnenfuß fiel Folgendes auf: Das etwa kniehohe Gras ist von lebensfrischem, intensivem Grün, vertikale Strukturen beherrschen das Bild. Nach oben hin lösen sich Farbe und Struktur auf in die hellgrünen, wolkigen Blütenstände der Gräser (vor allem Rispengras), die stellenweise ganz leicht rötlich überhaucht sind. Im unteren, vegetativen, mehr dunkelgrünen Bereich sind die dottergelben Farbtupfer vom Kriechhahnenfuß verteilt, die den gelbgrün-vitalen Eindruck des Grases noch verstärken. Im unteren Grasbereich also feste, klare Formen und eine kräftige grüne Farbe in Richtung gelb, nach oben zu aufgelöste Formen und Pastellfarben in Richtung ganz leicht rötlich.

Als Nächstes wurde ein Rasen aus Widertonmoos (Polytrichum) beobachtet. Wie der Name nahelegt, fällt hier zunächst der dunkelgrüne bis bräunliche, geschlossene bis aufgelockerte, samtige Moosrasen auf. In diesen sind wenige, schüttere Gräser eingestreut mit borstlichen, zusammengezogenen Blättern (die Grasblätter in der oben beschriebenen Hahnenfuß-Grasgesellschaft sind flächig!). Die Tendenz des Zusammenziehens findet sich auch in der Gesamt-Wuchsform der Gräser wieder, indem dichtgedrängte Horste gebildet werden, sowie in dem Blütenstand, wobei es sich meist um zusammengezogene Rispen handelt (ganz stark bei der Kleinen Haferschmiele). Kräuter sind, sofern überhaupt vorhanden, eng dem Boden angedrückt und von graugrüner Farbe wie die Gräser. Ihre Blüten befinden sich entweder auch in Bodennähe oder «schweben» auf langen Stielen über dem Blattbereich.

Bei dem als Nächstes untersuchten Drahtschmielenrasen fiel schon nach kurzer Betrachtung auf, dass es sich hierbei um eine Mittelstellung zwischen den beiden beschriebenen Beständen handelte. Der vegetative Bereich ist durch einen sehr weichen, feinen Rasen vertreten, Blätter sind zwar auch borstlich wie die des Moosrasens, aber doch nicht starr aufrecht, sondern überhängend bis liegend. Das Gras ist etwas bleich. Die Grasblütenschicht zeigt viel stärkere Auflösungserscheinungen als die Gräser der Hahnenfuß-Grasgesellschaft; feine, silbrige Punktwolken schweben locker über der niedrigen vegetativen Schicht, die Farbe geht schon stark in Rosa bis Rot. Kräuter sind selten, sie kriechen zwischen den Gräsern am Boden. Stellenweise sichtbare Moosflecken sind weich und leicht olivgrün (die Teppiche der Widertonmoos-Gesellschaft sind stechend-spitzblättrig und sehr dunkelgrün).

Interessant ist nun ein Vergleich der drei Vegetationsbestände, was mithilfe von gezeichneten Profilen anschaulich getan werden soll. Da die Drahtschmielengesellschaft bereits als ein Mittelglied erkannt wurde, kommen rechts und links von ihr die beiden anderen zu stehen. In dieser Reihe wird nun deutlich, wie sich Gestalttendenzen (Farbe, Struktur) schrittweise, aber gerichtet, verstärken bzw. abschwächen (Abb. 30).

Nun entstand die Frage, ob es in der einen oder anderen Richtung noch Steigerungen der vorhandenen Tendenzen gibt. Es reichte in der zur Verfügung stehenden Zeit nur noch aus, eine Steigerung nach «links» bewusst aufzusuchen. Wie «musste» solch ein Bestand aussehen? Eine Moosschicht dürfte auf den ersten Blick nicht auffallen. Im Blattbereich müssten flächige Blätter in dichter Masse vorherrschen. Der Blütenbereich müsste sozusagen in den Blattbereich «eintauchen» und farblich kaum auffallen.

Genau diese Vegetation war auf der Nordseite einer Baracke zu finden. Die Blätter vom Kriechenden Hahnenfuß, in der zuerst beschriebenen Gesellschaft kaum auffallend, sind hier sehr großflächig ausgebildet. Dazwischen schiebt sich der Giersch mit seinen Blättern, die entfernt dem Hahnenfuß ähneln, aber viel flächiger sind. Beherrschend sind aber die Brennnesseln, die riesige «Blatthaufen» bilden und deren Blüten tatsächlich unscheinbar-grün im oberen Blattbereich angesiedelt sind. Gräser treten stark zurück.

Blüten-bereich	dicht, hellgrün, folgt unmittelbar auf Blattbereich	locker, rosa-silbrig, vom Blattbereich getrennt	aufgelöst bis nicht vorhanden, bei niedrigen Gräsern stark zusammengezogen
Blatt-bereich	dicht, flächige Grasblätter, frisch- bis gelbgrün, gelber Hahnenfuß	dicht, borstliche Blätter, schlaff, dunkel- bis bleichgrün	locker, borstliche Blätter, starr aufrecht, horstförmig, graugrün
Moos-bereich	wenig oder kaum auffallend	fleckenweise, hell-olivgrün, weich	geschlossen, dunkel- bis braungrün, hart-spitz

Abb. 30: Gestaltvergleich von drei Pflanzengesellschaften auf dem Gelände des Jugenddorfes Ehrhorn in der Lüneburger Heide.

Auch auf dieser Exkursion zeigte sich wieder, dass einerseits das gemeinsame Gespräch sehr wichtig war, andererseits die Abbildung eine Möglichkeit gab, die komplexen Gestaltzusammenhänge auf einen Blick sichtbar zu machen. Dies erfüllte jedoch nur die Abbildung in Form eines Vegetationsprofiles. Das Profilbild erwies sich insbesondere dann als Vorteil, wenn mehrere Pflanzenbestände miteinander verglichen werden sollten. Der bildnerischen Wiedergabe von Pflanzengesellschaften muss also im Rahmen der goetheanistisch-vegetationskundlichen Forschung besondere Beachtung geschenkt werden.

Vegetations-Aquarellmalen: Schulung der Wahrnehmung, Vertiefung der Erkenntnis

Durch den Prozess des Malens oder Zeichnens von Vegetationsbeständen wird eine intensive wahrnehmende Verbindung zu den Objekten hergestellt, die die Frage nach einer Erklärung fast automatisch in den Hintergrund treten lässt, da man so sehr mit dem Hinschauen beschäftigt ist.

Wenn man nun allerdings die Technik des *Zeichnens* wählt, ist die Versuchung groß, sich wiederum auf die einzelnen Pflanzenindividuen zu konzentrieren. Denn beim Zeichnen ist durch die feine Linienführung die Möglichkeit

Abb. 31: Zeichnung eines Wiesenprofiles unter Betonung der Einzelpflanzen.

Abb. 32: Aquarell eines ähnlichen Pflanzenbestandes wie Abb. 31. Durch die Aquarelltechnik wird der Fokus auf einzelne Pflanzenindividuen erschwert, und die Vegetation als Ganzes, vor allem die individuenübergreifende Schichtung, kommt mehr in den Blick.

der Detaillierung groß. Bleistift, Kugelschreiber oder Tuschestift fordern geradezu den Fokus auf die Einzelgestalt (Abb. 31).

Demgegenüber bietet das *Aquarellmalen* einen ganz anderen Zugang. Fast zwangsläufig wirkt diese Technik einer zu großen Detaillierung entgegen. Durch die mehr flächige Malweise wird das Herausarbeiten individueller Einzelgestalten erschwert bis unmöglich. Der positive Effekt des Aquarellmalens liegt also darin, dass ein unmittelbarer Zugang zur Vegetationsgestalt *als Ganzer* gegeben ist (Abb. 32).

Wir haben auf verschiedenen Exkursionen dieses Vegetationsmalen ausprobiert. Am Anfang war die Aufgabe sehr schwer. Zwar verhinderte die Aquarelltechnik die Abbildung einer detaillierten Ansammlung von Pflanzenindividuen, aber nun lag die Gefahr auf der anderen Seite: Statt eines Vegetationsbestandes malten wir Landschaften. Wir mussten uns dann wieder klarmachen, dass es nicht um das Malen schöner Landschaftsbilder ging (in denen *mehrere* Pflanzengesellschaften die Bildkomposition ausmachten), sondern darum, *eine* Pflanzengesellschaft so darzustellen, dass ihre Gestalt unmittelbar deutlich und mit anderen Vegetationsgestalten vergleichbar wurde.

So hatten wir beispielsweise bei Darstellungen von Wiesen das «Wesentliche» (nämlich die Wiese selbst) oft nur dadurch sichtbar machen können, dass wir deren Grenzen malten: einen Graben, eine Hecke, einen Weg ... Das

Wesentliche blieb «für die Augen unsichtbar». Dennoch sollte ja gerade das im Bild dargestellt werden.

Auch diese Versuche zur Gestaltannäherung bestätigten, dass die Vegetationsgestalt am ehesten durch das Profil abgebildet wird, also durch die Strukturgliederung in der Vertikalen. Denn diese bleibt ja – ein einheitlicher Vegetationstyp vorausgesetzt – immer gleich, unabhängig davon, wie groß die Fläche ist, wie die Grenzen beschaffen sind, ob sie sich über Hügel oder durch Täler zieht.

Die Profilbilder geben die Vegetationsgestalten angemessen wieder und erfüllen gleichzeitig die Forderung nach Exaktheit und Nachvollziehbarkeit bzw. Wiederholbarkeit. Exakte Maßangaben sind möglich, Schichtungen sind deutlich darstellbar. Aber die Bilder sind nicht naturgetreu (im Sinne einer Fotografie), sondern das Wesentliche der Gestalt wird im Bild komprimiert und zum Ausdruck gebracht. Vor allem durch die Farben können sie pointiert und übersteigert werden, wodurch dem Betrachter die Zusammengehörigkeit der Schichtungen quer durch die Bildreihe ins Auge springen soll – ohne viele erklärende Worte.

Dadurch wird das Bild – und mehr noch die Reihe von Bildern – ein Mittel zur Erkenntnis und wird so Teil einer wissenschaftlichen Methodik bzw. sollte es sein. Ich beziehe mich hierbei vor allem auf Ernst Haeckels *Kunstformen der Natur* und die Interpretation des Werkes von Olaf Breidbach (1998) und Irenäus Eibl-Eibesfeldt (1998). Haeckel zeigt, dass die Zeichnung eines Naturwesens nicht einfach nur eine Illustration oder nur eine Veranschaulichung der Erkenntnis ist. Sie ist mehr. Durch die Zeichnung wird der Gesamteindruck des Formtypus im Bild verdichtet und sinnfällig gemacht. Dazu bedarf es nur wenig weiterer erklärender Worte, denn das Bild – richtig gezeichnet – spricht für sich. Richtig gezeichnet heißt: Nicht einfach abgezeichnet, sondern aus verschiedenen Aspekten, eventuell sogar aus verschiedenen Individuen, synthetisiert, dabei abstrahierend und pointierend, mit den Mitteln der Verfremdung und Übersteigerung.

Damit spricht das Bild eine eindeutige Sprache, sodass es von selbst, ohne viele Worte, zu verstehen ist. Nach Haeckel kann man so weit gehen zu sagen, dass die Abbildung nicht, wie heute meist üblich, nur eine Illustration der Erkenntnis, sondern selbst ein *außerordentliches Erkenntnismittel* ist.

Durch das Malen von Vegetationsausschnitten wird die überindividuelle Wahrnehmung geschult. Welche tief greifende Bedeutung dieser Schritt vom Einzelnen zur nächsthöheren Ganzheit für das Verständnis von Landschaften hat, wird in den folgenden Kapiteln noch deutlicher, wenn wir die Pflanzendecke als eine Schrift begreifen lernen, mit der wir in der Landschaft lesen können. Dazu sind methodische Vorübungen sinnvoll. Die erste wird sein, eine Reihe von Pflanzengesellschaften phänomenologisch zu bearbeiten und in gemalte Bilder umzusetzen.

Von der Wiese zum Wald: Phänomenologie einer Reihe von Pflanzengesellschaften

Abb. 33 zeigt eine norddeutsche Wiese im Frühling. Bei der Betrachtung des Bildes fallen wahrscheinlich zuerst die gelben Blumen auf, dann vielleicht noch das Rot des Ampfers, und dann sind da auch noch die Gräser. Das kennen wir bereits: Unser Bewusstsein richtet sich zunächst auf individuelle Einzelerscheinungen, sie werden zuerst wahrgenommen. Wir geben uns jetzt aber ein wenig Mühe und versuchen, die Gesamtkomposition in den Blick zu bekommen. Dazu schauen wir seitwärts in den Bestand, sodass wir das Profil der Wiese vom Boden bis zu den Grasspitzen als Querschnitt vor uns haben (Abb. 34). Auch hier können wir wieder in eine

Abb. 33: Feuchtwiese in der nördlichen Lüneburger Heide. Juni 1981.

Einzelpflanzenbetrachtung abdriften, wenn wir uns an der Vertikalen, an der Wuchsachse der Einzelpflanzen, orientieren.

Betrachtet man das Wiesenprofil jedoch in der horizontalen Richtung, erkennt man deutlich unterscheidbare Schichten, die sich in Farbe und Struktur voneinander abheben. Die obere Schicht wird von den linealischen Formen der Grasstängel und -blätter beherrscht, die sich nach oben hin in ein Punktmuster von Grasblüten auflösen. Die Farbe dieser Schicht ist lindgrün mit einem Hauch von Altrosa, der nach oben hin stärker wird. Auch die zweite Schicht ist von linealischen Strukturen geprägt, allerdings stark durchsetzt mit auffälligen gelben Flecken der Hahnenfußblüten. Die Grünfärbung der Gräser zeigt hier eine mehr ins Gelb-

Abb. 34: Vegetationsprofil durch eine Mähweide im Lopautal in der Lüneburger Heide. Juni 1988.

grün spielende Tönung; das Grün erscheint dadurch kräftiger als in der oberen Schicht. Scharf abgegrenzt von den beiden oberen Zonen ist ein darunterliegendes drittes Stockwerk, das vorwiegend aus flächigen Blattstrukturen gebildet wird, nämlich aus den Grundblättern von Klee, Hahnenfuß, Löwenzahn und anderen. Blüten sind kaum vorhanden, die Blattfärbung geht in ein dunkles, bläuliches Grün über. Auffällig ist vor allem der starke Kontrast zwischen den beiden oberen Schichten mit den linealischen, aufrechten Formen einerseits und der unteren Schicht mit den flächigen, mehr horizontal ausgebreiteten Formen andererseits.

Diese Art der Betrachtung hat überindividuellen Charakter, da sie den Bestand als Ganzes sieht und die Aufmerksamkeit auf die Schichten lenkt, die gewissermaßen «quer» durch die Individuen gehen. Beide Sichtweisen sind also möglich, eine mehr individualistische und eine mehr ganzheitliche. Dass der Weg nicht so eindeutig ist, macht die Sache gerade spannend. Im Grunde ist es eine Frage der Selbsterziehung, inwieweit man sich von der gewohnten individualistischen Sicht ein Stück löst und die andere, die ganzheitliche Betrachtung einübt.

Im nächsten Schritt gehen wir von der Wiese aus und betrachten nun die Abfolge der Vegetation über die verschiedenen Zwischenstufen bis hin zum angrenzenden Wald. Im Übergang von einer Wiese zum Waldrand ist zumeist ein Krautsaum und ein Gebüschmantel eingegliedert. Der Krautsaum besteht bei nicht zu trockenen Verhältnissen aus Stauden mit flächigen Blättern; Gräser treten in der Menge zurück.

Abb. 35 zeigt, was im Grenzbereich von einer Wiese zu einem Staudensaum geschieht. Es handelt sich in diesem Beispiel allerdings nicht um eine hochwüchsige Wiese, sondern um einen nicht ganz intensiv gepflegten Parkrasen, der von links im Bild bis an die Bank heranreicht. Hinter der Bank, also rechts, schließt sich – hier nur erahnbar – ein Gebüsch an. Man sieht den Hauptteil des Bildes ausgefüllt mit Blättern, deren Flächen mehr oder weniger waagerecht ausgebreitet sind. Links sind sie etwas kleiner, rechts etwas größer. «Mehr oder weniger waagerecht» heißt aber bei näherem Hinsehen, dass doch eine leichte Schrägstellung zu beobachten ist, und die gemeinsame schräge Ebene verläuft von links unten nach rechts oben.

Wir erinnern uns an das erste Bild (Abb. 34), in dem uns die Schichtung der Wiese zum ersten Mal vor Augen getreten ist. Diese Gliederung in eine Oberschicht aus linealisch-vertikalen Strukturen, und eine Unterschicht aus flächig-waagerechten Strukturen finden wir auch in dem Parkrasen, wenn auch stark verkleinert. Und was wir auf Abb. 35 sehen, ist das Aufsteigen der unteren Flächenblattschicht über die Höhe des Rasens hinaus. Mit zunehmender Höhe über dem Boden nimmt auch die Größe der Blätter zu. Man könnte, wenn man sich den Gestaltwandel von der Wiese zum Krautsaum als Bewegung vorstellt, von einem Aufquellen der Flächenblattschicht sprechen.

Im folgenden Bild (Abb. 36) schauen wir uns dieses Aufsteigen oder Aufquellen von vorne an, das heißt, unsere Blickrichtung geht jetzt von der Wiese aus in Richtung Krautsaum und Gebüsch. Im Vordergrund beherrschen schon die glänzenden, runden Blättchen der Gundelrebe das Bild, und Gräser sind so gut wie gar nicht mehr da. Im Hintergrund steigen die Gundelrebenblätter etwas weiter in die Höhe, und dieses Aufsteigen wird fortgesetzt von den Stauden der Brennnesseln. Sie haben ebenfalls flächige Blätter und können diese mit ihren über meterhohen Stängeln recht weit über den Boden hinausheben.

Abb. 37 zeigt eine solche ausgewachsene Brennnesselsaumgesellschaft mit Wasserdost und anderen Stauden dazwischen. Bemerkenswert ist, dass sich diese Gesellschaft im Laufe des Sommers schichtet, indem im unteren Teil des Profils – von außen nicht ohne Weiteres

Abb. 35: Aufsteigende Flächenblätter im Übergang von einem Parkrasen zum Gebüsch.

sichtbar – ein Hohlraum entsteht. Der Grund dafür ist, dass die Blätter an den Stängeln der Stauden unten kein Licht mehr erhalten, absterben und abfallen. Das kann so weit gehen, dass nur noch das obere Drittel der Vegetation beblättert ist und die unteren zwei Drittel eine Art Stammraum bilden, ähnlich dem in einem Wald. Unmittelbar wahrnehmbar ist das dann, wenn solch ein Staudensaum – etwa an einem Wegrand – teilweise abgemäht wird und den Blick, wie in Abb. 37, auf das Profil des stehengebliebenen Bestandes freigibt.

Es entsteht hier so etwas wie ein Kronendach eines Miniaturwaldes. Das setzt sich weiter fort in der anschließenden Vegetationszone, dem Gebüsch, in diesem Fall gebildet von Hasel, Holunder u.a. (Abb. 38). Auch hier hat man manch-

Abb. 36: Flächenblätter von Gundermann *(Glechoma hederacea)* und Brennnessel *(Urtica dioica)* im Saumbereich von einem Gebüsch.

Abb. 37: Hochwüchsiger Staudensaum mit Wasserdost *(Eupatorium cannabinum;* siehe auch Abb. 242) und Brennnessel *(Urtica dioica)* an einem Straßenrand.

Abb. 38: Übergang vom Staudensaum zum anschließenden Gebüsch.

mal das Glück, seitwärts in den Bestand hineinzusehen, wie hier in einen Holunderstrauch (Abb. 39). Man kann deutlich bemerken, wie das Kronendach des Staudensaumes am rechten Bildrand sich nach links in das Kronendach des Holunderbusches fortsetzt, indem es nun nach oben abbiegt und den ganzen Holunderstrauch umhüllt. Das Innere des Gebüsches und der Boden darunter sind zumeist extrem kahl, nur einige spärliche Moose überziehen die Erde und die unteren Äste. Wer einmal versucht hat, in so ein Gebüsch hineinzukriechen, weiß, dass er nach der mühsamen Durchquerung der äußeren, dichten Laub- und Zweigschicht mit einem Höhlenerlebnis belohnt wurde: dämmrig, kahl, feucht und nach Erde riechend.

Der Wald bildet den Abschluss dieser Reihe, indem sich hier die bisher beobachteten Tendenzen weiter fortsetzen (Abb. 40). Die Laubmasse des Kronendaches, aus flächigen Blättern gebildet, wird nun in größtmögliche Höhe gehoben, und darunter entsteht ein freier Raum mit den einzeln stehenden Stämmen darin,

Abb. 39: Seltener Anblick – hier können wir seitwärts in den Holunderbusch hineinschauen und sehen die deutliche Trennung in Blätterdach und hohlen Innenraum.

was besonders für ausgewachsene Buchenwälder charakteristisch ist; man spricht dann von einem «Hallenwald». Im Vergleich zur Größe der Bäume spielen die wenigen Gräser, Kräuter und Farne am Waldboden im Vegetationsprofil keine Rolle mehr; sie sind in ihrem Größenverhältnis zum Wald vergleichbar mit den Moosen des Gebüsches oder des Staudensaumes.

Im Vergleich der vier Vegetationsausschnitte haben wir eine schrittweise Verwandlung der Gestalt beobachten können: Die Schicht mit den flächenblättrigen Gestalten «wanderte» von der Unterschicht der Wiese in immer größere Höhen und erreichte schließlich im Kronendach des Waldes die höchste Ausdehnung; parallel zur Zunahme des Flächenblättrigen nahm das linealische Element ab. Nun wäre es ja möglich zu fragen, ob diese Reihe nach der einen oder anderen Seite so fortsetzbar ist, dass rein aus der Erfassung des Verwandlungsprinzips heraus die als nächstes anschließenden Gestaltbilder abgeleitet werden können. Wenn wir die Aufsteigetendenz bis zum Wald ins Auge fassen, kann hier eigentlich keine Fortsetzung mehr stattfinden, denn der Wald ist schon diejenige Vegetation mit der größten Höhe.

Wie sieht es in der anderen Richtung aus? In Richtung vom Wald zur Wiese finden wir die Absteigetendenz der Flächenblattschicht vor, oder anders gesagt: Zur Wiese hin steigt das Kronendach bis in Erdnähe hinab und bildet die Unterschicht der Wiese in etwa 10–30 cm über dem Boden. Als neues und vorherrschendes Element treten jetzt die linealischen, vertikal ausgerichteten Strukturen vor allem der Gräser hinzu, die das «Untergeschoss» überragen. Wie lässt sich diese Tendenz weiter fortgesetzt denken?

Gehen wir wieder von einem Wiesenprofil mit der uns bekannten Schichtung aus (Abb. 41). Von hier aus zum nächsten Bild (Abb. 42) geschieht Folgendes: Die Flächenblätter, in Abb. 41 noch in einer waagerechten Ausrichtung, gehen in Abb. 42 in lang ausgezogene Formen über, die schon zur linealischen Grasgestalt vermitteln. Dadurch verliert sich auch der Charakter einer horizontalen Schicht. Zusammen mit den beherrschenden Grashalmen beginnt die linealische Gestalt die Vegetation zu bestimmen.

Es gibt noch extremere Vegetationsformen, die die hier gezeigte Tendenz weiterführen. Das sind beispielsweise die Borstgrasrasen (Abb. 43). Der Name deutet schon an, wie die Vegetation aussieht. Die meisten der hier wachsenden Grasarten haben zusammengerollte Blätter, sodass nadel- oder borstenförmige Gebilde entstehen. Die so zu beobachtende Richtung der Zusammenziehung äußert sich auch darin, dass

Abb. 40 (oben): Buchenwald, der durch Windwurf an der Seite freigelegt ist.

Abb. 41 (rechts): Ähnliches Wiesenprofil wie in Abb. 34.

Abb. 42: Magerwiese mit lanzettblättrigem Rauem Löwenzahn *(Leontodon hispidus)*.

viele Gräser in niedrigen, kompakten Büscheln (horstförmiger Wuchs) wachsen, wodurch die ganze Vegetation einen etwas buckeligen Eindruck macht.

Krautige Pflanzen mit flächigen Blättern sind in den Borstgrasrasen zunächst nicht zu sehen. Dennoch kann man zu bestimmten Zeiten und in bestimmten Ausbildungen dieser Vegetationsformen reiche Blütenpracht erleben, beispielsweise zur Blütezeit von Arnika (Abb. 44). Die gelben Korbblüten von Arnika scheinen auf den ersten Blick über dem Rasen zu schweben; es wirkt auf den Betrachter so, als seien die Blüten ausgestreut worden und hätten sich in den oberen Grasspitzen verfangen. Ein zugehöriges Sprosssystem ist zunächst nicht sichtbar, geschweige denn irgendwelche flächigen Blattformen. Erst bei näherem Hinsehen löst sich dieses merkwürdige Phänomen in gewohnte Bilder auf. Denn bei den hier wachsenden Kräutern handelt es sich vielfach um solche mit Blattrosetten, die dicht am Boden liegen und deshalb nicht gleich gesehen werden können (Abb. 45). Auch hierbei zeigt sich die Tendenz zur Zusammenziehung in dem stark gestauchten Spross, der die Blätter in einer Rosette eng dem Boden andrückt. Hier, wenige Zentimeter über dem Boden, befinden sich also auch flächige Blattformen, allerdings nicht in einer geschlossenen Unterschicht, sondern vereinzelt eingestreut. Damit wäre ein Extrem einer Vegetationsgestalt gefunden, die dem Wald entgegengesetzt ist.

Ist im Wald die Flächenblattvegetation dominant ausgebildet und auch in größtmögliche Höhen gehoben, so ist sie im Borstgrasrasen in entgegengesetzter Richtung dem Boden eng angedrückt und nur zerstreut vorhanden. Hier

Abb. 43 (oben): Borstgrasrasen in der Lüneburger Heide bei Inzmühlen. September 1990.
Abb. 44 (unten): Arnikablüte in einem Borstgrasrasen in der Lüneburger Heide bei Munster. Juli 1987.

Abb. 45: Dicht am Boden angedrückte Blattrosette des Ferkelkrautes *(Hypochaeris radicata)*.

herrscht dagegen eine Vegetationsgestalt mit linealischen Strukturen vor, die durch Zusammenziehung oft noch zu Borstenformen umgebildet sind.

Nachdem wir nun die ganze Reihe in ihren Bildern nacheinander betrachtet und innerlich nachvollzogen haben, seien die wichtigsten Vegetationsausschnitte noch einmal in einer Reihe nebeneinandergestellt, um den direkten Vergleich zu ermöglichen und den ganzen Zusammenhang der Gestaltreihe wahrzunehmen (Abb. 46). Die Darstellungsform des Aquarells hat gegenüber dem Foto den Vorteil, dass das jeweils Typische des Bestandes besser herausgearbeitet werden kann. Die Aquarelltechnik dient in dieser Phase der Arbeit also nicht so sehr der *eigenen* Wahrnehmungsschulung (der Schulung des Malers selbst), sondern der gezielten Verdeutlichung von Gestaltzusammenhängen auch für andere Betrachter.

Vergleichende Morphologie von Pflanzengesellschaften

Wenn mehrere Vegetationsgestalten in Profilbilder umgesetzt sind, können diese miteinander in Beziehung gebracht werden. Im Beispiel des vorigen Abschnitts war diese Beziehung schon vorgegeben, indem die Pflanzengesellschaften einander benachbart waren und mehr oder weniger in einer Reihe nebeneinanderlagen. Wir haben diese Reihe auf der Gestaltebene «einfach nur» nachgezeichnet. Dies ist auch als erster Übungsschritt notwendig. Etwas schwieriger wird es, wenn man Vegetationsgestaltreihen aus räumlich *getrennten* Beständen aufstellen will, wenn man die Reihe also selbst erst bilden muss. Denn hierzu müssen Pflanzengesellschaften bearbeitet werden, die nicht benachbart sind und so keine natürliche Reihe bilden, allerdings dennoch inhaltlich etwas gemeinsam haben. Dies ist beispielsweise bei verschiedenen Gesellschaften (Assoziationen) eines pflanzensoziologischen Verbandes der Fall. Auch diese können beschrieben, verglichen und so geordnet werden, dass durchgehende Gestaltentwicklungslinien sichtbar werden. Die konsequente Gestaltreihenfolge muss allerdings erst noch gefunden werden. Dieses Ordnungsverfahren ist die *vergleichende Morphologie von Pflanzengesellschaften*.

Wir wählen als Beispiel den Verband der Gierschgesellschaften (*Aegopodion*, Abb. 47) und versuchen, die elf in diesem Verband zusammengefassten Pflanzengesellschaften (As-

Abb. 46: Aquarellreihe der besprochenen Pflanzengesellschaften.

Borstgrasrasen

Wiese

soziationen) so zu ordnen, dass sich die Gestaltgesetzmäßigkeiten wie von selbst zeigen. Ziel ist also, eine irgendwie geartete Reihenbildung aus den Phänomenen herauszuarbeiten. Methodisch gesehen handelt es sich um ein Ordnungsverfahren, bei dem die Vegetationsprofile so lange umsortiert werden, bis sich eine Reihe mit durchgehenden Gestaltverwandlungstendenzen ergibt.

Auf den ersten Blick sehen die Gesellschaften der Abb. 48 sehr unterschiedlich aus, und es mag verwunderlich erscheinen, dass alle zusammen zu einem einzigen pflanzensoziologischen Verband gehören. Es handelt sich um teilweise sehr häufige Staudengesellschaften, die als «Unkrautfluren» an vielen Stellen der Kulturlandschaft lästig werden können. Charakteristische Pflanzenarten sind solche mit «Ausläufern» (z.B. Giersch, Brennnessel, Zaunwinde, Quecke), schwer zu entfernender Pfahlwurzel (Stumpfblattampfer, Acker-Kratzdistel) oder hoher Samenproduktion (Kletten-Labkraut, Acker-Kratzdistel, Riesenbärenklau).

Ich habe diese «Unkraut»-Gesellschaften als Beispiel gewählt, weil sie sehr häufig sind und von jedem Leser und jeder Leserin irgendwo selbst gefunden werden können, sodass eine eigene ergänzende Anschauung für die folgende methodische Darstellung möglich ist. Ein weiterer Grund, die meist ungeliebten Gierschgesellschaften als Beispiel heranzuziehen, ist, dass sich gerade diese Vegetation für eine Gestaltbetrachtung besonders gut eignet. So kann etwas, für das man sonst eher negative Gefühle entwickelt, auf anderer Ebene durchaus im Wert gesteigert werden.

In Abb. 48 sind die Gierschgesellschaften relativ wahllos angeordnet, in erster Linie so, dass sie platzsparend untergebracht wurden. Auf den ersten Blick wird man wenig Gemeinsames entdecken. Dann bemerkt man vielleicht doch, dass es zwischen der einen oder anderen Gestalt Ähnlichkeiten gibt.

Es wird erkennbar, dass einige der dargestellten Vegetationsgestalten ein Erscheinungsbild haben, das als deutlich zweischichtig charakterisiert werden kann. Am besten kann das vielleicht bei der Brennnessel-Giersch-Gesellschaft erkannt werden: Über einer Unterschicht aus breiten, flächigen, überwiegend waagerecht

Staudensaum

Gebüsch

Wald

ausgebreiteten Blattstrukturen erhebt sich eine zweite Schicht, die aus den lockeren, schräg strahlig nach oben ragenden Stängeln der Doldenblütler und deren schirmartigen weißen Blütenständen gebildet wird. Die Zweischichtigkeit dieses Bildes wird deutlich, obwohl ein Brennnesselspross einen «Ausreißer» bildet, der über die geschlossene Unterschicht hinausragt und das blättrig-flächige Element in die obere Schicht hineinträgt.

Sind wir erst einmal auf diese Gestaltgeste aufmerksam geworden, finden wir sie auch – abgewandelt – bei anderen Gesellschaften. Die Meisterwurzgesellschaft hat ebenfalls eine deutliche untere Blätterdachschicht, die Doldenblütlerschicht darüber ist allerdings nur locker ausgeprägt. Sehr klar ausgebildet ist diese Doldenblütlerschicht wiederum bei der Goldkälberkropfgesellschaft, wobei hier die untere flächenblättrige Schicht weniger ins Auge springt. Auf diese Weise, mit dem immer schärfer werdenden Blick für die beiden Schichten, können wir nun die ganze Palette der gezeigten Vegetationsgestalten durchforschen.

Es fällt dann vielleicht noch Weiteres auf. So gibt es Gesellschaften, die nur ein Blätterdach haben, ohne etwas darüber: Das sind die beiden Pestwurzgesellschaften. In ihren Gestalten würde also die Schicht, die in den anderen Profilen die Unterschicht bildet, als alleinige Schicht dominieren. Es kann aber sofort bemerkt werden, dass diese «eine» Schicht der Pestwurzgesellschaften noch weiter differenziert werden muss. Denn die Schicht ist nicht mit Blattstrukturen gleichmäßig «gefüllt», sondern in «Stammraum» und «Kronendach» gegliedert. Die größten der flächigen Blätter konzentrieren sich im oberen Bereich der Schicht, sodass eine Art Dach (analog dem Kronendach des Waldes) entsteht, der unterste Teil erscheint demgegenüber viel blätterärmer und vorwiegend durch die Stängel beherrscht (analog dem Stammraum im Wald). Ähnlich wie im Wald ist auch hier der Übergang vom «Stammraum» zum «Kronendach» nicht abrupt, sondern gleitend.

Das, was wir an den beiden Pestwurzgesellschaften erkannt haben, finden wir nun auch bei genauerer Betrachtung bei vielen andern Gesellschaften unseres Bildes. Auch hier glie-

Abb. 47: Gierschgesellschaften sind typische mehrjährige «Unkräuter» im Siedlungsbereich, im Garten usw.

dert sich die «Unterschicht» fast immer in ein kleines «Kronendach» und einen darunter liegenden «Stammraum». Bei den meisten Gierschgesellschaften – nicht bei allen – finden wir also im Prinzip eine Dreischichtung in Stammraum, Blätterdach und strahlige Doldenblütlerschicht. Bemerkenswert ist dabei, dass an diesem Gestaltaufbau ganz verschiedene Pflanzenarten beteiligt sind, die alle eine ähnliche Gestaltgeste zeigen.

Nach diesen Vorüberlegungen wollen wir nun versuchen, die bearbeiteten Assoziationen so in einer oder mehreren Reihen anzuordnen, dass schrittweise Gestaltverwandlungstendenzen deutlich werden, was ja die eigentliche Aufgabe dieses morphologischen Verfahrens ist. Abb. 49 zeigt den Versuch einer solchen Gestaltordnung. Dabei fallen zunächst drei Gesellschaften heraus, die die ansonsten durchgängige Gestaltreihe stören: Riesenbärenklaugesellschaft, Gesellschaft der Steifen Rauke und Kreuzlabkrautgesellschaft. Sie werden im Anschluss an die Gesamtdarstellung der Reihe besprochen.

Die übrig bleibenden acht Gesellschaften bilden eine Reihe, die schon auf den ersten Blick eine innere Konsequenz zeigt, die also schon durch sich selbst spricht. Von der Rübenkälberkropfgesellschaft links bis zur Rauhaarkälberkropf-Pestwurz-Gesellschaft rechts können drei Gestalttendenzen abgelesen werden. Die erste betrifft die Wuchshöhe: Vom linken Bildrand bis zur Brennnessel-Giersch-Gesellschaft nimmt die Höhe zunächst ab, um dann bis zum rechten Bildrand wieder leicht anzusteigen. Der zweite Aspekt liegt in der Ausprägung fein geschnittener Fiederblätter. Sie dominieren auf der linken Seite der Reihe; nach rechts hin werden die Fiederblätter gröber (insbesondere bei der Brennnessel-Giersch-Gesellschaft und der Meisterwurzgesellschaft) und treten weiter nach rechts ganz zurück. Rechts ist das dritte Gestaltelement dominant ausgebildet, nämlich die großen, flächigen, vorwiegend waagerecht ausgebreiteten Blätter. Verfolgt man diese Struktur von der Rauhaarkälberkropf-Pestwurz-Gesellschaft aus nach links, bemerkt man einerseits ein «Absteigen» der flächigen Strukturen in die unteren Schichten des Vegetationsprofiles und andererseits eine «Auflösung» der großen, geschlossenen Blätter in geteilte Blattformen (Giersch, Meisterwurz).

In diese mehr oder weniger gestaltlich-harmonische Reihe passt die Riesenbärenklaugesellschaft nicht ohne Zwang. Zwar ließe

Abb. 48 (rechts): Elf Assoziationen der Gierschgesellschaften *(Aegopodion)* in wahlloser Anordnung.

übenkälberkropf-
esellschaft
haerophylletum bulbosi

reuzlabkrautgesellschaft
Jrtico-Cruciatetum laevipes

Brennessel-Giersch-
Gesellschaft
Urtico-Aegopodietum

Rauhaarkälberkropf-
Pestwurz-Gesellschaft
Chaerophyllo-Petasitetum hybridi

Goldkälberkropf-
gesellschaft
Chaerophylletum aurei

Meisterwurzgesellschaft
Imperatorietum ostruthii

Zwergholunder-
gesellschaft
Heracleo-Sambucetum ebuli

Riesenbärenklau-
gesellschaft
Urtico-Heracleetum mantegazziani

Glanzkerbelgesellschaft
Aegopodio-Anthriscetum nitidi

Pestwurz-Giersch-
Gesellschaft
Petasito hybridi-Aegopodietum podagrariae

Gesellschaft der Steifen
Rauke
Sisymbrietum strictissimi

sie sich ohne Weiteres an die Rauhaarkälberkropf-Pestwurz-Gesellschaft nach rechts hin anschließen, da die flächigen Blätter sowohl höher (erstes Gestaltkriterium dieser Reihe) als auch größer werden (drittes Kriterium). Dagegen spricht aber die Zerschlitzung der Blätter; sie würde als zweites Gestaltkriterium mehr für den Anschluss an die linke Seite der Reihe sprechen. Weiterhin werden die mächtigen Doldenblüten ausgebildet und weit über das eigentliche Blätterdach hinausgehoben – ein Gestaltelement, was der Rauhaarkälberkropf-Pestwurz-Gesellschaft fehlt. Auch das zeigt mehr die Verwandtschaft mit der Rübenkälberkropfgesellschaft. Somit wäre die Riesenbärenklaugesellschaft ein Bindeglied zwischen den beiden Enden der Reihe, was die Konsequenz hätte, die Bilder nicht in einer Reihe, sondern im Kreis anzuordnen (Abb. 50). Das hat auch den Vorteil, dass die drei genannten Gestaltkriterien erfüllt werden.

Diese Art der Darstellung lässt auch die Ein-

Rübenkälberkropfgesellschaft *Chaerophylletum bulbosi*

Zwergholundergesellschaft *Heracleo-Sambucetum ebuli*

Goldkälberkropfgesellschaft *Chaerophylletum aurei*

Glanzkerbelgesellschaft *Aegopodio-Anthriscetum nitidi*

Abb. 49: Gestaltreihe von acht Assoziationen der Gierschgesellschaften *(Aegopodion)* mit durchgehenden Gestalttendenzen.

ordnung der Gesellschaft der Steifen Rauke und der Kreuzlabkrautgesellschaft zu. Sie müssen dann beide aufgrund ihrer Niedrigwüchsigkeit unterhalb der Brennnessel-Giersch-Gesellschaft, d.h. außerhalb des Kreises, angeordnet werden. Dadurch ergibt sich eine weitere Polarität zwischen der kleinwüchsigen Kreuzlabkrautgesellschaft und der hochwachsenden Riesenbärenklaugesellschaft. Doch nicht nur die Wuchshöhe polarisiert diese beiden Gesellschaften. Auf der einen Seite erhebt der Riesenbärenklau seine wuchtigen Blütendolden über das breitflächige Blätterdach. In der Kreuzlabkrautgesellschaft findet man die gegensätzliche Gestaltung; hier heben sich nicht die Dolden nach oben aus dem Vegetativen heraus, sondern umgekehrt: In Form der Blattquirle taucht das doldenartige Gestaltelement tief nach unten in den vegetativen Bereich hinein, wobei es miniaturhaft wird.

ennessel-Giersch-
esellschaft
rtico-Aegopodietum

Meisterwurzgesellschaft
Imperatorietum ostruthii

Pestwurz-Giersch-
Gesellschaft
Petasito hybridi-Aegopodietum podagrariae

Rauhaarkälberkropf-
Pestwurz-Gesellschaft
Chaerophyllo-Petasitetum hybridi

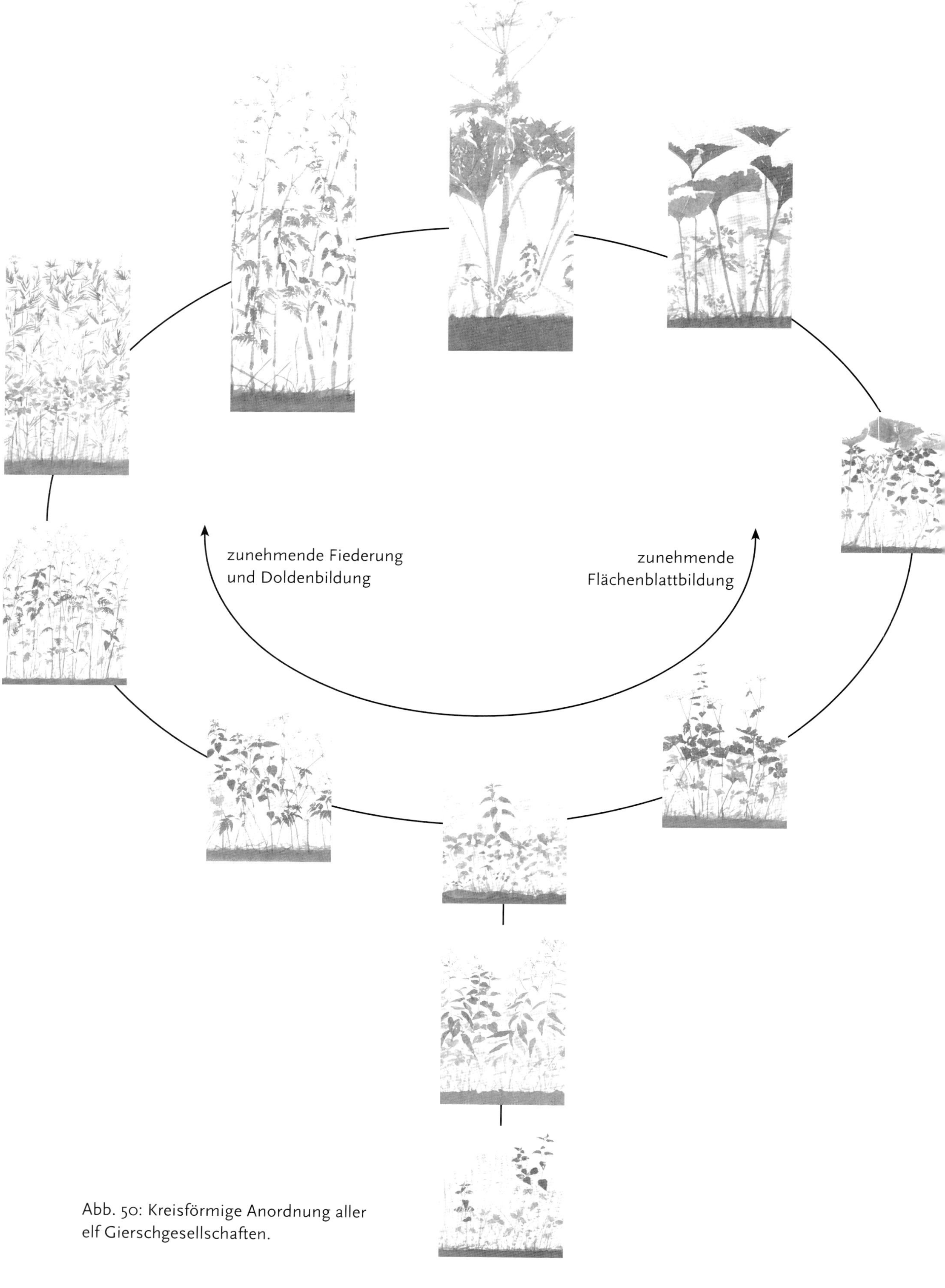

Abb. 50: Kreisförmige Anordnung aller elf Gierschgesellschaften.

5. Gestaltelemente von Pflanzengesellschaften

Durch den Vergleich von Vegetationsgestalten schälen sich nach und nach übergreifende Gestaltbegriffe heraus, durch bildnerische Darstellung noch einmal pointiert. In ihrer Allgemeinheit können sie auf alle Pflanzengesellschaften angewendet werden. So verbindet beispielsweise das «flächenblättrige Element» ganz verschiedene Pflanzengesellschaften miteinander, die gar keine Pflanzenarten gemeinsam haben. Durch die Forschung der «Gestaltbiologie von Pflanzengesellschaften» können sechs verschiedene, grundlegende Gestaltelemente der Vegetation beschrieben werden.

Das flächenblättrige Gestaltelement

Sowohl in der oben besprochenen Beispielreihe von der Wiese zum Wald als auch in der Reihe der Gierschgesellschaften konnte das flächenblättrige Gestaltelement als wichtiges Charakteristikum gefunden werden. In bestimmten Gesellschaften der Reihen trat auch das linealische Gestaltelement in den Vordergrund, sei es als Grasgestalt oder als Doldenblüte. Nun können wir die heimischen Pflanzengesellschaften einmal insgesamt auf ihre Gestaltelemente hin durchforschen und versuchen, besonders charakteristische Beispiele zu finden, in denen jedes einzelne Gestaltelement einseitig und deutlich ausgebildet ist.

Die im Folgenden abgebildeten jeweiligen Gruppen von beispielhaften Pflanzengesellschaften (Abb. 51–53) werden nicht wahllos in einem Bild nebeneinandergestellt, sondern die Ordnung innerhalb einer Abbildung ist schon das Ergebnis einer vorausgegangenen Gestaltgliederung nach der beschriebenen Methode der vergleichenden Morphologie.

Abb. 51 zeigt eine Auswahl von Vegetationsgestalten, in denen das horizontal-flächige Element dominiert, wobei die flächenbildenden Blätter darüber hinaus eine mehr oder weniger runde Form haben. Trotz dieser Gemeinsamkeiten gibt es durchaus verschiedene Gestalten. Beim Breitwegerich-Trittrasen sind die Flächenblätter überwiegend schräg-horizontal ausgerichtet, während sie bei der Kletten-Beifuß-Gesellschaft mehr nach unten hängen – wodurch Hohlräume im Bestand entstehen. Andere Gesellschaften haben Blätter mit einer nach oben geöffneten Trichterform, so die Riesenblätter der Pestwurzgesellschaft.

Eine extreme Form erreicht das flächenblättrige Gestaltelement in der Teichrosengesellschaft, in der die Waagerechte durch die auf dem Wasser schwimmenden Teichrosenblätter besonders betont wird. Ähnliches findet sich auch bei anderen Schwimmblattgesellschaften. Im flachen Wasser verlassen die Schwimmblätter die Waagerechte, indem sie sich um einige Dezimeter über das Wasser erheben, sich aus der Waagerechten in die Schräge oder sogar

Breitwegerich-Trittrasen
Lolio-Plantaginetum

Huflattichgesellschaft
Poo-Tussilaginetum

Elbspitzkletten-Uferflur
Xanthio albini-Chenopodietum rubri

Kletten-Beifuß-Flur
Arctio-Artemisietum

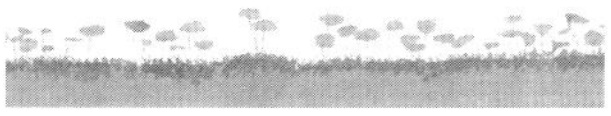

Breitwegerich-Trittrasen
Lolio-Plantaginetum

Sumpfdotterblumenwiese im Frühjahrsaspekt
Calthion

Alpenpestwurz-gesellschaft
Petasitetum paradoxae

Rauhaarkälberkropf-Pestwurz-Gesellschaft
Chaerophylli hirsuti-Petasitetum hybridi

Torfmoosreiche Schlangenwurz-gesellschaft
Calletum palustris sphagnetosum

Typische Schlangenwurz-gesellschaft
Calletum palustris typicum

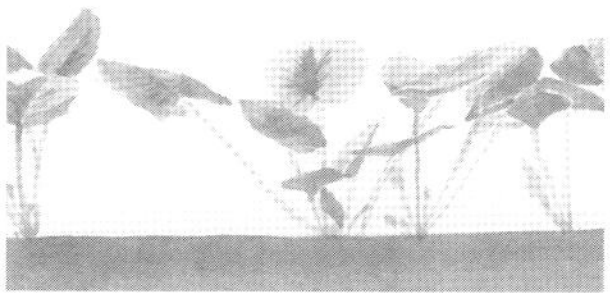

Teichrosengesellschaft, Landform
Myriophyllo-Nupharetum

Abb. 51: Gestaltreihen von Pflanzengesellschaften mit dominantem flächenblättrigem Gestaltelement.

Teichrosengesellschaft, normale Wuchsform
Myriophyllo-Nupharetum

Senkrechte erheben und dabei eine Trichterform bilden (vgl. Suchantke 1983, 2002). Dies geschieht vor allem im Sommer, wenn der Wasserspiegel sinkt.

Ganz ähnlich wie diese aufrecht wachsende Teichrosengesellschaft ist die Schlangenwurzgesellschaft gestaltet. Hier ist es aber keine Ausnahme, die sich bei Niedrigwasser im Sommer bildet, sondern die normale Wuchsform.

Bemerkenswert für die Gestaltgruppe mit flächenblättrigem Element ist, dass viele der Gesellschaften aus ganz unterschiedlichen Vegetationsklassen stammen, also so gut wie gar keine Pflanzenarten gemeinsam haben. Das Gestaltprinzip ist hier etwas Übergeordnetes, was quer durch die pflanzensoziologische Systematik geht und sich nicht an deren Einteilung hält. Auch vom Standort her bestehen oft keine Gemeinsamkeiten.

Das flächenblättrige Element ist in Mitteleuropa eine charakteristische Erscheinung des Sommerhalbjahres. Man findet es im Winter kaum, da die großen Flächenblätter fast immer absterben. Jedoch kann an den wenigen kleineren Flächenblättern, die wintergrün sind oder doch bis weit in den Winter hinein grün bleiben, eine aufschlussreiche Beobachtung gemacht werden. Sie betrifft die Farbe dieser Blätter, die meist ein dunkles, metallisch glänzendes Blaugrün zeigen, wie beispielsweise bei Stechpalmen oder Efeu. Manchmal findet man auch im Winter die rundlichen Blätter von Gundermann, die nicht wirklich immergrün sind, sondern sich – insbesondere bei später einsetzenden Frösten – nur sehr lange bis in den Winter hinein erhalten. Auch sie haben diesen metallisch-blauen Schimmer.

Es scheint ein allgemeines Phänomen zu sein, dass gerade die kalte Jahreszeit ein Kennzeichen der Gestaltelemente besonders gut zur Geltung bringt, nämlich ihre charakteristische Farbigkeit. Während die Gestaltelemente im Sommer zumeist alle im allgemeinen Grün untertauchen, treten sie im Winterhalbjahr manchmal in einer besonderen Färbung hervor, im Fall des flächenblättrigen Elementes ist es der Blauton.

Das linealische Gestaltelement

In Abb. 52 sind mehrere Pflanzengesellschaften angeordnet, in denen das linealische Gestaltelement prägend ist. Die obere Reihe kann, da besonders rein ausgebildet, als der zentrale Typus der linealischen Vegetationsgestalt gelten; er kommt interessanterweise vor allem bei Uferpflanzen vor. Die Gesellschaften sind hier nach der Wuchshöhe geordnet, die von wenigen Zentimetern bis zu mehreren Metern reicht.

Als Abwandlung von diesem Grundtyp ergibt sich die mittlere Reihe dadurch, dass sich das Profil in zwei Bereiche polarisiert: unten die weiterhin linealische Struktur und oben die «Punktwolken»-Schicht, die aus dem kornförmigen Element besteht. Dabei verliert die linealische Struktur der unteren Schicht ihre streng vertikale Ausrichtung, indem die einzelnen Elemente schräg oder bogenförmig wachsen. Die Anordnung nach der Wuchshöhe ergibt erstaunlicherweise ein weiteres, parallel gehendes Phänomen: Je niedriger der Wuchs, desto deutlicher sind Punktwolkenschicht und linealische Schicht voneinander getrennt (linke Seite). Diese Wuchsform ist für Trockenrasen und Ähnliches charakteristisch.

Nicht ganz so deutlich, aber doch bemerkenswert zeigt sich das linealische Gestaltelement auch in Nasswiesen mit vielen Binsen (untere Reihe). Hier sind meist noch mehrere andere Sumpfpflanzen beteiligt, vor allem auch eine ausgeprägte Moosschicht.

Die charakteristische Färbung des linealischen Gestaltelementes finden wir in besonders be-

Nadelsimsengesellschaft
Eleocharitetum acicularis

Sumpfsimsengesellschaft
Eleocharis palustris-
Bestand

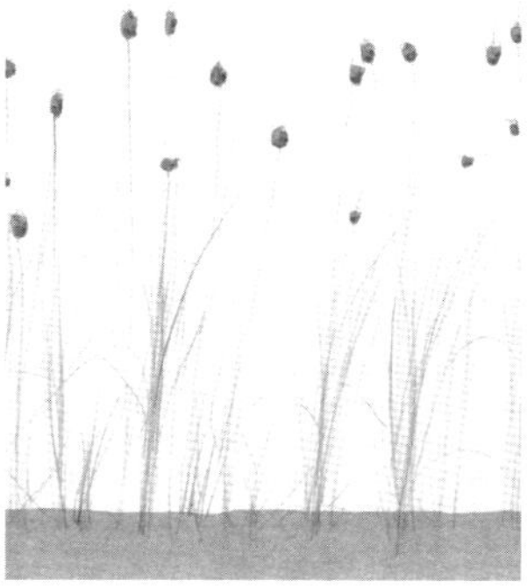

Zwergrohrkolben-
gesellschaft
Typhetum minimae

Teichsimsenröhricht
Scirpetum lacustris

Schmalblättriges
Rohrkolbenröhrich
Typhetum angustifo

Frühlingsspergel-
Silbergras-Rasen
Spergulo vernalis-
Corynephoretum

Heidenelken-Grasnelken-
Rasen
Diantho deltoidis-
Armerietum elongatae

Strandquecken-
gesellschaft
Elymo-Agropyretum juncei

Strandhafergesellschaft
Elymo-Ammophiletum

Sandreitgrasgesells
Calamagrostis epige
Bestand

Strandbinsengesellschaft
Oenantho-Juncetum
maritimi

Flatterbinsengesellschaft
Epilobio-Juncetum effusi

Sumpfpippau-Waldbinsen-
Gesellschaft
Crepido-Juncetum acutiflori

Torfmoos-Waldbins
Gesellschaft
Sphagno-Juncetum a

eindruckender Weise in den Getreidefeldern, wo sie landschaftsprägend wird. Hier ist die hell-strohgelb leuchtende Farbe des linealischen Elementes besonders rein ausgeprägt. In der kalten Jahreshälfte sind weitere eindrucksvolle Beispiele die Halme von nicht gemähten Glatthaferbeständen und Schilfröhrichte, auch die hellen, graubraunen Stängel der Brennnesselsäume können hier angeschlossen werden. Das Strohgelb ist in Mitteleuropa auf das linealische Element beschränkt und kann als dessen charakteristische Farbe bezeichnet werden.

Das kornförmige Gestaltelement

Beim linealischen Gestaltelement hatte sich gezeigt, dass das kornförmige Gestaltelement fast immer mitbeteiligt ist, was besonders dann auffällt, wenn dieses eine eigene Schicht («Punktwolken») über der linealischen Unterschicht ausbildet. Solche «Punktwolken»-Schichten findet man auch bei anderen Gesellschaften, beispielsweise beim Nelkenschmielenrasen und bei der Drahtschmielen-Bärwurz-Gesellschaft. Sie sind dadurch gekennzeichnet, dass sie von Weitem tatsächlich wie «Punktwolken» aus kleinen, silbrigen Körnern erscheinen; die zugehörigen Stängel fallen demgegenüber zunächst kaum auf. Hier bildet das kornförmige Element eine eigene, vom darunter befindlichen linealischen Element deutlich abgesetzte Schicht (Abb. 53).

Eine bemerkenswerte Veränderung kann auf der linken Seite der Abb. 53 beobachtet werden. Wie der Nelkenschmielenrasen ist auch die Frühlingshungerblümchengesellschaft durch ausgeprägte «Punktwolken» von Fruchtständen gekennzeichnet. Sie sind im unreifen Zustand grün, etwas dicklich und elliptisch; sie erscheinen jedenfalls gröber als diejenigen des Nelkenschmielenrasens. Sie erwecken den Eindruck von Sukkulenz. Dieses Erscheinungsbild führt damit zu einer Gesellschaft mit tatsächlich sukkulenten Formen, der Zwerghornkrautgesellschaft (Abb. 54).

In der Zwerghornkrautgesellschaft findet man das kornförmige Gestaltelement nicht nur in den Samenkörnern, sondern auch in den Blättern der Mauerpfefferarten. Damit erreicht das kornförmige Element sogar den vegetativen Bereich der Pflanzen, was als eine extreme Ausbildung gewertet werden muss. Und das betrifft nicht nur die «äußere» Gestalt, sondern auch die Funktion, was man insbesondere an den Blättern des Weißen Mauerpfeffers ablesen kann. An trocken-warmen Wuchsorten bildet die Art recht lockere Wuchsformen aus, die Blätter sind mehr zerstreut an den Sprossen angeordnet und oftmals von roter Färbung. Das Erscheinungsbild wird auch hier von einem kornförmigen Gestaltelement bestimmt, wobei allerdings die «Körner» nicht Samen, sondern Blätter sind.

Die dicklichen, walzlich bis rundlichen, kleinen Mauerpfefferblätter haben, für sich betrachtet, nicht nur eine äußerliche Ähnlichkeit mit Samen. Von der Sprossachse abgetrennte Blätter haben die Fähigkeit, wieder neue Pflanzen zu bilden, wobei die von der Sprossachse abgetrennten Knospen als «Keimling» wirken und neu austreiben. Dass solch ein Zusammenhang zwischen Mauerpfefferblättern und Samen besteht, zeigt, dass das an der Gestaltbetrachtung gewonnene Urteil durchaus auch funktionelle Hinweise zu geben vermag.

Somit ergibt sich als Tendenz für die Reihe

Abb. 52 (links): Gestaltreihen von Pflanzengesellschaften mit dominantem linealischem Gestaltelement. Obere Reihe: Pflanzengesellschaften an Gewässern, mittlere Reihe: Pflanzengesellschaften an Trockenstandorten, untere Reihe: Pflanzengesellschaften von Feuchtstandorten.

Zwerghornkrautgesellschaft
Cerastietum pumili

Frühlingshungerblümchengesellschaft
Erophila verna-Gesellschaft

Nelkenschmielenrasen
Airo caryophylleae-Festucetum ovinae

Abb. 53: Gestaltreihe von Pflanzengesellschaften mit dominantem kornförmigem Vegetationsgestaltelement.

vom mittleren Bildteil (Nelkenschmielenrasen, Heidenelken-Grasnelken-Rasen, Drahtschmielen-Bärwurz-Gesellschaft) nach links, dass das Samen-Korn-Element schrittweise bis zum Boden absteigt und in der Zwerghornkrautgesellschaft sogar auf den grünen Blattbereich übergeht.

Farblich zeigt sich das kornförmige Element besonders als Rot. Die auch im Winter nicht absterbenden Blättchen der Mauerpfefferarten, insbesondere die vom Weißen Mauerpfeffer, werden bei Frost und Trockenheit leuchtend karminrot (Abb. 54). Auch bei vielen Grasgesellschaften kann man zur Blütezeit der Gräser einen rötlichen Schimmer wahrnehmen, der die Schicht des kornförmigen Gestaltelementes kennzeichnet, beispielsweise bei Wiesen mit viel Honiggras, Straußgras usw. (Abb. 55).

Abb. 54: In der Zwerghornkrautgesellschaft *(Cerastietum pumili)* ergreift das kornförmige Gestaltelement die vegetativen Organe (die Blätter). Die Blätter des Weißen Mauerpfeffers *(Sedum album)* sind rot überlaufen. April 1998.

Heidenelken-Grasnelken-Rasen
Diantho deltoidis-Armerietum elongatae

Drahtschmielen-Bärwurz-Gesellschaft
Deschampsia flexuosa-Meum athamanticum-Gesellschaft

Kompasslattichflur
Erigeronto-Lactucetum serriolae

Abb. 55: Das kornförmige Gestaltelement zeigt sich in dieser Honiggraswiese als rote Färbung. Juni 1995.

Silberweiden-Auenwald
Salicetum albae

Schwarzerlen-Bruchwald
Carici elongatae-Alnetum glutinosae

Eichen-Hainbuchen-Wald
Stellario-Carpinetum

Abb. 56: Gestaltreihe mit dominantem Stammraum-Gestaltelement bei Wäldern.

Das Stammraum-Gestaltelement

Gehen wir nun wieder zurück zum flächenblättrigen Gestaltelement. Wenn – wie im Falle der Teichrosen – die Flächenblätter nicht auf dem Wasser schwimmen, haben sie mehr oder weniger ausgeprägte Stiele, von denen sie getragen werden. Auf diese Weise entsteht durch die Vegetation eine Art Innenraum, der oben von den flächigen Blättern abgeschlossen und von den Stielen durchzogen wird. Ins Extrem gesteigert findet man das bei den Laubwäldern, indem hier keine krautigen Stiele, sondern Stämme aus Holz auftreten, die das flächenblättrige Dach, das Kronendach, tragen: das Stammraum-Gestaltelement. Wie das kornförmige mit dem linealischen Element, so ist das flächenblättrige fast immer mit dem Stammraumelement verbunden.

Stammräume sind naturgemäß in Wäldern besonders ausgeprägt (Abb. 56). Der typische Buchen-Hallenwald ist vorwiegend aus zwei Gestaltelementen aufgebaut: der Flächenblattschicht des Kronendaches und des darunter anschließenden Stammraumes. Wegen des Abschlusses nach oben durch die dichte Flächenblattdecke kann der Stammraum als geschlossen bezeichnet werden. Ähnlich geschlossen sind auch andere Laubwälder. Bei den Nadelwäldern sieht das etwas anders aus, die Kronen bilden meist kein geschlossenes Dach. Dafür sind hier die Böden oft von dichten Moos- oder Flechtenpolstern bedeckt.

Auch Gebüschgesellschaften entwickeln ein ausgeprägtes Stammraumelement (Abb. 57). Ein recht geschlossenes Kronendach und damit ein dunkler Stammraum findet sich unter anderem beim Holundergebüsch. Das Alpenrosen-Latschen-Gebüsch ist demgegenüber sehr viel offener, da seine Blätter nadelige Gestalt haben.

Das Stammraumelement ist zwar in Wäldern und Gebüschen am deutlichsten ausgebildet,

Hainsimsen-Buchen-Wald
Luzulo-Fagetum

Streifenfarn-Fichten-Wald
Asplenio-Piceetum

Schneeheide-Kiefern-Wald
Erico-Pinetum sylvestris

tritt aber auch abgeschwächt in anderen Gesellschaften auf, in denen es in bestimmten Metamorphosen zu finden ist. Eine dieser Metamorphosen ergibt sich, wenn die schrittweise Abwandlung des Stammraumes vom Wald über den Gebüschmantel und den Staudensaum bis hin zu einer Wiese verfolgt wird (vgl. Abb. 46 von rechts nach links, S. 74 f.). Dadurch wird deutlich, dass der unteren, flächenblättrigen Schicht einer Wiese das Kronendach des Waldes entspricht; ebenso existiert hier ein «Stammraum», wenn auch nur in Miniaturform. Die «Schrumpfung» des Stammraumes kann weiter verfolgt werden bei Gesellschaften mit dicht am Boden liegenden flächenblättrigen Strukturen, beispielsweise beim Breitwegerich-Trittrasen. Hier geht die Vertikalausdehnung des Stammraumes gegen Null.

Eine Metamorphose des Stammraumes besonderer Art findet man in den tropischen Regenwäldern. Charakteristisch ist hier, dass der gesamte Stammraum von Wurzeln durchsetzt ist. Wurzeln von Lianen hängen von den Bäumen, auf den Ästen wachsen Orchideen, Bromelien, Farne und andere «Aufsitzerpflanzen» (Epiphyten) ohne Erdkontakt; auch ihre Wurzeln hängen frei im Stammraum oder haften an der Rinde der Bäume. Bemerkenswert sind bei Bäumen die Brett- und Stelzwurzeln, die nur deshalb als solche erscheinen, weil sie sich *über* dem Boden (im Stammraum!) anstatt *im* Boden ausbreiten (Abb. 58). Demgegenüber wird der Boden selbst nur recht flach durchwurzelt.

Auch bei der Mangrove-Vegetation ist gestaltlich keine eindeutige Trennung zwischen Stamm- und Wurzelbereich zu ziehen. Der Mangrove ähnliche Vegetationsformen kommen auch, wenngleich selten, in Mitteleuropa vor, beispielsweise bei Erlengebüschen an Seen oder Teichen (Abb. 59), bei denen ebenfalls die Grenze zwischen Stammraum und Wurzelsphäre verwischt sein kann. Besonders deutlich

Salweiden-*(Salix caprea-)*Gebüsch

Grauweiden-*(Salix cinerea-)* Gebüsch

Holunder-*(Sambucus nigra-)* Gebüsch

Abb. 57: Gestaltreihe mit dominantem Stammraum-Gestaltelement bei Gebüschen.

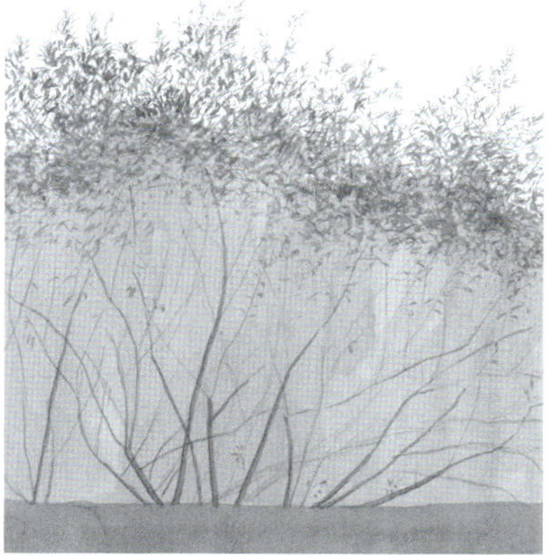

Korbweidengebüsch
Salicetum triandro-viminalis

Sanddorn-Dünengebüsch
Hippophao-Salicetum arenariae

Alpenrosen-Latschen-Gebüsch
Rhododendro ferruginei-Pinetum prostratae

wird das auch bei Weiden an Gewässerufern, die infolge stark schwankenden Wasserstandes im unteren Stammraum an Ästen und Zweigen Seitenwurzeln bilden (Abb. 60). Das ist ein Hinweis darauf, dass die Wurzelsphäre prinzipiell mit dem Stammraum verwandt ist. Der Wurzelraum ist aber eigentlich Repräsentant des Erdbodens. Wandern nun die Wurzeln in den Stammraum hoch, wie in tropischen Regenwäldern, haben wir damit einen Hinweis auf den ganzen Stammraum als aufgestülpte oder hügelig gewordene Erde, nicht nur auf den einzelnen Baum (vgl. S. 29 und 155).

Abb. 58 (links): Stelz- und Brettwurzeln im Regenwald von Brasilien. Foto: Gisa Ruland.

Abb. 59 (rechts): Schwarzerle *(Alnus glutinosa)* in einer mangroveartigen Wuchsform. Garrensee, Schleswig-Holstein. Juni 1978.

Abb. 60: Silberweide *(Salix alba)* mit Seitenwurzeln im Geäst, die bei Hochwasser untergetaucht wachsen. Rheinufer südlich von Mainz, August 1994.

Abb. 61: Metamorphose des Stammraum-Gestaltelementes vom Wald bis zum Hochmoor. Der Stammraum «ertrinkt» im Moospolster.

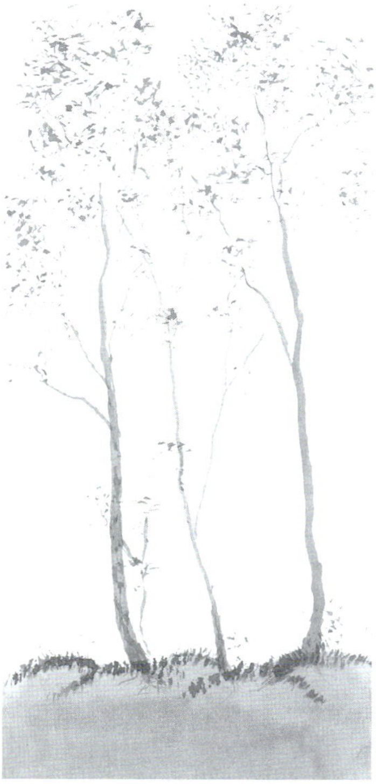

Moorbirken-Bruchwald
Vaccinio uliginosi-Betuletum pubescentis

Moorrandvegetation mit Spirken-*(Pinus rotundata-)* Sträuchern, die von Torfmoos halb überwachsen sind

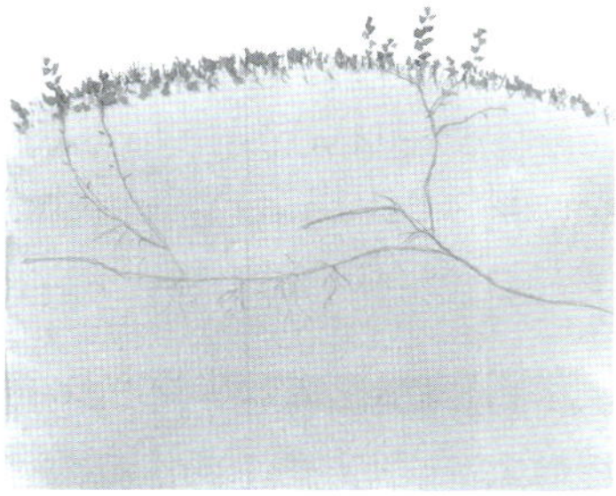

Rote Torfmoos-Bultgesellschaft
Erico-Sphagnetum magellanici

Das polsterförmige Gestaltelement

Wir sind bei den Nadelwäldern bereits auf dichte Moosdecken am Waldboden gestoßen, die hier das polsterförmige Gestaltelement bilden. So etwas gibt es auch bei Laubwäldern auf Moorboden, beispielsweise bei Birkenbruchwäldern. Nimmt in diesen Moorwäldern das Mooswachstum zu – insbesondere durch Torfmoose –, so leidet das Baumwachstum darunter, die Bäume gehen zurück und überlassen schließlich den Moosen das Feld. Dies ist in den Hochmooren der Fall. So sind die Übergänge von den Bruchwäldern zum Hochmoor fließend (Abb. 61).

Auch die niedrigen Gehölze, die im Moorrandbereich wachsen (z.B. Spirke, eine Verwandte der Latschenkiefer), zeigen noch das Stammraum-Gestaltelement, wenngleich nicht mehr eigentlich von einem «Raum» gesprochen werden kann. Gleiches gilt für die Zwergsträucher der Hochmoorfläche selbst. Querschnitte durch die mit Zwergsträuchern bewachsenen Bulte (aufgewölbte Torfmoospolster) zeigen ein Phänomen, das für die Metamorphose des Stammraum-Gestaltelements von Bedeutung ist. Das fortlaufende Höhenwachstum der Torfmoose machen die niedrigwüchsigen Zwergsträucher mit, indem ihre Triebspitzen die Torfmoosdecke immer um mehrere Zentimeter überragen. Sie würden unter anderen Umständen einen ausgeprägten kleinen Busch mit zugehörigem Stammraum bilden; dieser Stammraum wird aber kontinuierlich von unten her von Torfmoosen durchwuchert (Abb. 62).

Was bedeutet dieser Vergleich? Wenn die Stammräume der Nadelwälder und der Moorbirkenwälder reichlich von Moos- und Flechtenvegetation durchsetzt sind und man stellt sich vor, dass das Durchwuchern des Stammraumes immer weiter fortgesetzt wird, dann erreicht diese Gestalttendenz im Hochmoor ihre extreme Ausformung. Im Hochmoor ist der ganze Stammraum eigentlich wie «ausgeschäumt» mit Torfmoos. So gesehen kann der gesamte Hochmoorbult einschließlich Zwergsträuchern und Torfmoosen schrittweise aus dem Stammraum-Gestaltelement abgeleitet werden.

Abb. 62: Von Torfmoosen durchwucherter, wie «ausgeschäumter» Stammraum von Zwergsträuchern im Moor.

So zeigt sich, wie eng polsterförmiges und Stammraum-Gestaltelement miteinander verbunden sind. Allerdings kann das polsterförmige Element auch allein auftreten; eine Koppelung an andere Gestaltelemente, wie wir bei den vorausgehenden sahen, ist hier nicht gegeben. Eine Übersicht über verschiedene Pflanzengesellschaften mit polsterförmigem Gestaltelement gibt Abb. 63. Daraus wird ersichtlich, dass das polsterförmige Element nicht nur auf Moosvegetation beschränkt ist, sondern auch bei Blütenpflanzen vorkommt.

Drehzahnmoos-Mauergesellschaft *Tortuletum muralis*

Polsterseggengesellschaft *Caricetum firmae*

Alpines Steinbrechpolster *(Saxifraga presolanensis)*

Abb. 63: Gestaltreihe von Pflanzengesellschaften mit dominantem polsterförmigem Gestaltelement.

Im Hochmoor strebt die gesamte Vegetationsdecke zur Kugelgestalt, denn das lebende und wachsende Hochmoor ist mit seiner «Uhrglasform» nichts anderes als der Teil einer großen Kugelgestalt (Abb. 64). Die Tendenz zur sphärischen Bildung ist denn auch ein Hauptgestaltmerkmal des polsterförmigen Elementes, was im Hochmoor eine extrem ausgedehnte, landschaftsprägende Form erreicht; hier stellt sich dieses Gestaltelement in besonders reiner Ausprägung dar.

Ein weiterer typischer Lebensraum mit vorherrschendem polsterförmigem Element sind die Quellbereiche (Abb. 65, 66). Auch hier neigt die Vegetation insgesamt zu Polsterformen, seien es nun die beteiligten Moose oder auch Blütenpflanzen. Beispielsweise stellt die Milzkrautgesellschaft eine Übergangsform zwischen polsterförmigem Gestalttyp (polsterartige Wuchsform) und flächenblättrigem Gestalttyp (Oberfläche des Polsters mit zahlreichen rundlichen Blättchen, die eine – allerdings stark gebogene – Fläche bilden) dar.

Das Hauptcharakteristikum des polsterför-

Abb. 64: Hochmoor im Querschnitt mit «uhrglasförmiger» Oberfläche – wie ein einziges riesiges Moospolster. Nach Westhoff et al. 1981: 169, verändert.

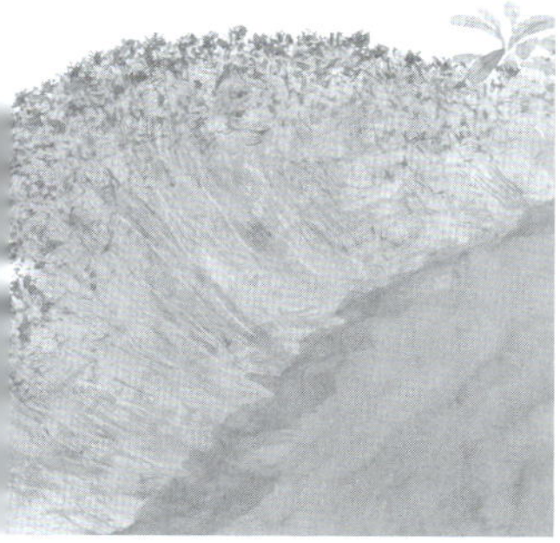

ntorfmoos-*(Sphagnum*
illifolium-) Polster an einem
chten, steilen Hang im
ntenwald

Rote Torfmoos-Bultgesellschaft
Erico-Sphagnetum magellanici

Starknervmoos-Tuffpolster
Cratoneuretum commutati mit
Strahlensame *(Silene pusilla)*

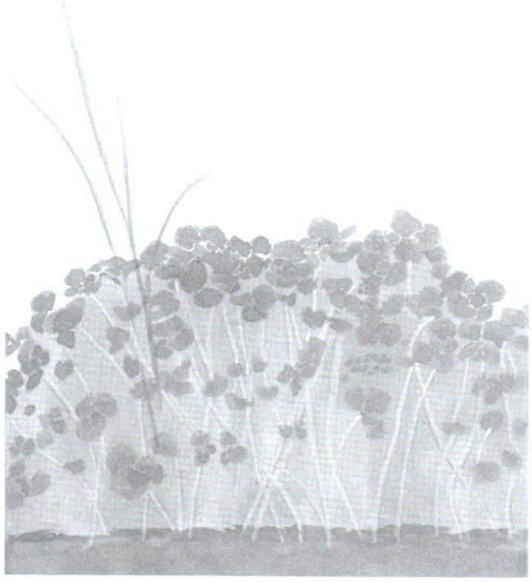

Milzkrautgesellschaft
Chrysosplenietum oppositifolii

Abb. 65: In der Quellkrautgesellschaft *(Philonotido-Montietum)* hebt sich das Quellkraut *(Montia rivularis)* in frischgrünen Polstern über die flachen, hellgrünen Wassersterndecken. Quellbach in den Meerbruchwiesen am Steinhuder Meer, Niedersachsen. Juli 1991.

Abb. 66 (oben): In der Starknervmoosgesellschaft *(Cratoneuretum falcati)* wird Kalktuff abgelagert, sodass sehr große «Polster» entstehen, die nach unten hin verkalken. Silberkarklamm im Dachsteingebiet, Österreich. Juni 1996.

Abb. 67 (unten): Das Moos in den Pflasterritzen (hier Pohlmoos *Pohlia nutans*) verlässt bei fehlender Trittbelastung die flachwüchsige Deckenform und quillt zu halbkugeligen Gestalten auf.

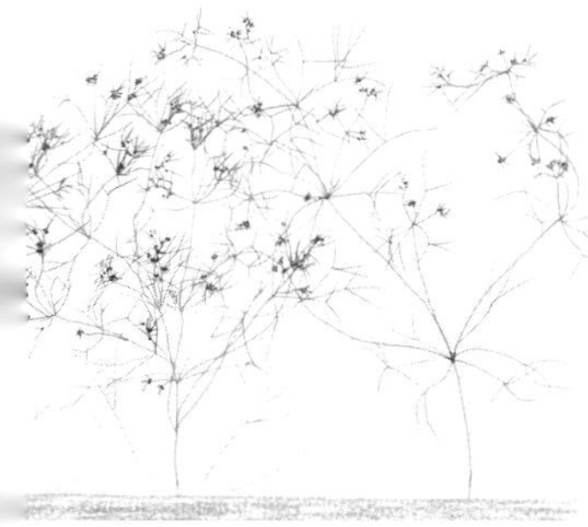

rglanzleuchteralgen-
llschaft
no-Nitelletum capillaris

Schlauchalgengesellschaft
Nitello-Vaucherietum dichotomae

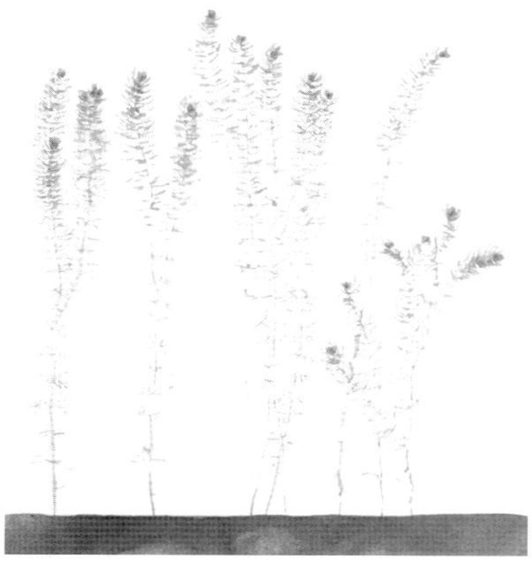

Gesellschaft des Wechselblütigen Tausendblattes
Myriophylletum alterniflori

Froschbiss-Wurzelschicht mit ihren feingliedrigen, dichtverzweigten Sprossen. Hier ist nun bemerkenswert, dass sich Wasserschlauchsprosse und Froschbisswurzeln nicht nur gestaltlich ähneln. Der Froschbiss nimmt Nährstoffe mit seinen ins Wasser hängenden Wurzeln auf, und genau das tut der Wasserschlauch mit seinem ganzen Spross, der damit auch Wurzelfunktion hat. Das bedeutet, dass die Wurzelsphäre der Froschbissgesellschaft nichts anderes ist als eine Metamorphose des fadenförmigen Gestaltelementes.

Diese Reihe (Abb. 69) kann nun noch weitergeführt werden. Als nächste Kontaktvegetation zum Ufer hin kann die Schlangenwurz *(Calla palustris)* auftreten. Sie wächst an ihrem wasserwärtigen Rand als Schwingrasen: Die waagerechten Sprosse der Schlangenwurz dringen, wenig unterhalb des Wasserspiegels schwimmend, weit in das offene Wasser vor, sodass die Blätter in die Luft ausgebreitet werden und die Wurzeln frei in das Wasser hängen.

Auch diese Gesellschaft ist somit zweischichtig, sie besteht aus der flächenblättrigen Schicht (jetzt allerdings mit schräg aufgerichteten Luftblättern) und der Wurzelschicht. Die *Calla*-Blätter müssen dabei als Metamorphose der vorausgegangenen Schwimmblätter angesehen werden, die nun aus dem Wasserspiegelbereich herausgehoben werden. Die Wurzelsphäre der Schlangenwurzgesellschaft entspricht der Unterwasserschicht der Froschbissgesellschaft und damit letztendlich der fadenförmigen Unterwasservegetation. Die *Calla*-Wurzelschicht ist also ebenfalls eine Metamorphose des fadenförmigen Gestaltelementes.

Das lässt die Frage entstehen, ob das, was wir hier im und am Wasser beobachtet haben, auch für Landvegetation gilt. Gibt es also eine Verwandtschaft zwischen dem fadenförmigen Gestaltelement und der Wurzelsphäre der Pflanzengesellschaften überhaupt? Ist die Wurzelsphäre vielleicht überhaupt nur eine Metamorphose des fadenförmigen Elementes? Oder um-

Teichrosengesellschaft *Myriophyllo-Nupharetum*

Froschbiss-*(Hydrocharis morsus-ranae-)*Gesellschaft

Abb. 69: Zonierung in einer schlammigen Bucht eines nährstoffreichen Gewässers mit schrittweisem Übergang vom fadenförmigen Gestaltelement zur Wurzelsphäre. In Anlehnung an Westhoff (1965: 331).

gekehrt gefragt: Ist das fadenförmige Element der Wasserpflanzen eine Sondererscheinung der allgemeinen Wurzelsphäre, in der diese, die sonst der Wahrnehmung verborgen ist, sichtbar wird (vgl. Suchantke 1983, 2002)?

Der Schichtcharakter der Vegetationsgestalten

Während bis hierher versucht wurde, die einzelnen Gestaltelemente möglichst charakteristisch zu fassen und in ihren typischen Erscheinungen klar darzustellen, wird es für die meisten Pflanzengesellschaften trotzdem notwendig, das Zusammenspiel dieser Elemente in der jeweiligen Vegetationsgestalt näher zu betrachten. Denn in

Schlangenwurzgesellschaft (*Calletum palustris*)
als Schwingrasen im offenen Wasser

Schlangenwurzgesellschaft (*Calletum palustris*)
auf Schlammboden

den allermeisten Pflanzengesellschaften treten die sechs Gestaltelemente jeweils nicht rein, sondern in Durchdringung mit einem weiteren oder mehreren anderen Elementen auf.

Viele der Gesellschaften, die oben zur Herausarbeitung der einzelnen Gestaltelemente dargestellt wurden, stellen schon Mischformen dar. Bei diesen Übergangs- oder Mischformen fällt auf, dass die jeweiligen Gestaltelemente im Vegetationsprofil Schichten bilden. Dabei zeigt sich als Regelmäßigkeit, dass die vertikale Abfolge der Schichten, die jeweils durch eins der sechs Gestaltelemente bestimmt werden, prinzipiell immer die gleiche ist (Abb. 70): zuunterst das polsterförmige Gestaltelement (bzw. das fadenförmige im Wasser), dann das Stammraum-, das flächenblättrige, das linealische und zuoberst das kornförmige Gestaltelement. Wenn alle Elemente auftreten, dann tun sie es in dieser Reihenfolge. Es können auch weniger Gestaltelemente im Profil vorkommen, wobei aber die vertikale Reihenfolge beibehalten wird; so besteht etwa ein Buchenwald (von unten nach oben) nur aus polsterförmigem, Stammraum- und flächenblättrigem Element.

Dadurch, dass die Gestaltelemente in Schichten mehr oder weniger deutlich getrennt oder doch schwerpunktbildend auftreten, konnten wir sie überhaupt wahrnehmen und voneinander abgrenzen. Die Schichtung ermöglicht darüber hinaus den Vergleich der unterschiedlichsten Vegetationstypen, was schon bei der Herausarbeitung der Gestaltelemente geschehen ist. Auf diese Weise können viele verschiedene Gesellschaften miteinander in Beziehung gebracht werden.

Zwerghornkrautgesellschaft
Cerastietum pumili

Kalktrockenrasen
Xerobrometum

Halbtrockenrasen
Mesobrometum

Abb. 70: Vegetationsausschnitte, geordnet nach der Verwandtschaft ihrer Schichtungen.

Die vollständige Schichtenfolge innerhalb einer und derselben Pflanzengesellschaft finden wir in Mitteleuropa am besten bei Grünlandgesellschaften ausgebildet. Als Beispiele seien die Weidelgras-Weißklee-Weide (*Lolio-Cynosuretum*), die Glatthaferwiese (*Arrhenatheretum elatioris*) und die Wassergreiskrautwiese (*Bromo-Senecionetum aquatici*) genannt (Abb. 70). Grünlandvegetation scheint also im Vergleich zu anderen Pflanzengesellschaften in gestaltlicher Hinsicht eine zentrale Rolle zu spielen, da sie die verschiedenen Gestaltelemente in sich vereint.

Merkwürdigerweise ist es also nicht die natürliche Waldvegetation, die diesen zentralen Charakter hat, sondern eine durch den Menschen entstandene Vegetation. Der Buchenwald etwa lässt sich von der Wiese aus als einseitige Ausbildung verstehen, indem das Kronendach und der Stammraum extrem vorherrschen.

Nun sei das Vegetationsprofil einer Wiese noch einmal in einer sehr schematisierten Form so wiedergegeben, dass die Gestaltelemente deutlich sichtbar sind (Abb. 71). Wir dürfen vielleicht auch das fehlende fadenförmige Element mit hinzuzeichnen, indem wir es mit der Wurzelsphäre gleichsetzen. Dass dies nicht falsch ist, zeigte uns ja die Betrachtung der Ufervegetation mit Froschbiss und Wasserschlauch im Kapitel über das fadenförmige Gestaltelement. Ebenso ergänzen wir das Bild durch den Blütenhorizont, den wir in den Profilstudien bisher etwas vernachlässigt hatten, der sich aber, wie die Beobachtung zeigt, auf einer ganz bestimmten Ebene eingliedert.

Es ist bemerkenswert, dass das Wiesenprofil nicht mit einer dichten Blütenschicht *oben* abschließt, sondern dass die Zone dichtester Blütenentwicklung *im* Bestand eingegliedert ist. Und zwar haben die Blüten direkt oberhalb der flächenblättrigen Schicht ihren Schwerpunkt, also an der Grenzzone zwischen flächenblätt-

Glatthaferwiese
Arrhenatheretum elatioris

Wassergreiskrautwiese
Bromo-Senecionetum aquatici

rigem und linealischem Element. Wenn wir nun unsere Aufmerksamkeit darauf richten, an welchen Stellen in der Landschaft sich überhaupt Blüten konzentrieren, wird unser Befund in einem ganz neuen Licht erscheinen.

Abb. 71: Idealisiertes Bild eines Wiesenprofils mit charakteristischer Schichtung der Gestaltelemente.

Die Blüte an der Grenze zwischen Licht und Finsternis

Bisher haben wir die Blüten in der Gestaltbetrachtung gar nicht oder nur am Rande gestreift. Zu unterschiedlich ist auch das Erscheinungsbild der verschiedenen Blütenstände und damit der Blühaspekte von Pflanzengesellschaften. Dennoch gehört ja die Blüte zum Erscheinungsbild der Pflanzengesellschaft dazu. Es ist sogar dasjenige, was uns Menschen im Allgemeinen am ehesten an der Vegetation anspricht. Allerdings habe ich gerade aus diesem Grunde den Schwerpunkt der Gestaltbetrachtungen auf das Vegetative gelegt, um auch hierin eine Ästhetik zu finden. Die «Blütenästhetik» bedarf hingegen keiner besonderen Anleitung, sie spricht von selbst zu uns.

Dennoch soll der Blütenbereich nun mit einbezogen werden. Die Ausbildung von deutlichen Blühaspekten in der Landschaft ist an bestimmte Situationen gebunden. Eine besonders markante Situation ist die Häufung von Blüten in Saumbereichen. Staudensäume markieren oft die Grenze zwischen Gehölzformationen und Offenland (Grünland, Ackerland, Magerrasen). Viele Pflanzenarten dieser Staudensäume haben auffällige Blüten; besonders eindrucksvolle Beispiele sind die wärmeliebenden Mittelklee-Blutstorchschnabel-Saumgesellschaften (Vegetationsklasse der *Trifolio-Geranietea sanguinei*, Abb. 72) auf der trockenen Seite und die feuchteliebenden Hochstaudengesellschaften (Vegetationsklasse der *Lythro-Filipenduletea*, Abb. 73)

Abb. 72: Staudensaum mit Blutstorchschnabel *(Geranium sanguineum)* zwischen Magerrasen und Gebüsch.

Abb. 73 (oben): Feuchte Hochstaudengesellschaft als Saum zwischen Feuchtwiese und Wald, mit Gilbweiderich *(Lysimachia vulgaris)* und Blutweiderich *(Lythrum salicaria*, links).

Abb. 74 (unten): Brennnessel-Giersch-Gesellschaft *(Urtico-Aegopodietum)* an einem Straßenrand mit Giersch *(Aegopodium podagraria)*, einem häufigen Doldenblütler der Staudensäume. Im Vordergrund die breit-lanzettlichen Blätter von Beinwell *(Symphytum officinale)*.

Abb. 75 (oben): Weißdorn-Schlehen-Gebüsch *(Crataego-Prunetum)* mit blühender Schlehe zwischen Wiese und Wald.

Abb. 76 (unten): Blühende Vogelkirschen *(Prunus avium)* am Waldrand.

im Bereich von Nasswiesen. Auf normal feuchtem, nährstoffreichem Boden sind es vor allem Gesellschaften mit Doldenblütlern (z.B. aus dem Verband der Gierschgesellschaften *Aegopodion,* Abb. 74).

Die Massierung von Blüten in Grenz- und Übergangsbereichen zeigt sich auch in den Gehölzgesellschaften selbst: Waldmantel-Gebüsche sind im Allgemeinen blütenreicher als der anschließende Wald (Abb. 75). Sogar bei den Bäumen kann diese Differenzierung festgestellt werden: So beschreibt Passarge (1987) das vermehrte Vorkommen von auffällig blühenden Obstgehölzen (Vogelkirsche, Holzapfel, Wildbirne) *am Rande* von Wäldern (Abb. 76). Allen diesen blütenreichen Gesellschaften gemeinsam ist die Grenzlage zwischen der «Finsternis» des Waldes (oder des Gehölzes) und dem Licht der Offenlandvegetation.

Es gibt diese Blüten-Grenzeffekte in der Landschaft jedoch auch in anderen Ausgestaltungen, nicht nur horizontal zwischen benachbarten Pflanzengesellschaften. Wir finden sie auch innerhalb eines einzigen Bestandes im senkrechten Profil. Auffällig ist, dass «Blütenhorizonte» hier insbesondere an der Grenze zwischen flächenblättriger und linealischer Schicht angeordnet sind. Dies kann sehr gut in verschiedenen Grünlandgesellschaften beobachtet werden, wobei charakteristisch ist, dass die Blüten nicht genau *auf* der Grenzfläche liegen (falls diese als solche scharf erkennbar ist), sondern leicht in Richtung auf die linealische Schicht verschoben sind. In diesen Fällen ist das linealische Element im unteren Bereich von Blüten durchsetzt (Abb. 77).

In besonders reiner Ausprägung finden wir den Blütenhorizont als Grenzfläche zwischen ausgeprägt flächenblättrigem und ausgeprägt linealischem Element bei den Seerosengesellschaften und verwandter Schwimmblattvegetation (mit Wasserhahnenfuß, Seekanne, Froschbiss usw.). Hierbei wird deutlich, dass die Blüte immer von der Grenzfläche (in diesem Fall die Wasserfläche einschließlich der darauf schwimmenden Blätter) aus in Richtung auf die linealische Schicht verschoben ist: Die Blüten schwimmen *auf* dem Wasser oder heben sich an kurzen Stielen *über* den Spiegel (Abb. 78).

Abb. 77: Im Profil erkennt man die stärkste Anreicherung von farbigen Blüten an der Grenze zwischen flächenblättrigem Gestaltelement unten und linealischem Element oben.

Eine Oben-unten-Grenze wie zwischen flächig und linealisch gibt es auch noch in anderer Form, nämlich als scharfe Grenze zwischen zwei noch extremeren Polaritäten als Wasser und Luft: zwischen Erdboden und durchlichteter Atmosphäre. Diese Grenze wird in Wiesengesellschaften eben durch die mehr oder weniger

Abb. 78: Weiße Seerosen mit Blüten an der Grenze zwischen dunklem Wasser und heller Luft.

dichte Vegetation, insbesondere durch den Deckencharakter des flächenblättrigen Elementes, gedämpft und bei Wassergesellschaften durch das Wasser selber. In Trocken- und Magerrasen treffen Erdboden und Luft-Licht-Raum jedoch recht unmittelbar aufeinander, da das flächige Element hier kaum ausgeprägt und die Vegetation insgesamt sehr schütter ist. So ist es zu verstehen, dass Trocken- und Magerrasen gerade besonders blütenfarbig sind, weil die Extreme des dunklen Bodens und der lichten Atmosphäre so unmittelbar aufeinanderprallen (Abb. 79).

Weiter gesteigerte Extremformen finden sich schließlich in der Hochgebirgsvegetation sowie den Wüsten und Halbwüsten. Noch stärkere Lichtintensität und noch offenerer, ungeschützter Boden korrespondieren mit enormer Blütenfülle – allerdings nur zu bestimmten, für die Vegetation günstigen Zeiten.

Bis hierher wurde die Grenze zwischen Licht und Finsternis nur räumlich betrachtet. Sie existiert aber auch in zeitlicher Hinsicht, nämlich als Übergang zwischen Tag und Nacht und zwischen Sommer und Winter. Die Tag-Nacht-Grenze drückt sich nicht durch Blütensteigerung aus, wohl aber die Grenze zwischen Sommer und Winter. Das beste Beispiel dafür liefern uns die sommergrünen Laubwälder.

Im März, nach Ablauf des Winters, noch bevor das Laub der Büsche und Bäume austreibt, be-

Abb. 79: Niedrigwüchsiger Magerrasen in den Schweizer Zentralalpen – Borstgrasrasen mit Arnika. Nach einem Dia von Andreas Suchantke.

HCV

Abb. 80: Frühlingswald mit reicher Blütenentwicklung an der Grenze zwischen Winter und Sommer, mit weißem Buschwindröschen *(Anemone nemorosa)*, Gelbem Windröschen *(Anemone ranunculoides)* und rotem Lerchensporn *(Corydalis cava)*. Eilenriede in Hannover, April 1992.

decken sich die Waldböden – genügend Kalk im Boden vorausgesetzt – mit einem dichten Kleid aus niedrigen Frühlingsblumen: weißes und gelbes Buschwindröschen, gelbes Scharbockskraut, rosa und weißer Lerchensporn, Waldveilchen, Leberblümchen, Goldstern ... (Abb. 80). Vor allem sind es die Blüten dieser Pflanzen, die ins Auge fallen, weniger deren Blätter, die sich erst nachträglich voll entfalten. So ist wirklich der reine Blütenteppich dasjenige, was nach dem Dunkel des Winters als Erstes erscheint, bevor die großartige Blattentfaltung im Wald einsetzt (vgl. Stockmar 2003).

Diese Blütenpracht markiert genau die zeitliche Grenze zwischen dem kahlen Winterwald der dunklen Jahreshälfte und dem belaubten Sommerwald der lichten Jahreshälfte. Der ergrünte Sommerwald ist, nach dem Frühlingsblumen-Aspekt, so gut wie ganz blumenfrei – wobei hier wirklich «Blumen» gemeint sind, nicht Blüten im botanischen Sinne, die natürlich auch im Sommer vorhanden sein können (z.B. von Waldgräsern).

Später im Jahr kommt noch einmal eine Hell-Dunkel-Grenze, die zeitlich dem Frühlingspunkt gegenüberliegt; es ist die Zeit, wenn das Sommer- in das Winterhalbjahr übergeht. Dann findet man allerdings keine Blütenzeit im Wald. Stattdessen entsteht mit dem bunten Herbstlaub eine andere Art von intensiver Farbigkeit, sodass zwar nicht die Blüte, aber doch die Farbe an der Grenze von Licht und Finsternis entsteht (Abb. 81).

Eine weitere, sehr bemerkenswerte Hell-Dun-

Abb. 81: Herbstfärbung im Wald an der Grenze zwischen Sommer und Winter. Die Farbstufung von oben nach unten in Braun – Gelb – Grün zeigt, dass die Herbstfärbung von oben nach unten fortschreitet.

kel-Grenze in zeitlicher Hinsicht entsteht dann, wenn eine bisher genutzte Wiese, eine Weide, ein Acker oder ein Magerrasen brachfällt, d.h. nicht mehr bewirtschaftet wird. Da Mitteleuropa von Natur aus potenziell ein Waldland ist, entwickelt sich die Vegetation über mehrere Zwischenschritte (Sukzessionsphasen) im Verlauf von Jahrzehnten oder Jahrhunderten in den bodenständigen Wald zurück oder, bei gravierenden Bodenveränderungen (Industriehalden, Abgrabungen usw.), in einen neuen, noch unbekannten Waldtyp – aber auf jeden Fall in Wald. Auch hier haben wir es also mit einer Offenland-Waldland-Grenze zu tun, jedoch zeitlich extrem auseinandergezogen. Und die farbige Blütenbildung fehlt ebenfalls nicht in diesem Ablauf, sie ist jedoch nicht etwa verteilt auf die einzelnen Sukzessionsphasen, sondern taucht *unmittelbar* im ersten Schritt nach dem Brachfallen auf. Dann «explodiert» manchmal geradezu eine Blütenfülle, die jedoch nach wenigen Jahren verschwunden ist. Dies konnte bisher mehrfach bei Wiesen und Äckern beobachtet werden (Abb. 82, 83).

Was drückt sich darin aus? Wenn wir das Phänomen der «Blüte an der Grenze» recht genau nehmen, dann ist bei diesen langen Sukzessionsabläufen die Grenze zwischen Licht und Finsternis nicht über viele Jahrzehnte verstreut, sondern die *eigentliche* Grenze liegt ziemlich genau auf der Zeitmarke, wo das Wirken des Menschen zum ersten Mal nicht mehr stattfindet. Nach der langjährigen, vom Menschen bewirkten Durchlichtung beginnt nun

Abb. 82 (oben): Brachgefallener Acker mit reicher Blütenentwicklung von Klatschmohn *(Papaver rhoeas)*. Edersee-Gebiet, Juni 2003.

Abb. 83 (unten): Beginnende Brache einer Feuchtwiese mit Blütendominanz von Sumpfdotterblume *(Caltha palustris)*. Fehntjer-Tief-Niederung in Ostfriesland zwischen Aurich und Leer, Mai 1987.

Wald		Offenland	
Ährige Teufelskralle *(Phyteuma spicatum)*	cremeweiß	Dunkle Teufelskralle *(Phyteuma nigrum)*	dunkelviolett
Gelber Eisenhut *(Aconitum vulparia)*	hellgelb	Blauer Eisenhut *(Aconitum napellus)*	blau
Bärlauch *(Allium ursinum)*	weiß	Schnittlauch *(Allium schoenoprasum)*	rot
Klebriger Salbei *(Salvia glutinosa)*	hellgelb	Wiesensalbei *(Salvia pratensis)*	lila-blau
Weiße Pestwurz *(Petasites albus)*	cremeweiß	Rote Pestwurz *(Petasites hybridus)*	rosa

Abb. 84: Gegenüberstellung von Arten jeweils einer Gattung im Wald (links) und im Offenland (rechts).

die Dunkelheit, noch bevor überhaupt die ersten schattenwerfenden Sträucher erscheinen. Die Dunkelheit ist aber auf einer bestimmten, noch nicht sichtbaren Ebene bereits vorweggenommen, wovon die reiche Blütenentfaltung der Ausdruck ist.

Ein weiteres Phänomen kann noch angeschlossen werden, das eine kontinentumspannende Farbdifferenzierung der Blüten betrifft. Suchantke (1988) beschreibt, wie Pflanzenarten bestimmter Gattungen, beispielsweise Hahnenfuß und Anemonen, je nach Lebensraum und Verbreitungsgebiet unterschiedliche Blütenfarben hervorbringen, und zwar in einer ganz gesetzmäßigen Weise.

Im kühl-gemäßigten Klima Nord- und Mitteleuropas sind die Blüten von Hahnenfuß und Anemonen eher weiß oder gelb. Im wärmeren Mittelmeerklima ändert sich die Farbe, indem hier vorwiegend rot blühende Arten vorkommen, und zwar in einem feurigen Zinnoberrot, was bei den in Mitteleuropa heimischen Blüten kaum bekannt ist. Weiter konnte Suchantke zeigen, wie im östlichen Mittelmeerraum und dort im Übergang zu den vorderasiatischen Wüstengebieten die rote Blütenfarbe weiter in Richtung auf ein dunkles Violett und in der trocken-heißen Wüste schließlich zu Schwarz abgeändert wird.

Innerhalb des allgemein-kühlfeuchten Mitteleuropa kann nun eine bemerkenswerte Differenzierung festgestellt werden, die die

Blütenfarbe	weiß	gelb	rot	lila	schwarz
Gebiet	Nord- und Mitteleuropa		Mittelmeer	Vorderasien	
Klima	feucht-kühl				trocken-heiß
Licht / Farbe	Umraumlicht: dunkel	<<<<<<<<<<	Farbigkeit dazwischen!	>>>>>>>>>>	Umraumlicht: überhell
Biotop in Mitteleuropa	Wasser, Wald		Offenland		(existiert nicht)

Abb. 85: Farbreihe zwischen dunkel-feucht-kühlen und hell-trocken-heißen Standorten.

großen Zusammenhänge im Kleinen spiegelt. Schad (mündl. Mitt.) hat darauf aufmerksam gemacht, dass die Blüten verwandter Arten im schattigen Waldbereich eher weiß oder weißlich und daneben im Offenland farbig sind (Abb. 84).

So wird in mitteleuropäischen Wäldern die Hauptblütenfarbe in Richtung auf Weiß oder doch Hell verschoben. Ähnliches gilt hier für einen weiteren Lebensraum, das Wasser. Die «normale» Blütenfarbe der mitteleuropäischen Hahnenfußarten ist goldgelb, die der Wasserhahnenfüße jedoch weiß. Wie der Wald ist auch das Wasser kühler und feuchter als die benachbarten Offenlandschaften (Wiesen, Weiden, Äcker, Magerrasen usw.), sodass wir hier ein noch extremeres Gegenstück zu den Wüsten haben, als es Mitteleuropa ohnehin schon ist. In der Rückschau ergibt sich der Zusammenhang der Abb. 85.

6. Wechselwirkungen zwischen Vegetation, Boden und Klima

Eine gestaltbiologische Betrachtung der Vegetation lässt die Frage entstehen, was denn die Gründe für die verschiedenen Gestalten sind. Ist aber die Frage nach Gründen wirklich angemessen? Bestimmen Boden, Wasser und Klima immer eindeutig eine bestimmte Vegetation? Wir wissen längst, dass Veränderungen an der Vegetation (Kahlschlag von Regenwäldern beispielsweise) umgekehrt auch Boden, Wasser und Klima massiv beeinflussen. Wir sehen, dass hier eine Wechselbeziehung besteht. Wenn aber alles mit allem in Wechselwirkung ist und wir nirgends einen festen Ausgangspunkt finden – wie kann man das dann begreifen, ohne ins Schwimmen zu geraten? Können uns die vier Elemente Feuer, Luft, Wasser und Erde dabei helfen?

Suche nach Erklärungen: Das korrelative Denken

Wir haben bis hierher reine Phänomenologie betrieben und uns irgendwelcher Erklärungen ganz enthalten. Das mag für denjenigen, der möglichst rasch nach Erklärungen sucht oder diese geliefert bekommen möchte, recht anstrengend gewesen sein. Es war aber notwendig, um ganz in die Phänomene einzutauchen und zu lernen, «in den Phänomenen zu denken». Nun endlich wollen wir uns den Möglichkeiten von Erklärungen zuwenden.

Die Prozesse einer strikten Trennung von Wahrnehmung / Beschreibung und Erklärung sowie einer sehr langen Durcharbeitung von Phänomenen sind der Zubereitung eines Hefeteiges recht ähnlich. Dieser wird ja zunächst mehrfach geknetet und gehen gelassen, was dem langwierigen Prozess der phänomenologischen Arbeit entspricht. Erst nach Abschluss dieses biologischen Wachstumsprozesses (denn um einen solchen handelt es sich ja, indem sich die Hefebakterien beim «Gehen» vermehren) ist die Zeit reif zum Backen. Das ist vergleichbar mit dem Zeitpunkt der Erklärungssuche. Ich werde nie ein gutes Hefegebäck erhalten, wenn ich den Teig nicht vorher ausgiebig durchgearbeit habe. Auch die Phänomenologie braucht das intensive Durcharbeiten, auch sie ist ein (geistiger) Wachstumsprozess! Erst wenn dieser gesund abgeschlossen ist, kann und soll die Erklärung folgen.

Aber – welche Art von Erklärung? Wir erinnern uns an das frühere Kapitel über die «Pflanze in uns» und an die darin angeschnittene Thematik über das «biologische Denken» (S. 18 ff.). Wir hatten gesehen, dass sowohl der Kausalismus, der nach *Ursachen* sucht, als auch der Finalismus, der nach *Zwecken* sucht, für eine Erklärung der organischen Schicht der Welt nicht angemessen ist. Und da die Vegetation diese or-

Abb. 86: Heide und Buchenwald nebeneinander auf dem gleichen Boden. Aus dem natürlichen Buchenwald ist die Heide durch historische Nutzung (Schafbeweidung) entstanden. Lüneburger Heide bei Oberhaverbeck, Mai 1995.

ganische Schicht gewissermaßen in Reinkultur repräsentiert, würden beide Denkformen hier nur Teilaspekte der Vegetation erklären. Das tun sie zwar auch immerhin, treffen jedoch nicht den möglichen zentralen Erklärungszusammenhang.

Es gibt genügend Beispiele dafür, dass das Auftreten einer bestimmten Pflanzengesellschaft nicht eindeutig auf eine ökologische *Ursache* zurückgeführt werden kann. So kann es sein, dass auf einem und demselben Boden ganz verschiedene Pflanzengesellschaften wachsen. Beispielsweise können auf sauren Böden des Tief- und Hügellandes im atlantisch getönten Klima nebeneinander Buchenwald und Heide vorkommen, wobei die Heide durch historische extensive Weidenutzung aus dem Buchenwald entstanden ist (Abb. 86). Die Heidevegetation ihrerseits verändert nun den Boden aktiv, indem sie mit ihrer sauren Streu den Boden noch mehr versauert, als er vorher schon war. Das führt im Extremfall zu einer Ausbleichung des Oberbodens («Podsol») und einer extremen Nährstoffverarmung (Abb. 87). Das wiederum stabilisiert die Heidevegetation, die solche Böden bevorzugt. Wenn also das Heidekraut *(Calluna vulgaris)* stark saure, nährstoffarme Böden «anzeigt», dann ist das nicht so zu verstehen, dass diese Bodenqualität schon vorher da war (als *Ursache*) und die Pflanzen als notwendige *Folge* auftreten, sondern es kann genauso umgekehrt gedeutet werden: Die *Calluna*-Pflanzen sind die Ursache für die stark sauren, nährstoffarmen Böden.

Hier zeigt sich eine deutliche Wechselwirkung zwischen Vegetation und Standort, die nicht in eine einfache Wenn-dann-Beziehung aufgelöst werden kann. Ähnliches gilt für den Buchenwald: Der Buchenwald ist insofern auf ein feucht-kühl-schattiges Milieu angewiesen, als die jungen Buchen nur im Schatten keimen und aufwachsen können. Dieses Schattenmilieu wird aber durch die Buchen erst selbst gebildet – also auch hier wieder eine Wechselwirkung. Die Denkform des Kausalismus ist daher für die Vegetation ungeeignet.

Das Gleiche gilt für den Finalismus, der dem Kausalismus gewissermaßen entgegengesetzt ist. Während der Kausalismus nach den Ursachen fragt («Woher kommt das?»), so fragt der Finalismus nach den Zwecken («Wozu dient das? Was bringt das?»). Würde man unser Heide-Beispiel finalistisch erklären, müsste man sagen: Das Heidekraut versauert mit seinen abgefallenen Blättern den Boden, *damit* andere Arten, also potenzielle Konkurrenten, die aber diesen sauren Boden nicht vertragen, ferngehalten werden.

Oder im Beispiel des Buchenwaldes: Die Buche bildet ein dichtes Kronendach, *damit* möglichst nur wieder Buchen nachwachsen, die zum Keimen den Schatten brauchen. Auch hier kreist das Denken um Prozesse der Konkurrenz zwischen Pflanzenarten und -individuen. Auf einer wissenschaftlichen Tagung fiel in einem Referat, das das Konkurrenzverhalten zwischen Buchen und Eichen zum Thema hatte, einmal wörtlich der Satz: «Die Buche produziert kostengünstigeren Schatten als die Eiche.» Das zeigt, wie tief unser marktwirtschaftliches Denken die Biologie beherrscht. Gerade wenn sich diese Begriffe wie automatisch aufdrängen, ist Vorsicht am Platze, und es ist wichtig, sich bewusst zu machen, aus welcher inneren Haltung diese Begriffe entstanden sind.

Was liegt vor, wenn wir in der beschriebenen Weise über pflanzliche Prozesse denken? Es ist das, was wir zu Anfang (s. S. 26 ff.) schon gesehen haben. Wir hatten da bemerkt, dass die

Abb. 87: Bleichboden (Podsol) unter der Heide, der durch die saure Streu des Heidekrautes entstanden ist. Lüneburger Heide, November 1973.

Pflanzendecke etwas ist, was uns nicht in Form von «Individuen» erscheint, so wie ein Mensch oder ein Tier. Wenn wir nun in der Pflanzendecke «Konkurrenten» oder «Strategen» sehen, projizieren wir automatisch eine Sichtweise in die Vegetation hinein, die den Einzelpflanzen Individualcharakter zuspricht. Diese «Individuen» haben etwas vor, verfolgen ein Ziel, optimieren ihre Tätigkeiten, setzen sich durch. All das *können* nur Individuen.

Dabei sind es gar nicht einmal nur die kapitalistischen oder auch militärischen Vokabeln, die aus der nicht-individualistischen Pflanzendecke lauter Individuen machen. Das funktioniert auch mit den entgegengesetzten gesellschaftlichen Wertvorstellungen: Man kann nämlich auch sagen, Pflanzen unterstützen sich gegenseitig, sie fördern sich untereinander, ja sie opfern sich sogar für andere auf. Dieses Denkmodell ist das des Altruismus.

Wenn nun Brennnesseln in der ungenutzten Wiese immer mehr werden, kann man das nach dem Konkurrenzmodell als «Verdrängung» der Wiesenpflanzen durch die Brennnesseln erklären, nach dem Altruismusmodell als «Aufopferung» der Wiesenpflanzen für die Brennnesseln im Sinne von «Wegbereitern» für eine Weiterentwicklung.

Interessant ist im Vergleich beider Denkmodelle, in welchem gesellschaftlichen Zusammenhang sie jeweils entwickelt wurden. Das altruistische Erklärungsmodell wurde vor allem in Russland entwickelt (z.B. Kessler 1880, Kropotkin 1908, vgl. Todes 1995), während das Konkurrenzmodell der westlichen Welt entstammt. Das wirft eher ein Licht auf die jeweiligen gesellschaftlichen Verhältnisse, in die der Forscher eingebunden ist, als dass es subjektfreien Erklärungswert hätte: Denn die meisten Vegetationsphänomene lassen sich auf die eine *und* die andere Weise erklären (vgl. Trepl 1988: 184).

Daraus ergibt sich das Problem, ob nicht das Konkurrenzmodell des Westens wie das Altruismusmodell des Ostens beide grundsätzlich in Frage gestellt werden müssen, da sie anscheinend menschlich-soziale Verhältnisse unreflektiert auf die Pflanzengesellschaften übertragen. Beides sind Interpretationen, die doch so behandelt werden, als ob sie Tatsachen seien. Beide legen einen Zweck in das Phänomen hinein, das dieses aber selbst nicht beinhaltet und nicht zeigt. So ist auch eine finalistische Deutung der Vegetation fragwürdig.

Wenn hier die beiden Denkmodelle des Kausalismus und des Finalismus kritisiert werden, soll das nicht geschehen, um sie völlig abzulehnen, sondern um darauf aufmerksam zu machen, wie sehr wir von diesen Denkarten beherrscht werden und wie wenig wir dieses Denken selbst reflektieren. Welche Erklärungsebene ist dann aber der Vegetation angemessen, wenn sowohl kausalistische wie finalistische Denkmodelle problematisch sind?

Das Thema wurde schon in dem Kapitel über «die Pflanze in uns» angesprochen (S. 18 ff.), wobei sich die Frage nach einem echten biologischen Denken stellte. Sowohl das Kausalismusprinzip der Physik als auch das Finalismusprinzip der Psychologie sind dem biologischen Denken nicht angemessen. Kausale Erklärungen suchen die Gründe für das gegenwärtige Phänomen prinzipiell in der Vergangenheit, während der Finalismus seine Erklärung demgegenüber in der Zukunft sucht, wenn er nach Zielen und Zwecken fragt. Somit ziehen beide Erklärungsbestrebungen das Denken von der Gegenwart und damit gleichzeitig von den aktuell wahrnehmbaren Phänomenen ab – denn diese sind ja ganz und gar Gegenwart. Kann es eine Erklärungsform geben, die in der Gegenwart bleibt und die hier die Wechselwirkungen berücksichtigt?

In der Vegetationskunde hat es schon einmal solch einen Ansatz gegeben, der allerdings später wieder mehr in Vergessenheit geraten ist (Dierschke 1994: 214). Es ist die Koinzidenzmethode (Tüxen 1954). Hierbei wird die Frage nach einer Kausalbeziehung ausgeklammert, lediglich die «Tatsache eines Zusammenfallens zweier Erscheinungen» wird festgestellt (Tüxen 1958: 131). Nach unserem obigen Beispiel sind also *Heidevegetation* und *saurer Bleichboden (Podsol)* zwei Phänomene, die zusammengehören, wobei zunächst nichts über die Art des Zusammenhanges gesagt ist.

In dem Heide-Beispiel ist es trotz allem so, dass das *Resultat* der Wechselwirkung zwischen Boden und Vegetation durch eben diese Vegetation angezeigt wird. Das hat in der Vegetationskunde zu dem Begriff der «Vegetation als Integral» geführt: Vegetation ist die übergeordnete Einheit, sie fasst die hochkomplexen, reich differenzierten Vorgänge zusammen, verbindet sie und *setzt sie ins Bild*. Die Vegetation ist mithin *Ausdruck* des Wechselbeziehungskomplexes, und zwar nicht als passiver Zeiger von etwas, was außerhalb der Vegetation liegt (Standort), sondern als Ausdruck des *gesamten* Gefüges einschließlich der eigenen Aktivität. Das ist die eigentliche Aussage der «Vegetation als Integral».

Die «Ganzheit» der Vegetationsgestalt steht also der «Ganzheit» des standörtlichen Wirkungskomplexes gegenüber. Nun gibt es ja eine große Vielfalt von Pflanzengesellschaften und damit Vegetationsgestalten, und es entsteht die Frage, ob es dann auch eine annähernd reiche Differenzierung von standörtlichen Wirkungskomplexen gibt, die mit den Vegetationsgestalten in Verbindung stehen. Wir konnten die Gestaltelemente herausarbeiten, die in sechs überschaubare Gruppen gegliedert sind. Jedem dieser Gestaltelemente müsste eigentlich ein eigener Wirkungskomplex zugeordnet sein, der mit der Gestalt korrespondiert, sie hervorruft, aber auch von ihr gefördert und gestaltet wird.

Vegetationsgestalten und die vier Elemente

Wir beginnen mit einem Beispiel und tasten uns langsam in das Thema vor. In der Wiese sind von oben nach unten mehrere Gestaltelemente vertreten; wir hatten auch schon herausgefunden, dass sie jeweils eigene Schichten bilden (vgl. Abb. 71, S. 103). Wir bemerkten die Gliederung in einen oberen Bereich, in dem das linealische Gestaltelement vorherrscht, und einen unteren Bereich, in dem erst einmal das flächenblättrige Element auffällt. Mit welchen Standortkräften steht das in Verbindung?

Um diesen Zusammenhang deutlicher zu fokussieren, suchen wir nach einer prinzipiell ähnlichen Vegetationsgestalt, in der aber beide – linealisches und flächenblättriges Gestaltelement – schärfer voneinander geschieden sind als in der Wiese. Und wir hoffen, durch diese klare Unterscheidung in der Vegetationsgestalt auch eine ebenso klare Unterscheidung in den Standortkräften zu finden.

Solch eine Vegetation sehen wir in Abb. 88. Die Vegetationsgestalt besteht hier nur aus zwei Hauptelementen: den flach auf dem Wasser liegenden Blättern der Teichrosen *(Nuphar lutea)* und den senkrecht aufstrebenden Halmen der Seebinsen *(Scirpus lacustris)*. Wir haben also vom Prinzip her einen ähnlichen Profilaufbau wie bei der Wiese, allerdings in einer sehr extremen Form. Die scharfe Trennung in die beiden Schichten hat den Vorteil, dass wir versuchen können, diejenigen Standortverhältnisse möglichst klar herauszufinden, mit denen die jeweilige Vegetationsgestalt zusammenhängt. Die großen, runden Blätter der Teichrosen in ihrer extrem waagerechten Ausrichtung können nur in Zusammenhang mit dem Wasser verstanden werden, von dem sie getragen werden. Das zu verstehen bereitet keine Schwierigkeit.

Die Seebinsen wurzeln mit den Teichrosen zusammen im gleichen Boden, und so könnte man sagen, dass ja für beide die Standortverhältnisse gleich seien. Stimmt das aber wirklich? Die Seebinsenhalme erheben sich in den Luftraum über dem Wasser, und hier herrschen doch ganz andere Bedingungen als die, denen die Teichrosen ausgesetzt sind. Zunächst einmal ist der Luftraum über dem Wasser durch oft sehr starke Luftbewegung bis hin zu heftigen Winden gekennzeichnet, da der Wasserspiegel des Sees kein Windhindernis in den Weg stellt. Insofern ist die Luftbewegung über dem offenen Wasser stärker als nebenan auf dem festen, bewachsenen Land.

Welche Wirkung hat der Wind grundsätzlich auf die Vegetation? Das kann man sich

Abb. 88: Ufer einer weiten Bucht des Großen Plöner Sees (Schleswig-Holstein) mit Teichrosen *(Nuphar lutea)* und Seebinsen *(Scirpus lacustris)*. Juli 1973.

leicht klarmachen, wenn man an die feuchte Wäsche denkt, die zum Trocknen an der Leine im Garten hängt. Je windiger das Wetter, desto schneller ist die Trocknung erreicht. Die Trocknungstendenz des Windes ist in der Seebinse zum Bild geworden, indem die obere Spitze des Halmes zur Vertrocknung und Verhärtung neigt und damit das Sklerotische der Gestalt noch unterstreicht.

Aber der Wind ist nicht der einzige Faktor des Luftraumes über dem Wasser. Ebenso wichtig ist das Licht, das die Seebinsen voll trifft, da auf dem offenen Wasser keine Verschattungseffekte durch angrenzende hochaufragende Gebilde entstehen. Die Binsenbestände können allseits von der Sonnenstrahlung und auch von der diffusen Himmelsstrahlung getroffen werden. Das Gleiche gilt natürlich auch für die Teichrosenblätter, aber es gibt doch einen wichtigen Unterschied. Der Wasserspiegel reflektiert das von oben auffallende Licht und wirft es nach oben zurück, wo es für die Seebinsen zusätzlich zur Verfügung steht, nicht aber für die Teichrosen. Diesem Licht-, Luft- und Windraum sind also die schlanken Seebinsenhalme zugeordnet, die überhaupt nichts flächig Strukturiertes an sich haben.

So extrem die Vegetationsgestalt der Abb. 88 in eine flächige und eine linealische Form polarisiert ist, so gegensätzlich zeigen sich auch die wirksamen Kräfte des Wasser- und des Luftbereiches, die geometrisch exakt durch den Wasserspiegel getrennt sind.

Wir können nun versuchen, noch weiter in

Abb. 89: Windgeschützter Altarm der Ruhr bei Niedrigwasser; die Teichrosen *(Nuphar lutea)* wachsen aus dem Wasser heraus. Zwischen Witten und Wetter (Westfalen), August 1994.

diese Zusammenhänge einzutauchen. Eine weiterführende Frage wäre, wo man die einzelne Form in einseitiger Ausprägung findet, wo beispielsweise die Teichrosenschicht die alleinige Vorherrschaft gewinnt und die Binsenform verschwindet. So finden wir in windstillen, verschlammten Buchten oder kleinen verlandeten Teichen, die durch umgebende Gehölze geschützt sind, manchmal – besonders im Sommer bei niedrigem Wasserstand – Teichrosenbestände, deren Blätter bis zu einem halben Meter aus dem Wasser herauswachsen (Abb. 89). Das macht dann oft einen etwas exotischen Eindruck, und mancher fühlt sich vielleicht an Bilder aus tropischen Tieflandflüssen erinnert. Auch das direkte Erlebnis der Standortqualität führt in die Richtung tropischen Klimas, insbesondere an warmen Sommertagen. Dann ist es hier windstill, schwül und voller Mücken. Durch die hohe Luftfeuchtigkeit ist man sofort schweißgebadet.

Hier haben wir also den Fall, dass das Wasserelement nicht in seinem «normalen» Raum, dem Gewässer, bleibt, sondern in den Raum darüber, den Luftraum, in Form von Luftfeuchtigkeit aufsteigt. Ich benutze hier absichtlich den Begriff «Wasserelement» und werde im Folgenden auch vom «Luftelement» sprechen, da es sich um Standortqualitäten handelt, die unmittelbar erlebt werden können. Diesem Erleben steht der Elementbegriff der klassischen Vier-Elemente-Lehre nach Empedokles (Böhme & Böhme 2004) näher als die tatsächlich messbaren Daten, widerspricht diesen aber nicht:

Abb. 90: Die flächigen Blätter der Teichrose *(Nuphar lutea)* steigen in den Luftraum auf, da dieser ganz durchfeuchtet ist. Ausschnitt aus Abb. 89.

Alle hier gemachten Aussagen über Standortkräfte können als Windgeschwindigkeit, Lichtstrahlung, Luftfeuchtigkeit usw. exakt gemessen werden, wodurch sich aber nur das bestätigt, was im Erleben schon als Vor-Urteil gewonnen wurde. Das Aufsteigen des «wässrigen Elements» wird nun ins Bild gebracht durch die Blätter der Teichrosen, die dem Wasser zugeordnet sind und normalerweise darauf schwimmen, jetzt aber ebenfalls in den Luftraum aufsteigen (Abb. 90).

In extremer Form kann das prinzipiell gleiche Phänomen bei der Pestwurzgesellschaft *(Chaerophyllo-Petasitetum hybridi)* beobachtet werden, die gerne an Bach- und Flussufern des Berglandes wächst, und zwar optimal in feuchtschattiger Lage tiefer, enger Täler (Abb. 91). Hier wachsen die großen, rhabarberähnlichen Blätter der Pestwurz *(Petasites hybridus)* in einer Wuchsform, die den aus dem Wasser gehobenen Blättern der Teichrosen verwandt ist.

Kennzeichnend für den Standort ist die relative Windstille und die kühl-feuchte Atmosphäre. Durch die niedrige Temperatur erreicht die Luftfeuchtigkeit oft den Sättigungspunkt, sodass Wasser kondensiert. In diesem Milieu leben viele Moose auf den Ästen der Bäume, wo sie dicke Kissen bilden – man fühlt sich in die tropischen Regenwälder versetzt, in denen Moose und andere Pflanzen in Massen die Äste der Bäume überziehen. Das, was wir in Abb. 91 wahrnehmen, ist also ebenfalls ein Aufsteigen des Wasserelementes in den Luftraum bis zu dessen Sättigung. Parallel dazu zeigt sich das

Abb. 91: Bis zu zwei Meter hohe Vegetation aus Pestwurz *(Petasites hybridus)* in der Wutachschlucht an der Ostabdachung des Schwarzwaldes. Mai 1988.

Phänomen der Pestwurzvegetation: Riesige Flächenblätter von 1 Meter Durchmesser erheben sich auf starken Stielen bis zu zwei Meter in die Luft. Man kann hier geradezu von einer Fortsetzung des Aus-dem-Wasser-Aufsteigens der Teichrosenblätter sprechen, indem die Pestwurzblätter noch größer und noch höher in den Luftraum gehoben sind, ebenso wie auch das Wasserelement weiter in den Luftraum aufsteigt.

Nachdem in dieser Richtung eine gewisse Extrembildung gefunden wurde, kehren wir wieder zum Anfangsphänomen, nämlich der Teichrosen-Seebinsen-Gesellschaft, zurück und suchen nun das andere Extrem. Es wäre also zu fragen, wo man Verhältnisse findet, die das linealische Element der Binsenform im Zusammenhang mit einem extrem windigen und lichten Standort zeigen. Zunächst einmal findet man die Seebinsen in reiner Ausbildung an windausgesetzten Ufern größerer Seen (siehe Abb. 92). Hier ist zu beobachten, dass Seebinsenbestände ohne Teichrosen-Unterschicht vorkommen und dass dies im Zusammenhang mit zunehmender Windstärke steht.

Die rege Wellenbildung solcher Uferbezirke ist Ausdruck der höheren Windkraft. Was bedeutet das Phänomen «Welle» in unserem Bildzusammenhang? Im ersten Bild der Reihe (Abb. 88) waren Luftraum und Wasserraum durch eine ebene Fläche klar voneinander getrennt. Im letzten Bild (Abb. 92) gewinnt das Luftelement eine solche Dominanz, dass es von oben her aus seinem ursprünglichen

Abb. 92: Windiges und wellenbewegtes Ufer des Dieksees in Schleswig-Holstein mit Seebinsen *(Scirpus lacustris)*. Juli 1973.

Raum ausbricht und nach unten in das Wasser drückt. Der Wind als Faktor des Luftelementes greift nach unten hin in den Wasserkörper ein und modelliert dadurch die Wellen. Ausdruck des verstärkten Luftelementes ist die linealische Form der Binse.

Kann man sich eine Vegetationsgestalt vorstellen, in der diese Tendenz noch verstärkt wird? Wo der Wind nicht nur die leicht bewegliche Wasserfläche in Bewegung bringt, sondern noch kräftiger und tiefer einwirkt? Wir finden sie bei der Strandhafervegetation auf den weißen Küstendünen (Abb. 93).

Die Vegetation der Weißdünen ist sehr artenarm, oft beherrscht der Strandhafer *(Ammophila arenaria)* allein das Bild. Strandhaferpflanzen haben lange, ledrige und spitze Blätter, die oft eingerollt sind und dann tatsächlich einen binsenartigen Eindruck machen (Abb. 94). Die dabei entstehende «Verschärfung» der Blattspitze kann jeder schmerzhaft spüren, der barfuß durch Strandhaferbestände wandert. Die linealisch-binsenartige Form steigert sich also beim

Abb. 93 (S. 125 oben): Windgepeitschte Weißdünenkuppen mit Strandhafer *(Ammophila arenaria)* auf Norderney. Juni 1985.

Abb. 94 (S. 125 unten): Blätter vom Strandhafer *(Ammophila arenaria)* nach Regen. Einige Blätter sind noch flach ausgebreitet (flächenblättriger Charakter in Zusammenhang mit Feuchtigkeit), andere Blätter sind schon rund eingerollt und sehen aus wie Binsen (linealischer Charakter in Zusammenhang mit Trockenheit).

Windgepeitschte Weißdünenkuppe mit Strandhafergesellschaft (*Elymo-Ammophiletum arenariae*)

Windiges und wellenbewegtes Ufer des Großen Plöner Sees mit Seebinsengesellschaft (*Scirpetum lacustris*)

Windruhigeres Ufer einer Buch des Großen Plöner Sees mit Seebinsen und Teichrosengese schaft (*Myriophyllo-Nupharetu*

dschattiger Altarm der
r bei Niedrigwasser; die
hrosen wachsen aus dem
ser heraus

Meterhohe Vegetation aus Pestwurz (*Chaerophyllo-Petasitetum hybridi*) am Ufer eines Baches in einer Schwarzwaldschlucht

Abb. 96 (links): Gesamte besprochene Gestaltreihe vom Strandhafer (Abb. 95) bis zur Pestwurz (Abb. 97).

Abb. 95 (links unten): Lebensraum der Strandhafergesellschaft auf den Dünen der ostfriesischen Inseln.

Abb. 97 (unten): Lebensraum der Pestwurzgesellschaft am Bergbach in der Wutachschlucht (Ostabdachung des Schwarzwaldes).

Strandhafer noch bis zur stechenden Spitze. Ein ähnliches Gestaltelement findet man auch bei einer der wenigen krautigen Pflanzen der Strandhafergesellschaft, der Stranddistel *(Eryngium maritimum)*. Deren Blätter enden am Rande in zahlreichen scharf stechenden Stacheln.

Die Standortverhältnisse dieser Gesellschaft sind ganz und gar vom Wind bestimmt. Denn der Wind ist es, der die Weißdünen «in Zusammenarbeit» mit der wachsenden Strandhafervegetation überhaupt erst aufbaut. Wie der Wind mit dem Sand umgeht, kann man erleben, wenn man sich bei heftigem Wind in den Dünen aufhält; was dann geschieht, kann man am besten mit einem Sandstrahlgebläse vergleichen. Wenn sich nun dem fliegenden Sand ein Hindernis in den Weg stellt, beispielsweise der Strandhafer mit seinen derben Grasbüscheln, dann lagert sich in dem Büschel und dahinter der Sand ab. Dadurch erhöht sich der Boden ein wenig und sandet den Strandhafer ein. Das macht ihm nichts, er wächst einfach wieder durch. Das Windhindernis liegt nun etwas höher, und wiederum wird Sand aufgefangen, und so geht es immer weiter, bis der Sandhaufen einige Meter hoch ist: Eine Weißdüne ist entstanden.

Der Wind leistet also in den Dünen Aufbauarbeit. Andererseits kann er aber auch – z.B. bei Beschädigung der Vegetationsdecke – Dünenzüge aufreißen, abtragen und an anderer Stelle wieder aufbauen. So geht der Wind, als ein Faktor des Luftraumes, in den Dünen eine intensive Beziehung zum Boden ein, indem er das Relief gestaltet. Ein weiterer Faktor kann unmittelbar wahrgenommen werden: die Helligkeit des Standortes. Zum einen ist die Sonneneinstrahlung auf den Inseln ohnehin höher als auf dem angrenzenden Festland, darüber hinaus wirkt der helle, fast weiße Sand wie ein Reflektor, der das von oben einstrahlende Licht zurückwirft. Somit kommt die Strandhafervegetation, ähnlich wie die Seebinsenvegetation, in einen erhöhten Lichtgenuss.

Zusammenfassend seien die Phänomene, die sich von dem Teichrosen-Seebinsen-Bild ableiten ließen, noch einmal in geordneter Reihenfolge dargestellt (Abb. 95–97). Dabei zeigen sich zwei extreme Pole. Auf der einen Seite steht die Pestwurzgesellschaft, die ihre großen Flächenblätter in den Luftraum erhebt. Parallel dazu steigt auch das Wasserelement in den Luftraum auf (hohe relative Luftfeuchtigkeit) und bestimmt diesen. Auf der anderen Seite haben wir die linealisch-spitzen Blätter der Strandhafergesellschaft, die im Zusammenhang mit dem extrem stark bewegten, hellen Luftraum stehen, der durch den Wind bis in den Boden hineinwirkt.

Während in der Pestwurzgesellschaft das Element Wasser und in der Strandhafergesellschaft das Element Luft das dominante Prinzip ist, überlagern sich beide in der Mitte, nämlich in der Teichrosen-Seebinsen-Gesellschaft. Das Element Luft bestimmt hier die obere, vom linealischen Gestaltelement gebildete Schicht, das Element Wasser die untere Schicht mit dem flächenblättrigen Gestaltelement. Beide Elemente stehen sich hier aber gewissermaßen unvermittelt gegenüber, was durch die scharfe Trennung der beiden Strukturen deutlich wird.

Kehren wir nun zurück zu unserem Wiesenbild aus Abb. 71 (s. S. 103). Prinzipiell ist es gestaltet wie das der Teichrosen-Seebinsen-Gesellschaft: flächige Formen unten, linealische oben. Entsprechendes kann auch für die Standortqualitäten angenommen werden, nämlich dass das Wässrige mehr im unteren und Luft und Licht mehr im oberen Stockwerk wirken. Das zeigt ja auch die Geländeerfahrung. Allerdings ist die Trennung zwischen beiden in der Wiese nicht so stark, hier geht vielmehr das eine langsam in das andere über; entsprechend ist auch der Übergang der Schichten in der Vegetationsgestalt nicht abrupt.

Bei eingehender Betrachtung gibt es nicht nur eine Parallele zwischen dem Wiesenbild und dem Binsen-Teichrosen-Bild. Wenn wir noch einmal auf die Gestaltreihe der Abb. 46 (s. S. 74 f.) zurückblicken, bemerken wir, dass diese der eben besprochenen Reihe prinzipiell ähnlich ist. Links sind die jeweils linealischen, grasartigen Formen vorherrschend und rechts die flächenblättrigen, die Kronendächer bilden. Übertragen wir nun die Erfahrung der Standortkräfte, die wir in der zweiten Reihe gemacht haben, insgesamt auf die erste Reihe, dann können wir bei dem Borstgrasrasen einen Zusammenhang mit Licht und Luft herauslesen und beim Wald einen mit Wasser.

Wenn wir in diesem Kapitel auch wie selbstverständlich von den klassischen Elementen Erde, Wasser, Luft und Feuer sprechen, ist doch Vorsicht geboten. Denn leicht werden diese Vokabeln benutzt, ohne sich die zugrunde liegenden Prozesse und Eigenschaften bewusst zu machen. Woran denken wir bei den vier Elementen? Man kann die Antworten vermutlich in zwei Gruppen einteilen: Die erste assoziiert einen Bereich, in dem Esoterik, Astrologie, ganzheitliche Medizin usw. eine Rolle spielen, der zweite denkt an die rein physikalische Ebene (z.B. beim Feuerelement an die Flamme, beim Luftelement an die physikalische Luft). Wenn man die Elemente eher physikalisch verstehen will, kommt man den lebendigen Prozessen zwischen Vegetation und Standort keinen Schritt näher. Ein eher esoterisches Verständnis ist für unsere Zwecke zu abgehoben. Ich will die Elemente deshalb in diesem Buch so verstehen: als Aktivität im Zusammenhang mit dem Lebendigen – und das heißt auf der Landschaftsebene: im Zusammenhang mit der Vegetation. Wichtig ist dabei nicht der Stoff oder die Substanz, sondern die Aktivität, die selbstverständlich auch eine physikalische Seite hat, aber eben noch mehr.

Was ist damit gemeint? Wir erinnern uns an die Pestwurzgesellschaft, in der das Wasserelement aufsteigt. Da spielt einerseits die Verdunstung von Wasser eine Rolle (= physikalische Aktivität), andererseits auch die Transpiration der Pflanzen (= biologische Aktivität), und schließlich kommt die Wechselwirkung zum Tragen, indem die flächenblättrige Schicht die Luftfeuchtigkeit steigert und umgekehrt die Luftfeuchte die Flächenblätter überhaupt ermöglicht.

Dieser gesamte Wechselwirkungskomplex wird in den folgenden Ausführungen als das Element «Wasser» bezeichnet. Um es aber von dem Wasser der Alltagssprache – mit dem man ja für gewöhnlich das «physikalische» Wasser meint – deutlich abzusetzen, nenne ich es hier Wasser-Wechselwirkungs-Komplex oder einfacher «Wasserkomplex». Entsprechend sollen die anderen Elemente als «Feuerkomplex», «Luftkomplex» und «Erdekomplex» bezeichnet werden. Sie seien im Folgenden eingehend beschrieben.

Der Wasserkomplex

Die Bedeutung und Funktion des Wasserkomplexes konnten wir schon bei der Reihe von den Teichrosen bis zur Pestwurzgesellschaft wahrnehmen. Hier war der Zusammenhang zwischen flächenblättrigem Gestaltelement und Wasserelement sehr deutlich. Auch die Schlangenwurzgesellschaft mit ihren Flächenblättern, die wir bei der Besprechung der Gestaltelemente kennengelernt hatten, lässt sich hier einordnen, da sie auf sumpfig-feuchtem Standort wächst. Hierbei spielt also das Wasser auch als physikalisches Medium eine große Rolle, entweder als flüssiges Wasser in Seen, Teichen oder Bächen oder als hohe Luftfeuchtigkeit.

So einfach diese Feststellung zunächst ist, so schwierig wird es im konkreten Fall, den tatsächlichen Zusammenhang zwischen Wasser und Vegetationsgestalt zu finden. Denn es gibt an wasserreichen Wuchsorten auch ganz andere Vegetationsgestalten; die linealische Form der Binsen hatten wir schon kennengelernt. Wir hatten auch herausgefunden, dass diese linealische Vegetationsgestalt mit Wind und Licht, also mit Kräften des Luftkomplexes, in Verbindung steht. Diese sind in dem Beispiel so stark, dass sie die Kraft des Wasserkomplexes völlig überlagern (was sich in dem Fehlen von Flächenblättern am windbewegten Ufer zeigt); ein Beispiel dafür, dass das Wasser als physikalisches Medium vorhanden ist, aber als Elementekraft nicht wirkt.

An Seeufern kann sich in Bereichen, wo Windstille herrscht, das flächenblättrige Element ausbilden. Es besteht also am nährstoffreichen See grundsätzlich die Möglichkeit, dass der Wasserkomplex wirksam wird; er wird vielfach nur durch den Wind daran gehindert. Das ist aber z.B. in einem ebenfalls sehr wässrigen Lebensraum ganz anders: im Hochmoor. Hier ist eine Wirksamkeit des Wasserkomplexes grundsätzlich nicht mehr möglich. Obwohl der Boden nass und die Luftfeuchtigkeit hoch ist, findet man im Hochmoor gar keine flächenblättrigen Gestalten. Das deutet auf ein Fehlen des Wasserkomplexes hin. Auch an diesem Beispiel wird deutlich, dass das einfache Vorhandensein von Wasser als physischer Substanz (d.h. auch als Luftfeuchtigkeit) nicht unbedingt eine physiologische Wirkung auf die Vegetation im Sinne der Bildung breitblättrig-flächiger Formen haben muss. Physiologisch liegt im Hochmoor viel mehr das Phänomen der Trockenheit vor (Firbas 1931, Overbeck 1975), sodass keinesfalls von einem Wasserkomplex gesprochen werden kann.

Ein nasser Boden bedingt also nicht unbedingt breitblättrige Pflanzenformen. Umgekehrt findet man breitflächige Blätter auch auf normal frischem Boden, z.B. beim Breitwegerich-Trittrasen, der Huflattichgesellschaft oder der Kletten-Beifuß-Gesellschaft. Wie kann das sein? Denn weder ist der Boden nass noch die Luftfeuchtigkeit besonders hoch. Im Gegenteil: Dem Boden nach zu urteilen wachsen diese Gesellschaften eher auf Trockenstandorten (vgl. z.B. Diekjobst 1964). Hier zeigt sich bei genauerer Betrachtung ein interessanter Zusammenhang.

Die Gestaltreihe mit der Teichrosen- und Pestwurzgesellschaft (Abb. 96) macht Folgendes deutlich. Die waagerecht auf dem Wasserspiegel schwimmenden Teichrosenblätter zeigen, dass der Wasserkomplex hier nur in Höhe der Wasseroberfläche liegt und sich weder nach oben (in die Atmosphäre) noch nach unten (in den Wasserkörper) hinein fortsetzt: denn hier gibt es das flächenblättrige Gestaltelement nicht!

An der Vegetationsgestalt lässt sich also ablesen, dass die eigentliche Sphäre des Wasserkomplexes dicht über dem Wasserkörper des jeweiligen Gewässers oder dem nassen oder feuchten Boden liegt. Die untere Grenze liegt etwa in Wasserspiegelhöhe. Hier erreicht das flächenblättrige Vegetationsgestaltelement sowohl die optimale Ausbildung in der Form der großen, waagerecht ausgebreiteten Schwimmblätter als auch eine deutliche Untergrenze dieses Gestalttypus. Der Wasserkörper selbst ist ja nicht durch das flächenblättrige Element gekennzeichnet, sondern durch den fadenförmigen Gestalttypus.

Der Wasserkomplex beginnt – von unten her gesehen – erst in Nähe des Wasserspiegels und setzt sich von dort aus bei entsprechenden Umständen nach oben hin fort. Somit sind Schlangenwurz- und Pestwurzgesellschaft typische Vegetationsgestalten des Wasserkomplexes. Die Teichrosen-Gesellschaft ist schon eine Grenzerscheinung: Nur die Schwimmblattschicht gehört zum Wasserkomplex, die Unterwasserschicht zum später zu besprechenden Erdekomplex.

Das Aufsteigen des Wasserkomplexes über den Wasserspiegel hinaus hängt mit zwei Kom-

Abb. 98: Die Kletten-Beifuß-Gesellschaft *(Arctio-Artemisietum)* bildet durch ihre breiten Blätter einen eigenen Feuchtraum in ihrem Bestand aus. Sie steigert damit aktiv den Wasserkomplex.

ponenten zusammen: Einerseits kann der Wasserkomplex von außen angeregt werden. Dies ist der Fall bei der Teichrosengesellschaft, die nach oben über den Wasserspiegel oder die Schlammfläche hinauswächst, oder bei der Pestwurzgesellschaft; beide sind auf hohe Luftfeuchtigkeit *von außen* angewiesen. Andererseits kann die Luftfeuchtigkeit durch die Vegetation selbst gesteigert werden, der Wasserkomplex wird dann nicht von außen, sondern von innen angeregt. Von dieser erhöhten Luftfeuchtigkeit hängt die Vegetation dann umgekehrt aber auch wieder ab. Klassisches Beispiel sind die Laubwälder, in denen die mächtige flächenblättrige Schicht des Kronendaches mit der hohen Luftfeuchtigkeit im Waldesinneren zusammenhängt. In abgeschwächter Form findet sich dies auch bei Staudengesellschaften, beispielsweise bei der Klettengesellschaft (Abb. 98). Hier werden Vegetationsformen gebildet, die mit ihren großen, flächigen Blättern einer Pestwurzgesellschaft ähnlich sind. Doch zeigt hierbei die genaue Betrachtung, dass die jeweilige Blattstellung schon die Hauptrichtung der Wirkung angibt: Die nach oben trichterförmig geöffneten Pestwurzblätter weisen auf die schon vorher über den Beständen liegende Wirkung des Wasserkomplexes (hohe Luftfeuchtigkeit *von außen*), die nach unten hängenden Klettenblätter schließen einen Raum ab, der erst durch die Pflanzen selbst die Erhöhung der Luftfeuchtigkeit erfährt (hohe Luftfeuchtigkeit *von innen*) (Abb. 99).

So ist das flächenblättrige Vegetationsgestaltelement immer mit der Feuchtigkeit verbunden, entweder auf die Wirksamkeit des Wassers reagierend oder die Wirksamkeit des Wassers erst hervorrufend – wobei oftmals beide Aspekte vertreten sind. Hieran lässt sich besonders ein-

Abb. 99: Aufsteigen des Wasserkomplexes in die Atmosphäre. Oben: aktiv durch die Vegetation selbst angeregt (Kletten-Beifuß-Gesellschaft *Arctio-Artemisietum*), unten: passiv mit reagierender Vegetation (Rauhhaarkälberkropf-Pestwurz-Gesellschaft *Chaerophyllo hirsuti-Petasitetum hybridi*).

Abb. 100: Der Brackwasser-Hahnenfuß *(Ranunculus baudotii,* links) ist diejenige Schwimmblattpflanze, die am weitesten ins Brackwasser hineingeht. Im Vergleich zum Schildblättrigen Wasserhahnenfuß *(Ranunculus peltatus*, rechts), der im Süßwasser wächst, sind die Schwimmblätter jedoch nicht rundlich, sondern stark zerschlitzt – ein Zeichen für den abgeschwächten Wasserkomplex im Salzwasser.

drücklich der Begriff des Wasserkomplexes demonstrieren, denn es handelt sich nicht um einen einseitigen Kausalnexus, sondern um eine Wechselwirkung zwischen flächenblättrigem Vegetationsgestaltelement und der Wirksamkeit der Feuchtigkeit bzw. des Wassers.

Damit erklären sich auch die oben genannten Beispiele des Breitwegerich-Trittrasens, der Huflattichgesellschaft und der Kletten-Beifuß-Gesellschaft: Sie wachsen auf normal feuchtem Boden und in normal feuchter Außenluft mit ihrem flächenblättrigen Gestaltelement. Das zeigt, wie der Wasserkomplex von der Vegetation in erster Linie selbst erzeugt wird und dann, wenn einmal vorhanden, durch Rückkoppelung weiter verstärkt wird. Ausgelöst wird das wahrscheinlich durch den relativ hohen Nährstoffgehalt des Bodens. Überhaupt weist alles darauf hin, dass die Wirksamkeit des Wasserkomplexes grundsätzlich an genügend pflanzenverfügbare Nährstoffe, vor allem Stickstoff, gebunden ist. Das kann daran abgelesen werden, dass Pflanzengesellschaften mit ausgeprägtem flächenblättrigem Gestaltelement immer an nährstoffreichen Standorten wachsen. Den Gesellschaften nährstoffarmer Standorte fehlt dieses Element, oder es kommt nur in stark reduzierter Form vor (Sandtrockenrasen, Kalktrockenrasen, Borstgrasrasen und Heiden). Das bedeutet, dass der Faktor «Nährstoffe» letztlich nicht zum Standortfaktor Boden und damit zum Erdelement gehört, sondern an den Wasserkomplex gebunden ist.

In dem größten Wasserkörper der Erde, dem Salzwasser der Meere, kann ein von der Vegetationsgestalt her eigenartiges Phänomen beobachtet werden, nämlich das absolute Fehlen jeglicher breitflächiger Schwimmblätter im Salzwasser. Mit abnehmendem Salzgehalt zeigt sich die schrittweise Ausbildung dieses Gestalttyps, in Mitteleuropa z.B. beim Brackwasser-Hahnenfuß *(Ranunculus baudotii)* als einer Art mit Schwimmblättern, die am weitesten in den Salzbereich hineingeht. Allerdings sind die Schwimmblätter hier nicht eigentlich flächenblättrig, d.h. mehr oder weniger ganzran-

Abb. 101: Nährstoffarmes, humoses Moorgewässer mit Spießtorfmoos-Ohrentorfmoos-Gesellschaft *(Sphagnetum cuspidato-obesi)* mit den fadenförmigen hellgrünen Blättchen und Sprossen des Kleinen Wasserschlauches *(Utricularia minor)*.

dig ausgebildet, sondern sehr stark zerschlitzt (Abb. 100). Ganzrandige Schwimmblattformen treten erst im nur noch schwach salzhaltigen Wasser und schließlich im Süßwasser auf. Im Süßwasser deuten die rundlichen Schwimmblätter ja gerade auf das Vorherrschen des Wasserkomplexes. Fehlen sie, wie im Salzwasser, liegt es nahe, dass von einem Vorherrschen des Wasserkomplexes an der Oberfläche, wie es im Süßwasser die Regel ist, beim Salzwasser nicht gesprochen werden kann. Das Wasserelement scheint hier von etwas anderem übertönt zu werden. Die Frage muss zunächst offen bleiben.

Wenn man vom Wasser spricht, muss man natürlich auch das fadenförmige Gestaltelement mitberücksichtigen; allerdings ist es vom flächenblättrigen so völlig verschieden, ja geradezu gegensätzlich dazu, dass es nun erst zum Schluss als eine Art Sonderform innerhalb des Wasserkomplexes besprochen werden soll. Was drückt sich in diesen fädigen Gestalten aus?

Wir hatten bei der Besprechung des fadenförmigen Gestaltelementes dazu schon einen Ansatz gefunden. In den frei ins Wasser hängenden Wurzeln von Sumpfcalla und Froschbiss am Ufer eines nährstoffreichen Stillgewässers waren deren Wurzeln dem bloßen Auge sichtbar. Wir konnten weiterhin erkennen, dass auch die Unterwasserpflanzen mit ihren fadenförmigen Sprossen von Gestalt und Funktion her Wurzelähnlichkeit haben. Hieran bemerkt man, dass die fadenförmige Unterwasservegetation trotz ihrer Einbettung in das Wassermilieu eine starke Beziehung auch zum Erdelement hat.

Hohe Nährstoffgehalte können die Ausbildung des fadenförmigen Elementes fördern, sind jedoch nicht notwendig. Auch in nährstoffarmen Moorgewässern kann das fadenförmige Element durch Zwergwasserschlauch und untergetauchte Torfmoose reichlich vertreten sein (Abb. 101). In kalk- und nährstoffarmen Gewässern (z.B. Heidegewässern) steigt der Anteil des fadenförmigen Elementes mit zunehmendem Humusgehalt des Wassers, wobei sich beide offenbar wechselseitig bedingen. Zudem spielt auch der CO_2-Gehalt des freien Wassers, der in humus- oder schlammreichen Gewässern hoch ist, eine besondere Rolle bei der Förderung des fadenförmigen Gestaltelementes. Dies ist wiederum ein Hinweis auf die Beziehung zum Wurzelbereich bei Landpflanzenvegetation: Die Porenluft im Erdboden ist ebenfalls reich an Kohlendioxid und arm an Sauerstoff.

Der Luftkomplex

In der bereits besprochenen Gestaltreihe, die von der Teichrosen-Seebinsen-Gesellschaft ausging (Abb. 96), hatten wir die Wirksamkeit des Luftelementes als eine Kraft kennengelernt, die mit dem linealischen Gestaltelement in Verbindung steht. Wir fanden dieses bei der Seebinse ebenso wie beim Strandhafer. Für die Seebinse hatten wir herausgefunden, dass ihre Gestalt nicht durch das Wasser bestimmt wird – wiewohl sie im Wasser wächst –, sondern durch die atmosphärischen Wirkungen, durch den Luftkomplex. Der Wuchsort im Uferbereich von Gewässern bedeutet stellenweise gerade eine *Verstärkung* des Luftkomplexes, weil der Wind ungehindert angreifen kann.

Die intensiven Wind- und Lichtwirkungen – und damit der Luftkomplex – sind also nicht nur *trotz* des Wasserstandortes vorhanden, sondern sogar *wegen* dieses Standorts, und dazu noch in einer gesteigerten Form. Verwirrung kann dieses Zusammentreffen nur dann stiften, wenn man vorwiegend den Boden als Standortfaktor vor Augen hat. In dem gezeigten Beispiel handelt es sich aber um zwei Lebensbereiche, die durch die Wasseroberfläche scharf voneinander geschieden sind (Abb. 88, S. 120).

In der Gestaltreihe konnte weiter gezeigt werden, wie das gemeinsame Auftreten von Luftkomplex über Wasser und Wasserkomplex an der Oberfläche sich von der Mitte aus nach zwei Seiten in extreme Formen bewegt. Der Luftkomplex wirkt bei zunehmender Verstärkung noch weiter nach unten und überlagert hier den Wasserkomplex. So entsteht in einer ersten Stufe das Beispiel des windexponierten Ufers eines größeren Sees mit Wellenschlag und Seebinsenröhricht und in einer zweiten Stufe bei noch stärkerer Wirkung des Luftkomplexes die Strandhaferdüne, in der der Wind nicht nur das Wasser, sondern sogar den Boden bewegt.

Neben dem Wind ist auch sehr hoher Lichtgenuss eine maßgebliche Eigenschaft des Luftkomplexes. Wind und Licht bestimmen zumeist auch die anderen Pflanzengesellschaften, in denen linealische Gestalten vorherrschen, beispielsweise die Trockenrasen, die Borstgrasrasen und die steppenartigen Pflanzengesellschaften. Die Wärme spielt dabei keine Rolle: Das linealische Gestaltelement ist häufig mit hohen Lichtwerten verbunden, selbst wenn die Temperatur niedrig bleibt, wie etwa bei den Borstgrasrasen in feucht-kühlem Meeresklima des nordwestdeutschen Tieflandes oder den mageren Feuchtwiesen auf kühlen, anmoorigen Böden. Auch im Vergleich eines Kalktrockenrasens mit einer Strandhafergesellschaft zeigt sich, dass die Wärmewerte beim Kalktrockenrasen höher liegen, das Licht aber beim Strandhafer den höchsten Wert erreicht. Ebenso ist die Verbindung von linealischem Gestaltelement und hoher Lichtintensität im Vegetationsprofil sofort einsichtig (Abb. 102).

Der Zusammenhang des linealischen Gestaltelementes mit dem Faktor Wind beruht darauf, dass die entsprechenden Pflanzengesell-

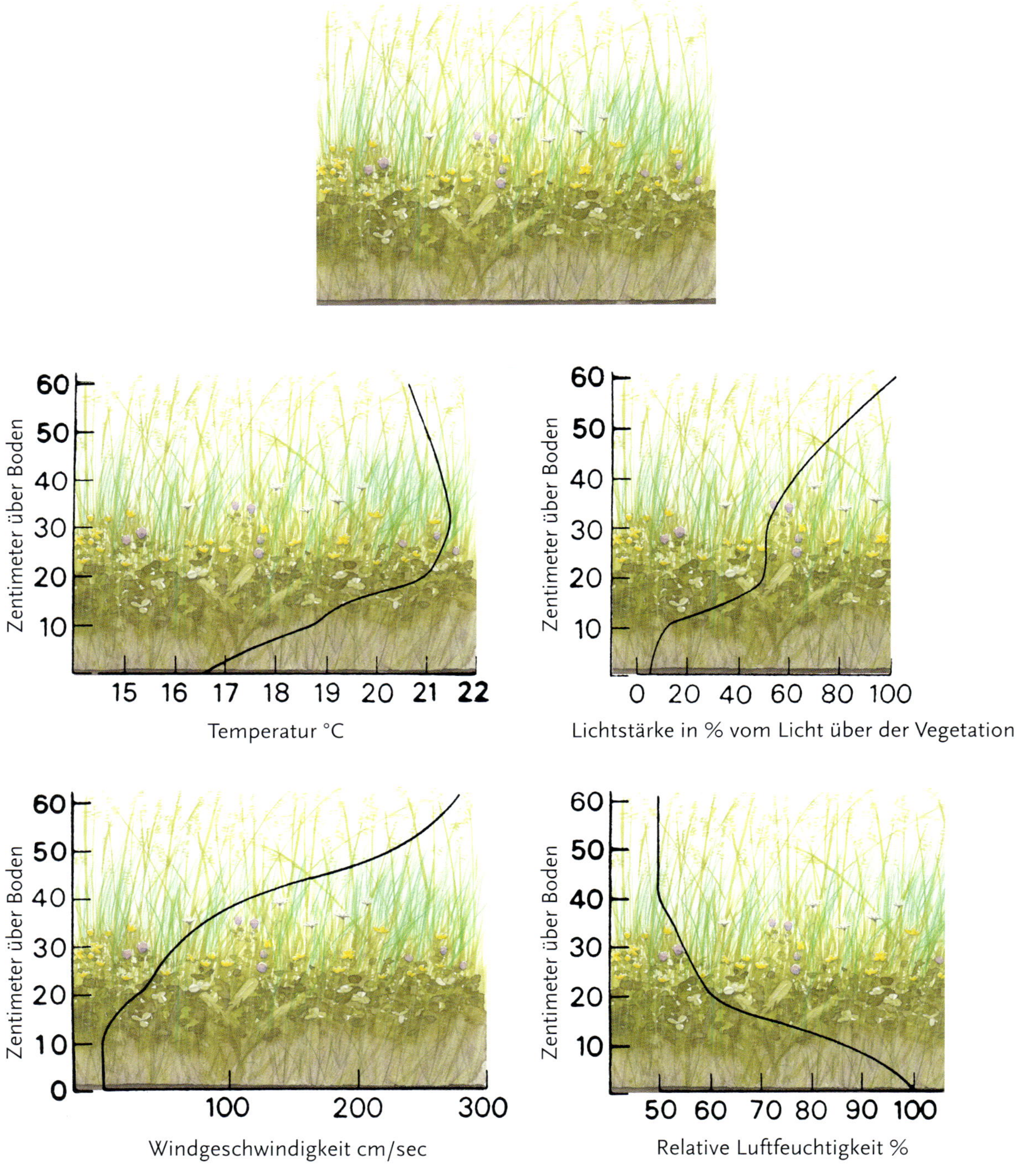

Abb. 102: Mikroklima und Gestalt einer Grünlandgesellschaft (nach Cox, Healey, Moore 1973, verändert). Auffällig sind die Knicks in den Kurven an den Stellen, wo das linealische in das flächenblättrige Gestaltelement übergeht. Der obere Profilteil mit den linealischen Gestalten ist wärmer, heller, windiger und trockener, der untere Profilteil mit den flächenblättrigen Gestalten ist kühler, dunkler, windstiller und feuchter.

schaften dem Wind voll ausgesetzt sind. In diesem Sinne *nicht* windausgesetzt sind manche Vegetationstypen, die an Standorten mit extrem hohen Windgeschwindigkeiten existieren, wie beispielsweise bestimmte alpine Polsterpflanzen. Sie sind nicht dem Wind wirklich ausgesetzt, sondern schließen sich gegen diese äußere Wirkung ab. Das ist bei Grasvegetation wie der Strandhafergesellschaft anders, da der Wind hier *durch* die gesamte Vegetation weht. Das ist ein Kennzeichen des Luftkomplexes.

Zu Wind und Licht, diesen beiden messbaren physikalischen Parametern des Luftkomplexes, kommt noch eine weitere Eigenschaft. Sie bleibt meist unerkannt, da sie zu gewöhnlich und alltäglich ist und außerdem immer und überall zu wirken scheint, sodass man sie nicht für eine Differenzierung der Vegetationsgestalten heranziehen mag. Es ist die Luft, und zwar vor allem der Sauerstoff.

Die Luft der Atmosphäre ist das Medium, in das alle (Land-)Vegetation sich im Allgemeinen mit ihren oberirdischen Teilen hinein erstreckt. Neben dem hohen Anteil an chemisch trägem Stickstoff (ca. 78 %) sind die für physiologische Vorgänge in erster Linie wichtigen Gase Sauerstoff (ca. 21 %) und Kohlendioxid (ca. 0,03 %) Bestandteile der Atmosphäre. Vergleicht man die Werte mit dem Vorkommen dieser Gase im Wasser und im Boden, dann fällt bei beiden das geringe Vorkommen von Sauerstoff auf, während das Kohlendioxid hier zunimmt. Das Stickstoffgas kann zunächst außer Acht gelassen werden, da es chemisch weniger aktiv ist. So kann man sagen, dass auf der chemischen Ebene der Sauerstoff die eigentlich charakteristische Substanz der Atmosphäre ist, die eine Bedeutung für physiologische Prozesse hat. Kohlendioxid ist in physiologischer Hinsicht sicherlich auch sehr wichtig, ist aber im Boden viel stärker vertreten und muss deshalb mit dem Erdelement in Verbindung gebracht werden.

Man kann sich fragen, warum man den Sauerstoff überhaupt mit in die Betrachtung aufnehmen sollte, da doch alle Landvegetation mit ihren so unterschiedlichen Gestalten in praktisch denselben Luftraum aufragt. Durch die Betrachtung des Sauerstoffes wird aber ein Zusammenhang klar, der sonst verborgen bleiben würde. Wir sahen, dass die Seebinsengesellschaft zwar das Wasser besiedelt, aber dennoch den Luftkomplex anzeigt, da Wind und Licht über dem Wasserspiegel verstärkt auftreten. Nun gibt es jedoch solche binsen- und schilfartigen Gesellschaften mit ausgeprägtem linealischem Gestaltelement nicht nur an windausgesetzten Ufern, sondern auch auf trockengefallenem Schlammboden in windgeschützter Lage. Dazu gehören die Gesellschaften aus Rohrkolben (*Typha latifolia, T. angustifolia*), Schlammschachtelhalm (*Equisetum fluviatile*) oder Binsen (*Juncus*). Hier passen die Kennzeichen des Luftkomplexes scheinbar gar nicht – und dennoch besteht auch und gerade bei ihnen eine besonders intensive Beziehung zum Luftraum. Diese Beziehung ist aber nicht, wie bisher beschrieben, passiver Art, indem die betreffenden Vegetationsgestalten den Luftraumwirkungen vorwiegend ausgesetzt sind.

Vielmehr tritt hier eine aktive Komponente in den Vordergrund, indem das Wasser und der Bodenschlamm durch die Röhrichtpflanzen selbst mit Sauerstoff angereichert werden (Armstrong 1967, 1969, Armstrong et al. 1991). Durch das kräftig ausgebildete Luftgewebe (Aerenchym) dieser Pflanzen wird der Luftkomplex bis in Wasser und Boden geleitet. Bemerkenswert ist, dass Schmalblättriger Rohrkolben (*Typha angustifolia*) im Vergleich zu Breitblättrigem Rohrkolben (*Typha latifolia*) das Zwei- bis Dreifache an Gas in die Wurzeln leitet (Tornbjerg, Bendix, Brix 1994: 104): Wie der Name schon sagt, ist beim Schmalblättrigen Rohrkolben die linealische Gestalt ausgeprägter als beim Breitblättrigen! Ähnliche sauerstoffanreichernde Prozesse in der Wurzelsphäre findet man auch bei den Gesellschaften aus Binsen-(*Juncus*-)Arten.

Eine weitere aktive Komponente des Luftkomplexes bei allen Gesellschaften mit linealischem Gestaltelement ist die, dass der Lichteinstrahlung, dem Wind usw. durch die halmartige Wuchsweise relativ wenig Widerstand entgegengesetzt wird, wodurch die Luftwirkungen bis tief in das Vegetationsprofil, vielfach auch direkt bis zum Boden, vordringen können. Das steht in krassem Gegensatz zu Vegetationstypen mit dominantem flächenblättrigem Gestaltelement, was diese Wirkung abschirmt.

Der Wärmekomplex

Wir haben bereits gesehen, dass sich das kornförmige Gestaltelement in zweifacher Weise darstellen kann. Die «normale» Erscheinungsform findet sich als «Punktwolken»-Schicht aus einzelnen Samenkörnern bei grasreichen Gesellschaften und bildet hier fast immer die oberste Schicht im Vegetationsprofil. Wenn das kornförmige Element zum Boden hinunterwandert, kann es hier auch die vegetativen Pflanzenteile ergreifen, und wir haben die kornförmigen Blättchen des Mauerpfeffers vor uns. Wir haben schon eine Pflanzengesellschaft kennengelernt, in der das kornförmige Element sowohl in den Mauerpfefferblättchen als auch in einer ausgeprägten Samenbildung bei den übrigen Arten auftritt: die Zwerghornkrautgesellschaft.

Welche Standortkräfte kennzeichnen diese wie auch andere, verwandte Trockenrasengesellschaften? Lebensraum der Gesellschaft sind flachgründigste, humus- und nährstoffarme, trockene Böden auf Felskanten und – in der Kulturlandschaft – auf Mauerkronen. Starke Erhitzung und ebenso starke Auskühlung wechseln hier miteinander ab. Dem extremen Wassermangel begegnen die Mauerpfefferpflanzen durch das Wasserspeichergewebe ihrer dicklichen Blättchen. Diese Sukkulenz ermöglicht es ihnen, die trockenen Sommerzeiten zu überbrücken. Hier ist von den vier Elementen das *Feuer* angesprochen, in unserer Nomenklatur also der Wärmekomplex.

Andere Pflanzen in dieser Gesellschaft haben ihre Hauptentwicklung im feuchteren Winterhalbjahr. Es sind einjährige Zwergkräuter, die im Herbst keimen, als kleine Rosette überwintern und zeitig im nächsten Frühling blühen und fruchten, z.B. Frühlingshungerblümchen *(Erophila verna)*, Dreifinger-Steinbrech *(Saxifraga tridactylites)*, Zwerghornkraut *(Cerastium pumilum)*. Den Sommer über sieht man von diesen Pflänzchen nichts oder doch nur vertrocknete Blütenstände. Dennoch sind die Pflanzen in dieser Zeit da, und zwar in Samenform.

Zur Zeit der größten Hitze, wenn also das Feuerelement seine stärkste Kraft entfaltet, stellt sich die ganze Gesellschaft überwiegend kornförmig dar: als Samenkörner der einjährigen Frühlingspflanzen und als Blatt-«Körner» der ausdauernden Mauerpfefferarten. Dies macht die Zugehörigkeit des kornförmigen Gestaltelementes zum Feuerelement deutlich.

Ein Trockenrasen mit dominantem kornförmigem Vegetationsgestaltelement ist nicht nur etwas, was passiv auf Standortfaktoren reagiert, er ist ebenso ein Gestalter der ihm angemessenen Faktoren, wenn auch in beschränktem Maße. Offenbar bewirkt ein lückiger Trockenrasen sogar noch eine Verstärkung des Wärmekomplexes gegenüber völlig unbewachsenem Boden, indem der lockere Bewuchs einen leichten Windschutz gibt, wodurch sich der offene Boden dazwischen noch stärker erwärmen kann (Ellenberg 1996: 666).

Trotz dieser Wechselwirkung liegt das Schwergewicht der auslösenden Faktoren mehr auf der Seite des Standortes und weniger auf der der Vegetation. Das zeigt sich insbesondere bei einem Vergleich mit dem Wasserkomplex, in dem der aktive Teil der Vegetation viel stärker ausgebildet ist.

Der Wärmekomplex verhält sich zum Wasser-

Abb. 103: Kalktrockenrasen an einem felsigen Hang am Teutoburger Wald (bei Bielefeld, Westfalen) mit den zungenförmigen Blättern des Berglauchs *(Allium montanum)*. April 2003.

komplex im Allgemeinen gegensätzlich: Große Hitze führt tendenziell zu Trockenheit und damit zur Abschwächung des Wasserkomplexes, und umgekehrt bewirkt die Anwesenheit von Wasser eine Pufferung von Temperaturextremen und damit die Hemmung des Wärmekomplexes. Anders sieht es zwischen Wärme- und Luftkomplex aus; sie laufen weitgehend parallel. Das zeigt sich auf der Ebene der Vegetationsgestalt beispielsweise daran, dass die Magerrasen fast immer Kombinationen von linealischem und kornförmigem Gestaltelement sind, was auf die Gleichläufigkeit von Luft- und Wärmekomplex weist.

Unter den verschiedenen Trockenrasen haben diejenigen auf Kalkboden den stärksten Wärmekomplex (Abb. 103). Der Kalk verstärkt diesen insofern, als er die eingestrahlte Wärme mehr als andere Böden speichert. Aufgrund der schlechten Wärmeleitfähigkeit erwärmt sich gerade die für die Vegetation und das Bodenleben maßgebliche oberste Bodenschicht am meisten, ohne den Wärmeüberschuss zügig ableiten zu können. Das bedeutet eine relative Überhitzung und anschließend entsprechend eine beträchtliche nächtliche Abkühlung. Die extremen Temperaturverhältnisse hemmen die biologische Aktivität der Bodenmikroorganismen, wodurch der Aufschluss von Pflanzennährstoffen behindert wird.

Die Wirkung des Kalkes ist so stark, dass sie nicht nur im Trockenen funktioniert. Sie kann auch im Feuchten und sogar noch unter Wasser weiter verfolgt werden. In kalkreichen Seen entzieht der Kalk dem Wasser tatsächlich einen wichtigen Pflanzennährstoff, den Phos-

Abb. 104: Dicht bestachelte Armleuchteralge *(Chara hispida)* – eine ungewöhnliche Erscheinung unter den Wassergewächsen.

Abb. 105: Der Queller *(Salicornia europaea)*. Kornförmiges Gestaltelement in Kontakt zum Salzwasser.

phor (Kalk-Oligotrophie, vgl. Gessner 1939). Es ist zu vermuten, dass hier – über den Kalk als Vermittler – eine Unterwasserform des Wärmekomplexes vorliegt. Das wäre insofern etwas Besonderes, als sich hier der normalerweise an hohe Temperaturen und Trockenheit gebundene Wärmekomplex in einem feucht-kalten, also entgegengesetzten Milieu aufbauen müsste. Bemerkenswert ist immerhin, dass die für kalkreiche Seen typischen Armleuchteralgen (*Chara*-Arten) Formen zeigen, die dicht bestachelt sind – ein für Wasserpflanzen eher ungewöhnliches Phänomen (Abb. 104). Bestachelung, Behaarung und Bedornung sind eher Kennzeichen von Trocken- und Wärmevegetation.

Besonders dicht bestachelte Armleuchteralgen besiedeln das Brackwasser, bei dem zum Kalk noch das Salz hinzukommt. Ein besonders eindrückliches Beispiel ist (bzw. war) die Ostsee, in der früher vor der Wasserverschmutzung eine überaus reichhaltige Characeen-Vegetation vorkam. Reste davon kann man heute wenigstens noch an einigen Stellen beobachten. Hier wäre die Frage, ob auch das Salzwasser (und abgeschwächt das Brackwasser) den Wärmekomplex noch steigert.

Damit kommen wir wieder zu der merkwürdigen Erscheinung zurück, die schon beim Wasserkomplex geschildert wurde, nämlich dem absoluten Fehlen jeglicher breitflächiger Schwimmblätter im Salzwasser. Dass dies nicht nur am starken Wellengang, an Wind, Brandung und Meeresströmungen liegt, zeigt ein Blick auf stille Salzwasserlagunen oder auf salzhaltige Gewässer des Binnenlandes (Solequellen usw.). Auch hier gibt es keinerlei Vegetationsgestalten,

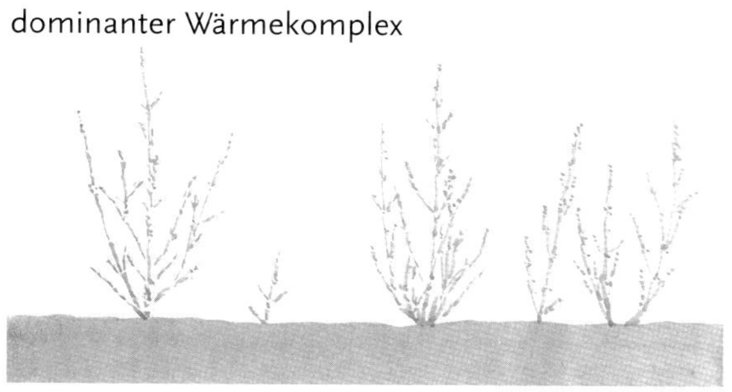

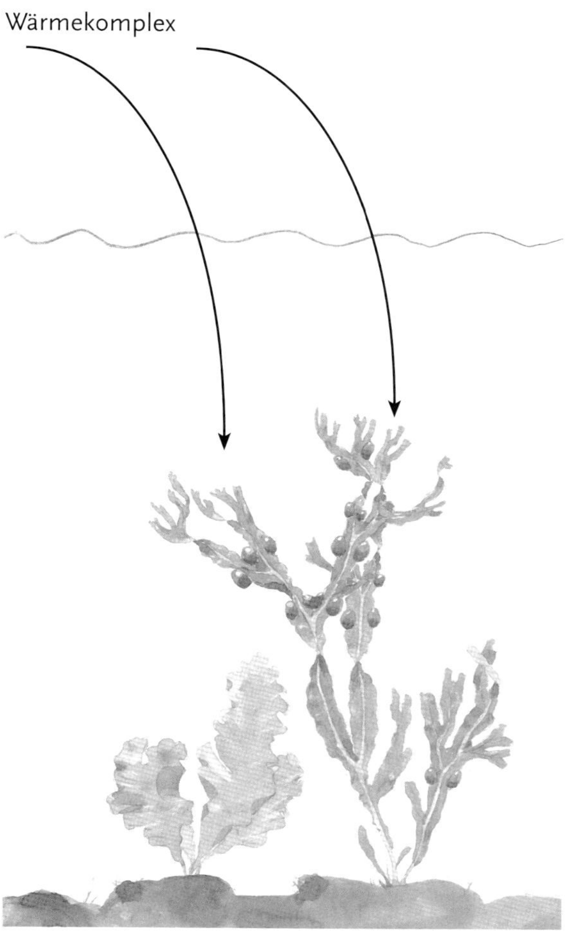

Abb. 106: Der Queller *(Salicornia europaea)* weist durch sein kornförmiges Gestaltelement auf den vorherrschenden Wärmekomplex am Ufer des Salzwassers. Er ist hier so stark, dass er sich noch unter Wasser fortsetzt, wie an der ledrigen (sukkulenten) Gestalt des Blasentanges *(Fucus vesiculosus,* rechts) abgelesen werden kann. Damit wird auch das flächenblättrige Gestaltelement, das im Süßwasser normalerweise an der Wasseroberfläche zu finden ist, nach unten in den Wasserkörper gedrückt. Es zeigt sich hier beispielsweise in der flächigen Gestalt des Meersalates (*Ulva lactuca,* links).

die etwa den Seerosen entfernt ähnlich wären. Von einem Vorherrschen des Wasserkomplexes an der Oberfläche, wie es im Süßwasser die Regel ist, kann beim Salzwasser offenbar nicht gesprochen werden. Was wirkt stattdessen?

Oberhalb des Meereswasserspiegels findet man als Vorposten der Landvegetation den Queller (*Salicornia*). Seine sukkulenten Ruten haben in ihrer Dickfleischigkeit entfernte Ähnlichkeit mit Mauerpfeffer, nur dass die Pflanzen nicht am Boden kriechen, sondern aufrecht wachsen. Außerdem sind die Quellerpflanzen einjährig und entstehen deshalb in jedem Frühjahr aus Samen neu; während etwa eines halben Jahres liegt die gesamte Quellervegetation also in Samenform (kornförmig) vor.

Mit der Quellergesellschaft geht also eine Pflanzengesellschaft bis in das Wasser, die aufgrund ihrer sukkulenten Form mit dem kornförmigen Gestaltelement verwandt ist (Abb. 105). Daran kann abgelesen werden, dass der Wärmekomplex am Ufer eines Salzwassers nach unten bis in die oberen Wasserschichten einwirkt. So verstanden, wird auch das Phänomen der fehlenden Schwimmblätter sofort klar: Der Wärmekomplex ist derart dominant, dass er zumindest die obersten Wasserschichten beherrscht und hier den Wasserkomplex verdrängt. Sein Einwirken in das Wasser zeigt sich auch bei vielen Meeresalgen, den Tangen, die eine lederartige, fast hartblättrige Struktur aufweisen und so von den Süßwasserpflanzen (Algen wie Blütenpflanzen) scharf unterschieden sind.

In der Form mancher Tange zeigt sich allerdings der Wasserkomplex in abgeschwächter Form. Bei den Grün-, Braun- und Rotalgen gibt es Arten mit flächigen Wuchsformen von nicht unbedeutender Größe, die zu dem Formenkreis des flächenblättrigen Gestaltelementes gerechnet werden können. Ihre «Blätter» bleiben jedoch immer untergetaucht (wenn sie nicht erzwungenermaßen trocken fallen) und bilden keine Schwimmblätter aus. Auch dieses Phänomen kann im obigen Sinn gedeutet werden: Der Fortsetzung des Wärmekomplexes nach unten in das Salzwasser hinein entspricht die Bewegung der flächigen Schwimmblattform in den untergetauchten Bereich (Abb. 106); der Wärmekomplex «drückt» gewissermaßen den Wasserkomplex vor sich her in die Tiefe.

Der Erdekomplex

Bei der Wirksamkeit des Erdelementes denkt man sicherlich zuerst an den Erdboden. Irgendeine Art von Boden ist fast überall auf der Erde im Wuchsbereich der Vegetation anwesend, sei es als Ackerboden, Teichschlamm oder Wüstensand. Ökologisch gesehen wird dieser feste Boden als die Lithosphäre bezeichnet. Wir hatten gesehen, wie viele verschiedene Vegetationsgestalten auf dieser Lithosphäre wachsen, je nachdem, wie die Komposition der anderen Elemente (Feuer, Luft, Wasser) beschaffen ist. Gibt es aber auch einen speziellen Einfluss der Lithosphäre selbst? Was wäre dann die wirksame Komponente dieser Sphäre, die differenzierend auf die Vegetationsgestalt wirkt und von dieser wiederum beeinflusst wird? Der Ort der Wechselwirkung zwischen Lithosphäre und Vegetation ist der Boden, die Pedosphäre. Hier muss nach der wirksamen Kraft gesucht werden, die die Gestalt der Vegetation bestimmt.

Es ist bekannt, dass auf verschiedenen Böden zumeist unterschiedliche Pflanzengesellschaften wachsen; Kalkgehalt, Nährstoffgehalt, Humusform, Wasserhaushalt und Säuregrad sind nur einige der wesentlichen Faktoren. Es soll aber etwas gefunden werden, was quasi eine Haupteigenschaft des *Bodens an sich* ist, nicht die verschiedenen Einzelfacetten. Dieses «allgemeine Prinzip Boden» muss alles das umfassen, was die verschiedenen Bodentypen gemeinsam haben. Dazu gehören Humusbildung, Sauerstoffarmut (der Sauerstoffgehalt nimmt mit zunehmender Bodentiefe ab; vgl. Scheffer & Schachtschabel 1973: 240, Larcher 1994: 20), niedrige und nur wenig schwankende Temperatur (Geiger 1961: 88; vgl. Abb. 107).

Weitere Kriterien können gefunden werden, wenn man die zeitliche Entwicklung der verschiedenen Bodentypen betrachtet. In einem einheitlichen Klimagebiet, beispielsweise Mitteleuropa, werden die Böden trotz verschiedener Ausgangsmaterialien (Sand, Lehm, Kalk ...) im Laufe der Entwicklung sich immer ähnlicher und streben einem ähnlichen Endzustand zu; in Mitteleuropa ist dies der Podsol (Scheffer & Schachtschabel 1973: 324). Der Name Podsol kommt aus dem Russischen und heißt «Bleicherde»; die obersten Dezimeter des Bodens sind tatsächlich ausgebleicht und ausgewaschen. Das hängt mit einer verstärkten Rohhumusbildung zusammen, die die Versauerung fördert (bis etwa pH 4; vgl. Scheffer & Schachtschabel 1973: 382), diese wiederum führt zur Auswaschung von Mineralien und Nährstoffen. Die Auswirkung auf das Bodenleben ist gravierend: Die bakteriellen Abbauprozesse werden stark gehemmt, die biologischen Umsetzungen vermindert.

Wenn man etwas sucht, was die mitteleuropäischen Böden als gemeinsames Wirkprinzip miteinander verbindet, dann ist es diese Podsolierungstendenz. Sie liegt nicht allein im Boden begründet, sondern resultiert aus dem Zusammenwirken von Klima, Vegetation und Ausgangsgestein. Damit ist der Erdekomplex gekennzeichnet. Seine Charakteristika sind

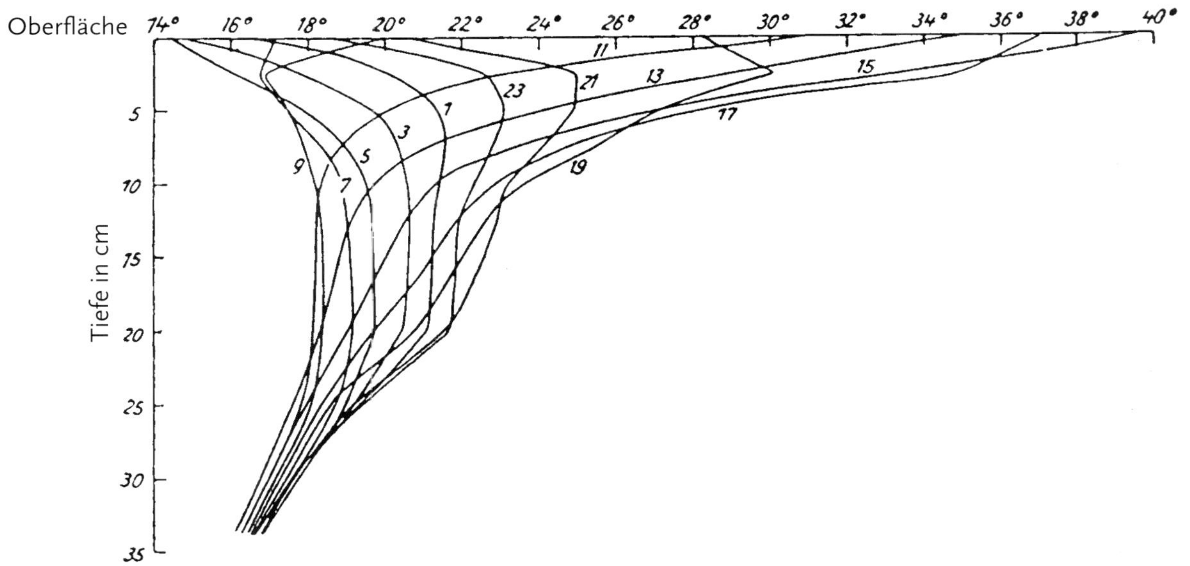

Abb. 107: Verlauf der Bodentemperaturen an einem ungestörten Sommertag. Die Linien geben die Temperaturen zu den vollen Stunden an. Man erkennt, dass die Schwankung der Temperatur an der Erdoberfläche am größten ist und nach unten abnimmt. Weiter wird deutlich, dass es in tieferen Bodenschichten immer kälter wird (aus Geiger 1961: 60).

nach obigen Ausführungen die Bildung und Ablagerung relativ dauerhafter organischer Substanzen mit hohem Kohlenstoffanteil, Sauerstoffarmut, niedrige und wenig schwankende Temperatur.

Von den verschiedenen Pflanzenorganen haben diejenigen die größte Beziehung zum Erdekomplex, die sich schlecht zersetzen und deshalb am Aufbau der Lithosphäre aktiv beteiligt sind. Dabei spielen Substanzen mit hohem Kohlenstoffanteil die größte Rolle, da sie nur äußerst langsam abgebaut werden. Das sind vor allem Holz und Torf. Pflanzengesellschaften mit einer starken Beziehung zum Erdekomplex sind demnach Wälder und Hochmoore. Der Erdekomplex zeigt sich daher im Stammraum und im polsterförmigen Gestaltelement; im Gegensatz zu den anderen Gestaltelementen sind es hier also zwei, die einem einzigen der vier Elemente zugeordnet werden können. Ein gewisser Zusammenhang besteht darüber hinaus auch mit dem fadenförmigen Gestaltelement, wie schon angedeutet.

Das Hochmoor bildet eine extreme Ausbildung des polsterförmigen Vegetationsgestaltelementes (Abb. 64, Abb. 108). Hier treffen die Kriterien in besonderem Maße zu, die wir als «Podsolierungstendenz» bezeichnet haben: Rohhumusbildung wird beim Hochmoor massiv in Form von Torfbildung betrieben, die Versauerung geht bis pH 3–4 (Wilmanns 1998: 257), der mikrobielle Abbau ist stark gehemmt, und der Standort ist gekennzeichnet durch extreme Nährstoffarmut. Der Prozess der Ablagerung von organischen Substanzen steht hier deutlich im Vordergrund. Ein weiteres bemerkenswertes Kriterium ist die niedrige Temperatur, die durch besondere kleinklimatische Prozesse offenbar aktiv erreicht wird. Die besondere Kälte von Hochmoorlandschaften ist auch nach deren Entwässerung messbar (Ellenberg 1996: 505).

Abb. 108: Querschnitt durch ein Hochmoorpolster aus Torfmoos (*Sphagnum*), mit lebender Oberfläche und abgestorbenen tieferen Teilen, die dann langsam in Torf übergehen.

Im Hochmoor sind es vor allem die wassergetränkten Polster der Torfmoose (*Sphagnum*-Arten), die die Bodentemperatur absenken. In etwas abgeschwächter Form tun dies auch andere Moose, wenn sie dichte Decken oder Polster bilden (Abb. 109). So ist für die kühlen Wälder des nördlichen Nordamerika herausgefunden worden, dass solche Moosdecken Dauerfrost begünstigen (Walter & Breckle 1991: 449). Die Moosschicht kann hier eine Dicke von 50 cm und mehr erreichen, wobei die unteren Teile langsam humifizieren und mit dem entstehenden Rohhumus eine gewisse Torfverwandtschaft zeigen.

Gleichmäßig kalte Temperaturverhältnisse findet man auch in einer weiteren Gruppe von Pflanzengesellschaften mit dominantem polsterförmigem Gestalttyp, den Quellgesellschaften (vgl. Abb. 65, 66, S. 95 f.). Die Quellfluren besiedeln diejenigen Standorte, an denen Grundwasser austritt, also die Qualitäten der Lithosphäre mit nach oben trägt (z.B. Sauerstofffreiheit, Sommerkühle). Parallel dazu bildet die Vegetation sehr ausgeprägte Polsterformen aus, insbesondere bei kalkreichem Wasser: Die an den Quellstellen wachsenden Moose fällen den Kalk aus dem Wasser aus, sodass Tuffstein entsteht – und da die Moose über diesen Kalktuff hinauswachsen und der Tuff mit den Moosen mitwächst, können hierbei sehr mächtige Polster entwickelt werden, die diejenigen der Torfmoos-Moore noch übertreffen (z.B. Plitvicer Seen, Kroatien).

Wie sieht es nun mit dem Stammraum-Gestalt-

Abb. 109: Dichte Moospolster in einem schwedischen Fichtenwald.

element aus? Findet man hier ebenfalls Aspekte der «Podsolierungstendenz»? Am besten lässt sich das im Stammraum eines Laubwaldes studieren. Temperaturschwankungen der Außenluft werden hier ausgeglichen, sodass die Tendenz zu gleichmäßigen Temperaturen besteht. Dabei werden die Temperaturwerte jedoch nicht einfach gemittelt, sondern es werden die Maxima nicht erreicht, während die Minima etwa denen der Außenluft bzw. des Freilandes entsprechen (Abb. 110). Im Wald ist es also kälter als im Freiland, und zwar beim Buchenwald durchschnittlich um etwa 3 °C im Jahresmittel (Barkman 1979: 140). Auch der einzelne lebende Baumstamm ist durch die kühlende Wirkung des Transpirationsstromes im Sommer kälter als ein entsprechender toter Stamm (Huber 1935: 86). Diese Sommerkühle ist ein Kennzeichen des Erdekomplexes.

Schließlich wird im Holz der Stämme und Äste eine mehr oder weniger dauerhafte organische Substanz gebildet und abgelagert. Hierbei besteht durchaus eine Analogie zur Rohhumusablagerung: Aus dem Lebensprozess des Kambiums wird fortlaufend Holz gebildet und als Jahresring dem Stamm angelagert, wobei es aus dem tätigen, lebendigen Zellgewebe in tote Substanz übergeht und damit so etwas wie einen Ablagerungsprozess darstellt.

Den größten Anteil an der chemischen Zusammensetzung des Holzes haben Kohlenhydrate, also letztlich die Elemente Kohlenstoff, Wasserstoff und Sauerstoff, die überwiegend aus dem Kohlendioxid der Luft und aus dem

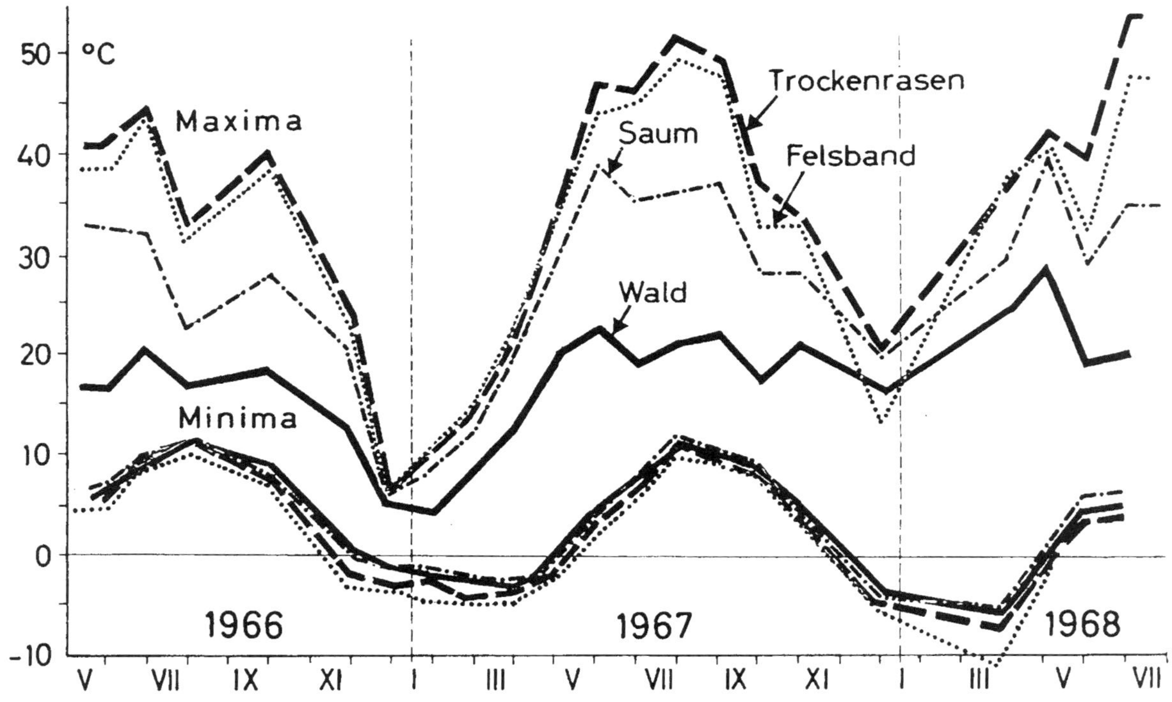

Abb. 110: In den Monatsmitteln der Maximaltemperaturen an der Bodenoberfläche unterscheiden sich Waldinneres, Waldsaum, Trockenrasen und Felsband zu allen Jahreszeiten stark, in den Minima dagegen kaum. Aus Ellenberg 1996.

Wasser stammen. Die feste Torf- und Holzmaterie haben die Pflanzen also ganz überwiegend aus einem Gas und einer Flüssigkeit produziert! Diese pflanzliche Substanzbildung durch Verdichtung ist einer der zentralen Prozesse des Erdekomplexes, der durch die Vegetation aktiv vollzogen wird. Mit dem Torf der Moore hat das Holz die Gemeinsamkeit, dass beide organische, kohlenstoffreiche Verbindungen sind, die aus den Lebensprozessen ausgeschieden wurden.

Das Hochmoor ist zwar ein extremer Ausdruck des Erdekomplexes, es spielt aber noch etwas anderes mit hinein. Das kann an den Zwergsträuchern (Heidekrautgewächsen) abgelesen werden, die häufig auf den Torfmoosbulten wachsen. Diese klein- und hartblättrigen Pflanzen zeigen Tendenzen zum kornförmigen Gestaltelement, beispielsweise Moosbeere *(Vaccinium oxycoccos)*, Glockenheide *(Erica tetralix)* und Besenheide *(Calluna vulgaris)*. Nach ihrer Funktion nehmen die Heidekrautgewächse eine Mittelstellung zwischen Erde- und Wärmekomplex ein. Denn ihre Streu ist sehr kohlenstoffreich und schwer abbaubar; darüber hinaus wirkt sie so auf das Mikroklima, dass Kälte und Eisbildung gefördert werden. Das zeigt ihre Verwandtschaft zum Erdekomplex. Auf der anderen Seite werden die Temperaturextreme an der Bodenoberfläche und im Bestand wenig gemindert (Wilmanns 1993), was einen Aspekt des Wärmekomplexes zur Geltung bringt. Im Hochmoor handelt es sich also um ein unmittelbares Aufeinanderprallen zweier sonst eher negativ korrelierter Elemente, es fehlt das Verbindende des Wasserkomplexes, der sich normalerweise dazwischenschiebt.

Der Wegfall des Wasserkomplexes hat im Hochmoor anscheinend die gleiche Wirkung wie das entsprechende Phänomen bei den Trockenrasen: Beim Fehlen des Wasserelementes, das das Mikroklima ausgleichen würde, wird dort der Wärme- und Luftkomplex gefördert, was sich beispielsweise in starken Temperaturschwankungen ausdrückt. Genau das ist auch im Hochmoor zu finden. Die Folge davon ist das unmittelbare Aufeinanderprallen des Erdekomplexes von unten und des Wärme- (und Luft-) Komplexes von oben her.

Der Zusammenhang der vier Elemente

Ein Fazit aus den bisherigen Ausführungen besteht darin, dass wir den klassischen vier Elementen sechs Gestaltelemente zugeordnet haben; die Übereinstimmung ist also nicht ganz «glatt». Zudem vereinigt das Wasserelement ganz unterschiedliche Gestaltelemente wie das flächenblättrige und das fadenförmige. Welche Fragen ergeben sich daraus?

Wenn die beiden Gestaltelemente (flächenblättrig und fadenförmig) Ausdruck des Wasserkomplexes sein sollen, folgt daraus, dass sich dieses Element in zwei unterschiedlichen Funktionsgestalten und damit auch Vegetationsgestalten zeigt. Von den Vegetationsgestalten her könnte man sogar von einem Gegensatz sprechen: Das flächenblättrige Element hat tendenziell die Vergrößerung und das Verschmelzen von Teilflächen als Kennzeichen, das fadenförmige Element die Auflösung aller Flächen bis zu fädigen Netzen. Was geschieht, wenn das Laubblatt eines Baumes ins Wasser fällt? Seine Blattfläche wird durch Abbauprozesse so zerstört, dass nur noch die Blattadern stehen bleiben und ein Gitternetz bilden (Abb. 111). Das ist wirkliche Auflösung des Flächigen im Wasser!

Abb. 111: Das Element Wasser als auflösende Kraft. Ins Wasser gefallenes Blatt, aus dem bis auf die Nerven alles Gewebe herausgelöst wurde. Es entsteht die Tendenz zur fadenförmigen Bildung.

Umgekehrt wird durch das Wasser immer auch Fläche gebildet, was sich schon durch den eigenen Wasserspiegel zeigt. Darüber hinaus wirkt sich diese flächenbildende Kraft auch auf andere Substanzen aus, die mit dem Wasser in Berührung kommen, wie im folgenden Beispiel (Abb. 112). Ein Gläschen Öl wird in eine wassergefüllte Schüssel geschüttet. Sofort schwimmen kleine Öltröpfchen an der Oberfläche, ordnen sich also in der *Fläche* an. Wenn das Wasser noch in Bewegung ist, wird man bemerken, dass sich die Tröpfchen zu etwas grö-

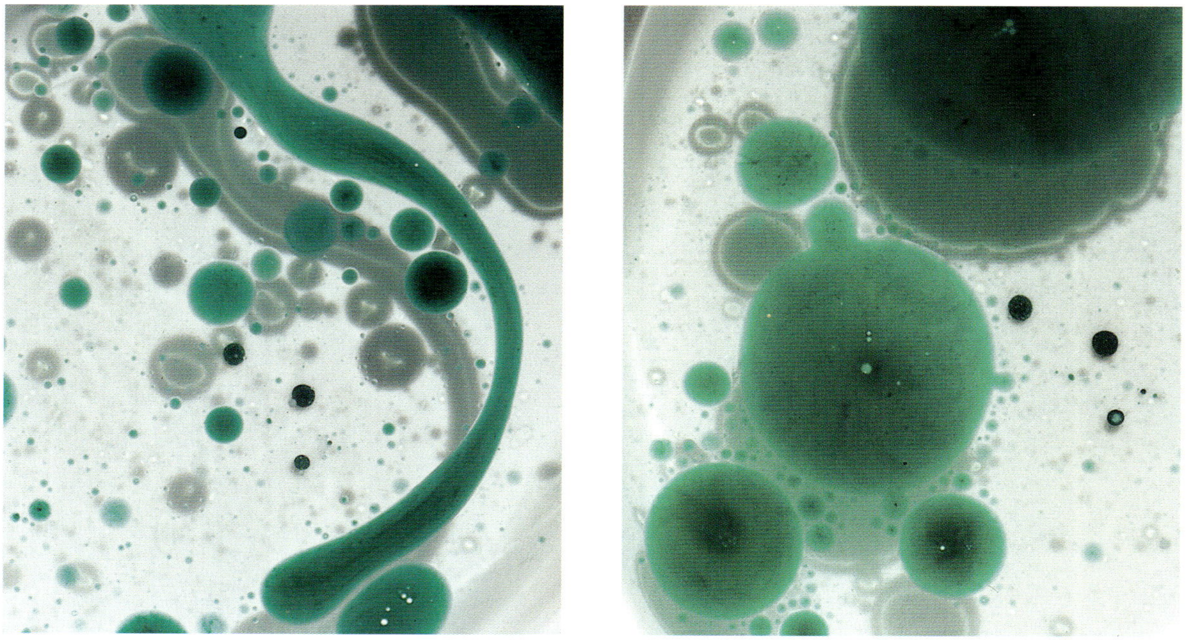

Abb. 112: Das Element Wasser als flächenbildende Kraft. Grün gefärbtes Öl wird in eine Schale mit Wasser gegossen (links), nach einiger Zeit laufen die einzelnen Fettaugen zu wenigen großen, runden Flächen zusammen (rechts). Es entsteht die Tendenz zur flächenblättrigen Bildung.

ßeren Scheibchen zusammenschließen. Dieser Vorgang der Verbindung von Getrenntem zu einer immer größeren Fläche ist genau das Gegenteil von der Fähigkeit zur Auflösung, die das Wasser auch hat. Anscheinend sind *beide* Eigenschaften etwas Charakteristisches für das Wasserelement.

Einmal auf diese Phänomene aufmerksam geworden, bekommt unser Denken gleich eine neue Achtsamkeit in dieser Richtung. Und es fällt uns auf, dass wir auch beim Erdelement eine Zweiteilung haben, indem sowohl polsterförmiges als auch Stammraum-Gestaltelement damit verbunden sind. Sollte es möglich sein, dass sich auch im Erdelement zwei verschiedene Charakterzüge vereinigen, die durch die beiden Gestaltelemente ausgedrückt werden?

Eine weitere Frage ergibt sich auch im Hinblick auf das flächenblättrige Element, das nur im Sommerhalbjahr richtig ausgebildet ist. Hat dieses Element also nicht nur etwas mit Wasser, sondern auch mit Wärme zu tun? Wenn diese Frage einmal gestellt ist, lassen sich weitere Phänomene finden, die das bestätigen.

Das flächenblättrige Gestaltelement ist bei uns in Mitteleuropa tatsächlich an den warmen Sommer gebunden. Entsprechend finden wir es in seiner optimalen Ausprägung in den warmen Tropen, also da, wo Wasser und Wärme zusammentreffen. Nach Norden zu verschwindet es: In den kalten, nördlichen Nadelwäldern und erst recht in der Zwergstrauch- und Moostundra kommt es nur noch reduziert oder gar nicht mehr vor. Wir können die Abhängigkeit der Blattgröße von der Wärme an vielen Beispielen verfolgen; hier sei das «typische» Flächenblatt der Seerosen dargestellt (Abb. 113). Die nordische Zwergseerose *(Nymphaea tetragona)* ist sehr kleinwüchsig mit Blättern von etwa 10 cm Durchmesser, unsere heimische Weiße Seerose

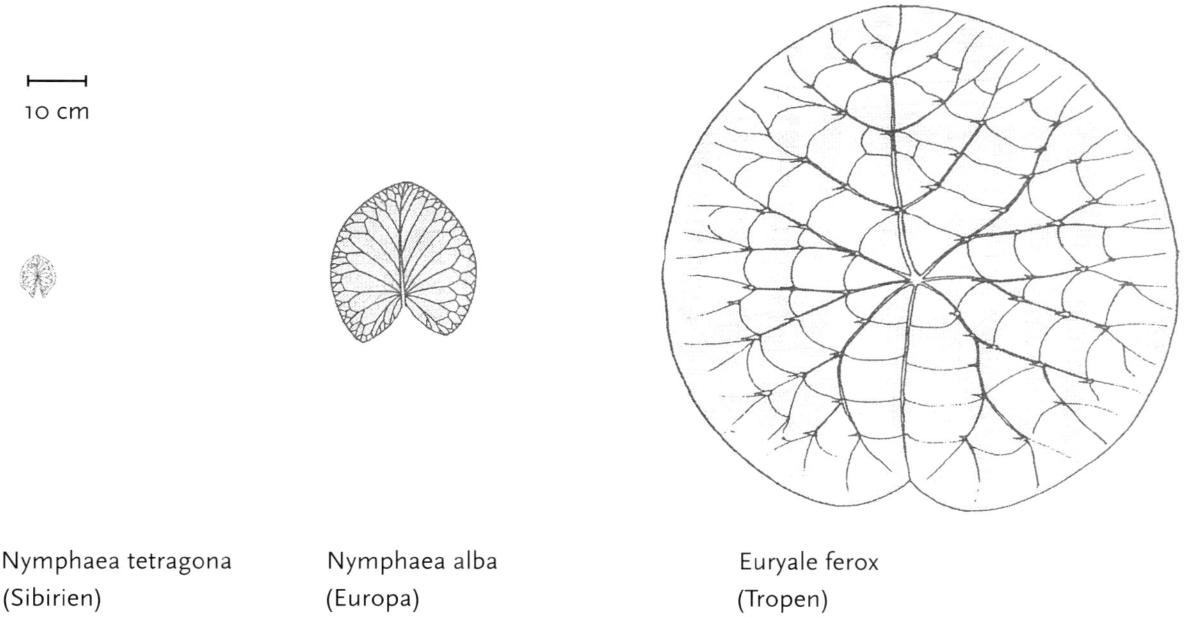

Abb. 113: Das Element Feuer als ausdehnende Kraft. Blätter verschiedener Seerosenarten aus unterschiedlich warmen Klimazonen. Je wärmer das Klima, desto stärker die flächenblättrige Bildung.

(Nymphaea alba) erreicht immerhin Blätter von über 30 cm Größe, und die tropische Königin-Seerose *(Victoria regia)* hat «Tortenteller» von über 1,80 m!

Aber die größte Wärme bringt allein noch keine Flächenblätter hervor, dazu ist auch immer sehr viel Wasser notwendig. Fehlt dieses, werden die Vegetationsformen der Wüstengewächse gebildet, beispielsweise die Sukkulenten, allen voran die bekannten Kakteen. Damit sich Flächenblättriges ausbilden kann, muss die Wärme durch Wasser vermittelt sein. Aus der trockenen Hitze, die alles Lebendige verbrennt, entfaltet sich unter Wassereinfluss eine andere Eigenschaft des Feuerelementes: die zunehmende Ausdehnung.

Demnach hätten wir es – wie beim Wasser – auch beim Feuer mit zwei verschiedenen, nahezu gegensätzlichen Charakteristika zu tun: Ausdehnung ins Flächige und allgemeine Förderung des vegetativen Lebens einerseits und Verbrennung bzw. Zusammenziehung zu Stacheln usw. und allgemeine Hemmung des vegetativen Lebens andererseits (Abb. 114). Das korrespondiert mit dem, was wir auch für das Wasserelement gefunden hatten: zwei Pole, von denen der eine das vegetative Leben in seiner Ausdehnung fördert (in Zusammenhang mit dem Feuer, wie wir gesehen haben), und einen, der es auflöst; also einen Aspekt, den man lebendig, und einen, den man tot nennen könnte.

Gehen wir unter diesem Gesichtspunkt noch einmal zurück zum Erdekomplex mit den beiden Gestaltelementen des Stammraumes und des Polsterförmigen. Kann hier auch ein grundsätzlicher Unterschied gefunden werden? Wir hatten uns in unserer Darstellung mehr darum bemüht, die Gemeinsamkeiten und Übergänge herauszustellen. Wie sieht es mit den Unterschieden aus?

Abb. 114: Das Element Feuer als verbrennende Kraft – Reduzierung der Pflanzengestalten zu Nadeln und Körnern in Trockenrasen. Es entsteht die Tendenz zur kornförmigen Bildung: Scharfer Mauerpfeffer *(Sedum acre)* und borstenförmige Gräser.

Wir können uns an das Thema auch von der Erlebnisseite herantasten. Vielleicht erinnern wir uns an Wanderungen oder Spaziergänge – einmal im Wald, wo wir in den Stammraum eintauchen konnten, und zum anderen in einem Hochmoor oder einer skandinavischen Tundrenlandschaft, wo wir der Ausstrahlung des polsterförmigen Elementes nachspüren konnten. Fühlten wir uns im Wald nicht erfrischt und in unseren Lebenskräften aufgebaut? Bringen wir den Wald nicht auch automatisch mit «gesunder Landschaft» in Verbindung? Wie anders wirkt da das Hochmoor! «Schaurig ist's, übers Moor zu gehen ...», es war früher sogar lebensgefährlich, ein echtes Hochmoor zu überqueren, und auch heute noch kann man bei den wenigen Resten, die es noch gibt, eine gewisse Beklommenheit spüren.

Schad (1982b) beschreibt sehr schön diese besondere Stimmung des Hochmoores: «Die Landschaft wirkt karg, streng, kühl. Sie hält Distanz. Man wird auf sich selbst verwiesen. Die Verhaltenheit des windoffenen, herbharzig duftenden Geländes kann, feierlich und erhaben, sich bis zu bedrückender Einsamkeit steigern.» Diese «spröde Nüchternheit», die man da erlebt, steht nach Schad unmittelbar im Zusammenhang mit dem starken Säuregehalt des Wassers: «Es tötet die meisten einfliegenden Samen und unzählige Bodentiere ab, ja selbst den allergrößten Teil der Bakterien, Protozoen und Pilze. Das Moorwasser ist nahezu steril und kann gefahr-

Abb. 115: Schluchtwald mit moosüberwucherten Stämmen und Steinen – Wald mit «Hochmoorstimmung». Wolfsschlucht im Odenwald. Juli 1999.

los getrunken werden, auch wenn es in seiner brauntrüben Farbe nicht dazu einlädt. So findet aber auch keine rechte Fäulnis statt. Alle Pflanzenreste werden zu mumifizierten Leichen, von Moorsäuren durch und durch imprägniert.»

Diese Phänomene sprechen dafür, dass wir es bei dem Erdekomplex des Hochmoores und damit wahrscheinlich des polsterförmigen Gestaltelementes überhaupt mit der «toten» Seite des Erdelementes zu tun haben, während im Stammraum des Waldes die lebendige Seite vertreten ist.

Allerdings kann auch ein Wald-Stammraum schaurige und unheimliche Gefühle hervorrufen, ähnlich wie ein Hochmoor. Das wirft wieder ein Licht auf die möglichen Übergänge zwischen Polster und Stammraum, denn bei genauerem Hinsehen sind es oft Bilder von flechtenbehangenen, moosüberwucherten Stammräumen, die in uns diese ängstlichen Stimmungen hervorrufen – keinesfalls aber ein Frühlingswald mit reichem Blütenteppich am Boden (Abb. 115)! Der Flechten- und Moos-Stammraum hat eben schon eine starke Neigung zum Hochmoorcharakter.

Nun fehlt in unserer Elementebetrachtung noch das Luftelement. Für alle anderen Elemente haben wir bis hierher eine Polarisierung in eine «lebendige» und eine «tote» Seite gefunden. Wie sieht es mit dem Luftelement aus? Wir hatten ja gesehen, dass für den Luftkomplex neben Wind und Sauerstoff auch das Licht

Abb. 116: Das Licht als zerstrahlende, stauchende Kraft – lichtüberstrahlter Borstgrasrasen in der Lüneburger Heide mit nadeligen Grashorsten.

kennzeichnend ist. Gerade das Licht kann uns nun eine interessante Antwort auf unsere Frage geben. Hierzu sei ein Erlebnis geschildert, das ich einmal bei einer Wanderung durch die Lüneburger Heide hatte.

An einem sehr sonnigen, heißen Tag überquerte ich die offene Heide in der Nähe von Oberhaverbeck. Der sandige Boden war mit Heidekraut bewachsen, und an mehreren Stellen hatten sich dazwischen Flecken von Borstgrasrasen ausgebreitet (Abb. 116, vgl. S. 70 ff.). Borstgras wächst in dichten, harten Büscheln, den Horsten, seine Blätter sind nadelig-strahlig und von einem stumpfen Graugrün. Es steht damit stellvertretend für die gesamte Vegetation dieser offenen Heidegebiete, in denen die Farben gedämpft und die Pflanzen niedrig sind. Oft findet man die Büschel- oder Rosettenform, die Ausdruck einer übergreifenden Gestaltgeste sind: das Zusammenziehen, das Stauchen.

Beim Durchwandern der Heidegegend empfand ich an mir selbst dieses Gestauchtwerden durch die trockene Hitze, die intensive Sonnenstrahlung, das flirrend-blendende Gleißen des Lichtes. Dabei erinnerte ich mich an Pflanzen der alpinen Regionen oberhalb der Baumgrenze, die einer immensen Lichtfülle ausgesetzt sind und sehr gedrungene und gestauchte Formen bilden. Sollte das Licht einen stauchenden Charakter haben? Dann hätte es allerdings eine Eigenschaft, die der freien Entfaltung vegeta-

Abb. 117: Das Licht als lebendige, farbgebende Kraft – sonnendurchstrahltes Eichenlaub vor dunklen Kiefern.

tiven Wachstums entgegenstünde und die letztlich abtötend wirken würde. Und als abgetötet empfand ich die braun-graugrüne Heide um mich herum tatsächlich.

Nun kam ich von der offenen Heide in ein kleines Kiefernwäldchen. Auch hier die gleiche Geste: nadelige, graugrüne Gestalten, die kaum Schatten warfen und die das gestauchte, gehemmte Leben nun in einigen Metern über dem Boden weiterführten. Am Rand des Wäldchens standen jedoch hier und da ein paar kleine Eichen – und die machten auf mich einen bemerkenswerten Eindruck. Vom Innern des Wäldchens auf die Heide hinausblickend, erschienen die Eichenblätter im Gegenlicht in strahlendem Hellgrün, als würden sie von innen heraus leuchten. Es war eine Wohltat, diese Blätter anzuschauen nach all dem zerstrahlenden Gleißen auf der trockenen Heide. Hier aus den Eichenblättern sprach unmittelbar etwas Lebendiges, Leuchtendes, Farbig-Glühendes (Abb. 117).

Das war der Moment, an dem ich mich fragte, ob das Licht vielleicht diese beiden unterschiedlichen Qualitäten hat: eine lebendige und eine tote Seite. Es ist auch sofort einsehbar, dass die tote Seite des Lichtes mit demjenigen Gestaltelement zusammenhängt, das zerstrahlender Natur ist: mit dem linealischen Gestaltelement. Wie lässt sich aber die lebendige Seite charakterisieren? Es ist ja sicherlich nicht einfach das leuchtende Grün, wenn

kornförmig	Feuer	tot
linealisch	Luft	tot
Blütenhorizont	Luft	lebendig
flächenblättrig	Feuer	lebendig
	Wasser	lebendig
Stammraum	Erde	lebendig
polsterförmig	Erde	tot
fadenförmig	Wasser	tot

Abb. 118: Idealisiertes Wiesenprofil mit den Hauptschichten der Gestaltelemente und den zugehörigen vier Elementen, jeweils mit ihren Doppelaspekten. Erläuterungen im Text.

es auch bei den Eichenblättern zunächst so schien. Welches allgemeinere Phänomen liegt da vor unseren Augen, ohne dass wir es sofort bemerken würden?

Was tut das Licht am Waldrand, indem es dieses Grün so aufleuchten lässt? Das Grün der Heide wie auch des Kiefernwäldchens war eher stumpf, fast wie farblos. Das Grün der Eichenblätter war demgegenüber leuchtende Farbigkeit. Ist es vielleicht das uns schon bekannte Phänomen der Entstehung von Farbe an der Grenze zwischen Licht und Finsternis, das wir als besondere Zone der Blütenbildung kennengelernt haben? An der Grenze zwischen lichtoffener Heide und abgedunkeltem Kiefernwald wäre es nicht die farbige Blüte, sondern das leuchtend grüne Blatt, was uns als Farbigkeit an dieser Grenze erscheint. Es weist hier eher auf die Blüte hin. Man mag sich daraufhin fragen – und ich will es auch als Frage zunächst stehen lassen –, ob nicht vielleicht die farbige Blütenbildung ein Charakteristikum des «lebendigen» Lichtes ist, das dem «toten» Aspekt mit seinen gestauchten, graugrünen Gestalten gegenübersteht.

Wir haben nun je einen Doppelaspekt der Elemente kennengelernt oder doch vermutet, der mit den unterschiedlichen Gestaltelementen zusammenhängt. Wir haben uns dabei von der Wahrnehmungsseite, von den Gestalten aus, an die Zusammenhänge herangetastet. Dieses Bild rundet sich ab, wenn wir die Ergebnisse mit dem schon bekannten Wiesenprofil (Abb. 71, S. 103) in Verbindung bringen, in dem alle Gestaltelemente in gesetzmäßiger Abfolge vertreten sind.

Dieses Profil sei hier noch einmal wiedergegeben, wobei das fadenförmige Element mit der Wurzelsphäre gleichgesetzt wird. Dass dies nicht falsch ist, zeigte uns ja die Betrachtung der Ufervegetation mit Froschbiss und Wasserschlauch (s. S. 98 ff.). Ebenso ergänzen wir das Bild durch den Blütenhorizont, den wir in den Profilstudien bisher etwas vernachlässigt hatten, der aber, wie wir gesehen haben (S. 104 ff.), sich an der Grenze zwischen Licht (= linealisches Gestaltelement) und Finsternis (= flächenblättriges Gestaltelement) eingliedert. Neben dieses Gestaltbild tragen wir nun unsere Ergebnisse aus den Betrachtungen über den Doppelcharakter der vier Elemente ein (Abb. 118).

Das so gewonnene Bild ist etwas, in dem sich «die Gesetze wie von selbst aussprechen». Es ergibt sich eine übersichtliche und klare Gliederung mit deutlichen Symmetrien. Die zentrale Stellung nimmt das flächenblättrige Gestaltelement ein, dem zwei Elemente zugeordnet sind. Von hier aus schließen sich Wasser und Erde nach unten an und nach oben Luft und Feuer. Die lebendigen Aspekte jedes Elementes liegen nach «innen» zu, sind also immer in der Nähe der flächenblättrigen Vegetationsgestalt, die toten Aspekte nach «außen» in möglichst großer Entfernung zum Flächenblättrigen. Das zeigt noch einmal auf einer ganz neuen Ebene, dass das Blatt für die gesamte Pflanzenwelt *das* Zentralorgan des Lebens ist.

Aber es zeigt sich auch noch etwas anderes. Die Differenzierung der vier Elemente in jeweils eine tote und eine lebendige Seite beschreibt schon Rudolf Steiner 1924 in seinem *Landwirtschaftlichen Kurs*, allerdings mit einer völlig anderen Herangehensweise: durch die geisteswissenschaftliche Forschung. Wir haben hier den Weg der Phänomenologie beschritten und kommen zu ganz ähnlichen Ergebnissen. Diese Übereinstimmung geht immerhin so weit, dass wir auch – genauso wie Steiner – sagen können: Feuer und Luft sind *über* der Erde tot, und Wasser und Erde sind *unter* der Erde tot. Allerdings sollen nach Steiner Feuer und Luft *unter* der Erde lebendig sein, und das scheint in unserem Bild ja nicht der Fall zu sein. Was wiederum passt, ist die Lebendigkeit von Wasser und Erde *über* der Erde.

Diese Fragen können dann in einem anderen Licht erscheinen, wenn man sich überlegt, wo denn nun wirklich der Erdboden und die Erdoberfläche sind. Ist es die physische Oberfläche des Substrates? Oder ist es etwas anderes, was von der Vegetation selbst mitgestaltet wird? Wir sind bei der Besprechung der Gestaltelemente, insbesondere beim Stammraumelement, immer wieder darauf gekommen, dass der Stammraum mit dem nach oben abschließenden flächenblättrigen «Dach» so etwas wie aufgestülpte Erde ist. Auch davon spricht Steiner in seinem *Landwirtschaftlichen Kurs*, wenn er das Wesen der Bäume behandelt. Ist die «Bodenoberfläche» als biologisch wirksame Schicht dann vielleicht gar nicht die Substratoberfläche, sondern jene andere Fläche, die aus dem flächenblättrigen Gestaltelement aufgebaut wird? Oder sogar das ganze Schichtpaket, das in der obigen Abbildung grün eingezeichnet ist und die lebendigen Aspekte der Elemente umfasst?

Ich kann dazu nach dem Stand der Dinge kein abschließendes Urteil geben. Aber vielleicht ist es ja in diesem Fall – wie in manch anderem auch – weitaus sinnvoller, mit einer Frage eine Zeitlang zu leben, als eine schnelle Antwort zu bekommen.

7. Zeitgestalten der Vegetation

Die Vegetation ist nicht nur mit den vier Elementen über komplexe Wechselwirkungen im Raum verbunden, sondern ist auch in der Zeit ein sehr dynamisches Gebilde. Jeder kennt das, wie sich eine Wiese, ein Acker oder ein Wald im Jahreslauf verändert. Solche Beispiele sollen hier etwas näher betrachtet werden. Aber es geht dann noch einen Schritt weiter: zu jenen langfristigen «Zeitgestalten», die auftreten, wenn beispielsweise ein See verlandet oder der Wald sich eine nicht mehr genutzte Wiese zurückerobert. Wie sehen diese Abläufe aus? Gibt es vielleicht Parallelen zu den Jahresläufen? Und schließlich: Welche Überraschung hält die größte Zeitgestalt der Pflanzenwelt, die der Evolution, für uns bereit?

Jahreslauf und Vegetationsrhythmen

Bei der bisherigen Bearbeitung von Vegetationsgestalten haben wir fast nur die ausgewachsenen Sommerformen untersucht. Die mitteleuropäischen Pflanzengesellschaften unterliegen jedoch ausgeprägten Jahresläufen (Abb. 119): Die Vegetation ist nichts Statisches, sondern entwickelt und verändert sich mit der Zeit. Auch länger dauernde Veränderungen können recht «schnell» sein, beispielsweise das Brachfallen einer nicht mehr bewirtschafteten Wiese und ihre Entwicklung zu Gebüsch und Wald. Nur können wir sie nicht so leicht als Entwicklung bemerken. Eher schon im Rückblick: Da ist «plötzlich» Wald, wo vorher keiner war, oder ein Hochstaudenried, wo vorher eine feuchte Magerwiese war (Abb. 120), oder Schilf und Weidenbüsche, wo vorher ein Teich war. Das ist vergleichbar mit einer Uhr: Man merkt nicht, wie sich die Zeiger bewegen, und doch – wie schnell vergeht die Zeit!

Wenn sich Vegetation nun zeitlich entwickelt, ist allerdings die Frage, was dann mit der im letzten Kapitel beschriebenen «Gegenwartsbeziehung» geschieht. Bei der Beobachtung solch einer Entwicklung wie in der brachgefallenen Wiese ist ja gerade die Frage nach Vergangenheit und Zukunft interessant. Der Begriff des Elementekomplexes als eines sich selbst verstärkenden Gefüges, in dem Vegetation und Standort sich gegenseitig fördern, scheint zunächst eine Weiterentwicklung auszuschließen. Und doch sind solche Entwicklungen beobachtbar, und es sollen im Folgenden einige Beispiele genauer dargestellt werden.

Beginnen wir mit Beispielen, in denen die Entwicklung so schnell verläuft, dass sie der Wahrnehmung zugänglich ist. Das sind die Jahresläufe. Ein wunderbares Beispiel für den Jahreszeitenrhythmus ist der Eichen-Hainbuchen-Wald (*Querco-Carpinetum*). Im Winter erscheint der Wald kahl. Auch die Bodenpflanzen sind zum allergrößten Teil eingezogen, sodass das einzig Grüne die Moose und die Algen- und Flechtenüberzüge auf den Bäumen sind. In dieser Zeit dominiert also das Stammraum-Gestaltelement neben dem des polsterförmigen, die

Abb. 119: Was hier im Winterhalbjahr wie eine Wiese aussieht, entwickelt sich im Sommer zu einer bunten Hochstaudenflur. Links März, rechts August 1995.

Abb. 120: Links: Feuchte Wiese auf dem Talboden eines Sieks (Wiesentälchens) im Ravensberger Hügelland (Bielefeld) 1986. Rechts: Das gleiche Bild siebzehn Jahre später, die Wiese wurde nicht mehr gemäht, und hohe Stauden zeigen die Brache an.

Abb. 121: Querschnitt durch eine Decke von Buschwindröschen *(Anemone nemorosa)* mit Miniaturstammraum und -kronendach aus einem Eichen-Hainbuchen-Wald. April 1993.

beide jahreszeitenübergreifend bestehen bleiben. Sie deuten darauf hin, dass im Winter der Erdekomplex im Wald vorherrscht.

Im Frühling entwickelt sich das flächenblättrige Element, und zwar zuerst in unmittelbarer Bodennähe durch mehr oder weniger dichte Decken von Buschwindröschen (*Anemone nemorosa*), Scharbockskraut (*Ranunculus ficaria*), Lerchensporn (*Corydalis cava*) etc. (Abb. 80, Abb. 121). Während sich die Krautschicht im März ausbildet, ist der Stammraum des Waldes noch kahl. Das Ergrünen dieses Stammraumes erfolgt dann in relativ kurzer Zeit von unten her, indem sich zuerst die kleineren Sträucher (z.B. Stachelbeere: *Ribes uva-crispa*), dann die größeren Sträucher und kleinen Bäume (z.B. Weißdorn: *Crataegus laevigata*, Holunder: *Sambucus nigra*, Traubenkirsche: *Prunus padus* etc.) belauben (Abb. 122, 123). Schließlich folgen die Bäume des Kronendachs. Selbst ein und derselbe Baum, z.B. eine Buche, die bis in das Kronendach aufragt, aber auch weiter unten noch lebende Äste hat, ergrünt manchmal von unten nach oben (vgl. Tüxen 1986: 75). Das Phänomen zeigt also, dass das flächenblättrige Gestaltelement während des Ergrünens im Frühling vom Boden bis zum Kronendach emporsteigt (Abb. 124). Es durchsetzt sukzessive den Stammraum, bildet unter sich den beschatteten Raum aus und hat über sich zunächst noch das linealische Element. Dieses Stadium, das in wenigen Tagen vorübergeht, hat prinzipiell eine Ähnlichkeit mit der Struktur einer Wiese (Abb. 125). Wenn das Kronendach von der Flächenblattschicht

Abb. 122: Von den Sträuchern im Wald ergrünen zuerst die kleinen, hier ist es Traubenkirsche *(Prunus padus)*. Eilenriede in Hannover, März 1991.

Abb. 123: Die größeren Sträucher und kleineren Bäume sind ergrünt, aber die größeren Bäume sind noch kahl. Eilenriede in Hannover, April 1991.

Abb. 124: Schrittweises Ergrünen im Frühjahr von unten nach oben in einem Eichen-Hainbuchen-Wald *(Stellario-Carpinetum)*.

erreicht ist, verschwindet damit gleichzeitig das frei aufragende linealische Gestaltelement, und der eigentliche Stammraum ist ausgebildet (Abb. 124).

Im Herbst verläuft der Prozess im Allgemeinen rückwärts, indem sich zunächst die oberen Blätter im Kronendach verfärben und sich die Herbstfärbung dann sukzessive nach unten weiter fortsetzt (Abb. 81, S. 111). Auch der Laubfall beginnt im oberen Teil des Waldes.

Der Stammraum des Waldes, so stabil und wenig veränderlich er zunächst im Jahreslauf zu sein scheint, macht also doch eine gewisse Metamorphose durch. Denn im Sommer ist dieser Raum – und um den Stamm*raum* geht es ja, nicht um die einzelnen Stämme – abgedunkelt und feucht. Die Stämme fungieren als *Träger* des Kronendaches. Im Winter ist diese Trägerfunktion aufgehoben, die Zweigspitzen ragen dann frei in die Atmosphäre über dem Bestand. Der Stammraum ist zu dieser Zeit nicht abgedunkelt und auch nicht wesentlich feuchter als die umgebende Luft. Auch ist der Wind im Wald stärker als im Sommer. Diese Faktoren gehören in den Zusammenhang des Luftkomplexes, und auf der Gestaltseite finden wir eine Struktur, die tendenziell linealischen Charakter hat.

Der Eichen-Hainbuchen-Wald wäre also durch einen rhythmischen Wechsel zwischen Wasser- und Erdekomplex im Sommer und Luft- und Erdekomplex im Winter gekennzeichnet.

Der Wechsel zwischen linealischer Gestaltdominanz im Winter und flächenblättriger Dominanz im Sommer ist auch bei anderen Pflanzengesellschaften zu finden, beispielsweise bei der Pestwurz-Giersch-Gesellschaft (*Petasito hybridi – Aegopodietum podagrariae*). Der Jahreslauf des hier beschriebenen Bestandes (Abb. 126) an einer ungestörten, d.h. im Herbst nicht gemähten Stelle beginnt im Winter mit einer Vegetationsgestalt, in der durch die abgestorbenen, hellgrauen Brennnesselstängel das linealische Element in den Vordergrund tritt. Neben wintergrünen Gräsern sind es vor allem Moose, die stellenweise tonangebend sind. Kurzbüchsenmoos (*Brachythecium rutabulum*) kann nicht nur dichte Teppiche am Boden bilden, sondern stellenweise an den alten Brennnesselstängeln hochwachsen (Abb. 127). Mit dem Vergehen der Stängel brechen auch diese «Moosstrümpfe» zusammen, bilden sich jedoch vom kommenden Sommer an bis ins nächste Frühjahr wieder neu. Das dominante linealische und polsterförmige Gestaltelement der winterlichen Pestwurz-

Abb. 125: Vergleich der Grobstrukturen einer Wiese (links) und eines Laubwaldes im Austrieb (rechts).

Giersch-Gesellschaft deutet auf eine zu dieser Zeit wirksame Komposition aus Luft- und Erdekomplex hin, ebenso wie im Laubwald.

Mit dem beginnenden Wachstum der Kräuter im Frühling bildet sich schnell eine dicht geschlossene Decke aus Pestwurz und Brennnessel. Diese Flächenblattschicht wächst im Laufe des Frühlings in die Höhe, wobei gleichzeitig der Bestand der alten Brennnesselstängel und damit das linealische Gestaltelement zusammenbricht. Das aufsteigende flächenblättrige Element wird vorwiegend von den Pestwurzblättern bestimmt, die Brennnessel bleibt in der Entwicklung zunächst zurück und wächst erst im Sommer über das Pestwurzdach hinaus. Zu dieser Zeit entsteht auch meist im unteren Teil des Vegetationsprofiles – durch abgefallene Blätter – ein mehr oder weniger offener Stammraum, der die ganze Vegetationsgestalt mit der eines Laubwaldes prinzipiell (im verkleinerten Maßstab) ähnlich werden lässt (Abb. 128).

Die Pestwurz-Giersch-Gesellschaft und auch der Eichen-Hainbuchen-Wald stehen zwar im gestaltlichen Verwandtschaftskreis des flächenblättrigen Elementes (und des Stammraumelementes), es zeigt sich bei Beachtung des ganzen Jahreslaufes aber ein viel differenzierteres und teilweise entgegengesetztes Bild. Im Winter-

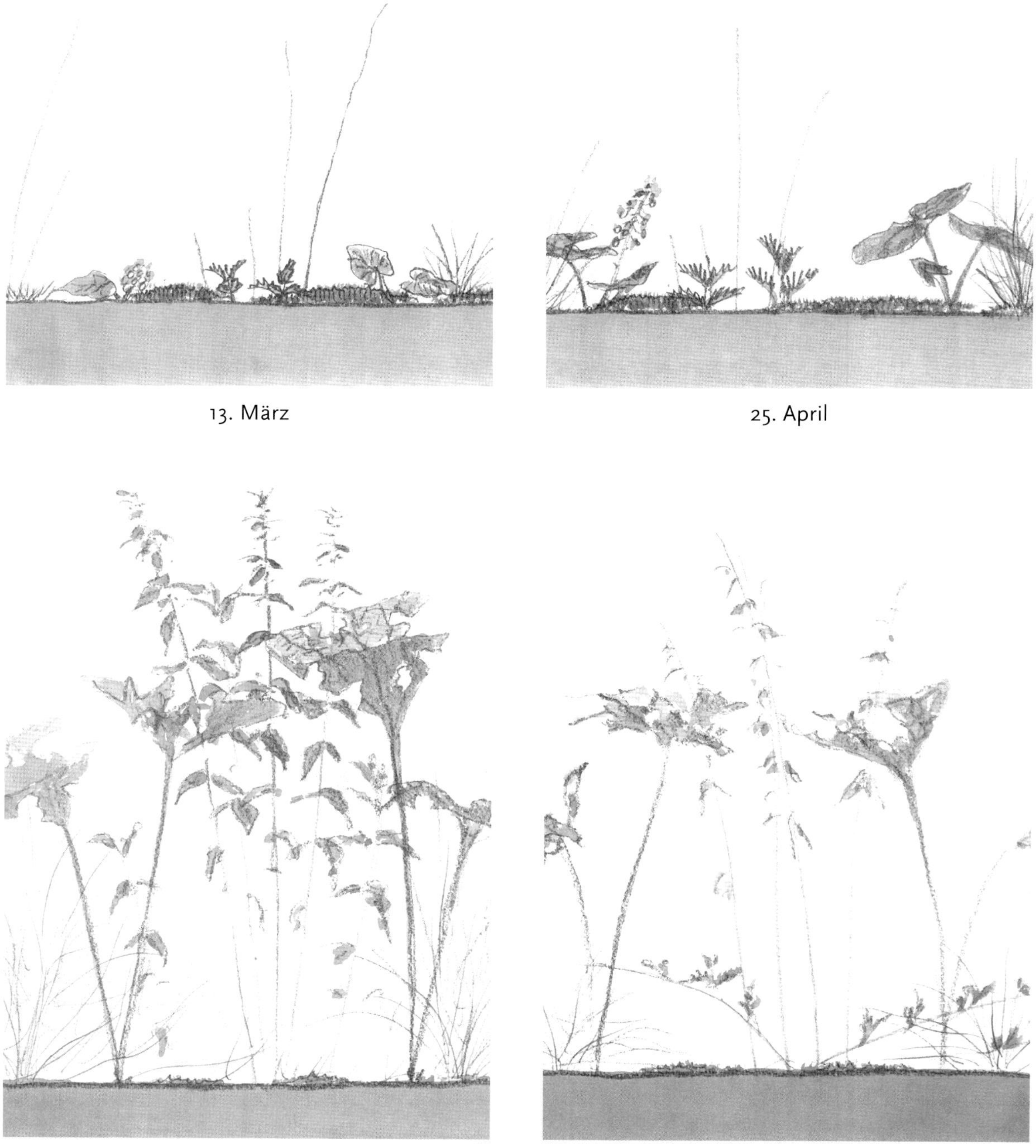

Abb. 126: Jahreslauf einer Pestwurz-Giersch-Gesellschaft (*Petasito hybridi-Aegopodietum podagrariae*). Witten, Im Wullen (Nordrhein-Westfalen), 1995.

16. Mai

12. Juni

1. Oktober

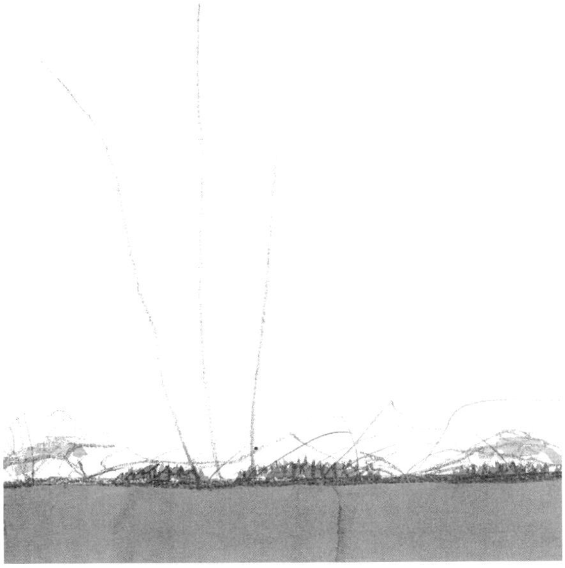
21. November

Abb. 127: Moos-«Strümpfe» im Winter an Brennnesselstängeln.

Abb. 128: Im Frühsommer erscheint die Pestwurzgesellschaft von innen gesehen wie ein Wald, mit Kronendach und teilweise offenem Stammraum.

Abb. 129: Vergleich einer winterlichen Pestwurzgesellschaft (links) mit einem Kleinseggenried im Sommeraspekt (rechts). In beiden herrscht das polsterförmige und das linealische Gestaltelement vor.

aspekt der Pestwurz-Giersch-Gesellschaft deutet sich eine Gestaltverwandtschaft mit einer Vegetation an, die weder von den Arten noch vom Standort her etwas mit der Pestwurzgesellschaft gemein hat: mit den Kleinseggenriedern. Die meisten Kleinseggengesellschaften gliedern sich gestaltlich in zwei Hauptschichten: die Moosschicht (polsterförmiges Element) und die Gras-/Sauergras-Schicht (linealisches Element). Im Gegensatz zur Pestwurz-Giersch-Gesellschaft behalten die Kleinseggengesellschaften diese Gestalt aber das ganze Jahr über (Abb. 129).

Interessant ist nun zu verfolgen, ob mithilfe der Elementekomplexe für diese Gestaltverwandtschaft auch ein ökologischer Zusammenhang gefunden werden kann. Der Verbreitungsschwerpunkt bzw. das Vorkommen der artenreichsten Gesellschaften der Kleinseggenvegetation liegt in der nördlichen Klimazone und in der subalpinen bis alpinen Stufe (Dierssen 1982: 92, Ellenberg 1996: 475 f.), also in den Kälteklimaten. Der nasse, sauerstoffarme Boden mit Neigung zur Niedermoorbildung und das kühle Klima stellen die Kleinseggenrieder deutlich in den Zusammenhang des Erdekomplexes, was mit der Dominanz des polsterförmigen Gestaltelementes parallel geht.

Der Erdekomplex, wie er für die Kleinseggenrieder gefunden werden kann, bestimmt auch tendenziell die winterliche Pestwurzgesellschaft. Im Winterhalbjahr ist die Witterung kühl, der Boden ist stark durchfeuchtet, wobei das Moos selbst durch seine Wasserspeicherfähigkeit den Wassergehalt aktiv erhöht. Durch das Mooswachstum wird eine ziemlich schwer zersetzbare organische Substanz gebildet, die eine entfernte Verwandtschaft mit Niedermoortorf hat. Im Sommer verschwindet das Moos zwar nicht, aber es kümmert eher und fällt im Vergleich zu dem Rest der Vegetationsmasse kaum auf. Damit wird deutlich, dass die Gestaltverwandtschaft zwischen einer moosreichen, winterlichen Pestwurz-Giersch-Gesellschaft und vielen Kleinseggengesellschaften auch auf der ökologischen Ebene nachvollzogen werden kann, wenn die jahreszeitliche Gestaltrhythmik mitberücksichtigt wird.

Noch weniger ausgeprägt als bei den Kleinseggengesellschaften ist die Jahresrhythmik von Hochmooren. In ihnen tritt das linealische Gestaltelement ganz zurück, und das polsterförmige Element ist das dominante. Die Charakteristika des Erdekomplexes sind extrem ausgebildet, was sogar so weit geht, dass das Allgemeinklima einer Hochmoorlandschaft deutlich beeinflusst wird. Sind die Kleinseggenrieder an ein kühles Klima gebunden (oder haben doch hier ihren Schwerpunkt), so verändert ein Hochmoor das Allgemeinklima aktiv in Richtung auf größere Kühle, und selbst im Sommer kann noch Frost auftreten (Ellenberg 1996: 505, Wilmanns 1998: 256).

Die geschilderten Phänomene zeigen, dass das polsterförmige Gestaltelement nicht nur mit einer besonderen ökologischen Konstellation in Zusammenhang steht, die wir als Erdekomplex bezeichnet haben, sondern auch einer bestimmten Jahreszeit zugeordnet ist, nämlich dem Winter. So gesehen wäre bei den Hochmoorgesellschaften immerwährender Winter – und die moosreiche Pestwurz-Giersch-Gesellschaft hat *dann* eine leichte Ähnlichkeit mit der Moorvegetation, wenn Winter ist.

So wie das polsterförmige Gestaltelement eine typisch winterliche Erscheinung ist, so ist das flächenblättrige Element – wir hatten es im letzten Kapitel schon kurz angesprochen – nahezu ganz auf den Sommer bzw. auf die warme Jahreshälfte beschränkt. Das wird deutlich bei allen Jahresläufen von Pflanzengesellschaften mit dominanten Flächenblättern. In keiner Gesellschaft der Abb. 51 (S. 82) findet man im Winter das flächenblättrige Gestaltelement. Gleiches gilt auch für das Kronendach der verschiedenen mitteleuropäischen Laubwälder. Flächenblättriges und polsterförmiges Element erscheinen also – zumindest in zeitlicher Hinsicht – polar.

Bei genauerer Betrachtung der verschiedenen sommerlichen Vegetationsgestalten, wie im ersten Teil der vorliegenden Arbeit geschehen, wird die Polarität von «Polster» und «Fläche» noch deutlicher. Diese beiden Elemente scheinen sich zu meiden; wenn sie zusammen vorkommen, sind sie entweder räumlich weit voneinander entfernt (z.B. als Moos- und Kronendachschicht im Wald) oder es handelt sich um zeitliche (sukzessionsbedingte) Überlagerungen. Darauf wird im nächsten Kapitel genauer eingegangen.

Im besonders warmen und feuchten Klima der Tropen findet das flächenblättrige Gestaltelement seine optimale Ausbildung, in den Kälte- und Trockenklimaten fehlt es weitgehend. Im gemäßigten Klima mit ausgeprägten Jahreszeiten sind flächenblättriges Gestaltelement und die lebendige Seite des Wasserkomplexes, die mit der lebendigen Wärme (vgl. voriges Kapitel) einhergeht, Erscheinungen des Sommerhalbjahres.

Der Zusammenhang zwischen Flächenblättrigkeit und Sommerhalbjahr kann auch im Jahreslauf von Wasserpflanzengesellschaften beobachtet werden. Eine Buckellinsengesellschaft (*Lemnetum gibbae*), in einem wärmebegünstigten Tieflandgraben bei Bremen untersucht, zeigt eine Jahresrhythmik, die die bisherigen Ausführungen prinzipiell bestätigt (Abb. 130). Während des Winters und Frühjahrs ist das Flächenelement nicht vorhanden.

Abb. 130: Jahreszeitliche Änderungen der Vegetationsgestalt in einem Wasserlinsengraben der norddeutschen Tiefebene (bei Bremen, 1994 und 1995).

Wasserspiegel und Wasserkörper sind mehr oder weniger frei von höherer Vegetation. Nur am Gewässerboden liegen lockere Haufen von Untergetauchter Wasserlinse (*Lemna trisulca*), die das polsterförmige Element vertreten. Sie steigen im Spätfrühling und Frühsommer an die Wasseroberfläche, zusammen mit den am Boden überwinterten anderen Wasserlinsen. Zum Sommer hin bildet sich dann eine geschlossene Wasserlinsendecke an der Wasseroberfläche, wobei die Untergetauchte Wasserlinse in dem nun mehr und mehr beschatteten Wasserkörper etwas zurückgeht. Bis zu diesem Stadium kann man also von einer Aufwärtsbewegung der Vegetation sprechen, ähnlich der Bewegung im ergrünenden Laubwald. Parallel dazu verschiebt sich die Gestaltdominanz vom polsterförmigen zum flächenblättrigen Element.

In dem untersuchten Grabensystem geht die Entwicklung noch weiter. Im Verlaufe des Sommers wächst zwischen den Wasserlinsen stellenweise der kleine Algenfarn (*Azolla filiculoides*) – ein Neophyt in Mitteleuropa – über die Wasserlinsendecke empor. Vorher ist er kaum aufgefallen, da er die gleiche schwimmende Wuchsform wie die Wasserlinsen hatte. Mit fortschreitender Entwicklung bildet der Algenfarn dichtverzweigte Luftsprosse, die die Wasserlinsen um mehrere Zentimeter überragen. Auf diese Weise kann der Algenfarn bis zum Herbst die Wasserlinsengesellschaft bei günstigen Verhältnissen völlig überwachsen. Damit wird die Tendenz des Aufsteigens bis zur Wasseroberfläche noch weiter über diese hinaus fortgesetzt.

Ein vergleichbares Aufsteigen vom Grund zur Oberfläche findet man bei vielen mitteleuropä-

23. April
13. Mai
2. Juni

Abb. 131: Jahreszeitliche Änderungen der Vegetationsgestalt eines Bestandes von Hornblatt *(Ceratophyllum demersum)* aus einem eutrophen Flachgewässer; umgesetzt in ein Aquarium und hier 1997 beobachtet.

ischen Wasserpflanzengesellschaften, wie aus den folgenden Abbildungsbeispielen zu ersehen ist. Auch der Wechsel von untergetauchten über schwimmende bis zu aufgetauchten Phasen von amphibischen Sumpfpflanzengesellschaften gehört hierher (Abb. 131–134).

Die Wasservegetation strebt also in den Beispielen vom Gewässergrund an die Oberfläche und möglichst auch noch über sie hinaus. Diese gerichtete Veränderung wird jedoch alljährlich im Herbst und Winter wieder unterbrochen und auf das frühere Stadium zurückgesetzt. Allerdings ist dieses frühere Stadium bei ungestörten Verhältnissen nicht identisch mit demjenigen des Vorjahres, da neu gebildete und abgelagerte organische Substanz den Gewässerboden erhöht und damit den «Weg» vom Wasser zur Luft immer mehr verkürzt. So überlagert sich dem kurzfristigen Jahresrhythmus der langfristige Vorgang der Sukzession.

Abb. 133 (S. 169 unten): Jahreszeitliche Änderungen der Vegetationsgestalt der Zwergigelkolbengesellschaft *(Sparganietum minimi)* in aufgelassenen Fischteichen der Lüneburger Heide.

Mai Juni Juli

Abb. 132: Jahreszeitliche Änderungen der Vegetationsgestalt einer Wasserfenchel-Kressen-Gesellschaft *(Oenantho-Rorippetum amphibiae)* in den Flutmulden der Leine bei Hannover.

Mai Juni Juli

Abb. 134: Jahreszeitliche Änderungen der Vegetationsgestalt der Pfeilkrautgesellschaft *(Sagittario-Sparganietum emersi)* in ostfriesischen Gräben und Kanälen.

Sukzession bei Verlandung und Moorbildung

Wenn ein Teich, ein Graben oder ein abgeschnittener Flusslauf verlandet, wenn eine brachgefallene Wiese oder ein brachgefallener Acker im Laufe der Jahre zu Gebüsch oder Wald wird, dann kommt der Anstoß für diese Entwicklung nicht von außen, sondern wird durch die Lebensprozesse der Pflanzengesellschaft bzw. des Ökosystems selbst bestimmt. Anreicherung von organischer Substanz, Bodenbildung, Veränderung des Kleinklimas und des Wasserhaushaltes sind Ergebnisse biologischer Abläufe, die zu einem Wechsel in der Artenzusammensetzung führen. Dabei können gewisse Gesetzmäßigkeiten gefunden werden, die übergreifenden Charakter haben. Einige Beispiele seien hier vorgeführt.

Die Verlandung eines Gewässers ist ein langwieriger Prozess, der kaum in kurzer Zeit beobachtet werden kann. Allerdings: Je kleiner das Gewässer, desto schneller verläuft die Verlandung und kann in solchen Fällen doch in einer relativ kurzen Zeitspanne wahrgenommen werden. So konnten Portielje & Roijackers (1995) während eines fünfjährigen Experimentes die

Abb. 135: Teichentwicklungsrekonstruktion von Portielje und Roijackers (1995). Erläuterungen im Text.

Sukzession in einem künstlichen Teich beobachten (Abb. 135). Hier begann die Entwicklung mit Bodenrasen aus Armleuchteralgen (fadenförmiges Element in Verwandtschaft zu polsterförmigem Element), gefolgt von der Wasserpest *Elodea nuttallii,* die bald den gesamten Wasserkörper ausfüllte und schließlich ihre dichteste Sprossmasse in Nähe des Wasserspiegels konzentrierte. Es war bis zu diesem Stadium also ein sukzessives Aufsteigen des fadenförmigen Elementes vom Boden zum Wasserspiegel zu beobachten. Die Wasserpestphase wurde dann abgelöst von einer Wasserlinsen-Schwimmdecke, die bei zunehmender Geschlossenheit das Wachstum der untergetauchten Pflanzen verhinderte. In dieser schließlich sehr dichten Wasserlinsenschicht keimten Pflanzen von Sumpfgreiskraut (*Tephroseris palustris = Senecio palustris*) und bildeten einen sehr lockeren Schwingrasen, dessen Wurzeln im Wasserkörper hingen und dessen Sprosse aus dem Wasser herausragten. Damit wurde die Tendenz des Aufsteigens zur Wasseroberfläche über diese hinaus fortgesetzt, sogar ohne Kontakt zum festen Gewässergrund zu haben.

Was hier im Kleinen zu sehen war, läuft prinzipiell auch in größeren nährstoffreichen Gewässern ab. Auch hier beginnt die Entwicklung mit niedrigen Unterwasserrasen aus Armleuchteralgen oder Wasserpest und gestaltlich verwandten Gesellschaften, die die Sukzession mit dem fadenförmigen Gestaltelement einleiten. Dabei besteht zunächst eine Verwandtschaft mit dem polsterförmigen Element, da die Vegetation in Decken- und Polsterform in der Nähe des Gewässergrundes bleibt (Abb. 136). In den langwüchsigen «Schlingpflanzen» der Spiegellaichkrautgesellschaft (*Potamogetonetum lucentis,* Abb. 137) wird dann das flächenblättrige Element ausnahmsweise schon unter Wasser vorbereitet, was schließlich in der Teichrosengesellschaft (*Myriophyllo-Nupharetum,* Abb. 138) seine optimale Ausbildung erfährt. Man kann hier von einer sukzessiven Ausdehnung und vom Aufsteigen des flächenblättrigen Elementes sprechen. Parallel dazu wird der Gewässerboden durch zunehmende Schlammablagerungen erhöht und die Wassertiefe verringert. Diese zeitliche Aufeinanderfolge findet man auch oft als räumliche Anordnung in Form verschiedener Zonen

oder Gürtel um den Weiher oder See, in denen das zeitliche Nacheinander im räumlichen Nebeneinander studiert werden kann.

Während es im Übergang vom fadenförmigen zum flächenblättrigen Element im Verlauf der Gewässersukzession vielfache Metamorphosen gibt, ist dies im nun folgenden Schritt der Röhrichtansiedlung nicht mehr unbedingt der Fall. Die ersten über die Wasserfläche hinausragenden Sumpfpflanzen sind – zumindest in größeren Gewässern – Seebinse *(Scirpus lacustris)*, Schmalblättriger Rohrkolben *(Typha angustifolia)*, Sumpfsimse *(Eleocharis palustris)*, Teichschachtelhalm *(Equisetum fluviatile)* usw.

Abb. 136: Bodenpolster am Grunde der Gewässer markieren den Anfang der Gewässersukzession. Hier die Zerbrechliche Armleuchteralge *(Chara globularis)*.

Abb. 137: Die langwüchsigen «Schlingpflanzen» der Spiegellaichkrautgesellschaft, hier das Durchwachsene Laichkraut *(Potamogeton perfoliatus)* durchsetzen den Wasserkörper und bereiten das flächenblättrige Element schon dicht unter dem Wasserspiegel vor.

Abb. 138: Die Teichrosengesellschaft, hier mit Weißer Seerose (Nymphaea alba), bildet das flächenblättrige Element optimal aus.

Abb. 139: Das Initialröhricht aus Schmalblättrigem Rohrkolben *(Typha angustifolia)* bringt das linealische Element zur Geltung.

Abb. 140: Im Schutz des hohen Röhrichts können Sumpfpflanzen mit flächenblättrigem Element (hier Froschlöffel *Alisma plantago-aquatica*) über den Wasserspiegel hinauswachsen.

(Abb. 139). Sie bringen *schlagartig* ein neues Gestaltelement in die Reihe. Wir hatten schon gesehen, dass dies mit der starken Windwirkung, also mit dem Luftkomplex, zusammenhängt. Erst wenn diese Röhrichte im Verlauf der Sukzession dichter werden, kann in deren Schutz das flächenblättrige Element über den Wasserspiegel hinauswachsen (Abb. 140); das Gleiche ist auch möglich ohne Röhrichtschutz in windgeschützten Kleingewässern, Buchten, Altarmen usw. Hier kann die Teichrosengesellschaft auch aus dem Wasser herauswachsen, was dann einer Schlangenwurzgesellschaft (*Calletum palustris*) ähnlich sieht und auch in diese übergehen kann. Froschlöffel *(Alisma plantago-aquatica)*, Pfeilkraut *(Sagittaria sagittifolia)*, Flussampfer *(Rumex hydrolapathum)* und Ähnliche heben das flächenblättrige Gestaltelement über den Wasserspiegel und zeigen so den dominanten Wasserkomplex an.

Eine sehr gute «Zeigerpflanze» für das Verhältnis zwischen Wasserkomplex und Luftkomplex am Gewässerufer ist übrigens das aus Nordamerika eingeschleppte Breitblättrige Pfeilkraut (*Sagittaria latifolia*), abgeschwächt auch das einheimische Pfeilkraut (*Sagittaria sagittifolia*): Bei vorherrschendem Luftkomplex werden sehr schmale, bei dominantem Wasserkomplex breite Blattformen von der gleichen Pflanzenart gebildet (Vahle 1994, Abb. 141).

Wir können beobachten, dass die Flächenblätter eine gerichtete Veränderung durchmachen, je höher über dem Wasserspiegel sie angeordnet sind (Abb. 142). Dabei geht die anfangs runde, waagerecht ausgebreitete Gestalt in eine Tropfenform und schließlich eine ovale Form über,

Abb. 141: Das Breitblättrige Pfeilkraut *(Sagittaria latifolia)* bildet je nach Umwelteinflüssen sehr breite oder sehr schmale Blattformen aus. Links schmale Blätter bei vorherrschendem Luftkomplex, rechts breite Blätter bei dominantem Wasserkomplex. Steinhuder Meer, Niedersachsen.

wobei sich die Fläche aus der Waagerechten in die Trichterform bewegt (Suchantke 2002) und zuletzt im steilen Winkel zur Wasseroberfläche liegt. Auf eine besondere Röhrichtpflanze sei in diesem Zusammenhang hingewiesen: Zungenhahnenfuß (*Ranunculus lingua*). Durch dessen Blattmetamorphose von rundlich nach linealisch bildet sich die gesamte Gestaltreihe in einer und derselben Pflanze ab; wir haben hier gewissermaßen eine Schlüsselart für den Gestaltübergang vom flächenblättrigen zum linealischen Element (Abb. 143). Außerdem gliedert sich der Zungenhahnenfuß so in die Röhrichtgestalt ein, dass seine unterschiedlichen Blattgestalten genau mit den benachbarten Pflanzengestalten übereinstimmen.

Die Weiterentwicklung des Röhrichts zu Weidengebüschen und Bruchwäldern ist mit einem Übergang vom linealischen zum flächenblättrigen und zum Stammraumelement verbunden. Dabei dehnt sich das flächenblättrige Element zunehmend aus: sowohl in der fortschreitenden Erhöhung des Kronendaches vom Öhrchenweidengebüsch (*Frangulo-Salicetum auritae*) bis zum ausgewachsenen Schwarzerlenbruchwald (*Carici elongatae-Alnetum glutinosae*) als auch in der Verbreiterung der Blätter der dominanten Holzarten.

Eine eher gegenläufige Tendenz ist in der Krautschicht zu finden (Abb. 144). Sie beginnt im vorderen Gehölzbereich mit breitflächigen Formen, z.B. Schlangenwurz (*Calla palustris*), Bittersüßem Nachtschatten (*Solanum dulcamara*), Wolfstrapp (*Lycopus europaeus*), Sumpfdotterblume (*Caltha palustris*) und Wasserminze (*Mentha aquatica*). Die nächste Entwicklungs-

Abb. 142: Metamorphosen des flächenblättrigen Gestaltelementes über dem Wasserspiegel.

phase, gleichzeitig die Optimalphase des Erlenbruchwaldes, ist durch linealische Formen gekennzeichnet, nämlich durch Sumpfreitgras (*Calamagrostis canescens*), Walzensegge (*Carex elongata*), Rasenschmiele (*Deschampsia cespitosa*), Flatterbinse (*Juncus effusus*) u.a. In Schlenken kommen hierin immer noch Reste der vorausgehenden Phase vor. Der letzte Schritt, das Degenerationsstadium, ist durch Moose und Farne gekennzeichnet und markiert den Übergang zum Birkenbruchwald.

Bei ungestörter Entwicklung kann der Erlenbruchwald im atlantischen Klima in ein Hochmoor übergehen. Der erste Schritt in diese Richtung ist die Ausbildung eines Birkenbruchwaldes (Abb. 145), der sich zunehmend auflichtet und schließlich mit Kiefern durchsetzt wird. Einzelne krüppelig wachsende Kiefern (im Flachland) oder Fichten (im Bergland) markieren dann die Grenze zur baumlosen Hochmoorfläche (Abb. 146). Morphologisch liegt in der Reihe der Baumkronen hier eine Zusammenziehung vor: Die Höhe der Bäume nimmt ab, und die einzelne Blattfläche verringert sich vom breitflächigen Erlenblatt über das Birkenblatt bis zum Nadelblatt der Kiefer und der Fichte. Letztendlich setzt sich diese Tendenz konsequent bis in die Zwergstrauchschicht der Hochmoorgesellschaften fort (Abb. 147). Parallel zur Zusammenziehung des flächenblättrigen Elements in der Kronenschicht kann in der Moosschicht eine Ausdehnung beobachtet werden, sodass das polsterförmige Gestaltelement in der Richtung zum Hochmoor zunimmt.

Froschlöffelgesellschaft
Alisma plantago-aquatica-
Gesellschaft

Pfeilkrautgesellschaft
Sagittario-Sparganietum emersi

Teichröhricht
Scirpo-Phragmitetum
(wasserseitige Wuchsgestalt)

Im Hochmoor selbst kann bei genügend langen Zeiträumen noch eine Entwicklung stattfinden, die die Ausdehnung gewissermaßen auf die Spitze treibt. Durch das Wachstum der Torfmoose an der Oberfläche des Moores, unterstützt durch deren Schwammwirkung, erhebt sich das gesamte Hochmoor im Laufe der Zeit mehrere Meter über die Bodenoberfläche. Natürlich ist dazu der viele Regen notwendig, der das Moor von oben mit Wasser versorgt, da von unten nichts mehr nachkommt. Logischerweise gibt es deshalb Hochmoore nur in regenreichen Gebieten. Durch das Höhenwachstum entsteht eine flach nach oben gewölbte «Uhrglasform». Das wiederum hat zur Folge, dass auf der Mooroberfläche verschieden nasse Zonen entstehen: Relativ trocken ist der Rand des Moores, nämlich an den Stellen, wo die Neigung der «Uhrglas»-Oberfläche am stärksten ist; da fließt das Wasser am schnellsten ab. Am wenigsten geneigt ist die Mitte des Moores, hier fließt das Wasser am schlechtesten ab und staut sich deshalb, da es von oben immer wieder nachregnet. An dieser Stelle bleibt der Torf denn auch sehr nass, sehr weich, sehr breiig. Indem dieses ganze Hochmoorgebilde immer weiter nach oben wächst, drückt das Gewicht des Moorkörpers immer weiter nach außen, und die weiche Mitte beginnt aufzureißen. So bildet sich hier ein wassergefülltes Loch, das Moorauge.

Was bedeutet dieses Moorauge in unserer Sukzessionsbetrachtung? Bemerkenswert ist, dass die Sukzession wieder ins Wasser geht. Am Anfang unserer Sukzessionsreihe stand

Abb. 143: Der Zungenhahnenfuß *(Ranunculus lingua)* bildet in seiner Blattmetamorphose den Gestaltübergang vom flächenblättrigen zum linealischen Element der Röhrichtpflanzen komplett ab.

ja das Verlassen der Wassersphäre – und nun geht es wieder dahin zurück? Das mag im ersten Moment wie ein «Zurück» aussehen, ist es aber bei genauerer Betrachtung nicht. Denn die beteiligten Gestaltelemente sind ganz andere. Im Übergang vom Hochmoor zum Moorauge geht das dominante polsterförmige Element – durchsetzt von moosdurchwachsenen kleinen Stammräumen der Zwergsträucher – gleitend in das fadenförmige Element der Unterwasser-Torfmoose und des Wasserschlauches über (Abb. 148). Der Uferbereich des nährstoffreichen Sees, von dem die Sukzession ihren Ausgang nahm, hat das so nicht; vor allem fehlt ihm das massiv auftretende polsterförmige Element, dafür kennzeichnet ihn das flächenblättrige Element, was wiederum dem Moorauge ganz fehlt. So gesehen, sind Anfangs- und Endstadium der Wasser-Moor-Sukzession doch völlig verschieden, und auch hier haben wir wieder ein Beispiel für die Polarität von Fläche und Polster.

Zusammenfassend kann die gesamte Sukzessionsreihe vom offenen See über die verschiedenen Verlandungsstadien bis zum Hochmoor in einer dreifachen Ausdehnung und Zusammenziehung der Gestalten begriffen werden

Initialstadium Optimalstadium Degenerationsstadium

Abb. 144: Veränderungen der Krautschicht eines Schwarzerlenbruchwaldes *(Carici elongatae-Alnetum glutinosae)* in verschiedenen Sukzessionsstadien. Initialstadium mit dominantem flächenblättrigem Element (Sumpfdotterblume *Caltha palustris,* Bittersüßer Nachtschatten *Solanum dulcamara* u.a., außerdem Wasserschwertlilie *Iris pseudacorus*), Optimalstadium mit dominantem linealischem Element (Walzensegge *Carex elongata,* Sumpfreitgras *Calamagrostis canescens* u.a.), Degenerationsstadium mit polsterförmigem Element und reichlicher Farnvegetation (Breitblättriger Dornfarn *Dryopteris dilatata,* Frauenhaarmoos *Mnium hornum* u.a.). Aufgenommen am Ostufer des Großen Heiligen Meeres (Nordrhein-Westfalen), Juni 1995.

Abb. 145: Birkenbruchwald *(Betuletum pubescentis)*. Südnorwegen. August 1977.

Abb. 146: «Baumgrenze» am Rande eines Hochmoores im Oberharz bei Torfhaus. Juli 1995.

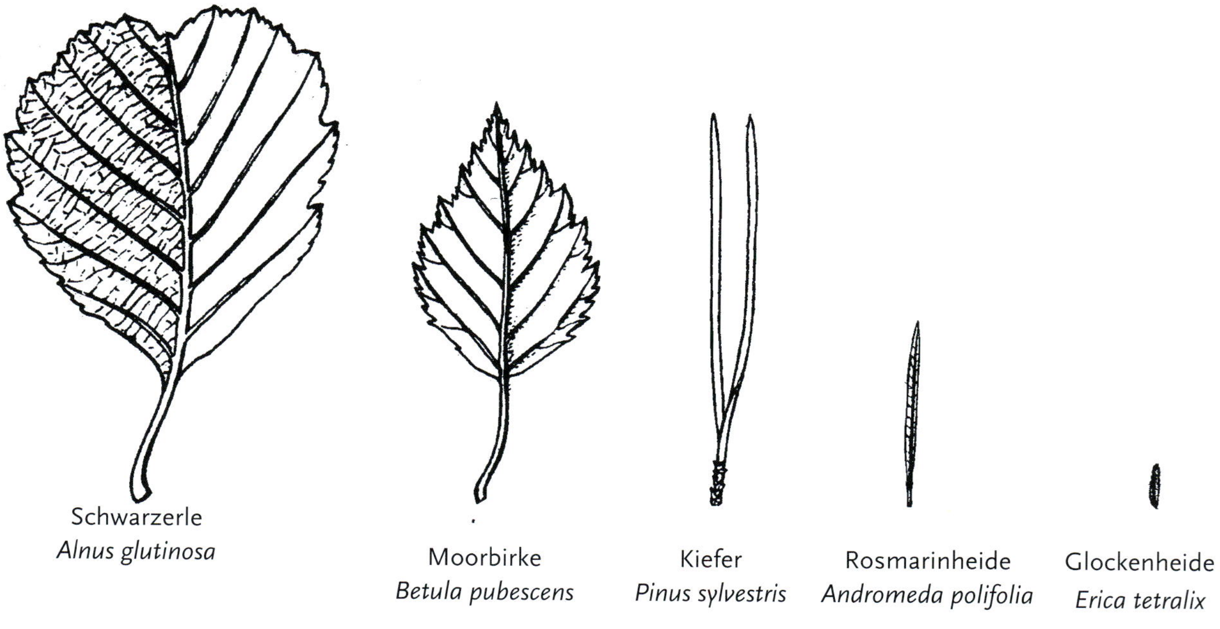

Abb. 147: Blätter der beherrschenden Gehölzarten in der Abfolge vom Erlenbruchwald zum Hochmoor.

Rote Torfmoos-Bultgesellschaft
Erico-Sphagnetum magellanici

Ohrentorfmoos-Schwingrasen
Sphagnetum cuspidato-auriculati

Spießtorfmoos-Ohrentorfmoos-Gesellschaft
Sphagnetum cuspidato-obesi
mit *Utricularia minor* (Kleiner Wasserschlauch)

Abb. 148: Übergang vom polsterförmigen Element des Hochmoores in das fadenförmige Element der Unterwasser-Torfmoose und des Wasserschlauches.

(Abb. 149). Weiterhin bemerkt man als große, übergeordnete Linie eine Entwicklung vom dominanten linealischen Element über das flächenblättrige und das Stammraumelement zum vorherrschenden polsterförmigen Element. Es ist zu vermuten, dass parallel dazu auch die Elementekomplexe eine entsprechende Entwicklung durchmachen.

Das linealische Gestaltelement des Röhrichts deutet auf eine erhöhte Wirksamkeit des Luftkomplexes, was mit der starken Wind- und Lichtexposition zusammenhängt. Ebenso gehört hierher die aktive Komponente des Röhrichts, über die Sprosse und Wurzeln Sauerstoff in das Wasser und den Bodenschlamm zu leiten. Der Wasserkomplex des Erlenbruchwaldes zeigt sich gestaltlich in der Dominanz des flächenblättrigen Elements und prozessual durch die intensive Verdunstung und Durchfeuchtung der Luft im Bestand. Das Hochmoor schließlich repräsentiert eine Extremform des Erdekomplexes durch hohe Produktion von organischer Substanz: Bis zu 50 cm Jahreszuwachs wurde bei Schlenken-Torfmoosen gemessen (Wilmanns 1998: 257). Entsprechend stark ist die Ablagerung von Torf, der durch diese Moose gebildet wird.

Vergleicht man diese Abfolge mit dem schon bekannten Wiesenprofil (z.B. Abb. 71, 118, S. 103 und 154), dann ist bemerkenswert, dass die beschriebene Wasser-Moor-Sukzession einem Durchlaufen des Wiesenprofiles von oben nach unten entspricht. Eine Entwicklung also, die der natürlichen Wachstumsrichtung der Wiese entgegengesetzt ist!

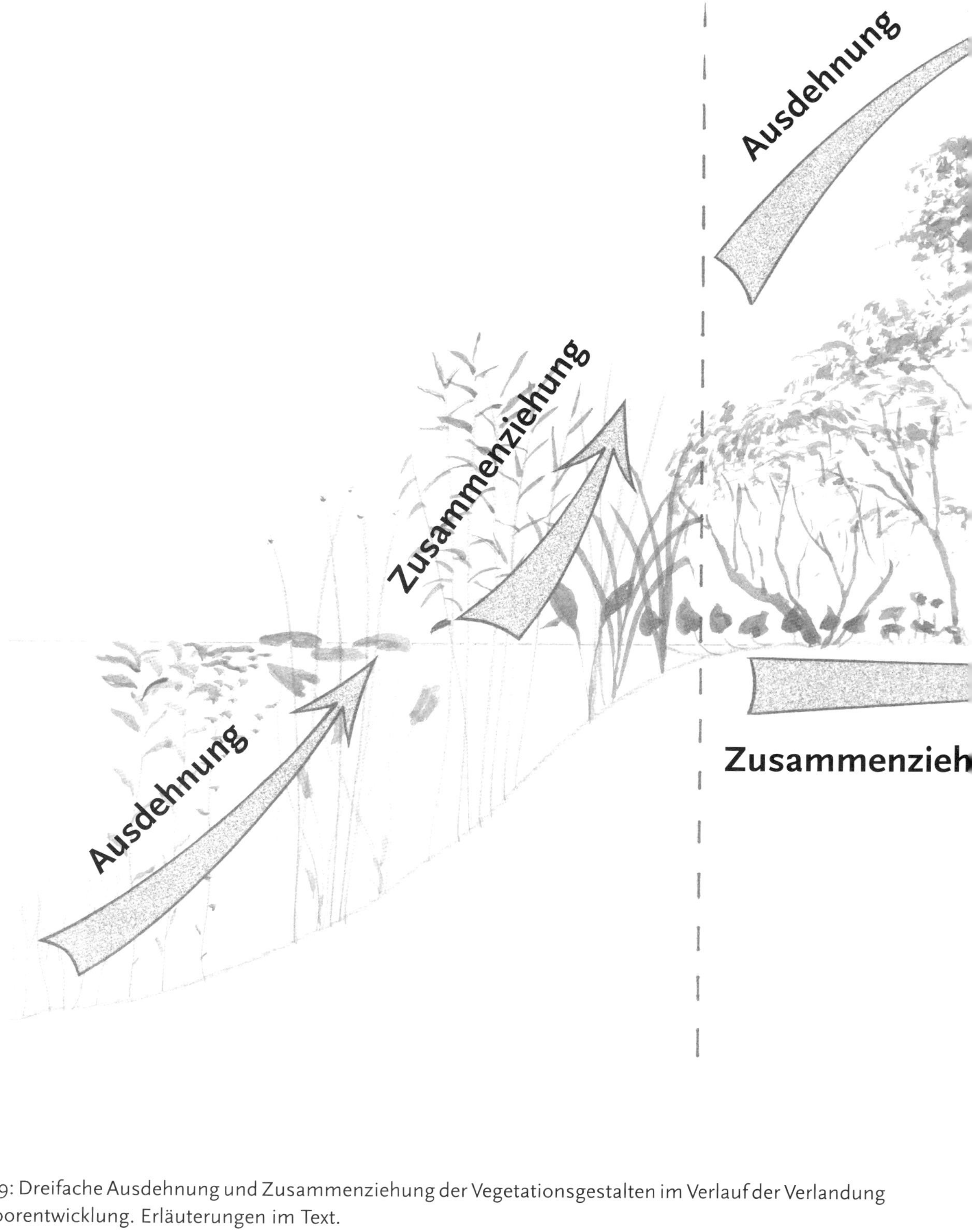

Abb. 149: Dreifache Ausdehnung und Zusammenziehung der Vegetationsgestalten im Verlauf der Verlandung und Moorentwicklung. Erläuterungen im Text.

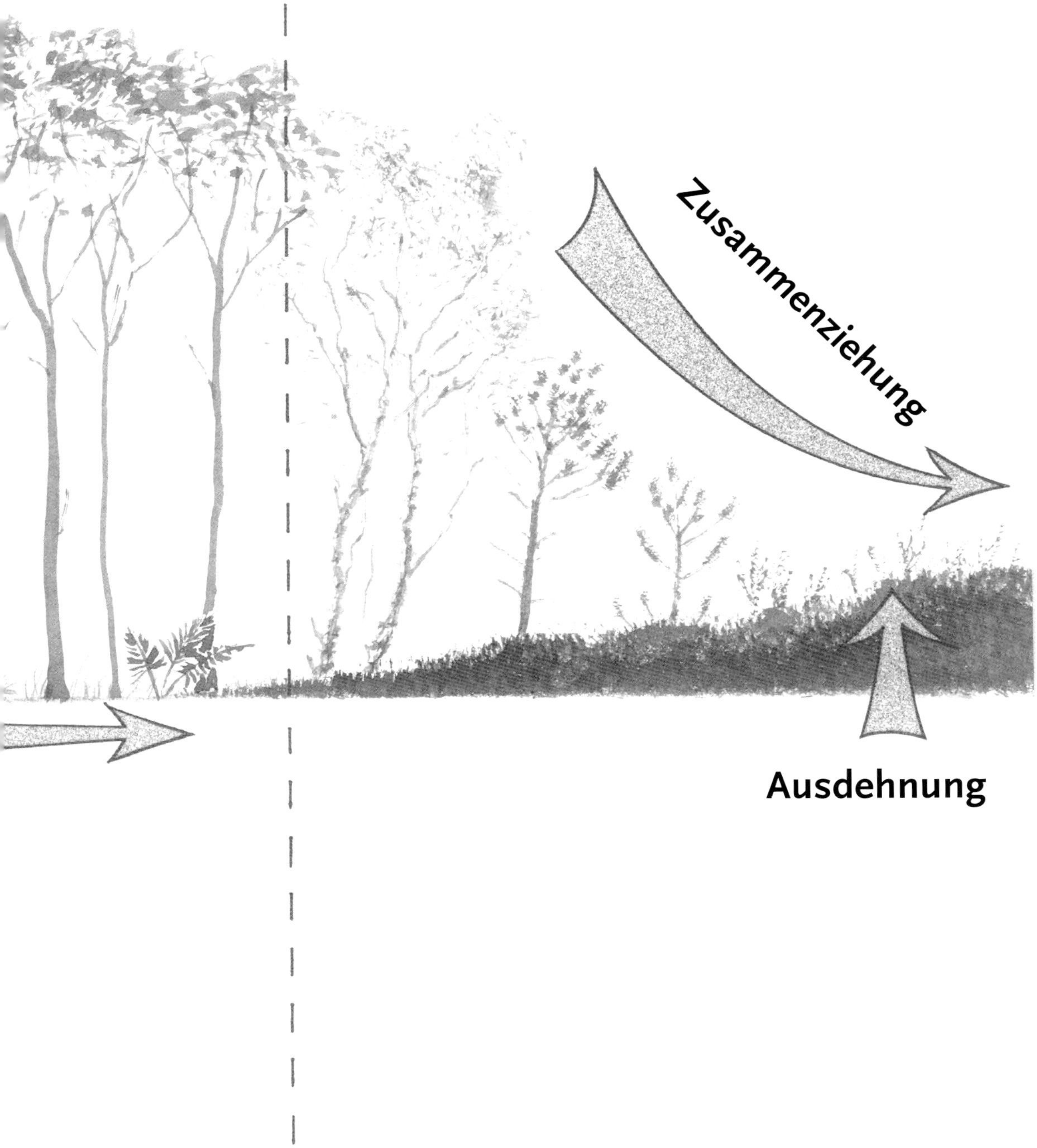
Zusammenziehung
Ausdehnung

Glatthaferwiese
Arrhenatheretum elatioris

verstaudete Glatthaferwiese
(mit Brennnessel, Bärenklau,
Ackerdistel u.a.)

Brennnessel-Bärenklau-Gesellschaft *(Urtica dioica-Heracleum sphondylium*-Gesellschaft*)*

Sukzession von brachgefallenem Grünland

Mitteleuropa ist von Natur aus weitgehend Waldland. Unser heimisches Grünland, also Wiesen und Weiden, ist durch historische Landbewirtschaftung aus ursprünglichen Wäldern entstanden. Wenn nun solche Flächen brachfallen, also nicht mehr genutzt werden, löst sich der Faktor «Mensch» aus dem Zusammenhang mit der Vegetation heraus und es laufen dann die der Natur bzw. der Vegetation innewohnenden Prozesse ab. Das bedeutet eine Entwicklung in Richtung auf den Wald zurück, über mehrere Zwischenstufen.

Am Beginn einer solchen Entwicklung steht beispielsweise eine Wiese. Eine Vegetationsgestalt mit vorherrschendem linealischem Element kennzeichnet also den Beginn der Sukzession, falls solch ein Bestand brachfällt. Wird die Wiese nicht mehr gemäht, wandelt sich die Vegetationsgestalt in Richtung auf eine flächenblättrige Staudenvegetation (Giersch, Brennnesseln, Disteln usw.). Das geht im Allgemeinen umso schneller, je nährstoffreicher der Boden ist. Die Stauden werden wiederum abgelöst von Gebüschen – auf normalen Böden sind dies meist

Holundergebüsch
Sambucus nigra-Gebüsch

Hainsimsen-Buchen-Wald
Luzulo-Fagetum

Abb. 150: Sukzession von einer brachgefallenen Frischwiese zum Wald.

Brombeeren, Holunder und Salweiden. Danach folgen Bäume wie Birken, Eschen, Ahorne, und das Schlussglied der Entwicklung bildet der Buchenwald, der jedoch etwa zwei- bis dreihundert Jahre zu seiner Etablierung braucht (Abb. 150).

Die prinzipielle Abfolge bei diesen Sukzessionen, die vom Grünland ausgehen, ist die von dominantem linealischem über flächenblättriges bis hin zu dominantem Stammraum-Gestaltelement. Parallel dazu geht der Luft- und Wärmekomplex in den Wasser- und Erdekomplex über. Die Richtung dieser Entwicklung ist vegetationsimmanent, das heißt, die Entwicklung läuft spontan immer in dieser Richtung ab (sofern die äußeren Bedingungen wie Wasser, Klima etc. dies zulassen) und kommt erst bei der Schlussgesellschaft, dem Wald, zur Ruhe. Demgegenüber ist für die Stabilisierung der Grünlandgesellschaften immer ein gewisser äußerer Einfluss nötig, damit sie sich nicht zum Wald weiterentwickeln.

Dieser Einfluss ist Mahd oder Beweidung: Bewirtschaftung erhält die Wiesen und Weiden, ist also für den Erhalt des linealischen Elementes verantwortlich. Und noch mehr: Durch sie wird auch der Luftkomplex aufrechterhalten, der seinerseits den Zustand stabilisieren hilft. Das lässt sich am besten bei Magerrasen (niedrigwüchsige Wiesen und Weiden auf magerem Boden) studieren, und zwar gerade im Vergleich zu benachbarten natürlichen Wäldern auf gleichem Boden. Das Kleinklima der Magerrasen ist extremer als das des entsprechenden Waldes, das heißt, die Temperaturschwankung ist höher (Wirksamkeit des Wärmekomplexes). Lichtstrahlung und Wind gelangen bis an die Bodenoberfläche (Wirksamkeit des Luftkomplexes). Dadurch wird das Bodenleben gehemmt, was eine erschwerte Freisetzung von Nährstoffen zur Folge hat (Ellenberg 1996: 675); damit ist die Wirksamkeit von Erde- und Wasserkomplex herabgesetzt. Die Gesamtheit aller dieser Prozesse fördert wiederum die Ausbildung von Vegetationsgestalten mit dominanten linealischen Strukturen.

Die durch menschliche Tätigkeit angeregten und erhaltenen Elementekomplexe konnten sich teilweise viele hundert Jahre lang halten, was zu einer gewissen inneren Stabilität führen musste. Dadurch ist es leicht einsehbar, dass bei Nutzungsaufgabe nicht gleich eine Sukkzession einsetzt, sondern erst nach einer gewissen Zeit, weil der Elementekomplex eine Art nachhaltiger Homöostase (Gleichgewicht der Lebensfunktionen) entwickelt hatte, die nur langsam reagiert. Sehr verzögert entwickelt sich die Sukzession auf Trockenrasen, verglichen mit gedüngten Grünlandgesellschaften (Ellenberg 1996: 833 ff.). Das ist unter dem Aspekt der Elementekomplexe sofort einsichtig, denn bei Trockenrasen reicht der Wärmekomplex am weitesten zur Erdoberfläche hinab, wodurch die Aktivität des Erde- und Wasserkomplexes stark geschwächt ist und lange Zeit zum Wiederaufbau benötigt.

Während das vom Menschen geschaffene Kulturgrasland den Wärme- und Luftkomplex fördert, baut die Sukzession, die zum Wald zurückführt, den Wasser- und Erdekomplex auf. Das erscheint im Gestaltbild als ein Aufsteigen der flächenblättrigen Schicht und der Stammraum-Schicht von unten, wobei Erde- und Wasserkomplex die beiden anderen Komplexe nach oben verdrängen. Dieses Aufsteigen von unten ist der natürliche Prozess, ein immanentes Prinzip der Vegetationsentwicklung.

Wir hatten schon in einem früheren Kapitel (S. 91 und 155) gesehen, dass der Wald wie aufgestülpte Erde ist, also den Erdekomplex weit über den Erdboden nach oben zieht. Diese Tendenz des Aufwölbens des Erdelementes über den Erdboden hinaus scheint in den waldfähigen Klimazonen der Erde die Haupttendenz von Natur aus zu sein, zu der Sukzessionsabläufe immer wieder hinstreben. Durch Einwirkung des Menschen in der traditionellen Landbewirtschaftung wurde die umgekehrte Richtung gefördert, indem Wälder vor allem in Grasland (Getreideäcker, Grünland, Magerrasen) umgewandelt wurden. Insbesondere sind die Magerrasen in dieser Hinsicht das Gegenstück zu den Wäldern: In ihnen verschiebt sich das Gleichgewicht besonders stark in Richtung auf Wärme- und Luftkomplex, was auf Kosten des Wasser- und Erdekomplexes geht. In den Magerrasen steigen Wärme- und Luftkomplex am weitesten nach unten, zur Bodennähe hin, ab.

Im feucht-kühlen Klima, sowohl in der nördlichen Klimazone als auch im Bergland, geht die Sukzession noch weiter über die Laubwälder hinaus zu Nadelwäldern. Die Nadelhölzer ihrerseits verändern die Eigenschaften der oberen Bodenschichten so, dass nun verstärktes Mooswachstum einsetzen kann, beispielsweise durch Veränderungen des Wasserhaushaltes und durch Versauerung (vgl. Ellenberg 1996: 129 f.). Die dadurch entstehende Vegetation ist aus dem nördlichen Nordamerika bekannt. Hier wird der mineralische Boden von mehreren Dezimetern Rohhumus bedeckt, der durch mächtige Moospolster gebildet wird (Rotstängelmoos: *Pleurozium schreberi,* Glänzendes Hainmoos: *Hylocomium splendens,* Farnwedelmoos: *Ptilium crista-castrensis;* Walter & Breckle 1991: 448 ff.).

Das polsterförmige Gestaltelement gewinnt in dieser Spätphase der Entwicklung also die Oberhand und rückt die Gesamterscheinung der Vegetation in die Nähe der Moorbildung. Auch Braun-Blanquet (1964: 13) beschreibt unter Bezug auf Sukatschew (1921) Sukzessionsvorgänge aus Urwäldern am Baikalsee, in denen das Rotstängelmoos *(Pleurozium schreberi)* und das Hainmoos (*Hylocomium proliferum*) so überhand nehmen, dass die Waldverjüngung unterbunden wird und sich eine Zwergstrauch- und Moosgesellschaft einstellt.

Damit finden wir, wenn auch selten, auf dem «Trockenen» eine Parallele zu der oben beschriebenen Sukzession vom Erlenbruchwald zum Hochmoor. Hier wurde ja der Wald durch das Überhandnehmen mächtiger Moospolster verdrängt. Kann etwas Entsprechendes auch außerhalb von Mooren geschehen? Kann also im Tief- und Hügelland Mitteleuropas die Entwicklung insgesamt in eine hochmoorähnliche Richtung gehen? Immerhin ist die Bodenentwicklung seit dem Ende der Eiszeit noch nicht sehr weit fortgeschritten (Scheffer & Schachtschabel 1973: 324), sodass im feucht-atlantischen Klimabereich eine weitere langsame Bodenauslaugung denkbar wäre, verbunden mit zunehmender Versauerung. Dazu habe ich im Müritz-Nationalpark (Mecklenburg-Vorpommern) eine interessante Beobachtung machen können. In diesem bereits mehr kontinental getönten Klimabereich fand ich in den kiefernreichen Wäldern große, zusammenhängende Decken des Rotstängelmooses (*Pleurozium schreberi*), die Schichtdicken von durchschnittlich 20 cm erreichten (Abb. 151). Die oberste Schicht von etwa 5 cm bestand aus grünen Moospflanzen, die 15 cm darunter waren hellbraun und vermutlich abgestorben. Selbst auf diesem frischen bis trockenen Boden bei nicht sehr feuchten Klimaverhältnissen sind also Entwicklungstendenzen zu beobachten, die mit einem Übergang vom Wald zum Hochmoor vergleichbar sind.

Abb. 151: Dichte, etwa 20 cm hohe Polster von Rotstängelmoos *(Pleurozium schreberi)* in einem Kiefernwald, gewissermaßen eine «Vermoorung» auf trockenem Boden! Vergleiche das Torfmoospolster des Hochmoores aus Abb. 108 (S. 144)!

Jahresläufe als Abbilder der Sukzession

Vielleicht ist bei den obigen Beschreibungen schon aufgefallen, dass es zwischen Jahresläufen und Sukzessionen Gestaltähnlichkeiten gibt. Ein Beispiel ist die Übereinstimmung zwischen der Jahresrhythmik des Wasserlinsengrabens bei Bremen (Abb. 130, S. 167) und dem Verlandungsvorgang des von Portielje & Roijackers untersuchten künstlichen Teiches (Abb. 135, S. 171). Die Jahreslaufentwicklung des Wasserlinsengrabens beginnt am Boden des Gewässers und schreitet von dort zur Wasser-

Abb. 152: Typische jahreszeitliche Entwicklung wasserpflanzenreicher Gräben der norddeutschen Tiefebene.

oberfläche fort, wo sie ihre optimale Entfaltung als geschlossene Wasserlinsendecke erreicht. Das Spätsommer- und Herbststadium mit über das Wasser hinauswachsendem Algenfarn zeigt eine Entwicklungstendenz, die mit der Sumpfgreiskraut-Phase der Teichsukzession vergleichbar ist.

Weitere Beispiele für die Übereinstimmung zwischen Sukzession und Jahreslauf lassen sich im Verlandungsbereich von Gewässern finden. Viele Stillgewässer beginnen ihre Sukzession im zunächst noch nährstoffarmen Milieu mit Unterwasserrasen aus Armleuchteralgen- oder Strandlingsgesellschaften. Diese können über längere Zeit stabil bleiben und haben – insbesondere im tiefen Wasser – kaum einen ausgeprägten Jahresrhythmus der Gestalt. In vielen Flachgewässern mit höherem Nährstoffumsatz, die in der Entwicklung schon weiter fortgeschritten sind, zeigen sich im Frühling zum Beginn der Vegetationsperiode manchmal Vegetationsgestalten, die denen der Armleuchteralgen- und Strandlingsgesellschaften recht ähnlich sind. Die Übereinstimmung besteht zunächst darin, dass die Jahresentwicklung am Gewässerboden beginnt, wobei Bodenrasen gebildet werden (Abb. 152). Der früh austreibende Wasserhahnenfuß bildet dann moosartige Bodenpolster, die den Armleuchteralgengesellschaften ähnlich sind. Es können auch Frühlings-Armleuchteralgen auftreten, z.B. Haar-Glanzleuchteralge (*Nitella capillaris*) oder seltener Knäuel-Armleuchteralgen (*Tolypella*-Arten), die zu Beginn der Vegetationsperiode ein «echtes» Armleuchteralgen-Stadium bilden, das sozusagen die Frühphase der Gewässerentwicklung wiederholt.

Die Frühjahrsentwicklung ist auch noch durch eine weitere Vegetationsgestalt gekennzeichnet. Mehrere Arten der Laichkrautgesellschaften treiben aus dem Bodenschlamm in einer Weise aus, die Ähnlichkeiten mit der Wuchsform der Strandlingsgesellschaften hat (z.B. Schwimmendes Laichkraut *Potamogeton natans*, Kamm-Laichkraut: *Potamogeton pectinatus*, Haar-Laichkraut: *Potamogeton trichoides*, Seekanne: *Nymphoides peltata*). Die Blätter sind zu dieser Zeit noch relativ kurz und nadel- bzw. binsenförmig, sodass vor allem die Sprossachse in Erscheinung tritt, was die Ähnlichkeit mit den Strandlingsgesellschaften hervorruft. Dieses Stadium geht meist recht schnell vorüber, bildet aber auch eine Art gestaltlicher Wiederholung von Frühstadien der Gewässerentwicklung.

Zum Sommer hin verschwinden diese Erscheinungsbilder von Bodenrasen; die Pflanzen wachsen dann bis zur Wasseroberfläche, wobei sie schließlich den ganzen Wasserkörper mehr oder weniger gleichmäßig durchsetzen. In einer weiteren Phase wird das Sprossgeflecht an der Wasseroberfläche zunehmend verdichtet, während im tieferen Wasser Blätter absterben. Dadurch verschiebt sich das Schwergewicht der Vegetationsmasse in die Nähe des Wasserspiegels. Somit werden in einem Jahr Vegetationsgestalten durchlaufen, die für verschiedene Entwicklungsstufen von Gewässern charakteristisch sind (vgl. Roelofs & Bloemendaal 1988: 118).

Auch im Wald können wir eine Übereinstimmung zwischen Sukzession und Jahreslauf finden. Indem der Wald alljährlich von unten her ergrünt, entwickeln sich nacheinander ein Kraut-, ein Strauch-, ein Kleinbaum- und ein Großbaumstadium. Das spiegelt die Sukzession, die zu diesem Wald führte: Kraut-, Strauch- und Baumstadium folgten auch hier aufeinander. Vernachlässigt werden muss für diesen Vergleich allerdings das kahle Gerüst aus Stämmen, Ästen und Zweigen, das auch den Winter über stehen bleibt. Aber das ist dann eben nicht grün.

Die prinzipielle Ähnlichkeit von Sukzessionsabläufen und Jahresrhythmik von Vegetationsgestalten legt einen Vergleich mit dem biogenetischen Grundgesetz nahe. Dieses besagt, dass die Entwicklung des individuellen Organismus einer verkürzten Wiederholung der stammesgeschichtlichen Entwicklung entspricht, die zu diesem Organismus hinführte. Nun konnten wir auf der Ebene der Pflanzengesellschaften verschiedene Jahresläufe als verkürzte Wiederholung der bisher jeweils abgelaufenen Sukzession finden. Daraus ergibt sich ein deutlicher Hinweis darauf, dass auch Pflanzengesellschaften Organismen sind. Gibt es hierzu wohl noch übergreifendere Gesichtspunkte? Da sowohl Jahressrhythmik als auch Sukzession wiederum Teilabschnitte der gesamten Evolution sind, ist die Frage, ob es auch in dieser Richtung gesetzmäßige Übereinstimmungen gibt.

Zeitgestalten der Evolution

Auf die Evolution der gesamten Pflanzenwelt und ihre zeitliche Figur kann aus Versteinerungen geschlossen werden. Aus den fossilen Pflanzen wurden hin und wieder auch versuchsweise frühere Landschaftsbilder rekonstruiert. Ich habe mich nun bemüht, nach verschiedenen paläobotanischen Forschungsergebnissen (Mägdefrau 1956, Gothan & Weyland 1973, Schweitzer 1990, Leistikow & Kockel 1990, Leistikow 1994) die Vegetationsgestalten vergangener erdgeschichtlicher Epochen näherungsweise nachzubilden (Abb. 153).

Nach Kockel (1992) hatte die Landpflanzenevolution im Süßwasser ihren Ausgangspunkt, nicht am Ufer der salzigen Meere, wie man es heute manchmal dargestellt findet. Das hat auch heute, in der aktuellen Vegetation, ein Spiegelbild. Wir hatten dieses Thema schon kurz im Zusammenhang mit dem Wasserkomplex angesprochen. Wenn wir uns die heutige Küstenvegetation der Meere ansehen, dann haben wir als äußerste Vorposten der Land-

Unterdevon:
Zosterophyllum rhenanum, Taeniocrada decheniana

Mitteldevon:
«Algenbäume»
Aneurophyton germanicum, Asteroxylon elberfeldense

Karbon:
Farnbäume und Riesenschachtelhalme

Jura:
Nacktsamerbäume
Gymnospermen
(Nadelbaum-Verwandte)

Abb. 153: Gestaltwandel der Vegetation im Verlauf der Evolution. Reihe von rekonstruierten, vermuteten Vegetationsgestalten, nach Angaben von Kockel 1992, Leistikow 1994, Leistikow & Kockel 1990, Mägdefrau 1956, Gothan & Weyland 1973, Schweitzer 1990.

vegetation den Queller *(Salicornia europaea)*. Diese Pflanzenart ist sukkulent, also dickfleischig wie Pflanzen der Trockengebiete; sie zeigt überhaupt keine Anpassungen an das Wasserleben, bis auf die Tatsache, dass sie zeitweilige Überflutung verträgt. Sie bildet aber keine Schwimmblätter oder Unterwasserblätter aus, und alles Flächenblättrige, was wir sonst von Wasser- und Sumpfpflanzen kennen, ist dem Queller fremd. Wir finden deshalb *überhaupt keine Übergangsformen* von dieser Vegetation zur nächsttieferen Zone, den Seegrasrasen. Umgekehrt gibt es bei den bandblättrigen Seegräsern *(Zostera marina, Zostera nana)* auch keinerlei Metamorphose in Richtung Schwimmblätter oder Überwasserblätter. Beide Pflanzen und damit beide Vegetationszonen stehen sich völlig unvermittelt, ja geradezu fremd gegenüber. Keine der Gestalten zeigt die Neigung, in die andere überzugehen. So sind die Verhältnisse im Salzwasser.

Wie anders das am Süßwasserufer aussieht, haben wir schon im letzten Kapitel kennengelernt. Hier gibt es Übergangsformen zwischen Wasser- und Landvegetation in großer Fülle. Diese Beobachtung macht es sehr wahrscheinlich, dass hier eine fundamentale, bisher noch wenig beachtete Gesetzmäßigkeit vorliegt, die

Kreide:
Bedecktsamerbäume
Angiospermen
Blütenpflanzen

Kreide:
Bedecktsamerkräuter
Angiospermen
Blütenpflanzen

Miozän:
Einkeimblättrige
Monokotyledonen,
Graslandschaften

es auch in der Frühzeit der Evolution notwendig machte, dass der Übergang von Wasser- zu Landpflanzen im Süßwasser stattfand.

Die ersten Landpflanzen waren kleine, krautartige Sporenpflanzen. Und davon, wie die Entwicklung dann weiterlief, macht man sich normalerweise folgende Vorstellung: Man denkt sich, dass aus diesen primitiven Krautpflanzen höher organisierte Kräuter geworden sind, dass schließlich auch die Blüten aufkamen und dass als Höchstentwickeltes zuletzt die Bäume entstanden seien. Aber – so war es nicht. Wir können nämlich aufgrund der Fossilien einen sehr bemerkenswerten Befund machen. Da zeigt sich, dass sich – kaum sind die Pflanzen aus dem Wasser heraus – schon relativ schnell echte Bäume ausgestalteten, die dann über viele Millionen Jahre als Waldformationen das beherrschende Element blieben (Leistikow 1994: 89). Die ersten «Bäume» waren zwar mit nur wenigen Metern Höhe noch recht klein, zeigten in der Anatomie ihres Stammes jedoch schon viele «fortschrittliche» Merkmale, beispielsweise sekundäres Dickenwachstum. Demgegenüber behielt die «Baumkrone» noch die Gestalt von Algen bei, sodass man auch von «Algenbäumen» spricht (Beispiele aus dem Mitteldevon: *Aneurophyton germanicum, Protopteridium thomsonii;* Schweitzer 1990).

Von diesen Algenbäumen über die Farnbäume der Steinkohlenwälder bis zu den Nacktsamern der Jurazeit nahm die Stammhöhe sukzessive zu, und im Tertiär erreichte das Baumelement einen gewissen Höhepunkt der Entwicklung, um danach wieder zurückzugehen (Leistikow 1994: 89). *Danach* entwickelten sich erst die Blütenpflanzen, und die ersten Blütenpflanzen waren *Holzgewächse,* von denen auch heute

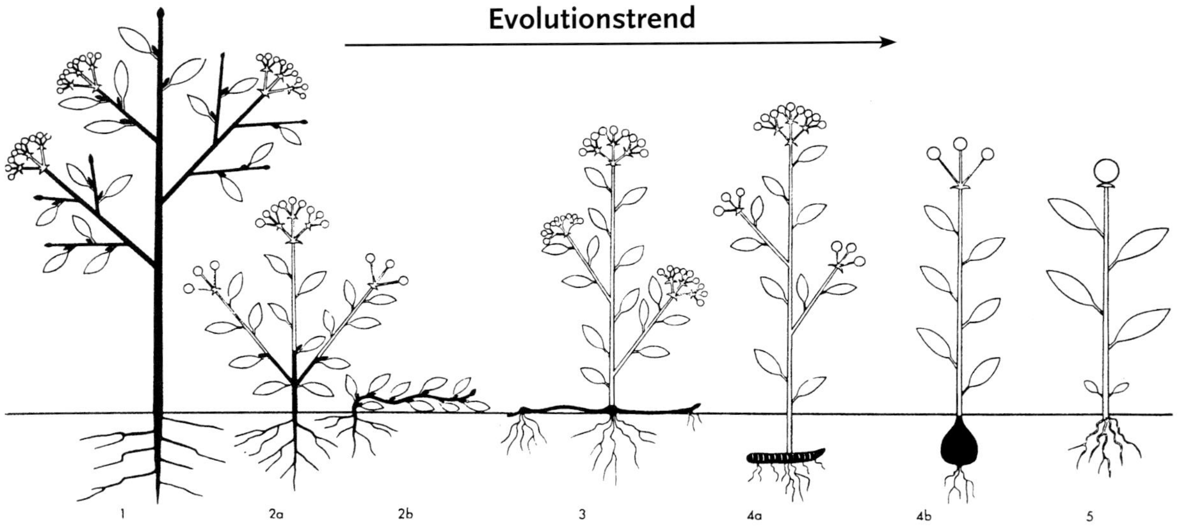

Abb. 154: Wuchs- und Lebensformen nach Raunkiaer (1934). Der Trend der Evolution geht von links nach rechts.

1. Holzpflanzen *(Phanerophyten)*, 2. Pflanzen mit Überdauerungsorganen nahe über dem Erdboden *(Chamaephyten)*, 3. Pflanzen mit Überdauerungsorganen direkt am Erdboden *(Hemikryptophyten)*, 4. Pflanzen mit Überdauerungsorganen unter dem Erdboden *(Geophyten)*, 5. einjährige Pflanzen, Überdauerung mit Samen *(Therophyten)*.

noch Verwandte existieren, beispielsweise Magnolien, Tulpenbäume, Lorbeer, Kampferbaum, Erdbeer-Gewürzbaum u.a. Diese Holzgewächse gehören zu den «primitivsten» Gruppen der Blütenpflanzen, während sich «fortschrittliche» Merkmale vor allem bei den Krautpflanzen zeigen (Suchantke 1998b, 2002). Das ist ein Hinweis darauf, dass sich die vielen Familien der krautigen Blütenpflanzen grundsätzlich *später* als die Holzgewächse bildeten. So zeigen uns auch die Fossilien, dass sich erst ab der Kreideformation die zweikeimblättrigen Krautformationen entwickelten (Leistikow 1994: 89). Und Gräser entwickelten sich noch später, seit Beginn des Eozän, «und ab dem mittleren Miozän breiteten sich offene Graslandschaften allem Anschein nach immer mehr aus; vermutlich wurden große Gebiete in savannenartige Landschaften verwandelt (Suchantke 1998b: 301).

Im Groben ergibt sich für die Pflanzenevolution also eine Entwicklungslinie wie in der Abb. 153 dargestellt. Leistikow & Kockel (1990) und Leistikow (1994) vergleichen diese Evolutionsreihe mit der Abfolge der Wuchs- und Lebensformen nach Raunkiaer (1934; Abb. 154): «Erdgeschichtlich lässt sich die Abfolge der fünf Formen als eine fortschreitende Rückbildungsreihe der Körpermasse zugunsten der Ausbreitungsrate lesen. Danach sind die Bäume sehr altertümliche und träge Wuchs- und Lebensformen, die Einjährigen dagegen neuzeitliche und durch Miniaturisierung quicke Erscheinungen» (Leistikow & Kockel 1990: 23). Als weitere wesentliche Entwicklungslinie wird «eine abgestufte Vervollkommnung von den Zwei- zu den Einkeimblättrigen mithilfe der Neotenie» (= Vereinfachung) und «innerhalb der Einkeimblättrigen wiederum ... eine letzte Steigerung der Entwicklung in der Alternative von höchster Form der Tierblütigkeit bei den

Orchideen und höchster Form von Windblütigkeit bei den Gräsern» beschrieben (Leistikow & Kockel 1990: 8).

Wir haben hier eine sehr große Zeitgestalt der Vegetation vorliegen, und wir können uns die Frage vorlegen, ob es irgendwelche Übereinstimmungen mit den «kleineren» Zeitgestalten der Jahresläufe und der Sukzessionen gibt. Den Beginn der Landpflanzenevolution könnte man auf den ersten Blick mit der Sukzession am Ufer eines Sees vergleichen, geht es doch hier wie dort um den Übergang vom Wasser- zum Landleben. Bei genauerem Hinsehen passen die Vegetationsgestalten jedoch gar nicht. Das flächenblättrige Gestaltelement, in der gegenwärtigen Uferzonierung überall reichlich vertreten (Seerosenblätter, krautige Sumpfpflanzen, Weiden- und Erlenblätter) fehlt im Frühstadium der Evolution vollkommen!

Übergänge zwischen Wasser und Land ohne Flächenblätter – gibt es so etwas überhaupt in der Gegenwart? Wir finden das tatsächlich, und wir haben es auch bereits besprochen, nämlich bei den Mooraugen im wachsenden Hochmoor. Hier ging die Entwicklung allerdings vom Land zum Wasser – in der Evolution umgekehrt. Und das Mooraugenstadium markiert das Ende der Sukzession, das entsprechende Stadium der Evolution aber den Anfang der Landpflanzenentwicklung. Also eine Umkehrung?

Wenn wir uns noch einmal die Evolutionsreihe von den Baumformationen über die Krautfluren bis zu den Graslandschaften in Erinnerung rufen, wird schnell deutlich, dass wir es hier tatsächlich mit einer Entwicklungsrichtung zu tun haben, die den Sukzessionsabläufen brachgefallener Wiesen entgegengesetzt ist. Und diese Gegenläufigkeit kann noch weiter gehen: In Gegenden, wo nicht Laubwald das Endglied der Sukzession ist, sondern bei fortschreitender Verarmung und Versauerung des Bodens sich ein moosreicher Nadelwald und schließlich bei genügend hohen Niederschlägen sogar eine torfmoorartige Bildung einstellt (Kuntze et al. 1994: 69, 224), kann in der Gegenläufigkeit von Evolution und Sukzession sogar eine noch weitgehendere Übereinstimmung gefunden werden (Abb. 155).

Dieser merkwürdige Gegensatz von Sukzession und Evolution, wobei eine Gestaltreihe zeitlich einmal vorwärts und einmal rückwärts durchlaufen wird, kann auf einer ganz anderen Ebene des Pflanzenwesens gespiegelt gefunden werden, nämlich bei der Blattentwicklung. Bockemühl (1982) konnte für die Laubblätter von einjährigen krautigen Pflanzen zeigen, dass die Gestaltverwandlung beim Wachstum des einzelnen Blattes (= Organogenese) der Gestaltverwandlung der Blätter am Spross (= Ontogenese) entgegengesetzt ist. Die Formverwandlung, die ein einzelnes Blatt während seiner Entwicklung durchläuft, charakterisiert Bockemühl (1982: 39) als *Sprießen, Gliedern, Spreiten, Stielen*. Genau die umgekehrte Formenfolge findet sich in der Reihe der zeitlich nacheinander gebildeten Blätter am Spross (Abb. 156). Bezeichnet man die individuelle Blattentwicklung von der Blattknospe bis zum ausgebildeten Blatt als zunehmende Alterung, muss man konsequenterweise bei der Blattfolge der ganzen Pflanze von einer Verjüngung oder Verjugendlichung sprechen (Braun 1851, Suchantke 1998b, 2002).

Organogenese, Ontogenese, Sukzession (= Ökogenese) und Phylogenese (= Evolution) sind alle Ausdruck von pflanzlichen Entwicklungsprozessen auf verschiedenen Ebenen mit unterschiedlichen Zeitmustern (Schad 1997: 103). Deshalb liegt es nahe, nach Verbindungen zwischen ihnen allen zu suchen, was auch verschiedentlich versucht worden ist (z.B. Leuthold 1998, Suchantke 1998b, 2002). Nach unseren vegetationsgestaltbiologischen Beobachtungen kann der Zusammenhang nun wie in Abb. 157 dargestellt werden.

Für die Entwicklung von Wäldern haben sich die Begriffe Jugendstadium, Reife- bzw. Optimalstadium und Altersstadium eingebürgert.

Abb. 155: Vergleich der Vegetationsgestalten von Evolution und Sukzession. Oben: Evolution nach Abb. 153. Unten: Sekundäre Sukzession eines anthropogenen Graslandes nach Abb. 150, in umgedrehter Reihenfolge gezeichnet, in Kombination mit Moorentwicklung nach Abb. 149 und 148. Nähere Erläuterungen im Text.

Unterdevon:
Zosterophyllum rhenanum, Taeniocrada decheniana

Mitteldevon:
«Algenbäume»
Aneurophyton germanicum, Asteroxylon elberfeldense

Karbon:
Farnbäume und Riesenschachtelhalme

Jura:
Nacktsamerbäume
Gymnospermen
(Nadelbaum-Verwandte)

Sukzession vom Wald zum Hochmoor

←

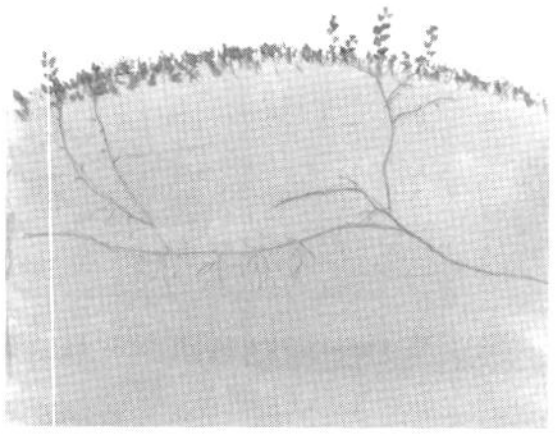

Hochmoor

Moorrandgebüsch mit Moorkiefern

Nadelwald

Laubwald

Kreide:
Bedecktsamerbäume
Angiospermen
Blütenpflanzen

Kreide:
Bedecktsamerkräuter
Angiospermen
Blütenpflanzen

Miozän:
Einkeimblättrige
Monokotyledonen,
Graslandschaften

Sukzession von brachgefallenem Grünland

Gebüsch

Staudengesellschaft

Wiese

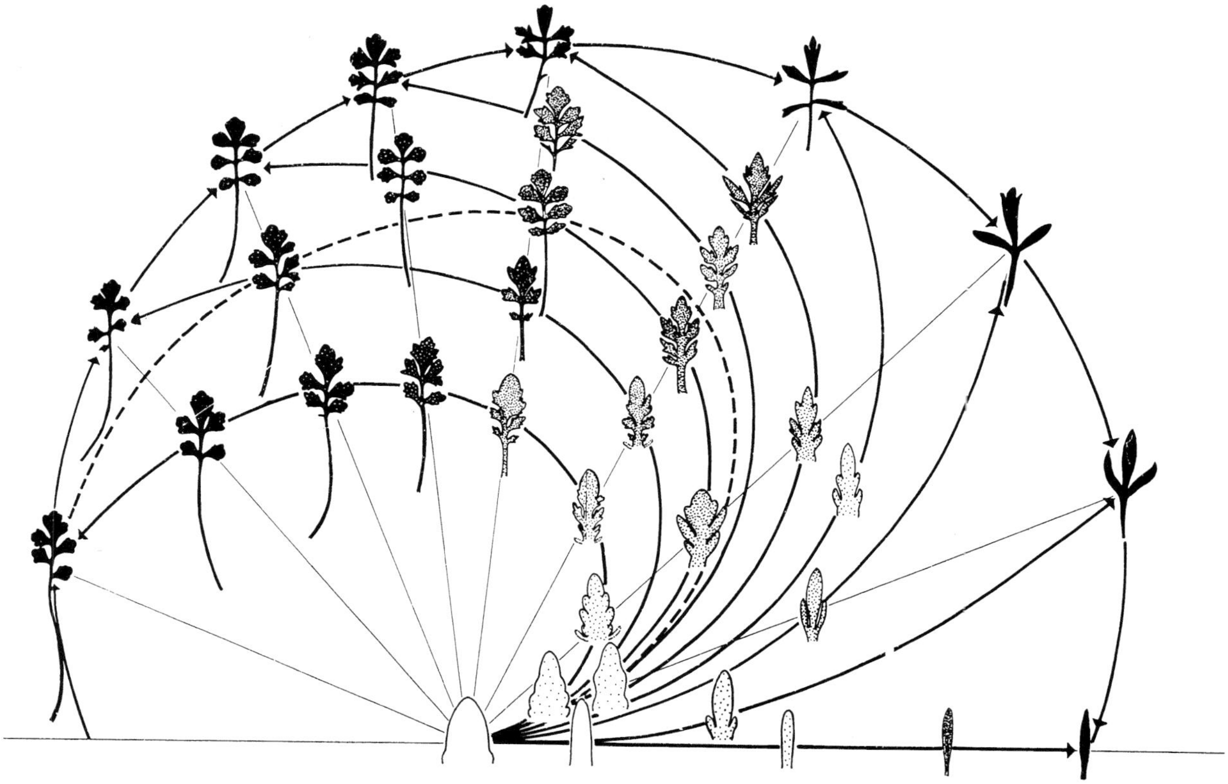

Abb. 156: Blattformenfolge eines wachsenden Individuums der Gartenkresse *Lepidium sativum* (äußerer Bogen von links nach rechts) und Entwicklungsstadien sämtlicher Einzelblätter (innere Bögen), als Zusammenspiel von Organogenese und Ontogenese. Aus Bockemühl 1982b: 40.

Bricht ein alter Wald zusammen, sodass die Entwicklung neu einsetzen kann, spricht man von Verjüngung. Konsequent ist, dass man den fortschreitenden Sukzessionsprozess bis zum Alterswald dann als Alterung, Überalterung oder schließlich Vergreisung bezeichnet. In dieser Terminologie ist prinzipiell jede Sukzession eine Alterung und alles das, was die Entwicklung auf ein früheres Niveau zurückwirft, eine Verjüngung. Danach ist die gesamte Evolution der Vegetation, da sie der allgemeinen Sukzessionsrichtung entgegenläuft, eine Verjüngung oder Verjugendlichung. Die jüngsten Pflanzenbildungen sind demnach die Einkeimblättrigen und von diesen wiederum vor allem die Gräser.

Somit beherrschen zwei scheinbar widersprüchliche – oder besser: gegenläufige – Entwicklungsrichtungen die Vegetation: die Verjüngung in der Evolution (und der Ontogenese) und die Alterung in der Sukzession (und der Organogenese). In der Sukzession bilden sich Vegetationsgestalten heraus, die denen alter Entwicklungsstadien der Erdfrühzeit entsprechen. Was war dann aber der Motor für die Evolution der Vegetation, wenn doch die sukzessive Entwicklungsrichtung zum Wald – also rückwärts zur Evolution – heute als die bestimmende überall beobachtet werden kann? Ob diese Frage hier überhaupt beantwortet werden kann, muss erst einmal offen bleiben. Sicherlich müssen die folgenden Überlegungen dazu mitberücksichtigt werden.

	Alt → Jung
Phylogenese	Algen → Algen-bäume → Ausdehnung der Baumformen → Zweikeim-blättrige → einkeimblättrige Kräuter → Gräser
Ökogenese	Hochmoor ← Bruchwald ← Röhricht (Hochmoor) ← Wald ← Grünland
Ontogenese	Stielen → Spreiten → Gliedern → Spitzen
Organogenese	Stielen ← Spreiten ← Gliedern ← Spitzen

Abb. 157: Versuch einer Zusammenschau der zeitlichen Entwicklungsprozesse in der Pflanzenwelt. Weitere Erläuterungen im Text.

Da Wiesen und Weiden in unseren Betrachtungen eine bedeutende Rolle spielen, diese aber Menschenwerk sind, rückt nun die Frage nach der Stellung des Menschen innerhalb der Vegetationsentwicklungen in den Blick. Die Vergleiche von Sukzession und Evolution zeigen uns Folgendes. Erstens: Wenn der Mensch sich aus der Bearbeitung der Landschaft zurückzieht, macht die Vegetation von sich aus eine Bewegung, die der Tendenz der Evolution zuwiderläuft. Sie hat dann die Neigung, in alte Stadien zurückzufallen. Zweitens: Die Herausbildung der historischen Kulturlandschaft aus dem Wald durch den Menschen ist prinzipiell gleichsinnig mit dem erdgeschichtlichen Evolutionstrend. Die historischen Stadien der Landschaftsnutzung, ausgehend von naturnahen Wäldern über beweidete, aufgelichtete Wälder, halboffene, beweidete Parklandschaften bis hin zu offenen Magerrasen sind dem skizzierten Ablauf der Evolution bemerkenswert ähnlich. Das heißt ja nichts anderes, als dass der Mensch hierbei in Richtung der Evolution gearbeitet hat – also nicht als der «größte Feind der Natur», sondern als ihr evolutiver Weitergestalter. Die Mehrzahl der Graslandschaften, also die jüngsten Stufen der Vegetationsevolution, sind gerade die Vegetationstypen, die einen starken Bezug zum Menschen haben, sei es zur Lebensmittelproduktion, sei es als «Heimatlandschaft» (Suchantke 1986). Hier ist ein Vergleich paralleler Zeitgestalten zwischen der Evolution der Vegetation und der Kulturentwicklung des Menschen möglich (Eibl-Eibesfeldt 1984, Campbell 1985, Gerken 1995, Suchantke 1998b).

Vegetation als Zeitintegration

Jede Pflanzengemeinschaft steht also in dem dynamischen Spannungsfeld zwischen zwei verschiedenen Entwicklungsrichtungen, die als Verjüngung (Hauptrichtung der Evolution) und Alterung (Hauptrichtung der Sukzession) bezeichnet werden können. Jede Pflanzengemeinschaft muss notwendigerweise in jedem Moment diesen beiden dynamischen Richtungen ausgesetzt sein. In Bezug auf die Sukzession ist das sofort einsichtig: Bei ausreichend langer Beobachtungszeit ist diese Entwicklungsrichtung leicht wahrnehmbar. Die entgegengesetzte Tendenz, die der Evolution entspricht, scheint sich jedoch unserer Kurzzeiterfahrung zu entziehen.

Dennoch gibt es eine Möglichkeit, hierzu einen wahrnehmungsmäßigen Zugang zu finden. Wir greifen noch einmal auf das Wiesenprofil der Abb. 71 (S. 103) zurück. Es zeigt von unten nach oben eine Abfolge von Gestaltelementen, die prinzipiell die gleiche ist wie die der Evolution (Abb. 153): Im polsterförmigen Element spiegelt sich der unmittelbare Übergang vom Wasser- zum Landleben, das Stammraumelement bezeichnet die zunächst vorherrschende Baumgestalt, das flächenblättrige Element markiert den Zeitpunkt der Ausbildung von flächigen Blättern, die Blütenschicht weist auf das Erscheinen der zweikeimblättrigen Blütenpflanzen, das linealische und kornförmige Element der oberen Grasschicht auf das Auftreten der Einkeimblättrigen, insbesondere der Gräser. Damit befinden sich die entwicklungsgeschichtlich alten Formen unten im Profil, die jungen oben. In der Reihenfolge von unten nach oben spiegelt sich im Wiesenprofil so die gesamte Evolution der Pflanzenwelt in räumlicher Gestalt ab. In umgekehrter Reihenfolge, also von oben nach unten gelesen, ergibt sich eine Übereinstimmung mit der Richtung der Sukzession.

Auf diese Weise können wir unserer Beobachtung eine Entwicklungsrichtung zugänglich machen, die der der Evolution gleichläufig ist. Denn das Wachstum der Wiese verläuft ja von unten (wo «alte» Gestaltelemente vorherrschen) nach oben (Zone der «jungen» Gestaltelemente), wobei die Evolutionsrichtung eindeutig ablesbar ist. Das Aufwachsen der Wiese im Jahreslauf ist also gleichsinnig mit der Evolution. Das in der fertig ausgebildeten Wiese gleichzeitige Vorhandensein von konservativen (alten) und progressiven (jungen) Elementen weist auf das Muster einer *Zeitverschränkung* oder *Zeitintegration* (Jantsch 1982, Schad 1997), in dem evolutiv verschieden alte Gestaltelemente ein gemeinsames, gleichzeitig gewordenes Mosaik bilden. Dabei ist dieses Mosaik nicht regellos, sondern folgt von der Bodenoberfläche bis in die höchsten Grasspitzen einer sukzessiven «Verjüngungstendenz» ähnlich der, die Bockemühl (1982; vgl. S. 193) für die Ontogenese der einjährigen krautigen Blütenpflanzen beschrieben hat.

Im Folgenden soll die Betrachtung von der Vegetationsgestalt auf die umgebenden ökologischen Sphären ausgedehnt werden, nämlich auf Boden und Atmosphäre (Klima). Auch sie können in die Überlegungen zur Zeitintegration einbezogen werden. Hinsichtlich des Zeitaspektes ist der Boden dasjenige Element, in dem sich am meisten die Resultate vergangener Lebensprozesse niedergeschlagen haben. Im Extrem bilden Torfprofile die Vergangenheit über viele tausend Jahre ab, sodass an ihrem Pollengehalt lange Zeiten der Waldgeschichte rekonstruiert werden können. Aber auch Festlandsböden können in der Gegenwart eine Form zeigen, die früher unter ganz anderen Umständen entstanden ist, beispielsweise mitteleuropäische Schwarzerden, die sich im klimatisch warmtrockenen Boreal (6800–5500 v. Chr.) entwickelt haben. Sie sind heute vom Klima her waldfähige Standorte, wurden aber unter Steppenklima in der postglazialen Wärmezeit gebildet. Liegen unter dem Boden Sedimentgesteine, so ist ihr erdgeschichtlicher Dokumentationswert über riesige Zeitverläufe ausgedehnt. Der Boden ist also eher vergangenheitsorientiert; «die Schrift des Bodens» (Tüxen 1957) zeigt das Gewesene (vgl. auch Tüxen 1977).

Auch hinsichtlich der Prozessverläufe in Tages- und Jahresrhythmen «hinkt» der Boden hinter der Periodik der Vegetation her, was besonders anhand der Temperaturverläufe deutlich wird (vgl. Abb. 158). Es handelt sich aber nicht nur um eine Phasenverschiebung der Schwankung, sondern um eine Verlangsamung überhaupt, die mit zunehmender Tiefe immer größer wird (vgl. Abb. 107, S. 143).

Das Wettergeschehen der Atmosphäre bildet dazu das Gegenstück. Der schnelle Wetterwech-

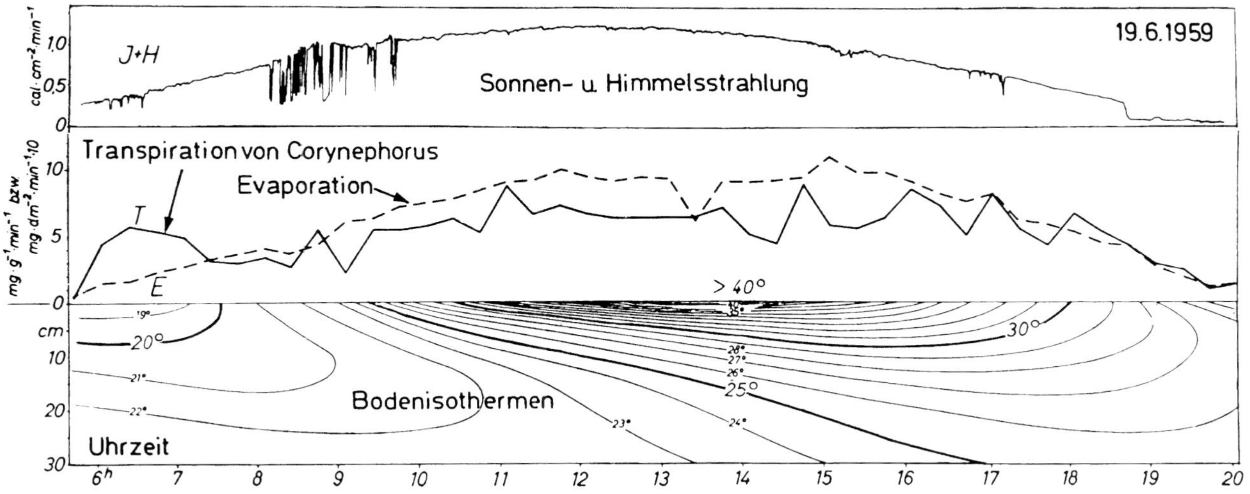

Abb. 158: Gegenüber den aktuellen Lebensprozessen der Vegetationssphäre (hier eines Sandtrockenrasens), gemessen an Transpiration und Evaporation, eilt die Wetterkurve (Sonnen- und Himmelsstrahlung) voraus, und die Prozesse des Bodens (Bodentemperaturen) folgen mit Verzögerung. Kleinklima-Tagesgang bei Sonnenwetter in einem Silbergrasrasen (*Corynephoretum)* auf armem Dünensand bei Berlin-Wannsee. Aus Ellenberg (1996).

sel ist viel variabler, als die Vegetation ihm folgen kann. Die Vegetation reagiert zwar auf den Witterungsverlauf – der schließlich auch die Jahresrhythmik bestimmt –, aber ihrerseits zeitlich verzögert. Somit verhält sich die Rhythmik des Wetters zur Rhythmik der Vegetation wie die Letztere zur Rhythmik des Bodens. In der Reihenfolge Klima – Vegetation – Boden nimmt die Häufigkeit der Schwankungen ab, und die Phasen verschieben sich immer stärker gegeneinander (Abb. 158).

Setzt man die Vegetation als Bezugspunkt für die Erörterung über die Zeit, geht man also von der Vegetation als der im *Jetzt* lebenden Gegenwart aus, dann erscheinen aus diesem Blickwinkel die Prozesse der Atmosphäre in ihrer raschen Dynamik als vorauseilend. Die Vegetation reagiert auf Witterungseinflüsse verzögert; auch dem allgemeinen Wetterverlauf im Tagesgang folgt die Entwicklung der vegetativen Lebensprozesse mit gewissem Abstand (Abb. 158). Von einem beliebigen Zeitpunkt der Vegetationsentwicklung erscheinen sowohl die Boden- als auch die Klimaprozesse phasenverschoben: Der *Boden* zeigt das, was als Vegetationsprozess einmal *gewesen ist*, das *Klima* weist mehr auf das, was sich (wahrscheinlich) als Vegetationsprozess *entwickeln wird*. So gesehen ist die Vegetationssphäre, als phänomenaler gegenwärtiger Lebensprozess (Elementekomplex), eingespannt in einen Zusammenhang aus vergangenheitsorientierten, gegenwärtigen und zukunftswirksamen Elementen, die alle gleichzeitig vorhanden sind (*Zeitintegration*, vgl. Schad 1997: 73 ff.).

Am Vegetationsprofil der Wiese (Abb. 159) konnten wir beobachten, dass sich die evolutiv ältesten Gestaltelemente in Bodennähe befinden und nach oben hin zunehmend jünger werden. Der Vergangenheitsaspekt der Vegetation befindet sich also auch im Profil der Vegetationsgestalt dort, wo auch der Boden am stärksten das Gewesene darstellt, während der jugendliche, zukunftsweisende Aspekt der Vegetation hin zum Einfluss der Atmosphäre gefunden wird, die in ihrer Dynamik der Vegeta-

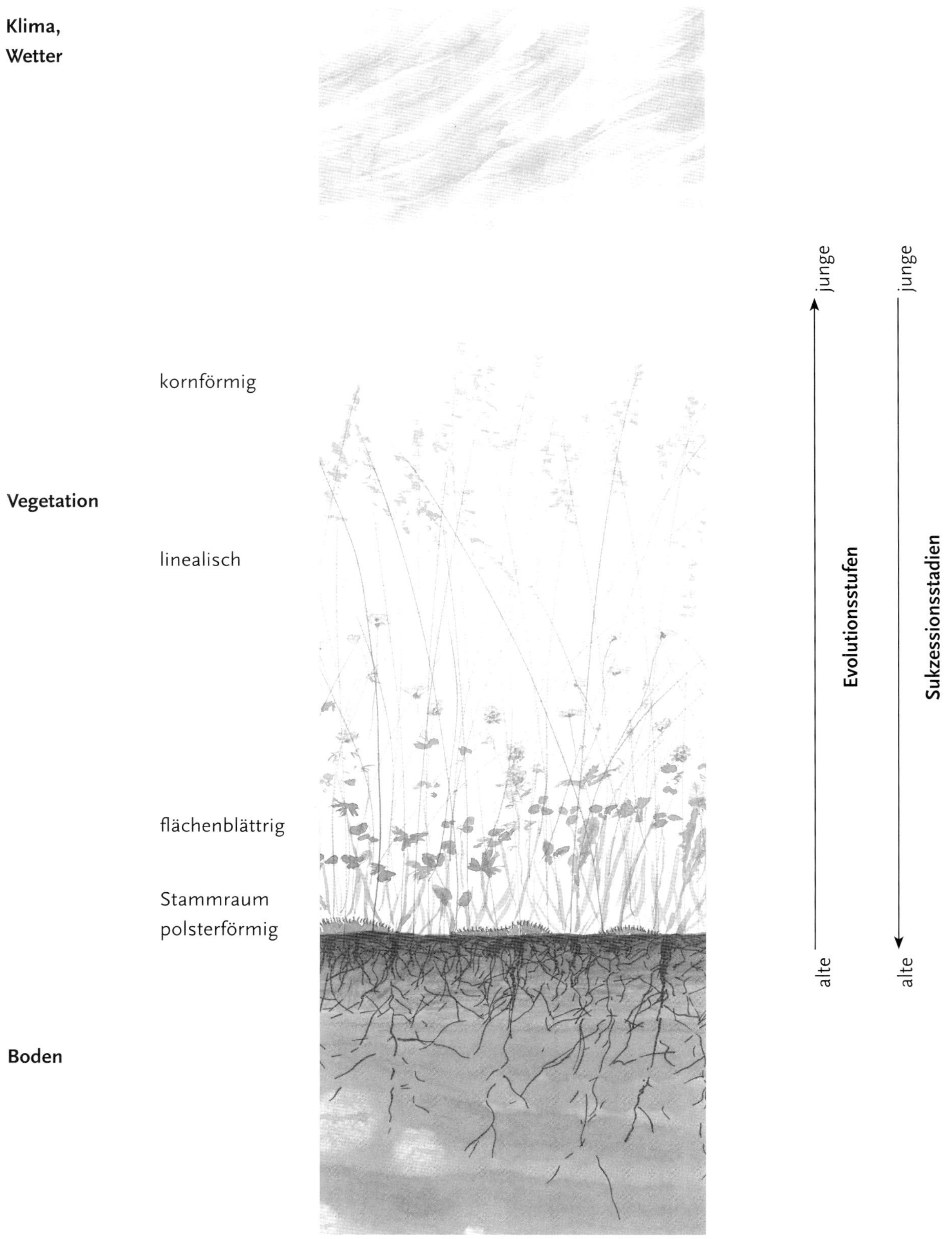

Abb. 159: Vegetation als Zeitintegral. Erläuterungen im Text.

tionsentwicklung immer ein Stück voraus ist. Die Vegetation ist also nicht nur das Integral des gesamten Standortes in ökologischer Hinsicht, sondern sie integriert auch die verschiedenen Zeitmuster.

Der zeitlich rückwärtsgewandte Teil des Wiesenprofils befindet sich räumlich unten, der zeitlich vorwärtsgerichtete Teil oben, und das sowohl ontogenetisch wie phylogenetisch. Ersterer ist mit dem polsterförmigen, dem Stammraum- und auch dem flächenblättrigen Gestaltelement verbunden, letzterer mit dem linealischen und kornförmigen Element. Von hier aus ist unschwer einsehbar, dass beispielsweise bei dominantem Stammraumelement der Vergangenheitsaspekt der Vegetation betont ist, wie es im Wald der Fall ist. Bildlich gesprochen könnte man auch sagen: Der Wald ist aufgestülpte Vergangenheit. Umgekehrtes gilt für die blütenreichen Magerrasen, bei denen durch dominantes kornförmiges und linealisches Element der Zukunftsaspekt überwiegt. Ebenfalls im Bild gesprochen: In den Magerrasen kommt die Zukunftspotenz am dichtesten an den Boden heran. Und das wird in den mitteleuropäischen Landschaften, die von Natur aus Waldlandschaften sind, durch uns Menschen möglich, wie sich mit einem Blick auf die historischen Kulturlandschaften zeigt.

8. Kulturlandschaft

Durch die Ergebnisse der letzten Kapitel, insbesondere desjenigen über die Zeitgestalten, werden wir wie von selbst auf die Bedeutung des Menschen für die Vegetationsentwicklung und damit auf die Kulturlandschaft gewiesen. Im folgenden Kapitel geht es um das Verständnis der Kulturlandschaft auf der Grundlage der Vegetationsgestalten, um aus diesem Verständnis zu neuen Entwicklungsimpulsen zu kommen. Neben der Gestalt spielt dabei noch ein anderer Aspekt eine wichtige Rolle: einen Sinn für das zu bekommen, was als schlummerndes Potenzial in jeder noch so ausgeräumten Landschaft darauf wartet, geweckt und entwickelt zu werden.

Auf der Suche nach dem Typus der nordwestdeutschen Kulturlandschaft

Trotz angeblich verbesserter Naturschutzgesetze, trotz der gesetzlichen Verpflichtung zur Landschaftsplanung geht die Vielfalt der Tier- und Pflanzenarten weiter zurück. Meist wird pauschal dem Menschen die Schuld gegeben als dem «größten und gefährlichsten Raubtier der Erde». Konsequenterweise wird deshalb eine Rettung für die Natur nur darin gesehen, dass der Mensch mit seinen Tätigkeiten an möglichst vielen und möglichst großen Stellen aus der Landschaft verschwindet und alles sich selbst überlässt (z.B. Remmert 1990).

Dabei wird jedoch übersehen, dass die große Artenvielfalt der mitteleuropäischen Landschaften gerade durch die Kulturtätigkeit des Menschen entstanden ist. Durch die Schaffung von Wiesen und Weiden, Getreidefeldern, Trockenrasen, Heiden und vielen anderen anthropogenen Lebensräumen wurde es einer Vielzahl von Tieren und Pflanzen überhaupt erst möglich, in Mitteleuropa zu leben (Abb. 160–163). In den ursprünglichen hiesigen Waldlandschaften hätten die Orchideen und Enziane der Trockenrasen, die Kornblumen, Kornraden und Mohnblumen der Getreidefelder, die Flockenblumen und der Salbei der Wiesen gar nicht oder höchstens als unbedeutende Randerscheinung existieren können. Wo der Mensch als Gestalter der landschaftlichen Vielfalt dennoch akzeptiert wird, heißt es aber, dass die für die Artenvielfalt förderliche menschliche Kultur geschichtlich überholt sei.

Andererseits ist auch vielen von uns heute bewusst, dass die gegenwärtige Industrie- und Bildschirmkultur sowohl für Menschen als auch für Tiere und Pflanzen nicht uneingeschränkt zuträglich ist, um es ganz vorsichtig auszudrücken. Es wird durchaus die Frage gestellt, ob wir nicht aus Technik und Kultur vergangener Zeiten etwas lernen können, was – umgewandelt – auch für den modernen Menschen eine Bedeutung haben könnte, ohne in die «Steinzeit» zurückzufallen. Zu beobachten ist eine solche Entwicklung etwa in der ökologischen Landwirtschaft.

Innerhalb der Landwirtschaft bleiben diese

Abb. 160: Die blumenreiche Glatthaferwiese ist nicht «reine Natur», sondern durch die Bewirtschaftung des Menschen, nämlich Heumahd, entstanden.

Abb. 161: Getreidefelder sind selbstverständlich auch nur durch den Menschen denkbar. Sowohl die Wildformen der Kulturgräser als auch die meisten Ackerwildkräuter stammen aus den vorderasiatischen Steppengebieten.

Abb. 162 (S. 204 oben): Diese Orchideen-Feuchtwiese mit rot blühendem Breitblättrigem Knabenkraut *(Dactylorhiza majalis)* ist ein Kulturprodukt der traditionellen Landbewirtschaftung, entstanden durch extensive Mahd ohne jegliche Düngung.

Abb. 163 (S. 204 unten): Auch die Heide ist nicht Naturlandschaft, sondern Ergebnis der historischen Weidenutzung mit Schafen.

positiven Ansätze jedoch Fragmente, da der Ökolandbau zurzeit immer noch an der Existenzgrenze lebt, bedingt durch ein entartetes Geldsystem. Notwendig ist deshalb – über die reine Landwirtschaft hinaus – ein Gesamtverständnis von Kulturlandschaft, an der auch die vielen Menschen beteiligt sind, die nicht in der Landwirtschaft arbeiten.

So ist es meine Absicht in diesem Kapitel, aus dem Studium der historischen wie der gegenwärtigen Kulturlandschaften Grundlagen für deren Verständnis herauszuarbeiten. Die Frage dabei ist, ob es einen ökologischen, ökonomischen und ästhetischen Funktionszusammenhang der Kulturlandschaft gibt bzw. gab und ob aus diesem Zusammenhang etwas Wesentliches für eine zukünftige Landschaftsgestaltung abgeleitet werden kann. Dies will ich für die nordwestdeutsche Kulturlandschaft versuchen.

Die Beschränkung auf Nordwestdeutschland ergibt sich zum einen aus meiner persönlichen Verbundenheit mit diesem Gebiet, zum anderen auch aus der Besonderheit dieser Landschaft. Im Gegensatz zu den oft sehr vielfältigen und kleingliedrigen Landschaften Süddeutschlands ist die Landschaftsgliederung des Nordens weiträumiger, klarer und einfacher. Gestaltungsprinzipien der Landschaft sind hier leichter ablesbar. Dennoch ist mir bewusst, dass die vorliegende Betrachtung nur ein kleiner Schritt zum Verständnis der Kulturlandschaft sein kann. Es wäre wünschenswert, diese Betrachtungsweise auch auf andere, vielfältigere Landschaften auszuweiten.

Beginnen wir also in Niedersachsen! Auf einer Exkursion durch das Wendland im Sommer 1986 verweilten wir einige Zeit in dem kleinen Ort Gedelitz, 4 km südwestlich von Gorleben. Das Dorf liegt auf der sandigen Geest am Rande einer sehr flachen Bachniederung, die sich in einer Breite von durchschnittlich 500 m westlich am Ort vorbeizieht. Die Bachaue wird vorwiegend als Weideland genutzt, einige kleine Gehölzinseln sind darin eingebettet.

Nördlich, östlich und südlich von Gedelitz schließt sich sandiges Ackerland an, das den Ort auf der Nordhälfte in einem Halbkreis von einem halben Kilometer Durchmesser umgibt, bevor es in Kiefernwald übergeht. Dieser künstlich gepflanzte Kiefernforst, der sich nördlich und östlich von Gedelitz über viele Kilometer erstreckt und die Gedelitzer Gemarkung umrahmt, kommt nur auf der Südostseite etwas näher an den Ort heran. Im Süden geht das zu Gedelitz gehörende Ackerland über in das des nächsten Dorfes.

Der Aufenthalt in Gedelitz war für mich so etwas wie ein Schlüsselerlebnis. Denn das Studium der mitgeführten topografischen Karte (Abb. 164) zeigte sowohl für Gedelitz als auch für einige andere Orte des Wendlandes bemerkenswerte Bilder der räumlichen Verteilung von Dörfern, Ackerflächen und Grünland (Wiesen und Weiden). Das Beeindruckende war die Rundform der Gemarkungen, die dort offenbar wird, wo die Dörfer am Rande oder inmitten von ausgedehnten Waldungen liegen. Während der Beschäftigung mit diesen rundlichen Flurformen entstand der Gedanke, ob sich vielleicht in ihnen eine prinzipielle Gliederung der landwirtschaftlich geprägten Kulturlandschaft besonders deutlich ausdrückt.

Der Inhalt dieses Gliederungsprinzips wird erahnbar, wenn man die Karte der Gedelitzer Gemarkung in der Weise umzeichnet, dass alle eckigen Flächen abgerundet, alle kleineren Einzelheiten vernachlässigt und nur die grundsätzlichen Linienführungen herausgearbeitet werden. In Abb. 165 habe ich dies versucht.

Dabei wird erkennbar, dass das Dorf auf der Grenze zwischen einem feuchten und einem trockenen Landschaftsraum liegt. Umhüllt wird die Dorfgemarkung von Wald; dieser Rahmen ist nur dort durchbrochen, wo die Flur

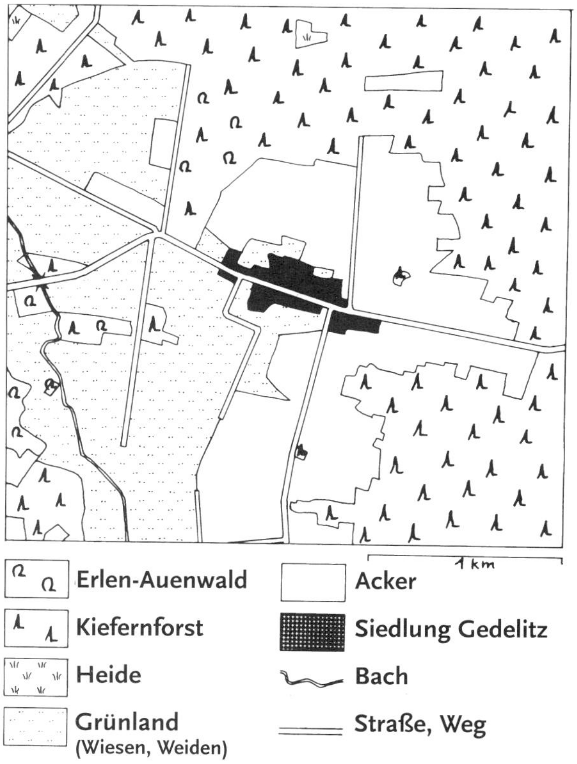

Abb. 164: Die Gemarkung von Gedelitz im Wendland, 4 km südwestlich von Gorleben (gezeichnet nach der topografischen Karte 1 : 25.000, Ausgabe 1977/78).

direkt in andere Gemarkungen übergeht. Man kann angesichts dieses Bildes die Vorstellung entwickeln, dass die Kulturlandschaft mit dem Dorf in der Mitte wie eine Aussparung in den umgebenden Wald eingegliedert ist. Der Gedanke führt dazu, die Linienführung der Abb. 165 noch weiter zu vereinfachen, um zu den allgemeinsten Gestaltungsgrundsätzen dieser Kulturlandschaft vorzudringen. So kann ein Bild wie in Abb. 166 entstehen.

Der kleine Heidestreifen zwischen Acker und Wald im Osten von Gedelitz taucht in der topografischen Karte von 1977/78 nicht auf. Aber es gab dort früher kleine Heideflächen, wie die historische Karte von 1898 zeigt. Einen Hinweis auf heideartige Vegetation an dieser Stelle erhielten wir auch von einem Gedelitzer Landwirt, der uns sagte, an dem Waldrand habe es früher Arnika gegeben. Arnika *(Arnica montana)* wächst aber in Norddeutschland nur in Heiden und den mit ihnen ökologisch verwandten Borstgrasrasen.

In der Abbildungsfolge 164–166 nimmt das Konkrete immer weiter ab, und das allgemeine Prinzip tritt jeweils schrittweise reiner in Erscheinung. Es bleibt allerdings zunächst die Frage, ob es nur spekulativen Charakter hat oder ob es wirklich auf ein grundsätzliches Prinzip verweist.

Zunächst sei der Frage nachgegangen, an welchen Stellen der Landschaft in historischer Zeit die Dörfer als die «Zellkerne» der Kulturlandschaft (Ringler 1989) angelegt wurden. Wie sah die Naturlandschaft aus, bevor die ersten dauerhaften menschlichen Siedlungen entstanden? Nordwestdeutschland war wie ganz Mitteleuropa vorwiegend von Wald bedeckt, nur die salzhaltigen Küstenmarschen, die Gewässer und Hochmoore und im Bergland einige Steinschutthalden und Felsschroffen waren von Natur aus waldfrei.

Die wichtigsten natürlichen Waldtypen des nordwestdeutschen Flach- und Hügellandes waren und sind verschiedene Ausprägungen des Buchenwaldes. Darin eingestreut sind in Flachmooren, Sümpfen, Bach- und Flussauen die Bruch- und Auenwälder, die den Buchenwald netzartig durchziehen. Andererseits ragen aus dem Hügelland stellenweise Bergrücken aus Kalk- oder Sandstein auf, deren baumfreie Felsen von Trockenrasen bedeckt sind.

Ein Waldtyp verdient nun unsere besondere Aufmerksamkeit, der zumeist an der Grenze zwischen feuchten Niederungen und trockenem Land vorkommt. Es ist der «Feuchte Eichen-Hainbuchen-Wald» *(Stellario-Carpinetum stachyetosum)*, ein sehr artenreicher Wald mit einem dichten Unterwuchs aus feuchteliebenden Stauden, Farnen usw. (Abb. 167, 168). Er ist nicht wie die meisten übrigen Wälder an be-

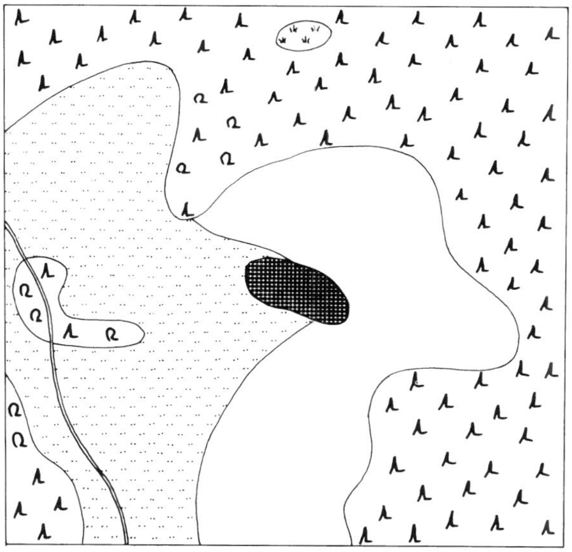

Abb. 165: Vereinfachte Darstellung der Gedelitzer Gemarkung aus Abb. 164, in der die grundsätzliche Linienführung erkennbar wird (Straßen und Wege sind weggelassen, Zeichenerklärung siehe Abb. 164).

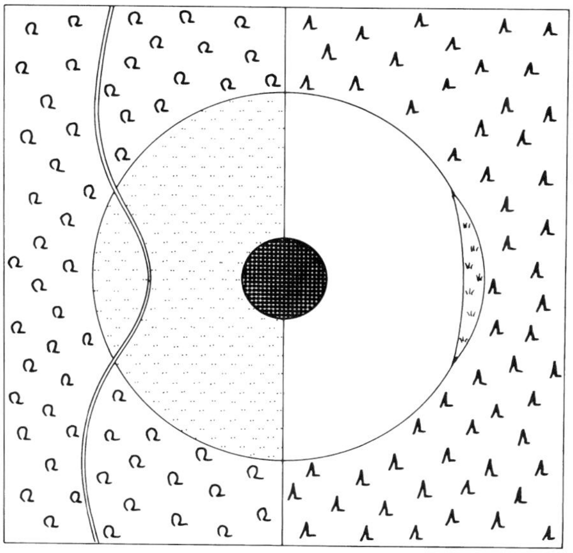

Abb. 166: Allgemeinster Gestaltungsgrundsatz der Gedelitzer Gemarkung (entstanden durch weitere Vereinfachung von Abb. 165, Zeichenerklärung siehe Abb. 164).

stimmte Bodenarten gebunden, sondern stockt auf Löss, Sand und anmoorigem Grund, wenn nur etwas nährstoffreicheres Grundwasser mit den Wurzeln erreichbar ist. So vermittelt er zwischen den Buchenwäldern auf der «Landseite» und den nassen Erlenbruch- und Auenwäldern auf der «Wasserseite».

Ellenberg (1937) fand durch die Auswertung zahlreicher Vegetationskarten und durch Geländebeobachtungen heraus, dass alle historischen nordwestdeutschen Dörfer auf dem Boden des dort früher gewachsenen feuchten Eichen-Hainbuchen-Waldes liegen. Die Bedeutung dieses Standortes als Siedlungsraum kennzeichnet Ellenberg wie folgt: Hier wachsen zahlreiche Gehölze, die als Nahrungsquelle genutzt werden können, wie Hasel, Holunder, Kirsche, Wildapfel, Brombeere, Himbeere, Schlehe, Rose usw. Die auf diesem Standort sehr gut gedeihenden Eichen versorgen mit ihren Früchten die Tiere des Hofes, besonders die Schweine. Der Hofplatz selbst besteht aus frischem bis feuchtem, humosem Boden mit vielen darin und darauf lebenden Kleintieren, die den Schweinen und dem Geflügel als Nahrung dienen. Auf diesem nährstoffreichen Boden können außerdem Verletzungen der Grasnarbe durch die schnellere Regenerationsfähigkeit der Vegetation besser ausheilen. Durch seine milde Humusform ist dieser Standort zudem ausgezeichnetes Gartenland. Schließlich können hier auch unschwer Teiche – beispielsweise zur Tränke des Viehs und als Löschteiche – angelegt werden, da das Grundwasser nicht tief unter der Bodenoberfläche liegt.

Mindestens ebenso wichtig ist aber auch die zentrale Lage auf der Grenze zwischen trockenem und feuchtem Wirtschaftsraum. Auf der trockenen Seite, dem Standort der Buchenwälder, werden Ackerflächen in Hofnähe angelegt, weiter vom Hof entfernt dehnen sich zumeist trockene Schafweidegebiete aus. Die feuchte Seite kann sehr gut als Großviehweide (Rinder, Pferde) genutzt werden; durch die Beweidung,

Abb. 167: Der Feuchte Eichen-Hainbuchen-Wald *(Querco-Carpinetum stachyetosum)* ist ein arten- und strukturreicher Wald auf frischem bis feuchtem Boden mit milder Humusform.

Abb. 168: Kennzeichnende Pflanzenart des Feuchten Eichen-Hainbuchen-Waldes: Waldziest *(Stachys sylvatica)*. Nach ihm wurde der wissenschaftliche Name der Waldgesellschaft benannt.

Abb. 169: Dieser Feldweg markiert die Grenze zwischen trockenem und feuchtem Landschaftsraum: Links feuchte Niederung mit Grünland, rechts Ackerland auf trockenem Boden. Karwitz im Wendland, Niedersachsen, August 1991.

die zunächst innerhalb der Sumpfwälder stattfindet, wandeln sich eben diese Wälder im Laufe der Zeit in feuchte Grasländer um.

Es ergibt sich also die Lage des historischen Dorfes an einer ganz bestimmten Stelle im Feuchtigkeitsgefälle der Landschaft, wobei die von der Natur vorgegebene Grenzsituation durch die Kulturtätigkeit noch gesteigert wird: Aus der Formation «Wald» wird auf der trockenen Seite die Formation «Acker», auf der feuchten Seite die Formation «Grünland». Beide sind durch eine scharfe Parzellengrenze, oftmals sogar durch einen Feldweg, voneinander getrennt, während die ursprünglichen feuchten und trockenen Wälder hier in einer breiten Durchdringungszone ineinander übergingen. Der kulturschaffende Mensch bildete die Landschaft also so um, dass die von der Natur veranlagten Tendenzen viel deutlicher und unmittelbarer sichtbar wurden, als sie es ohne den Menschen sein konnten (Abb. 169).

Neben diesem natürlichen Feuchtegradienten entstand zwischen dem Dorf als dem zentralen Punkt der Kulturlandschaft und der umgebenden Waldlandschaft ein weiterer: der Kulturgradient (vgl. Ringler 1989). Er ist dadurch gekennzeichnet, dass die intensivst bearbeiteten und genutzten Flächen im Dorf und in dessen nächster Umgebung liegen und dass der Grad der Bearbeitung nach außen, zur Gemarkungsgrenze, abnimmt. Im Idealfall bildet sich dadurch eine Schar konzentrischer Kreise heraus, deren gemeinsamer Mittelpunkt das Dorf ist und die die Grenzen landwirtschaftlicher Flächen mit abnehmender Bearbeitungsintensität bezeichnen (Abb. 170). Dieses Phänomen ist schon zu Anfang des 19. Jahrhunderts von dem Volkswirtschaftler Johann Heinrich von Thünen beschrieben worden und bis heute als die «Thünenschen Kreise» bekannt (van Suntum 1989).

Daraus ergibt sich ein Landschaftsbild, das

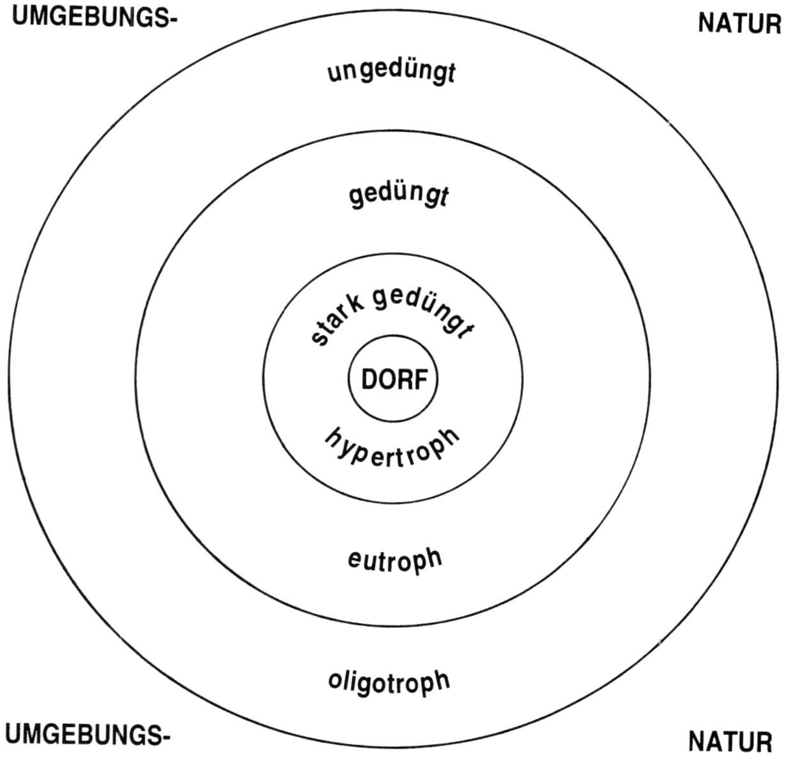

Abb. 170: Kulturgradient zwischen dem Dorf als Mittelpunkt und der Gemarkungsgrenze. Vom Zentrum nach außen nehmen Arbeitseinsatz, Düngerzufuhr und damit die Trophie ab. Durch die Bewirtschaftung wird dem äußeren, oligotrophen Kreis Stoff entzogen, und der innere Kreis wird angereichert. Resultat ist eine starke Trophie-Polarisierung.

von Klett (1985a, 1985b) wie folgt beschrieben wird: «Im Zentrum der Landschaft und des Dorfes steht die Kirche mit ihrem Turm. Um die Kirche herum gruppieren sich die Bauerngehöfte, um diese herum legt sich ein Saum von umhegten Bauerngärten, um diesen ein Saum von Streuobstwiesen. Dann öffnet sich die Flur in die Wiesen und Äcker der Dorfgemarkung, das Ganze wird umschlossen vom Bauernwald» (Klett 1985a). Die von Klett beschriebene Grundform der Gemarkung erweitert Ringler (1989) noch um die außen anschließenden Ringe der extensiv genutzten Flächen wie beispielsweise die Allmende, den Mittel- und Niederwald und die Waldweidegebiete.

Sowohl die von Klett als auch die von Ringler dargestellte kreisförmige Grundstruktur der Kulturlandschaft gilt prinzipiell für alle historisch gewachsenen mitteleuropäischen Dörfer. Bringt man das zusammen mit der von Ellenberg gefundenen Gesetzmäßigkeit der Ortslage zwischen trocken und feucht, so ergibt sich ein Idealbild, das demjenigen der Gedelitzer Gemarkung, die wir am Anfang des Kapitels sahen (Abb. 166), recht nahekommt. Das ist ein erster Hinweis darauf, dass die anfangs entwickelte Grundkomposition einer Kulturlandschaft, ausgehend von dem Ort Gedelitz, auch in einem größeren Betrachtungsrahmen Bestand hat.

Ordnet man den unterschiedlichen Zonen der Dorfgemarkung nun die kennzeichnenden Pflanzengesellschaften zu, dann entsteht ein

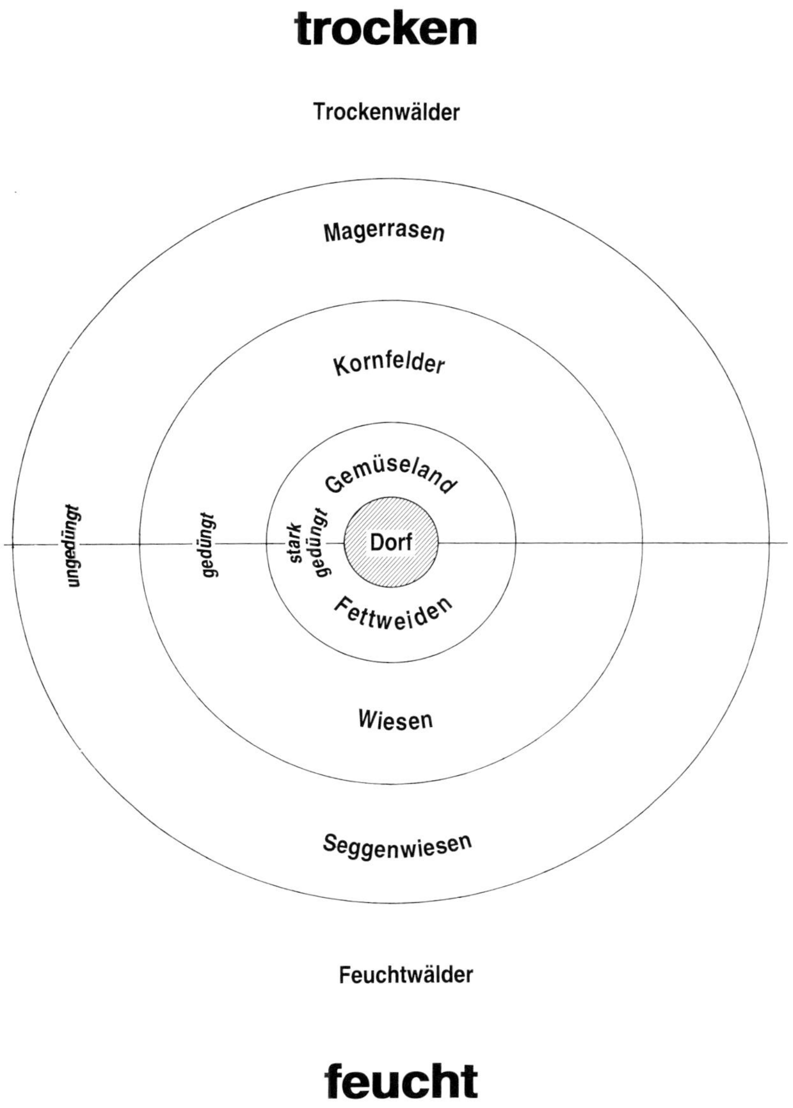

Abb. 171: Allgemeines Gliederungsprinzip der historischen Dorfgemarkungen Nordwestdeutschlands, mit den prägenden, kennzeichnenden Pflanzengesellschaften.

Bild wie Abb. 171. Angegeben ist hierbei zunächst nur die großflächig auftretende Vegetation. Selbstverständlich gehören jeweils noch die kleinflächig verteilten, gliedernden Pflanzengesellschaften dazu, wie beispielsweise Hecken, Feldgehölze, wegbegleitende Trittrasen, Staudensäume und Ackerraine. Abb. 171 beschreibt aber nur ein Gliederungs-*Prinzip*, nicht eine reale Anordnung, auch wenn Gedelitz diesem Idealbild recht nahekommt. Beispiele für tatsächliche Gemarkungsgliederungen werden später noch gezeigt und diskutiert.

Was können uns die kennzeichnenden Pflanzengesellschaften der Dorfgemarkungszonen erzählen? Wir haben bereits gesehen, dass die Pflanzendecke die «Schrift» der Landschaft ist, dass sie also an jedem Ort der Landschaft die jeweils wirksamen Kräfte und Qualitäten widerspiegelt. Von dieser phänomenologischen Erfassung der Kulturlandschaftsvegetation erhoffen wir uns im Folgenden ein vertieftes Verständnis der Kulturlandschaft selber.

Phänomenologie des Kulturgradienten

Betrachten wir den Kulturgradienten der historischen nordwestdeutschen Dorfgemarkung. Verfolgt man hier die Reihe der landschaftsprägenden Pflanzengesellschaften im trockenen Wirtschaftsraum, dann findet man zunächst unmittelbar an die Siedlung anschließend das Gemüseland (Abb. 172). Es zeichnet sich durch vegetativ-massige Pflanzenformen aus. Kohl, Salatköpfe, Spinat etc. werden ja absichtlich so gezüchtet und kultiviert, dass sich alle Kraft im Blatt- bzw. Sprossbereich konzentriert. Stark in die Fläche gehende, dunkelgrüne Blätter entwickeln sich hier. Sowohl Blüten als auch grasartig-schmale Vegetationsformen sind kaum vertreten. Die Bestände werden intensiv bearbeitet: Hacken zur Vernichtung der spontan aufkommenden Wildpflanzen und sehr starke Düngung. Angemerkt werden soll hier auch, dass diese Vegetation überall in Europa, in den verschiedensten geografischen Regionen, nahezu gleich aussieht. Denn sie ist weniger Ausdruck der natürlichen Landschaftsfaktoren wie Boden, Wasser, Klima etc. als vielmehr der intensiven menschlichen Wirtschaft.

In der anschließenden Zone liegen die Getreidefelder (Abb. 173). Sie zeigen ein ganz anderes Erscheinungsbild. Im Frühjahr beobachten wir hier kräftig grüne, stark wachsende Gräser mit relativ breiten Blättern, die Ausdruck der vorherrschenden vegetativen Kräfte sind (Abb. 174). Zu dieser Zeit liegt eine gewisse Ähnlichkeit mit dem Gemüseland vor. Doch dieses Stadium

Abb. 172: Das arbeitsintensive Gemüseland mit mastigen Wuchsformen liegt möglichst in Siedlungsnähe. Brandstade an der unteren Elbe. August 1991.

Abb. 173: Getreidefeld bei Seelze westlich von Hannover. Juli 1992.

geht im Sommer bald in die Reifephase über, in der der vegetative Bereich abstirbt und dabei die charakteristische strohgelbe Färbung entsteht. Zu dieser Zeit ist im Getreidefeld die linealische Struktur das vorherrschende Element, blättrige Elemente treten ganz zurück (Abb. 175). Begleitet wird das Getreide von zahlreichen Ackerwildkräutern, die sehr bunte Blühaspekte erzeugen können. Strahlige Formen und Farbenreichtum zeichnen also das Getreidefeld gegenüber dem Gemüseland aus. Außerdem erreicht es in seiner Reifephase eine viel größere Wuchshöhe als das Gemüseland. Anders als im Gemüseland lassen sich bei den Getreidefeldern deutliche geografische Unterschiede feststellen, die sich einerseits in den angebauten Getreidesorten und andererseits vor allem in den begleitenden Ackerwildkräutern zeigen. Diese Unterschiede werden am deutlichsten im Sommer zur Blütezeit der Ackerwildkräuter sichtbar; am wenigsten sind sie im Frühjahr zu erkennen, dann erschei-

Abb. 174: Roggenfeld im März zur Zeit des vegetativen Wachstums. Die relativ breiten, kräftig grünen Blätter sind Ausdruck starker Stoffwechselprozesse.

Abb. 175: Sommerlicher Aspekt des Getreidefeldes. Helle, strahlige Gestalt mit Wildblumen; vegetative Kräfte kommen zum Erliegen.

nen die Kornfelder überall recht einheitlich als grüne Grasrasen. Der menschliche Einfluss auf diese Pflanzengesellschaft ist erheblich, jedoch sind Düngung und Bodenbearbeitung nicht so stark wie beim Gemüseland.

Jenseits der Getreidefelder breiten sich die trockenen Schafweidegebiete aus, die in der Zone der Magerrasen zusammengefasst werden (Abb. 176). Hier können sich ganz verschiedene Pflanzengesellschaften ausbilden, je nachdem, welcher Boden, welche Feuchteverhältnisse und welches Kleinklima vorhanden sind. So findet man hier Borstgrasrasen, Zwergstrauchheiden, Sandtrockenrasen oder Kalktrockenrasen. Darin liegt ein wesentlicher Unterschied zu den Gemüse- und den Kornfeldern, die aufgrund ihrer intensiveren Bewirtschaftung bei verschiedensten natürlichen Ausgangsbedingungen ein recht einheitliches Aussehen haben. In den Magerrasen und Heiden, die nur «extensiv» bewirtschaftet werden, spiegelt sich im Gegensatz dazu die Qualität der Naturlandschaft in hohem Maße wider, und zwar viel intensiver, als es durch die natürliche Waldvegetation geschehen könnte. So wird hier beispielsweise in der Vegetation deutlich ablesbar, ob es sich um Sand- oder Kalkböden handelt. Auf kalkreichem Boden bilden sich Kalktrockenrasen mit unglaublicher Blütenfülle aus (Abb. 177). Auf Sandboden sind die Verhältnisse etwas anders. Da der größte Teil Nordwestdeutschlands in eiszeitlichen Sandgebieten liegt, sei hierauf näher eingegangen, insbesondere auch deshalb, weil heute kaum jemand diese Pflanzengesellschaften jemals gesehen hat.

Die kennzeichnenden Pflanzengesellschaften der sandigen, beweideten Magerrasengebiete Nordwestdeutschlands sind die Sandtrockenrasen und die Borstgrasrasen. Sandtrockenrasen wachsen nur auf trockenen Böden, die jedoch

Abb. 176: Sandtrockenrasen mit gelb blühendem Mauerpfeffer *(Sedum sexangulare)* südlich von Bamberg (Naturschutzgebiet Pettstadter Sande, Juni 2005).

nicht zu basenarm und sauer sein dürfen. Ist dies der Fall, werden sie durch Borstgrasrasen abgelöst; das geschieht ebenfalls, wenn die Böden feuchter werden.

Die wichtigste Pflanzengesellschaft aus der Gruppe der Sandtrockenrasen ist in unserer Betrachtung der Heidenelken-Grasnelken-Rasen (*Diantho-Armerietum*; Abb. 178). Er bringt vom Frühling bis zum Sommer mehrere bunte Blühaspekte hervor. Da sind die purpurfarbenen Blüten von Heidenelke *(Dianthus deltoides)* und Sand-Grasnelke *(Armeria elongata)*, blau blühend die Rundblättrige Glockenblume *(Campanula rotundifolia)* und Schafrapunzel *(Jasione montana)*, die strahlend weißen Blüten von Schafgarbe *(Achillea millefolium)* und Ackerhornkraut *(Cerastium arvense)* und schließlich das Gelb von Kleinem Habichtskraut *(Hieracium pilosella)*, Ferkelkraut *(Hypochoeris radicata)* und den verschiedenen Mauerpfeffer-*(Sedum-)* Arten. Je nach Standortverhältnissen können noch eine ganze Reihe weiterer Arten dazukommen. Damit ist der Heidenelken-Sandtrockenrasen in der hier dargestellten Reihe die blütenreichste Pflanzengesellschaft.

In deren vegetativen Organen kann allenthalben eine Tendenz der Zusammenziehung beobachtet werden. So sind die Blätter der wichtigsten Gräser dieser Gesellschaft eng zusammengerollt, sodass sie wie Nadeln oder Borsten erscheinen. Auch bei den Kräutern, die hier wachsen, lassen sich linealische Blattformen beobachten, z.B. bei Heidenelke, Grasnelke (Name!), bei Schafgarbe, Ackerhornkraut und Echtem Labkraut. Neben diesem dominant ausgeprägten linealischen Element kommen auch selten flächige Formen vor, aber nur sehr zerstreut und dann auch nur als Rosette dem Boden angedrückt (z.B. Kleines Habichtskraut, Ferkelkraut, vgl. Abb. 45, S. 73). Sowohl in den

Abb. 177 (oben): Kalk-Halbtrockenrasen auf dem Lechfeld bei Augsburg. Rosa blühende Skabiose *(Scabiosa canescens)*, blauer Salbei *(Salvia pratensis)*, gelb blühender Hornklee *(Lotus corniculatus)* u.a. Juli 1998.

linealischen Formen als auch in der Rosettenbildung drückt sich eine Zusammenziehung des Vegetativen aus.

Der Borstgrasrasen treibt dies noch auf die Spitze (im wahren Sinne des Wortes), wie der Name der kennzeichnenden Pflanzenart schon vermuten lässt: Das Borstgras *(Nardus stricta)* mit seinen nadeligen Blättern, die in dichten, kompakten Horsten angeordnet sind (Abb. 43, S. 72, Abb. 116, S. 152). Die Borstgrasrasen des nordwestdeutschen Flachlandes erreichen nicht die Blütenfülle der Sandtrockenrasen, sie unterscheiden sich damit auch von den blumenreichen Borstgrasrasen des Berglandes. Allerdings kommt in den Borstgrasrasen – auch des nordwestdeutschen Tieflandes – eine besonders auffällige Pflanze vor, die sehr charakteristisch für diese Pflanzengesellschaft ist: die Arnika *(Arnica montana*, Abb. 44, S. 72). Sie wächst nicht nur in den Borstgrasrasen und Heiden des Berglandes, sondern kam früher auch im Tief- und Hügelland vor, sogar bis Ostfriesland – aber eben nur in Borstgrasrasen. Abgesehen von den Blüten spielt die Gesamtfärbung des Borstgrasrasens je nach Jahreszeit zwischen Graugrün, Blaugrün und Hellbraun. Ein frisches Maigrün wie etwa bei Frühlingswiesen kommt nicht vor.

An Wegrändern und auf Trampelpfaden, die sich durch Borstgrasrasen oder Sandtrockenrasen ziehen, oder an anderen gestörten und mit Nährstoffen leicht angereicherten Stellen

Abb. 178 (rechts): Bunt blühender Heidenelken-Sandtrockenrasen mit rot blühender Heidenelke *(Dianthus deltoides)*, gelb blühendem Echten Labkraut *(Galium verum)*, blau blühender Rundblättriger Glockenblume *(Campanula rotundifolia)*, weißer Schafgarbe *(Achillea millefolium)* u.a. Auch die Kräuter haben fast alle strahlige oder grasartige Blätter! Flussdünen der Aller bei Celle, Niedersachsen. Juli 1990.

in diesen Gebieten findet man eine eigene Sandtrockenrasen-Gesellschaft, die vorwiegend aus einjährigen Arten aufgebaut ist, den Haferschmielenrasen *(Airetum praecocis)*. Kennzeichnend sind Kleingräser, vor allem die beiden Haferschmielenarten *(Aira praecox, Aira caryophyllea)*. Die Vegetation ist lückig, der offene Sandboden ist dazwischen noch sichtbar. Die Hauptvegetationsschicht erhebt sich lediglich 10–20 cm über den Boden, nur wenige Pflanzen werden größer (Abb. 179). Die Hauptentwicklungszeit ist das Frühjahr, im Sommer ist die Entwicklung der Pflanzen bis zur Samenreife längst abgeschlossen, und der Bestand macht einen strohig-trockenen Eindruck. Dieser einjährige Haferschmielenrasen ist als ein Jugendstadium des Heidennelken-Sandtrockenrasens und des Borstgrasrasens anzusehen, der sich an Störstellen entwickelt und bald wieder in den Heidenelkenrasen übergeht.

Neben diesem Jugendstadium haben wir auf der anderen Seite auch ein Vergreisungsstadium der Sandtrocken- und Borstgrasrasen: Es ist die Zwergstrauchheide *(Genisto-Callunetum)* (Abb. 180). Wie der Name sagt, besteht sie vornehmlich aus Zwergsträuchern, unter denen die Besenheide *(Calluna vulgaris)* tonangebend ist. Die Heidepflanzen sind niedrigwüchsig, verholzend und langsamwachsend. Die Blätter sind zu kleinen Nadeln zusammengezogen, die die oberen Sprossbereiche dachziegelartig bedecken. Nur wenige Gräser und Kräuter durchsetzen die Heidegesellschaft, hin und wieder findet man kleine Ginsterarten eingestreut *(Genista anglica, Genista pilosa)*. Moose und Flechten sind dagegen reichlich vertreten. Die Zwergstrauchheide macht während des ganzen Jahres einen gleichbleibenden, trüb-braungrünen Eindruck. Nur im August, zur Blütezeit der *Calluna*, flammt die Heide für wenige Wochen in intensivem Violettrosa auf.

Die *Calluna*-Heide hat die Eigenschaft, den ohnehin nährstoffarmen und leicht sauren Sandboden mit ihrer Streu noch weiter zu ver-

Abb. 179: Gesellschaft der Kleinen Haferschmiele *(Airetum praecocis)* an einem Trampelpfad in der Lüneburger Heide. Juni 1984.

Abb. 180: Sandginsterheide *(Genisto-Callunetum)*.

sauern und damit der Auswaschung Vorschub zu leisten. Es entstehen dann die Bleichsandböden (Podsole, vgl. Abb. 87, S. 117): extrem unfruchtbare und im Grunde lebensfeindliche Standorte, die nur noch von einigen wenigen Spezialisten unter den Tieren und Pflanzen besiedelt werden können, wobei diese dann aber in Massen auftreten.

Alle hier dargestellten Magerrasengesellschaften sind Glieder einer Entwicklungsreihe, die von Sandböden mit leicht erhöhtem Basen- und Nährstoffgehalt bis zu verarmten und versauerten Böden gehen. Diese Kenntnis ist wichtig für eine Besonderheit, die die Zone der Getreidefelder betrifft: die Dreifelderwirtschaft.

Die im Mittelalter entwickelte Dreifelderwirtschaft mit abwechselnder Fruchtfolge von Wintergetreide, Sommergetreide und Brache wurde später etwas verändert, indem noch eine Hackfruchtphase eingebaut wurde. Seit dem 18. Jahrhundert war dann nur noch der Wechsel zwischen Wintergetreide, Sommergetreide und Hackfrucht üblich. Interessant ist hierbei für unsere Betrachtung der historischen Dorfgemarkungszonen, dass die mittlere Zone der Getreidefelder durch ein rhythmisches Pendeln zwischen den beiden angrenzenden Zonen gekennzeichnet ist: Durch den Hackfruchtanbau kommt der Charakter des Gemüselandes in diese Zone, beim Getreideanbau ist der eigene Charakter der Zone dominant, bei der Brache schließlich ragt der Magerrasencharakter aus der äußeren Zone bis in das Gebiet der Getreidefelder.

Der Wechsel zwischen Ackerbau und Beweidung kann heute noch ganz gut auf der Nordseeinsel Amrum studiert werden, auf der sich eine Feld-Gras-Wirtschaft erhalten hat, die gewisse Ähnlichkeiten mit der alten Dreifelderwirtschaft hat: Auf einem Feld werden in vier Jahren nacheinander Hafer, Winterroggen, Hackfrucht und Sommerroggen angebaut, danach bleibt es liegen und wird neun Jahre lang beweidet (Türk 1991). In dieser Zeit entwickeln sich sehr rasch artenreiche Sandtrockenrasen als Folgegesellschaft der Ackernutzung. Ähnliches berichtet Preising (mündl. Mitt.) von brachgefallenen Äckern aus der Lüneburger Heide.

Fassen wir im Rückblick noch einmal zusammen, welche Gestaltverwandlung sich vom hofnahen Gemüseland bis zum dorffernen Magerrasen vollzieht (Abb. 181): Im Gemüseland dominieren breitblättrige Formen als Ausdruck des Wässrigen. Der Sprossbereich ist stark entwickelt und die vorherrschende Vegetationsfarbe ein kräftiges, frisches Grün. Das geht auf Kosten des Blühimpulses: Farbige Blumen werden kaum ausgebildet. Dieses Verhältnis kehrt sich schon im Kornfeld um, und zwar gerade in dem typischen Sommeraspekt. Dann fehlen breitblättrige Gestalten ganz, die Vegetation wird beherrscht von strahlig-linealischen Formen, und die Ackerwildkräuter bringen bunte Blühaspekte. Eine Ähnlichkeit zum Gemüseland ist allenfalls im Frühjahr gegeben, wenn das frisch ausgetriebene Kornfeld sattgrün erscheint und die relativ breiten Grasblätter des Getreides eine vegetative Üppigkeit demonstrieren.

Letzteres ist in den Magerrasen zu keiner Zeit mehr der Fall. Auch im Frühling zur Zeit des frischen Maigrüns erscheinen Magerrasen nur graugrün, blaugrün oder braungrün. Die Konsistenz ist trocken, und breitblättrige Formen findet man gar nicht oder, wenn doch, dann als niedrige Rosetten am Boden angedrückt. Alles an der Sprossgestalt ist strahlig, fein und hartblättrig. Dem reduzierten Sprossbereich steht eine verstärkte Blütenentwicklung gegenüber. Wenn beispielsweise im Spätsommer die ansonsten wie tot daliegende Zwergstrauchheide entflammt, hat man den Eindruck, hier prallten die Elemente der Erde und des Feuers unmittelbar aufeinander, ohne sich mittels des Wässrigen zu verbinden.

Wie sieht das nun im feuchten Wirtschafts-

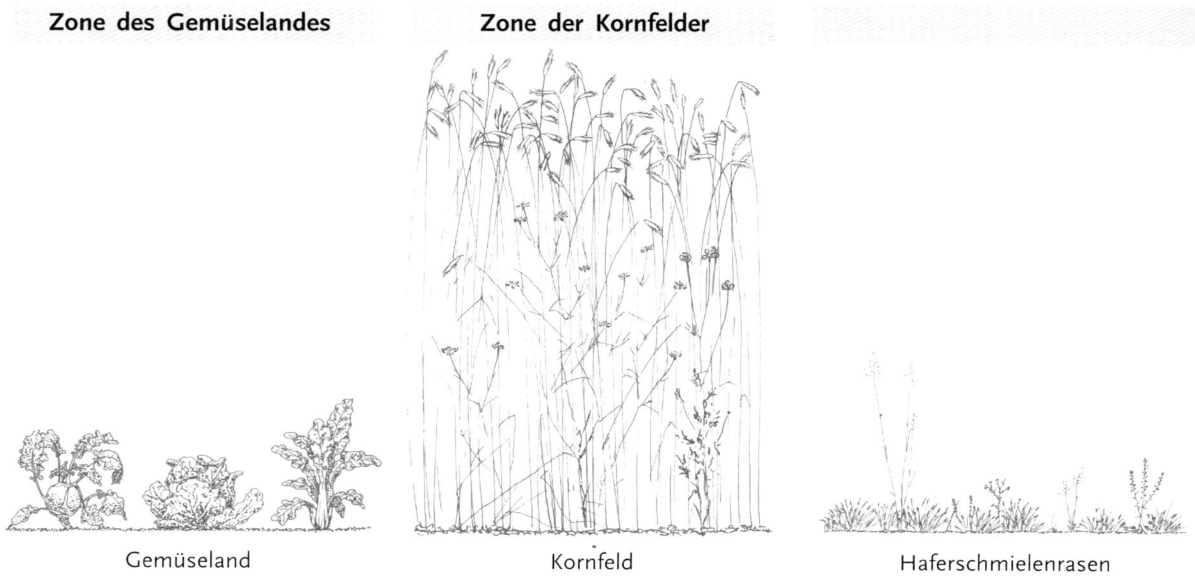

Abb. 181: Pflanzengesellschaften des Kulturgradienten im trockenen Wirtschaftsraum (Anordnung nach Abb. 171, oberer Halbkreis).

raum aus? Hier finden wir im Kulturgradienten (Abb. 171) ja nur Grünland, also Weiden und Wiesen. Lässt sich dort dennoch eine charakteristische Differenzierung finden? Beginnen wir mit unserer phänomenologischen Arbeit wieder im Dorfbereich. Unmittelbar im Kontakt zu den Höfen findet man Weideflächen, die äußerst intensiv genutzt werden, auf denen neben Großvieh auch Schweine, Gänse und Hühner gehalten werden (Abb. 182). Die Grasnarbe ist sehr stark durch Befressen und Betreten strapaziert, erhält aber über den Kot der Tiere hohe Düngergaben. Die Pflanzengesellschaft, die sich unter diesen Umständen einstellt, ist eine etwas lückige Weidelgras-Weißklee-Weide *(Lolio-Cynosuretum)* im Übergang zu Trittrasen mit hohem Anteil von trittresistenten Arten (Abb. 183). So wachsen hier vor allem Breitwegerich *(Plantago major)*, Weidelgras *(Lolium perenne)*, Weißklee *(Trifolium repens)* und Gänse-Fingerkraut *(Potentilla anserina)*, die ihre Blätter zumeist eng dem Boden anliegend ausbreiten. Bemerkenswert sind die überwiegend breitblättrigen Formen. Auffällige Blühaspekte sind selten.

Die gleiche Pflanzengesellschaft findet man an den Weidetoren der größeren, nicht so übernutzten Weideflächen, zu denen sie überleiten. Die hier wachsende typische Ausbildung der Weidelgras-Weißklee-Weide (Abb. 184) zeigt eine ziemlich geschlossene Grasnarbe, ist immergrün, etwas buckelig und niedrigwüchsig. Gräser beherrschen das Bild, aber im «Unterwuchs» siedeln doch zahlreiche Kräuter, wie Gänseblümchen *(Bellis perennis)*, Weißklee *(Trifolium repens)*, Kriechender Hahnenfuß *(Ranunculus repens)*, Braunelle *(Prunella vulgaris)*, Löwenzahn *(Taraxacum officinale)* u.a. Sie bringen in diese Rasengesellschaft ein sehr ausgeprägtes breitblättriges Element hinein, das allerdings erst beim zweiten Hinsehen auffällt, da es in der unteren Vegetationsschicht konzentriert ist. Die Kräuter können im Laufe der Vegetationsperiode verschiedene, doch nie sehr auffällige Blühaspekte hervorrufen. Durch das Beweiden wird die ganze Pflanzengesellschaft ständig auf dem Stadium des vegetativen Sprossens gehalten.

Nach dieser Zone der Fettweiden folgt die der

Abb. 182: Hofnahe Fettweide mit Rindern, dahinter links Hühnerauslauf. Hof Sackern im Bergisch-Märkischen Hügelland südlich des Ruhrgebietes. Juni 1996.

Abb. 183: Stark trittbelastete Stelle in der Weide mit Breitwegerich *(Plantago major)* als Trittanzeiger. Rechts daneben die handförmigen Blätter des Kriechenden Fingerkrautes *(Potentilla reptans)*.

Abb. 184: Profil der typischen Weidelgras-Weißklee-Weide *(Lolio-Cynosuretum)* mit dichter Blattdecke von Weißklee *(Trifolium repens)* im Unterwuchs und dem kennzeichnenden Kammgras *(Cynosurus cristatus)*.

Fettwiesen, typischerweise der Glatthaferwiesen *(Arrhenatheretum)*. Die Wiese zeigt einen ähnlichen Aufbau wie die Weidelgras-Weißklee-Weide, nur mit dem Unterschied, dass die Vegetation der Wiese etwa das Zehnfache der Höhe der Weide erreicht (Abb. 185). Obwohl auch in der Wiese die Gräser dominieren, wie beispielsweise Wiesen-Fuchsschwanz *(Alopecurus pratensis)*, Glatthafer *(Arrhenatherum elatius)* Knaulgras *(Dactylis glomerata)*, Honiggras *(Holcus lanatus)* u.a., fällt doch meist zuerst der große Blütenreichtum auf, der von Hahnenfuß *(Ranunculus)*, Pippau *(Crepis biennis)*, Margerite *(Chrysanthemum leucanthemum)*, Glockenblume *(Campanula patula)*, Vogelwicke *(Vicia cracca)*, Sauerampfer *(Rumex acetosa)*, Rotklee *(Trifolium pratense)*, Flockenblume *(Centaurea jacea)* und vielen anderen mehr gebildet wird. Diese blühenden Kräuter erreichen fast nie die Höhe der oberen Grashalme und bilden deshalb eine mittlere Schicht im Vegetationsprofil. Die untersten Dezimeter der Wiese werden von breiten, flächigen Blattformen eingenommen, die den Pflanzen von Hahnenfuß, Klee, Löwenzahn, Ehrenpreis u.a. gehören.

Im Winter ist die Wiese grün und niedrigwüchsig und ähnelt dann einer Weide oder einem winterlichen Kornfeld. Bis zum ersten Schnitt im Frühling oder Frühsommer wächst sie dann hoch auf und entwickelt ihre bunten Blühaspekte. Auch damit ist eine Parallele zum Getreidefeld gegeben, wenngleich die Wiese vor dem eigentlichen trockenen Reifestadium abgeerntet wird (Abb. 186). Wenn die Wiese einmal nicht

Abb. 186 (S. 223 unten): Abgemähte Glatthaferwiese *(Arrhenatheretum)* in Witten «Auf dem Schnee». Juni 1995.

Abb. 185: Frische Glatthaferwiese *(Arrhenatheretum)* mit viel Wiesenfuchsschwanz *(Alopecurus pratensis)*.

Abb. 187 (oben): Sumpfdotterblumenwiese *(Bromo-Senecionetum aquatici)* mit blühender Sumpfdotterblume *(Caltha palustris)* im Windrather Tal südlich des Ruhrgebietes. Ende April 2001.

rechtzeitig gemäht wird und ausreift, bekommt sie vollends das Gesicht eines Getreidefeldes, indem dann die trockenen Grashalme in hellem Strohgelb leuchten. Ein Gestaltunterschied bleibt aber doch: In der Wiese ist die breitblättrige, dichte, grüne Unterschicht vorhanden, die dem Getreidefeld fehlt.

Auf nasseren Böden, die auch schon zur Torfbildung neigen, wird die Fettwiese abgelöst durch die Sumpfdotterblumen-Wiese *(Bromo-Senecionetum aquatici)* (Abb. 187). Im Mai, wenn das Gras noch niedrig ist, fallen die saftiggrünen Polster und Kissen der Sumpfdotterblume *(Caltha palustris)* auf, deren rundliche, derbe Blätter und gelbe Schalenblüten sich aus dem sumpfigen Boden und der übrigen Vegetation erheben. Bis zum Frühsommer werden die Sumpfdotterblumen von anderen Pflanzen der Gesellschaft überwachsen, die die runden *Caltha*-Blätter schließlich um mehrere Dezimeter überragen. Es sind vor allem grasartige Pflanzen wie Süßgräser *(Bromus racemosus, Holcus lanatus* etc.), Sauergräser (*Carex*- und *Scirpus*-Arten) und Binsen (vor allem *Juncus effusus*). Dazu gesellt sich eine Anzahl verschiedenfarbig blühender Kräuter wie das gelbe Wassergreiskraut *(Senecio aquaticus)*, das hellblaue Sumpfvergissmeinnicht *(Myosotis palustris)*, die rosa Kuckucks-Lichtnelke *(Lychnis flos-cuculi)*, das weiße Wiesenschaumkraut *(Cardamine pratensis)*, die violette Sumpf-Kratzdistel *(Cirsium palustre)* u.a. Bemerkenswert ist dieser Gestaltwandel im Jahreslauf: im Frühling die niedrige Pflanzendecke aus rundblättrigen Formen, im Sommer beim Höherwachsen der Übergang zu linealischen Grasstrukturen (Abb. 188).

Abb. 188 (links): Juni-Aspekt der Sumpfdotterblumenwiese mit vorherrschenden Gräsern und gelb blühendem Wassergreiskraut *(Senecio aquaticus)*. Dazwischen die langen Stängel der Sumpfkratzdistel *(Cirsium palustre)*. Flumm-Niederung in Ostfriesland zwischen Aurich und Leer. Juni 1984.

Da Fettwiese und Sumpfdotterblumenwiese Düngewiesen sind, werden sie zu einer Zone zusammengefasst. Die nun folgende Zone der Seggenwiesen enthält nur ungedüngte Feucht- und Nasswiesen. Auf gleicher Feuchtestufe wie die Sumpfdotterblumenwiese, jedoch im Gegensatz zu dieser ungedüngt, schließt als Nächstes in der Reihe die Binsen-Pfeifengras-Wiese (Abb. 189) an. Schon beim ersten Hinschauen fällt der Unterschied zwischen beiden auf: die kräftig-gelbgrüne Dotterblumenwiese und auf der anderen Seite (manchmal nur durch einen Graben getrennt) die graublau-grüne Pfeifengraswiese. Nach ihrem merkwürdigen Blauschimmer hat dieser Wiesentyp in Ostfriesland und den Niederlanden den Namen «Blaugraswiese» erhalten. Die besondere Färbung rührt nicht von blauen Blüten her, sondern von Gräsern und grasartigen Pflanzen mit blaugrünen Blättern, insbesondere von der Hirse-Segge *(Carex panicea)* und anderen Seggenarten.

Die Binsen-Pfeifengras-Wiese ist sehr niedrigwüchsig (Abb. 190). Nur einige wenige Pflanzen ragen aus der dichten, unregelmäßig hohen Grasnarbe, wie beispielsweise die dunkelgrünen Horste der Binsen *(Juncus effusus, Juncus conglomeratus)*, die staksigen, stachelbewehrten Sprosse der Sumpfkratzdistel *(Cirsium palustre)* oder die dünnen Halme des Pfeifengrases *(Molinia caerulea)* mit den dunkelvioletten Blütenrispen. Auffällig ist eine Verschiebung der Blütenfarbe gegenüber der Sumpfdotterblumenwiese: Es kommen hier mehr Arten mit blauen, violetten und rötlichen Tönen vor, wobei die beiden wichtigsten blau blühenden Pflanzen dieser Gesellschaft erst zwischen Juli und September blühen: Teufelsabbiss *(Succisa pratensis,* Abb. 191) und Lungen-Enzian *(Gentiana pneumonanthe)*. Während bei der Sumpfdotterblumenwiese die «Unterschicht» aus rundblättrigen Formen besteht, findet man an entsprechender Stelle in der Binsen-Pfeifengras-Wiese überwiegend schmale, grasartige Formen. Sähe

Abb. 189: Feuchte Magerwiese – Binsen-Pfeifengras-Wiese *(Junco-Molinietum)* als heller Streifen zwischen sattgrünen Fettwiesen und -weiden. Asbecke-Tal westlich von Herford, Westfalen. April 1995.

Abb. 190: In der niedrigwüchsigen Binsen-Pfeifengras-Wiese herrscht im Unterwuchs die hell-blaugrüne Hirse-Segge *(Carex panicea)*. Dies wird landschaftsprägend in der hier abgebildeten «Blaugraswiese» *(Cirsio dissecti-Molinietum)*, die nur in Ostfriesland und den angrenzenden Niederlanden vorkommt. Nähe Nijmegen, Niederlande, Mai 1989.

Abb. 191: Im August blüht in der Binsen-Pfeifengras-Wiese der Teufelsabbiss *(Succisa pratensis)*. Daneben ist auch Zittergras *(Briza media)* zu sehen, eine typische Pflanze feuchter und trockener, kalkarmer und kalkreicher Magerrasen. Asbecke-Tal westlich von Herford, Westfalen. August 1995.

Abb. 192: Kleinseggenried *(Caricetum nigrae)* zur Blütezeit des Hundsstraußgrases *(Agrostis canina)*, das der Gesellschaft die karminrote Färbung verleiht. Dazwischen sind die weißen Fruchtschöpfe vom Schmalblättrigen Wollgras *(Eriophorum angustifolium)* verteilt. Postbruch im Wendland, Ostniedersachsen. Juni 1983.

Abb. 193: Eine typische Pflanze der Kleinseggenrieder, aber mit der rundlichen Gestalt eine Ausnahmeerscheinung und nur an Störstellen: der Wassernabel *(Hydrocotyle vulgaris)*, ein zwergwüchsiger Doldenblütler.

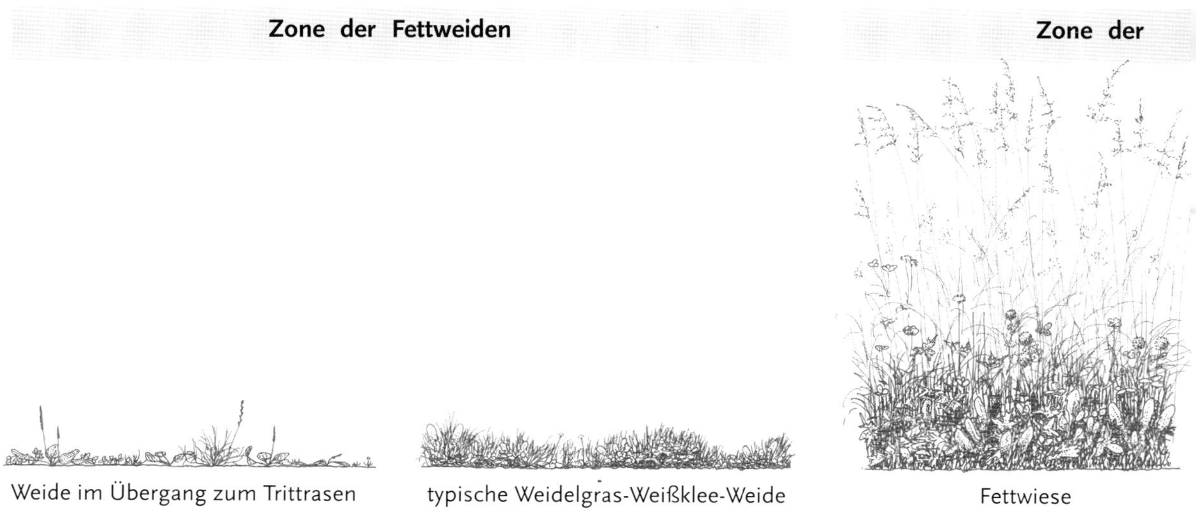

Abb. 194: Pflanzengesellschaften des Kulturgradienten im feuchten Wirtschaftsraum (Anordnung nach Abb. 171, unterer Halbkreis).

man nicht das Wasser in den Fußstapfen, man könnte vom Erscheinungsbild her bezweifeln, es hier überhaupt mit einer feuchteabhängigen Pflanzengesellschaft zu tun zu haben.

Die hier zu beobachtende Tendenz des Rückganges von runden und flächigen Blattformen zugunsten linealisch-schmaler Gestalten, der Abnahme der Wuchshöhe der Vegetation und der Farbänderung findet ihre Fortsetzung in der letzten Pflanzengesellschaft der Reihe, dem Kleinseggenried. Wie der Name schon sagt, wird das Vegetationsbild vorwiegend durch kleine Seggenarten bestimmt *(Carex canescens, C. nigra, C. panicea, C. rostrata* u.a.), in deren graugrünem Blattwerk sich noch ein niedriges, polsterförmig wachsendes und wie die Kleinseggen ebenfalls graugrünes Gras hineinspinnt: das Hundsstraußgras *(Agrostis canina)*. Da dieses Gras zumeist in großen Mengen in dem Kleinseggenried wächst, färbt sich die ganze Gesellschaft zur Blütezeit des Straußgrases Ende Juni karminrot (Abb. 192). Dann mischen sich auch einzelne weiße Flocken von fruchtendem Wollgras dazwischen. Rot und weiß sind auch die beiden Grundtöne der blühenden Kräuter in dieser Gesellschaft. Mit einigen wenigen Ausnahmen haben die krautigen Pflanzen des Kleinseggenriedes ziemlich schmale oder doch sehr feingliedrige Blätter. Zu den Ausnahmen gehört der Wassernabel, ein nur wenige Zentimeter hohes Doldengewächs mit kreisrunden, gut daumennagelgroßen Blättchen (Abb. 193). Er wächst vor allem an Stellen, wo die Narbe des Kleinseggenriedes beschädigt wurde (durch Betreten, Befahren o.Ä.). Die unterste Schicht der Gesellschaft bildet eine Decke aus Sumpfmoosen; auch mehrere Torfmoosarten kommen hier vor.

Damit ist die Reihe der Pflanzengesellschaften im Grünlandbereich der Gemarkung abgeschlossen. Auch hier soll im Rückblick versucht werden, Gesetzmäßigkeiten im Gestaltwandel vom Trittrasen bis zum Kleinseggenried aufzuspüren (Abb. 194): Zunächst einmal ist der große Sprung in der Vegetationshöhe zwischen Weide und Fettwiese auffallend. Danach fällt die Höhe mehr oder weniger kontinuierlich bis zum Kleinseggenried ab. Verbunden damit ist die unterschiedliche Ausprägung des linealischen Gestaltelementes. Es ist im Trittrasen nur schwach ausgebildet, wo niederliegende und flächenblättrige Formen dominieren, und es ist

Zone der Seggenwiesen

Dotterblumenwiese

Pfeifengraswiese

Kleinseggenried

andererseits das entscheidende Gestaltelement in der Binsen-Pfeifengras-Wiese und im Kleinseggenried. In den mittleren Vegetationsgestalten, denen der Fettwiese und der Sumpfdotterblumenwiese, erreicht das linealische Element zwar seine größte Höhe im Raum, es ist hier aber immer begleitet von einer Unterschicht aus vorwiegend rundlich-flächigen Blattformen. Besonders extrem ist dieses Strukturelement in der Sumpfdotterblumenwiese ausgebildet.

Ein weiterer zu betrachtender Aspekt ist die Färbung der Vegetation: Auf der einen Seite stehen die rein frischgrünen Pflanzengesellschaften des Trittrasens und der Weidelgras-Weißklee-Weide, auf der anderen die überwiegend blaugrünen bis graugrünen Bestände der Binsen-Pfeifengras-Wiese und des Kleinseggenriedes, wobei sich Letzteres noch durch zeitweilig starke Rotfärbung auszeichnet. Mit dem Gras harmonieren die dominanten Blütenfarben der Kräuter. In der Weidezone bilden Kräuter nur selten auffallende Blühaspekte, diese sind dann gelb oder weiß. Auch in den bunt blühenden Fettwiesen und Sumpfdotterblumenwiesen überwiegen gelbe und weiße Töne. Dann ändert sich das Bild schlagartig, indem Rot, Rosa, Violett und Blau sowie Weiß die herrschenden Farben der Seggenwiesen sind.

Damit sind die wichtigsten Pflanzengesellschaften der Kulturlandschaftszonen beschrieben. Abschließend sollen die beiden Reihen aus dem trockenen und dem feuchten Wirtschaftsraum miteinander verglichen werden, um zu sehen, ob sich Gemeinsamkeiten zeigen und wie die Unterschiede beschaffen sind.

Die Fettweidezone hat mit dem Gemüseland gemein, dass sie sehr stark im Vegetativen lebt und die Blütenbildung unterdrückt ist. Selbstverständlich werden hier auch Blüten gebildet, sie haben aber nicht den Charakter von auffälligen Blumen, sondern sind in allen Teilen und vor allem in der Farbigkeit sehr reduziert. Diese Pflanzengesellschaften kommen in den Genuss von außergewöhnlich hohen Düngergaben, was den vegetativen Wachstumsprozess stark anregt. Andererseits erreichen sie nie eine intensive Blühphase, da sie ständig betreten, befressen oder weit vor dem Blühen abgeerntet werden. Daher rührt wohl auch ihre Niedrigwüchsigkeit; eine hochaufragende Vertikalstruktur fehlt. Die Pflanzen bilden vor allem flächige Formen aus.

Im Gemüseland wird das sogar noch in dreidimensionale Pflanzenformen gesteigert, wodurch das Massige betont wird (Kohl, Rüben usw.), im Trittrasen und im Weideland bleibt es bei flachen (zweidimensionalen) Blättern.

Auf die Ähnlichkeit zwischen Wiese und Getreidefeld wurde schon hingewiesen. Beiden ist die hochaufragende Stängelstruktur gemeinsam, die die größte Höhe im Raum von allen hier behandelten Pflanzengesellschaften einnimmt. Diese Höhe unterliegt außerdem einem ausgeprägten jahreszeitlichen Rhythmus: Wenn ihr Maximum erreicht ist, wird sie durch die Ernte wieder bis auf wenige Zentimeter herabgesetzt. Die große Wuchskraft von Wiese und Getreidefeld wird durch das jährliche Düngen ermöglicht, allerdings mit weniger hohen Gaben als bei Gemüseland und Weide.

Der Unterschied zwischen Wiese und Kornfeld liegt vor allem in Folgendem: In der Wiese gliedert sich in die vertikale Stängelstruktur der Grasformen eine Unterschicht aus flächenblättrigen Formen, die als Ausdruck des feuchten Standortes angesehen werden kann und die dem Getreidefeld fehlt. Dafür bildet sich in Letzterem die hell-goldgelbe Sommerreifefärbung aus, die den trockenen Standort charakterisiert und die Verwandtschaft mit Licht, Luft und Wärme zeigt.

Auch die Magerrasen und Heiden des trockenen Bodens und die Pfeifengraswiesen und Kleinseggenrieder der Feuchtgebiete haben Gemeinsamkeiten, allein schon die, dass sie nicht gedüngt werden. Das unterscheidet sie von allen vorhergehenden Pflanzengesellschaften. Auch im Erscheinungsbild finden wir Gemeinsames. Der Sprossbereich ist stark reduziert, was sich in Niedrigwüchsigkeit und kleinen oder grasartig schmalen Blättern zeigt. Wenn – seltener – breitflächigere Blätter auftreten, dann sind sie in Rosetten dem Boden angedrückt. Die Grundfärbung dieser Rasen spielt zwischen Braungrün, Graugrün oder Blaugrün, zeigt aber niemals das frische Maigrün einer Frühlingswiese. Der vegetative Bereich mit den trüben Grüntönen und den strahligen, feinen und hartblättrigen Formen macht eigentlich immer einen etwas abgestorbenen und trockenen Eindruck, da die vegetative Entfaltung stark zurücktritt. Dabei ist merkwürdig, dass auch die Gesellschaften der feuchten Bereiche eher trocken erscheinen, was ja bei der Binsen-Pfeifengras-Wiese schon angesprochen wurde.

Es wird immer deutlicher, dass die beiden dargestellten Reihen des feuchten und des trockenen Wirtschaftsraumes prinzipiell gleichartig sind und eine ganz bestimmte Gesetzmäßigkeit durchlaufen (Abb. 195). Diese Gesetzmäßigkeit ist die einer Polarität zwischen üppigem Wachstum mit reicher Blattentfaltung und Blütenarmut einerseits und reduziertem Wachstum mit gehemmter Blattentfaltung, strahligen Formen und Blütenreichtum andererseits. Die Mitte zwischen diesen beiden Polen wird gehalten durch eine Gestalt, die einerseits durch ihre Größe auffällt und andererseits sowohl Elemente des einen wie des anderen Pols in sich vereinigt. Im Getreidefeld ist dies vor allem durch den jahreszeitlichen Rhythmus gegeben, indem es im Frühjahr mehr zum vegetativen Pol des Gemüselandes tendiert und im Sommer zur Reifezeit den Trockenrasen ähnlich wird. In der Wiese überlagern sich die beiden Pole mehr räumlich: Die breitblättrige Unterschicht stellt die Beziehung zu den Trittrasen und Weidegesellschaften her, die feinblättrige Oberschicht mit den Blüten ist mehr mit den Magerwiesen (sowohl trockener als auch feuchter Standorte) verwandt.

Abb. 195 (rechts): Zusammenschau der wichtigsten Pflanzengesellschaften des Kulturgradienten von trockenem (oben) und feuchtem (unten) Wirtschaftsraum.

dorfnahe Zone

Gemüseland

Fettweide

Sprossgestalt: *breitblättrig, massig, überwiegend weich*
Konsistenz: *wässrig*
Vegetationsfarbe: *kräftig grün, frischgrün*
Sprossbereich: *stark entwickelt*
Blütenbereich: *schwach entwickelt*
Düngung: *sehr stark*
Regionale und standörtliche Unterschiede: *kaum vorhanden*
Vegetation ist Ausdruck von: *intensiver Wirtschaft*

mittlere Zone

Kornfeld

Wiese

mittlere Zone vermittelt rhythmisch zwischen den Polen:

Kornfeld
tendiert im Frühling zur dorfnahen Zone, im Sommer zur dorffernen Zone
(zeitlicher Rhythmus)

Wiese
Vegetationsprofil tendiert im unteren Teil zur dorfnahen Zone, im oberen Teil zur dorffernen Zone
(räumlicher Rhythmus)

Wechsel hoch-niedrig im Jahreslauf sehr ausgeprägt: Ausdehnung und Zusammenziehung

dorfferne Zone

Magerrasen

Seggenwiese

Sprossgestalt: *strahlig, fein, hartblättrig*
Konsistenz: *trocken*
Vegetationsfarbe: *graugrün, blaugrün, braungrün*
Sprossbereich: *reduziert*
Blütenbereich: *stark entwickelt*
Düngung: *keine*
Regionale und standörtliche Unterschiede: *sehr ausgeprägt*
Vegetation ist Ausdruck von: *Landschaftsqualitäten*

Der Organismus der Dorfgemarkung

Die hier angewandte Methode der Phänomenologie ergibt für die Kulturlandschaft ein überraschend organisches Bild. In der Landschaft, die uns zumeist als sehr komplexes und schwierig zu überschauendes Gebilde erscheint, zeichnen sich plötzlich bedeutsame Gesetzmäßigkeiten ab, die eine organismische Ganzheit vermuten lassen. Es ist nun die Frage, ob man die historische Dorfgemarkung und damit die Kulturlandschaft tatsächlich als Organismus begreifen kann und welche Konsequenzen sich daraus ergeben. Dazu ist ein allgemeiner, aber treffender Organismusbegriff als grundlegendes Verständnismittel hilfreich.

Ausgehend vom menschlichen Organismus entwickelte Steiner (1917) einen Organismusbegriff, der so allgemein gehalten und flexibel ist, dass er prinzipiell auch auf andere lebendige Komplexe angewandt werden kann. Er fand eine Gliederung des menschlichen Organismus in drei Organsysteme, die er Stoffwechsel-Gliedmaßen-System, rhythmisches System und Nerven-Sinnes-System nannte. Ihr Funktionszusammenhang ist folgender:

Durch das *Stoffwechsel-Gliedmaßen-System*, hier abgekürzt Stoffwechselsystem genannt, baut der Organismus körpereigene Substanz auf und schafft damit seine Lebensgrundlage. Es ist gekennzeichnet durch intensive Wachstumskräfte; das Gewebe dieser Organe wird in bestimmten Abständen vollständig erneuert, die Reproduktionskraft ist hoch (Beispiele: Verdauungsorgane, Fortpflanzungsorgane).

Durch das *Nerven-Sinnes-System* bildet der Organismus die Umgebung in sich ab; er nimmt äußere Sinnesreize auf, die nicht «nur» zu einem bestimmten Verhalten führen, sondern auch teilweise direkt in lebenswichtige physiologische Wirksamkeit umgewandelt werden, z.B. die körpereigene Herstellung von Vitamin D durch Lichteinwirkung. Das Gewebe dieses Organsystems wird, einmal gebildet, nicht mehr oder kaum mehr erneuert, die Reproduktionsfähigkeit und das Wachstum sind im erwachsenen Organismus äußerst gering (Beispiele: Sinnesorgane, Gehirn). Der partielle Tod (die Reduktion der Vitalkräfte) ist notwendig für die Sinnes- und Nervenorganisation. Das Auge beispielsweise kann seine Funktion nur erfüllen, weil in wichtigen Teilen die Stoffwechselprozesse ganz zurückgenommen sind. Man muss sich einmal vorstellen, was das Auge wäre, wenn Linse und Glaskörper von feinen Blutgefäßen durchzogen würden: Dann würden wir nichts mehr sehen können! Das Auge muss, um als Sinnesorgan dienen zu können, viel weniger lebendig-vital sein als die Stoffwechselorgane der Bauchhöhle.

Zwischen beiden Systemen vermittelt das *rhythmische System* durch die Tätigkeit des Kreislaufes der Körperflüssigkeiten (vor allem Blutkreislauf) und der Atmung. Stoff- und Gasaustausch zwischen Organen und zwischen Organismus und Umwelt werden hierdurch gewährleistet. Die Tätigkeit dieser Organe ist eine stark rhythmische (periodische): Herzschlag, Atmung.

Mithilfe dieser Begrifflichkeit erscheint es möglich, die Charakteristika der drei Dorfgemarkungszonen mit den drei Organsystemen des Menschen zu vergleichen (Abb. 195). Da wäre zunächst einmal der dorfnächste Bereich mit den Gemüsefeldern, Trittrasen und Fettweiden. Hier herrscht vegetatives, strotzendes Wachstum vor, das durch starke Düngung und periodische Störung (bzw. Zerstörung) ermöglicht wird. So kommt die Vegetation nicht zur Blühphase, sondern wird auf einem sehr jugendlichen Stadium gehalten. Die Vegetation bleibt ständig im Bereich des Wässrigen. Interessant ist außerdem, dass sich die Pflanzengesellschaften der dorfnahen Flächen in verschiedenen Landschaften kaum unterscheiden. Trittrasen und Fettweiden (das angebaute Gemüse ohnehin) haben eine erstaunlich homogene Artenzusammensetzung, gleich ob sie auf Kalk, Lehm oder Sand, auf trockenem oder feuchtem Boden wachsen. Es verwischen sich also hier die landschaftlichen Eigenarten; diese Pflanzengesellschaften sind eigentlich nur Ausdruck der wirtschaftenden Tätigkeit des Menschen. Man könnte sagen, sie sind in dem, was sie darstellen, nach innen zum Dorf mit seinen zentralen Stoffwechselprozessen gerichtet und so gut wie nicht nach außen zur Landschaftsnatur. Für diese Zone bereitet es also keine Schwierigkeiten, die Charakteristika des Stoffwechsel-Gliedmaßen-Systems zu finden. Dazu gehören nicht nur intensivste Stoffumsetzungen, sondern auch große Wachstumskräfte und hohe Regenerierbarkeit; und schließlich befinden sich alle diese Organe im «Innern» des Organismus (in Dorfnähe).

Als Nächstes soll der gegenüberliegende Pol betrachtet werden, nämlich die dorffernen Trockenrasen, Heiden, Pfeifengraswiesen und Kleinseggenrieder. Sie machen immer einen eher trockenen Eindruck, auch wenn sie auf sehr nassen Böden wachsen. Sie sind gekennzeichnet durch harte, strahlige Formen. Das Wasserelement tritt hier kaum in Erscheinung, demzufolge auch keine weich- und rundblättrigen, frischgrünen Vegetationsgestalten. Das Wässrig-Vegetative wird stark zurückgedrängt. Stattdessen wird das Wärme- und Luftelement gefördert, das sich vor allem in stärkerer Blühintensität zeigt, sei es bei den bunt blühenden Trockenrasen oder bei der Heide, die einmal im Jahr «entflammt». Nährstoffentzug durch die Ernte und die fehlende Düngung führen dazu, dass bei Weitem nicht solche intensiven Stoffwechselprozesse stattfinden wie in der dorfnahen Zone. Die vegetativen, aufbauenden Kräfte sind stark gehemmt.

Dadurch wird aber hier etwas möglich, was dem vegetativen Stoffwechselpol der Gemüsefelder, Trittrasen und Weiden entgegengesetzt ist: nämlich die sehr empfindliche Reaktion der Vegetation auf kleinste Unterschiede in den Standortverhältnissen; deshalb auch die vielen unterschiedlichen Pflanzengesellschaften im nährstoffarmen Milieu, die jeweils sehr feine ökologische Differenzierungen wiedergeben. So spiegelt die menschlich bedingte Vegetation des Außenkreises der Kulturlandschaft die Landschaftsverhältnisse viel intensiver wider, als es durch die natürliche Vegetation geschehen könnte. Das heißt aber, dass diese nährstoffarmen Heiden, Borstgrasrasen, Trockenrasen, Pfeifengraswiesen und Kleinseggenrieder nach außen, zur Landschaft, gerichtet sind und diese abbilden. Sie vermögen dies durch die Dämpfung des vegetativen Lebens, wodurch ihre Integration in die Ganzheit der Kulturlandschaft möglich ist (Nährstoffentzug).

Genau das sind die Charakteristika des Nerven-Sinnes-Systems, in dem die Regenerationsfähigkeit und das Wachstum (also die Stoffwechselkräfte) stark vermindert sind, wobei die Sinnesogane an der Außenseite des Organismus liegen, nach außen gerichtet sind und die Umgebung abbilden. Und wie beim Auge sind auch in den Magerrasen die Stoffwechselprozesse stark zurückgenommen. Dadurch, dass sie viel weniger lebendig-vital sind als Gemüseland und Fettweide, können sich die Landschaftsqualitäten in ihnen sehr differenziert ausdrücken.

Wenden wir uns nun dem mittleren Bereich der Kulturlandschaft zu, der durch die Getreidefelder und Wiesen gekennzeichnet ist. Auffällig sind hier die unterschiedlichen Wuchshöhen in den verschiedenen Jahreszeiten. Sowohl Wiese als auch Getreidefeld erreichen die größte Höhe von allen hier dargestellten Pflanzengesellschaften. Wenn die maximale Höhe jeweils erreicht ist, wird die Vegetation durch die Mahd bis auf wenige Zentimeter heruntergekürzt. Danach geht das Wachstum wieder von vorne los. Durch das Aufwachsen der hohen Grasgestalten, die damit einhergehende

Farbverwandlung und schließlich das Abmähen des gesamten Bestandes entsteht hier also ein ausgeprägter zeitlich-räumlicher Rhythmus, der von anderen Pflanzengesellschaften der Gemarkung kaum erreicht wird. Darüber hinaus kann bei den Wiesen und Kornfeldern eine ganz besondere Beziehung zu den beiden Polen beobachtet werden. Die Wiese vermittelt durch einen Rhythmus im Raum, das Getreidefeld durch einen Rhythmus in der Zeit, der zwischen den Extremen vermittelt.

In die gleiche Richtung weist die Dreifelderwirtschaft, deren Rhythmus einen noch längeren Zeitraum umspannt als nur ein Jahr. Durch den Wechsel zwischen Hackfrucht, Getreide und beweidetem Magerrasen entsteht ebenfalls ein zeitlicher Rhythmus, der den organischen Zusammenhang von Gemüseland, Kornfeld und Magerrasen sehr deutlich vor Augen führt. Darin zeigt sich das rhythmische System, das die Sinnesorgane und die Stoffwechselorgane miteinander verbindet und das durch einen ausgeprägten Rhythmus gekennzeichnet ist.

Dass eine Parallele zwischen den Funktionen der menschlichen Organsysteme und den Pflanzengesellschaften der historischen Dorfgemarkung gefunden wurde, ist ein erster Hinweis auf den Organismuscharakter der Kulturlandschaft (Abb. 196). Das mag vielleicht überraschen, denn etwas mit Organismuscharakter erwartet man doch eher von naturwüchsigen Ökosystemen wie Seen, Mooren, Wäldern usw. Demgegenüber erscheint uns eine Kulturlandschaft normalerweise mehr wie ein zufälliges und regelloses Mosaik verschiedener Nutzungen. Dass aber auch in ihr die Züge eines Organismus zu finden sind, zeigen die obigen Ausführungen. Sich diese Sichtweise zu eigen zu machen erfordert allerdings, den Menschen mit seinen positiven Gestaltungskräften in Bezug auf Landschaft mit in die Überlegungen einzubeziehen. Das ist für jemanden, der im Menschen nur den großen Landschaftszerstörer sieht, allerdings schwer einzusehen. Das Umdenken ist aber dringend notwendig. Deshalb soll versucht werden, den Gedanken des dreigliedrigen Kulturlandschaftsorganismus noch in eine Richtung zu vertiefen, die mehr in die Funktion der einzelnen Glieder geht.

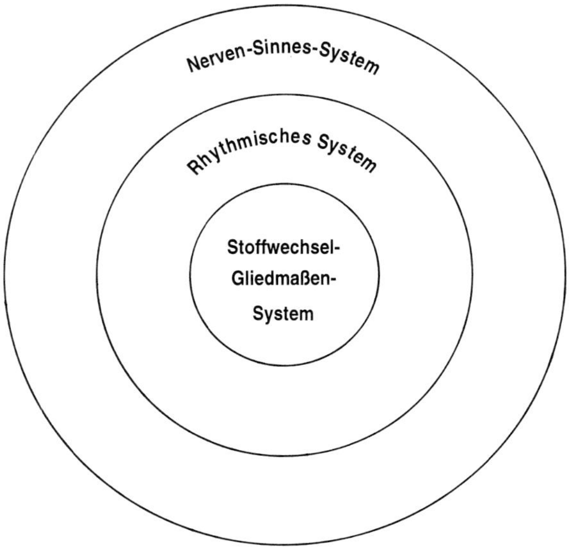

Abb. 196: Die historische Dorfgemarkung als dreigliedriger Organismus.

Auch in der landschaftsökologischen Literatur wird die historische Dorfgemarkung als ein fein abgestimmter Funktionszusammenhang beschrieben (z.B. Beck 1994). Der Kulturgradient kann nämlich auch als eine Trophiegliederung gelesen werden. Die Trophie bezeichnet die Intensität des pflanzlichen Wachstums und damit des Stoffumsatzes. Aus Abb. 197 wird ersichtlich, dass die naturgegebene Trophiestufe («mesotroph» = mittlere Intensität) durch die Kulturtätigkeit des Menschen polarisiert wird in eine Zone, die unter, und eine Zone, die über der jeweiligen natürlichen Landschaftstrophie liegt. Da es sich hierbei auch um eine Verteilung von Nährstoffen handelt, kann man in Annäherung sagen: Die oligotrophe (= wenig intensive = extensive) Außenzone kann nur dadurch ih-

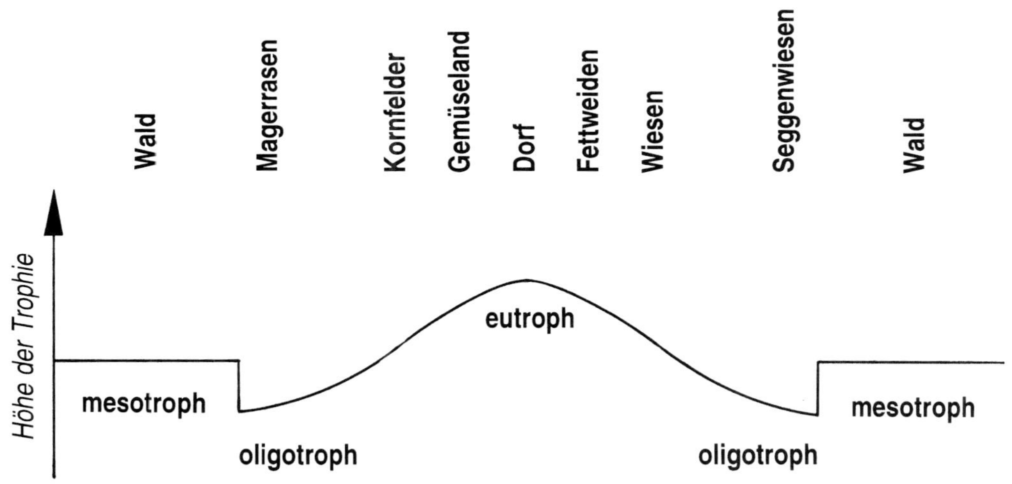

Abb. 197: Durch die Kulturtätigkeit in der historischen Dorfgemarkung veränderte der Mensch auch die Trophie (Umsatz und Fülle der Nährstoffe); aus einer mittleren Trophiestufe der ursprünglichen Waldlandschaft (= mesotroph) polarisierte er im Laufe der Zeit die äußere, oligotrophe Zone und die innere, eutrophe Zone (vgl. Abb. 170, S. 210).

ren nährstoffarmen Charakter bewahren, dass Substanzen von hier abgezogen und in das Zentrum des Systems verfrachtet werden. Umgekehrt kann die hohe Fruchtbarkeit des Zentrums nur dadurch erhalten bleiben, dass vom Außenkreis ständig Substanzen nach innen verlagert werden. Es sind also beide Extreme der Dorfgemarkung notwendig aufeinander bezogen und voneinander abhängig.

Diese gegenseitige Abhängigkeit lässt sich auch durch die Nährstoffströme darstellen, wie es beispielsweise von Ganzert (1994) versucht wurde (Abb. 198). Hierbei kommen allerdings nur die reinen Stoffströme hinsichtlich ihrer Quantität zum Ausdruck. Immerhin lässt sich daraus schon sehr schön der Quasi-Kreislauf ablesen, der dennoch für äußere Einflüsse geöffnet ist; der Vergleich mit dem lebendigen System eines Organismus, der ebenfalls eine gewisse innere Geschlossenheit und trotzdem eine Umweltoffenheit hat, ist nicht von der Hand zu weisen.

Nimmt man schließlich die unterschiedlichen Qualitäten der verschiedenen Substanzströme hinzu, wird das Bild des Kulturlandschaftsorganismus noch dichter. Unter Qualität soll hier nicht nur die Zusammensetzung der abgeernteten Biomasse verstanden werden, sondern auch die spezielle Art der Weiterverwendung im ganzen System. Unter diesem Aspekt sollen die drei Hauptzonen der historischen Dorfgemarkung noch einmal betrachtet werden.

Wenn in der dorfnächsten Zone breitblättrigmastige Vegetationsformen als Ausdruck der übermäßigen Nährstoffe vorherrschen, dann kann das zweierlei Bedeutung haben. Einerseits sind die Vegetationstypen auf diese Standorte angewiesen, andererseits kann vermutet werden, dass die dort wachsenden Pflanzen den Standort aber auch wiederum verändern, indem sie beispielsweise die leicht löslichen Stickstoffverbindungen in komplexe Formen umwandeln und somit eine gewisse «Entgiftung» des Bodens herbeiführen (vgl. Tüxen 1979). Interessant ist in diesem Zusammenhang, dass die Naturformen vieler Gemüsepflanzen, beispiels-

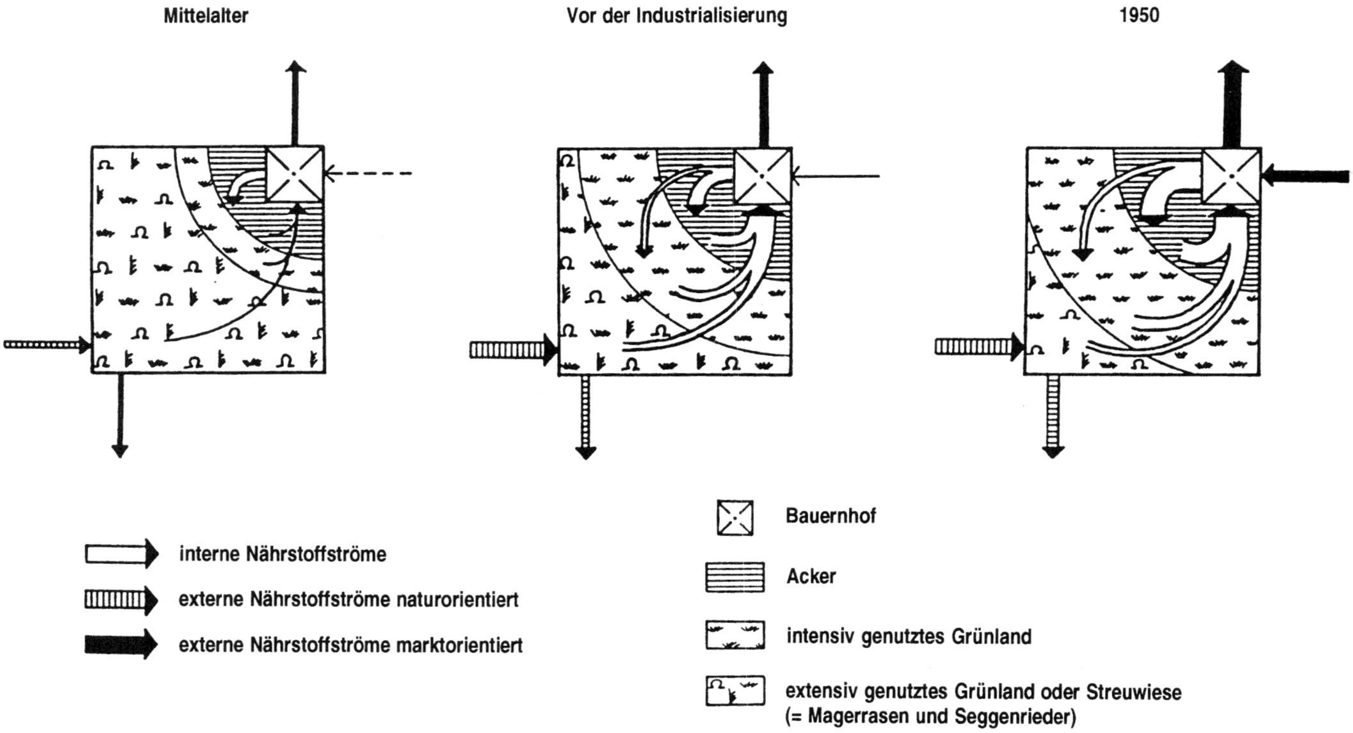

Abb. 198: Schematische Darstellung der Nährstoffströme eines landwirtschaftlichen Betriebs in der geschichtlichen Entwicklung. Nach Ganzert 1994.

weise Kohl und Rüben, auf nährstoffreichen Tangwällen der Meeresküsten wachsen und so die Bindung der Kulturformen an stark gedüngte Böden vorwegnehmen.

Dass die Vegetation des Gemarkungszentrums eine gewisse Eigenaktivität entwickelt, zeigt schon das Phänomen der Breitblättrigkeit an sich. Wir haben das bisher ganz selbstverständlich mit dem Dorf und seiner nächsten Umgebung in Verbindung gebracht. Aber so selbstverständlich ist das gar nicht. Denn wo finden wir in der Natur das flächenblättrige Gestaltelement? Es tritt vorwiegend an solchen Stellen auf, an denen das Wasserelement eine bedeutende Rolle spielt, nämlich vor allem an Ufern von Gewässern. Als Beispiele wären die Teichrosen an Stillgewässern und die Pestwurz an Fließgewässern zu nennen. Sie haben hier einen eher passiven Charakter, indem sie die Qualitäten des Standortes anzeigen (vgl. Kapitel über den Wasserkomplex). Im Dorf wachsen die breitblättrigen Pflanzen aber im Allgemeinen nicht an einem feuchten oder gar nassen Standort, dennoch haben die wuchtigen Blätter der Kletten eine verblüffende Ähnlichkeit mit denen der Pestwurz (vgl. Abb. 98, S. 131). Was hier vorliegt, hatten wir schon auf S. 131 ff. über den Wasserkomplex gesehen. Die Klettenblätter zeigen nicht eine äußere Wasserqualität passiv an, sondern bauen den Wasserkomplex aktiv auf. Wichtig ist für unsere Betrachtung der Aspekt der *aktiven* Seite der Vegetation. Das wiederum ist unter dem Blickwinkel des Organismus durchaus verständlich, der in seinen Stoffwechselorganen eine innere Aktivität entfaltet, die ihm eine gewisse Homöostase gegenüber der Umwelt ermöglicht.

Ganz anders stellen sich die trockenen und

feuchten Magerrasen der Außenzonen dar. Nicht Eigenaktivität ist hier Thema, sondern die völlige Hingabe an die Qualitäten der Landschaft. Die Aktivität, die hier von der Vegetation vollbracht wird, ist die Verinnerlichung dieser Qualitäten in die Substanz der Pflanzen hinein. Die Ernte und der Transport in das Zentrum der Gemarkung befördern diese zur Pflanzensubstanz gewordenen Landschaftsqualitäten in die Stoffwechselorganisation des Dorfes, wo sie sich über das Fleisch der Tiere, den Dung und den Kompost den übrigen Gliedern der Dorfgemarkung mitteilen. Erfüllen können die Magerrasen ihre Aufgabe nur, wenn ihnen ständig Materie entzogen wird, denn nur durch diesen partiellen Todesprozess kann die Aufnahme der Landschaftsqualität wie durch ein Sinnessystem erfolgen.

Die mittlere Zone der Dorfgemarkung, die der Kornfelder und Wiesen, hat, wie schon beschrieben, hinsichtlich der Gestalt den Charakter einer rhythmischen Mitte zwischen der dorfnächsten und der dorffernsten Zone. Auch hinsichtlich der Funktion findet man nun eine Vermittlerposition, denn dieser Bereich ist es, der das ganze System überhaupt am Leben erhält. Durch das Korn für das tägliche Brot, dem Hauptnahrungsmittel der Menschen, durch den Hafer für die arbeitenden Pferde, durch das Wiesenheu für die Rinder werden diejenigen Lebewesen ernährt, die den allergrößten Teil der Arbeit in der historischen Dorfgemarkung leisten. Damit ist die mittlere Zone gewissermaßen der Motor (im ursprünglichen Sinne: der Beweger) der ganzen Dorfgemarkung.

Schließlich soll noch auf einen Aspekt aufmerksam gemacht werden, der die Tätigkeiten der Menschen selbst betrifft. Parallel zu der starken – gewollten oder zwangsläufigen – Düngung der dorfnahen Flächen geht die Intensität der hier aufgewendeten menschlichen Arbeit. Vom Füttern der Hühner und Eiersuchen bis hin zum oftmaligen Hacken der Gemüsekulturen wird eine Arbeitsleistung erbracht, die im Jahresdurchschnitt weit höher liegt als bei den übrigen, weiter außerhalb liegenden Zonen. In der Zone der Kornfelder und Fettwiesen ist der Arbeitseinsatz geringer, da hier keine Tiere ständig versorgt werden müssen und sich die Arbeit auf relativ kurze Zeiten im Jahr konzentriert: auf die Zeiten des Pflügens und Säens und des Erntens.

In den Magerrasengebieten, insbesondere in den trockenen Magerrasen und Heiden, beschränkt sich die Arbeit in erster Linie auf das Hüten der Tiere. Das ist schon von der Art der Arbeit etwas ganz anderes als das, was in den inneren Zonen getan wird. Oftmals wurden die Hütearbeiten denn auch von Kindern geleistet, die nebenbei noch Zeit für andere Dinge hatten. Auch der Schäfer hatte oft seine Flöte dabei, auch er konnte einer mehr musischen «Nebenbeschäftigung» nachgehen. Es ist kaum vorstellbar, dass man bei der schweren Arbeit des Hackens im Gemüseland nebenbei Flöte spielen, Heuschrecken fangen oder einfach in der Sonne träumen konnte. Die musisch-spielerische Art der Tätigkeit nahm zum Zentrum des Dorfes hin ab. In den Wiesen und Getreidefeldern war sie noch vorhanden, wenn auch eingeschränkt: Man konnte, zumindest zeitweise, in der Wiese liegen, Käfer beobachten und Blumen pflücken, und das Stoppelfeld diente im Spätsommer und Herbst ganz hervorragend als Drachenflugplatz. In dem Wechsel von spielerisch-müßiger Betätigung und periodischem Arbeitseinsatz zeigt sich also wieder der ausgesprochen rhythmische Charakter der mittleren Zone.

Als Abschluss der organismischen Darstellung der historischen Dorfgemarkung sei noch eine weitere Überlegung gewagt. Wir sind von der reinen Vegetationsphänomenologie ausgegangen und haben uns bis zur Funktionsbetrachtung der Dorfgemarkung vorgearbeitet. Dabei sind wir beispielsweise darauf gestoßen, dass die mastige Vegetationsform des Gemüselandes zunächst einmal als Ausdruck der intensiven menschlichen Arbeit gewertet werden kann. Die Vegetation des Gemüselandes ist aber selbst nicht das Stoffwechsel-Gliedmaßen-System, sondern dazu gehört die gesamte Funktionsgestalt einschließlich Boden, Tierwelt und menschlicher Tätigkeit. Die körperliche Arbeit des Menschen gerade im Gemüseland kann auf etwas aufmerksam machen, was besonders dann deutlich wird, wenn man den anderen Bereich des Stoffwechsel-Gliedmaßen-Systems zum Vergleich heranzieht: die Fettweiden. Auf der einen Seite ist das Gemüseland Ausdruck intensiver Arbeit des Menschen, und Arbeit bedeutet letztlich: Bewegung der Glieder. Auf der anderen Seite ist die Fettweide mehr Ausdruck der Nahrungsaufnahme durch die Weidetiere und deren Ausscheidungen. Insbesondere der Kuh als *dem* Stoffwechseltier kommt hierbei die größte Bedeutung zu. So liegt der Gedanke nahe, dass das Gemüseland mehr «Gliedmaßencharakter» und die Weide mehr «Stoffwechselcharakter» hat.

Alle drei Organsysteme des dreigliedrigen menschlichen Organismus lassen sich noch einmal aufteilen in einen nach außen und einen nach innen bezogenen Bereich. So übernimmt beim Stoffwechsel-Gliedmaßen-System das Stoffwechselsystem die innere, das Gliedmaßensystem die äußere Funktion. Beim rhythmischen System ist das Kreislaufsystem der innere, das Atmungssystem der äußere Bereich. Im Nerven-Sinnes-System weist das Nervensystem nach innen, das Sinnessystem nach außen. In Bezug auf die Dorfgemarkung ist bemerkenswert, dass sich jeder Zonenring in einen trockenen und einen feuchten Bereich polarisiert. Sollte die Aufgliederung, für Gemüseland und Fettweide bereits gefunden, durchgängig möglich und sinnvoll sein?

Ein wesentlicher Unterschied zwischen trockenen und feuchten Magerrasen ist bisher noch im Hintergrund geblieben: der Aspekt des Bodens. Trockenrasen sind gekennzeichnet durch Rohböden, die keine fruchtbare Humusbildung aufweisen. In fruchtbaren Kulturböden von Äckern, Fettwiesen usw. ist durch die Kompost- oder Mistwirtschaft eine sehr lebendige Schicht entstanden, die ein gewisses Eigenleben hat und sich zwischen die irdische Gesteinssphäre und die kosmische Sphäre schiebt. In einem humusarmen Rohboden treffen dagegen Erde und Kosmos unmittelbar aufeinander; die Umkreiskräfte wirken hier direkt und ungefiltert. Der ökologischen Forschung ist dieses Phänomen längst bekannt: Die niedrigwüchsigen Trockenrasen mit geringem Humusgehalt im Boden sind der Sonneneinstrahlung und der Kälte viel stärker ausgesetzt als irgendwelche anderen Vegetationstypen; Wind und Wärme können, jedenfalls zeitweilig, extreme Trockenheit verursachen. Mithin sind Magerrasen den äußeren Einflüssen besonders stark ausgesetzt. Dies ist aber auch das Charakteristikum des Sinnesorganes: nach außen gewendet, von außen gebildet, äußere Eindrücke unmittelbar aufnehmend. Das Sinnesorgan ist die direkte Begegnungsfläche von außen und innen, ohne irgendeine «Humusschicht» dazwischen.

Unter diesem Aspekt stellen sich die feuchten Magerrasen, insbesondere die Moorwiesen und Seggenrieder, ganz anders dar. Hier ist nicht nur eine Humusschicht zwischen Erde und Himmel eingeschoben, sondern oftmals eine Extremform des Humus, der Torf. Dabei handelt es sich zwar «nur» um Nieder- oder Zwischenmoortorf, dieser hat aber mit echtem Hochmoortorf vieles gemein. Das liegt daran, dass diese Nieder- oder Zwischenmoorwiesen in langen Zeiträumen durch die Mahd stark ausgemagert wurden. Insofern ist dieses Niedermoor nicht mit demjenigen identisch, das Schad (1982b) als das Gegenteil von Hochmoor beschreibt. Es ist hier sogar eine erstaunliche Ähnlichkeit zwischen Hochmoor und Niedermoorwiese feststellbar, sowohl in Bezug auf die Vegetation als auch auf den Torf.

Damit hätte die Niedermoorwiese aber auch etwas vom Charakter des Hochmoores, das Schad als das «Gehirn» der Landschaft beschreibt. So wird deutlich, dass der Bereich der Seggenwiesen den Aspekt der Nervenorganisation innerhalb des Nerven-Sinnes-Systems der Kulturlandschaft betont. Also haben wir auch im oligotrophen Außenkreis der Dorfgemarkung den Doppelcharakter: Den trockenen Magerrasen als Sinnespol stehen die feuchten Magerrasen als Nervenpol gegenüber.

Schwieriger stellt sich die Beurteilung des rhythmischen Systems der historischen Dorfgemarkung, also der Kornfelder und Wiesen, dar. Ein wesentlicher Unterschied zwischen Kornfeld und Wiese liegt ja in der Art des Rhythmus: einmal mit Schwerpunkt in der Zeitgestalt, einmal mit Schwerpunkt in der Raumgestalt. Die ausgeprägt deutliche Zeitgestalt des Getreidefeldes hängt damit zusammen, dass der Jahreslauf sich intensiv in der Vegetation widerspiegelt. Man könnte sagen, dass das Atmen des Jahreslaufes auch auf die Färbungen und Pflanzenqualitäten übergeht. Die Wiese hat zwar ebenfalls eine Jahreslauf-Zeitgestalt, behält aber doch langfristig diese breitblättrige Unterschicht, die einen gewissen Eigenraum bildet, der die verschiedenen Einflüsse des Jahreslaufes abmildert. Liegt hier also etwas vor, was tendenziell mehr nach innen gerichtet ist? Das müssten noch weitere Forschungen zeigen. Vielleicht lässt sich das mittlere System auch gar nicht so stark polarisieren, wie es bei den beiden anderen sehr gut möglich ist. Dass aber Nerven-Sinnes-System und Stoffwechsel-Gliedmaßen-System sich in der Dorfgemarkung so deutlich polarisiert zeigen, weist einmal mehr auf den Organismuscharakter der Kulturlandschaft (Abb. 199).

Wenn die Kulturlandschaft eines Dorfes wirklich ein Organismus ist, bedeutet das auch, dass es sich dann um nichts Statisches handelt. Bisher haben die Darstellungen vielleicht den Eindruck gemacht, als würde es eine klare Dreigliederung geben, die ringförmig aussieht und immer und überall so erscheint – und wo nicht, wäre es eben kein Organismus. Dem ist aber bei Weitem nicht so. Denn die Darstellung wollte nur das allgemeine *Prinzip* erläutern. Von diesem Prinzip gibt es die mannigfaltigsten Metamorphosen in Raum und Zeit. Dass es diese Metamorphosen gibt und sie alle auf das Grundprinzip zurückgeführt werden können, ist andererseits wieder eine Bestätigung des Organismuscharakters der historischen Dorfgemarkung.

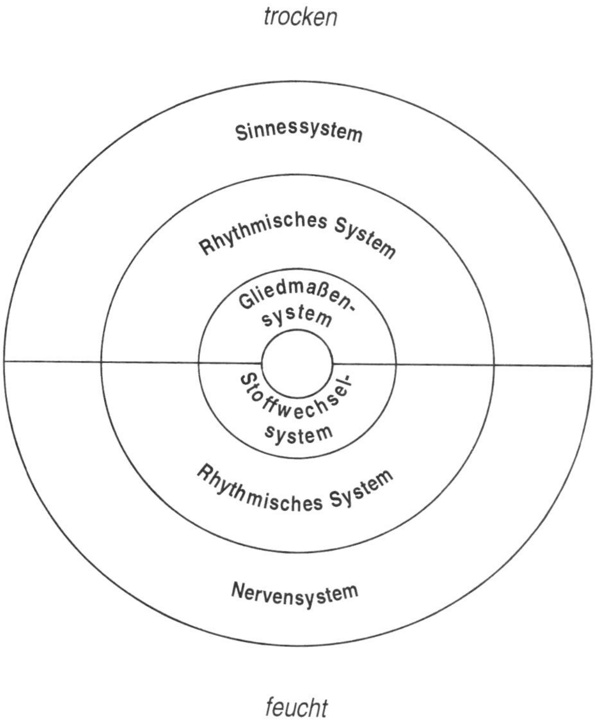

Abb. 199: Differenzierte Darstellung des Kulturlandschaftsorganismus mit polarisierten Organsystemen. Erläuterungen im Text.

Zunächst zu den räumlichen Abwandlungen: Selbstverständlich war der Kulturgradient nicht überall in konzentrischen Ringen angeordnet, sondern stark an die natürlichen Geländevor-

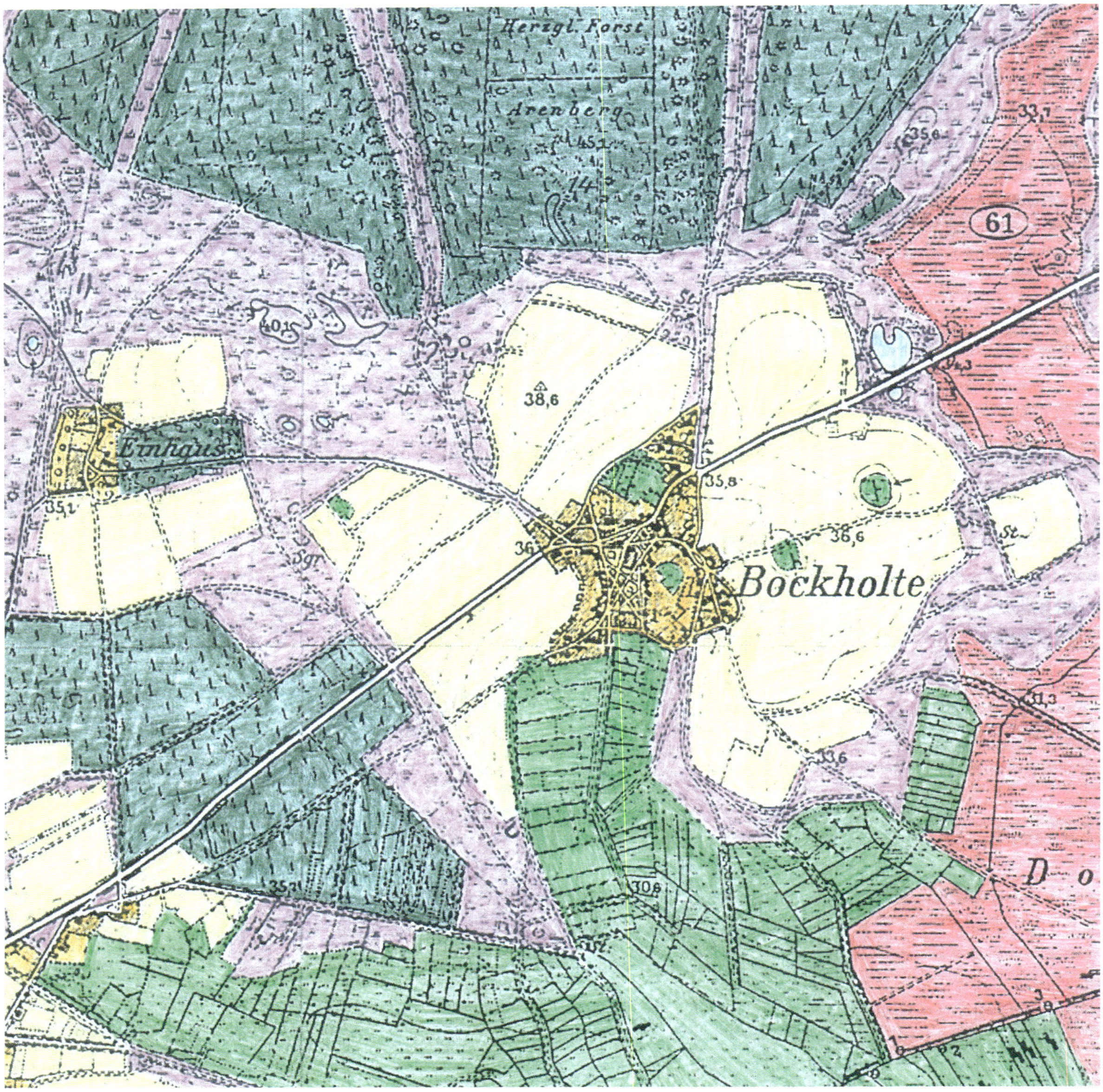

Abb. 200: Ausschnitt aus einer historischen Dorfgemarkung der nordwestdeutschen Heidelandschaft um 1900. Die Gemarkung ist nicht in feucht und trocken halbiert, sondern der feuchte Landschaftsraum zieht sich als Ausstülpung von Süden her bis in das Dorfzentrum.

- Wald
- Magerrasen und Heiden
- Kornfelder
- Dorf und Gemüseland
- Grünland: Wiesen und Weiden
- Moor

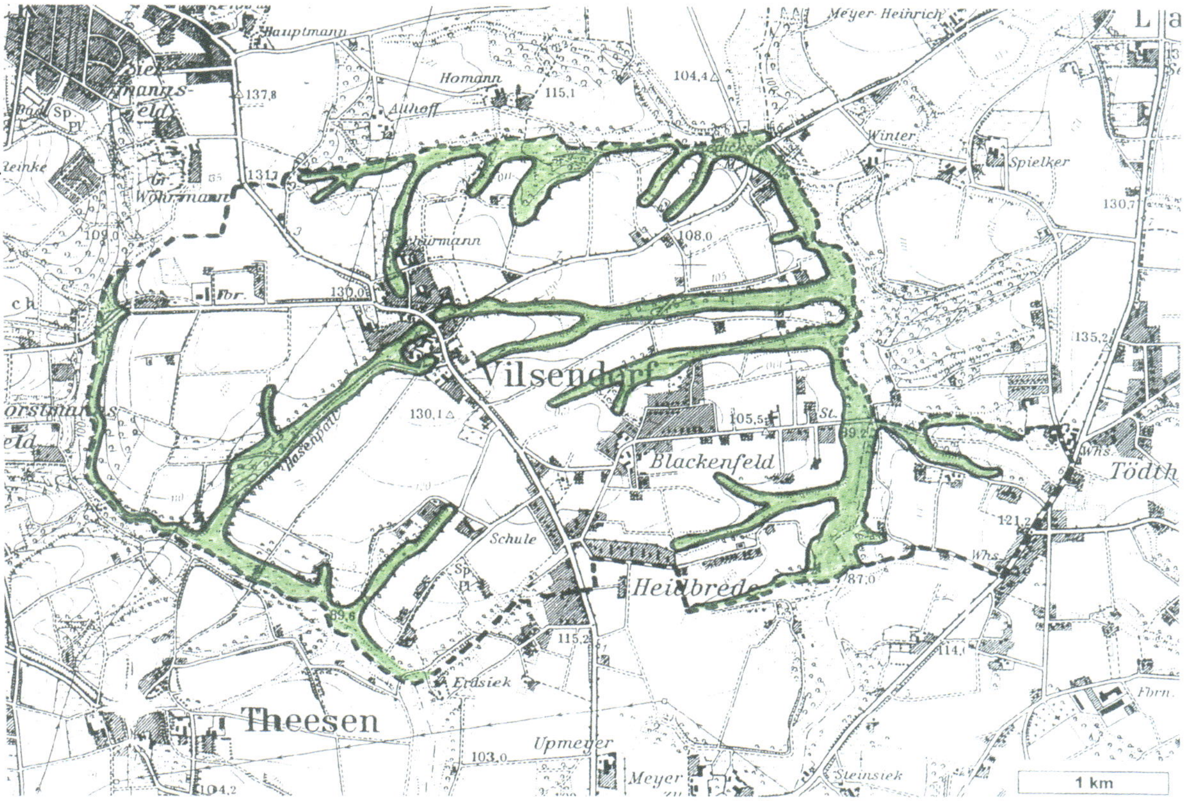

Abb. 201: Beispiel einer Gemarkung aus dem Ravensberger Lösshügelland (Nordrhein-Westfalen): Vilsendorf (heute Bielefeld-Vilsendorf) um 1964. Der feuchte Wirtschaftsraum (grün) zieht sich in schmalen Bändern von außen in den Dorfbereich. Gestrichelt: Gemarkungsgrenze.

aussetzungen sowie an Flurgefüge und Flurzwang gebunden (Ringler 1989: 9). Im Folgenden seien deshalb einige konkrete Beispiele dargestellt, wobei erschwerend ist, dass erstens historische Unterlagen (vor allem topografische Karten) die Vegetation nur sehr grob wiedergeben und zweitens die aktuellen Zustände der Landschaft den ehemaligen Kulturgradienten nur noch rudimentär zeigen.

Die geometrische «Halbierung» der Dorfgemarkung in einen feuchten und einen trockenen Bereich ist nur selten und nur bei größeren Niederungsgebieten zu finden. Die Gemarkung von Gedelitz im Wendland zeigt näherungsweise solch einen Fall (vgl. Abb. 164, S. 206). In der trockenen nordwestdeutschen Geest überwiegt flächenmäßig der trockene Wirtschaftsraum (Acker und Heide), während der feuchte Wirtschaftsraum (Grünland) sich meist nur als schmale Einbuchtung von außen in den Dorfbereich hineinzieht (Abb. 200). In dem Beispiel aus dem Ravensberger Hügelland (Westfalen) ist der feuchte Wirtschaftsraum der Gemarkung auf sehr enge, kleine Talbereiche beschränkt, die zumeist vom Dorf aus in die umgebende Feldflur ausstrahlen (Abb. 201).

Während durch die Signatur der Karten im trockenen Wirtschaftsraum der Kulturgradient wenigstens grob erkennbar wird (Garten- und Gemüseland/ Acker/ Heide), ist im feuchten Wirtschaftsraum eine Differenzierung in Fettweiden, nährstoffreiche Wiesen und Seggenwiesen nicht möglich. Diese Lücke lässt sich jedoch stellenweise und somit nur beispielhaft

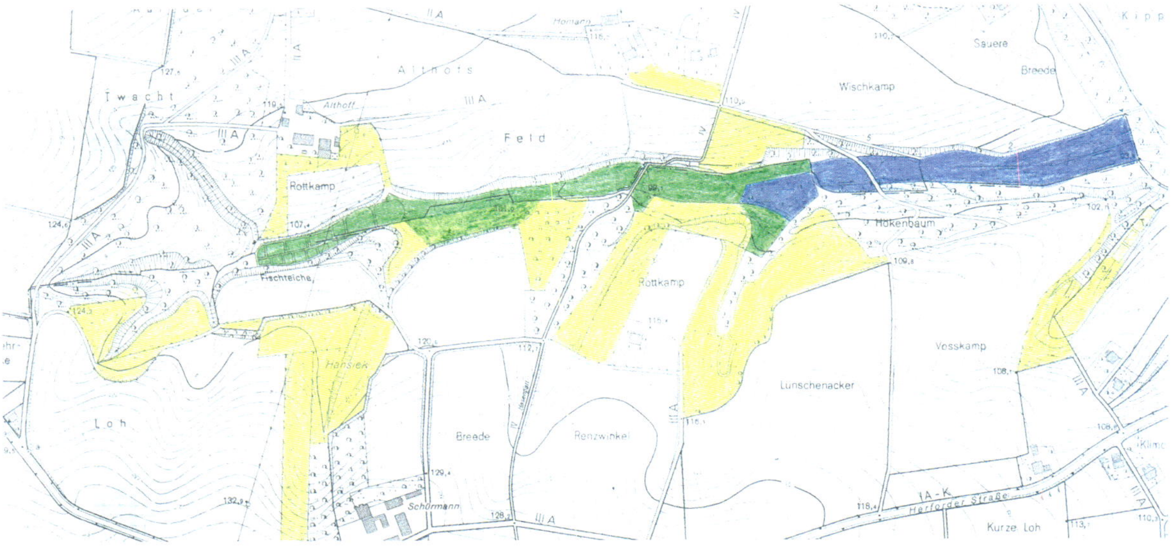

Abb. 202: Kulturgradient des Grünlandes in einem Wiesentälchen zwischen den Gemarkungen Jöllenbeck und Vilsendorf (Ravensberger Lösshügelland, vgl. Abb. 201). Gelb: Weidelgras-Weißklee-Weide *(Lolio-Cynosuretum)*, grün: Sumpfdotterblumen-Wiese *(Calthion)*, blau: feuchte Magerwiese *(Molinion/Caricion gracilis)*. Aufgenommen vom Verfasser (1969-71).

durch (in erster Linie historische) Grünlandkartierungen schließen.

Abb. 202 zeigt beispielhaft den Kulturgradienten des Grünlandes der Gemarkung aus Abb. 201. Die etwas weniger nassen, oberen Talabschnitte lagen zumeist in Hofnähe und wurden als Standweide (Zone der Fettweiden) genutzt. Die tiefer liegenden Mittelläufe der Bäche auf den nassen Talsohlen trugen feuchte Glatthafer- und Sumpfdotterblumenwiesen (Zone der Fettwiesen), und die nassesten, durch Sickerquellwasser ständig durchrieselten Wiesenabschnitte, die sich oft im «Unterlauf»-Bereich der Täler befanden, waren mit Binsen-Pfeifengras-Wiesen und Kleinseggengesellschaften bewachsen (Zone der Seggenwiesen).

Teilweise gibt auch die Kurhannoversche Landesaufnahme von 1781 eine Unterscheidung in intensiver genutzte Wiesen und Extensivgrünland (Weiden, Wiesen) wieder. Dazu sei ein Beispiel herausgegriffen, das die räumliche Abfolge von dorfnahem Intensiv- zu dorffernem Magergrünland zeigt. Historische Funde bestimmter Pflanzenarten aus dieser Gegend (Brandes 1897) lassen vermuten, dass es sich hier teilweise auch um Binsen-Pfeifengras-Wiesen gehandelt hat (Abb. 203).

Neben den geografischen Abwandlungen, also Metamorphosen im Raum, lassen sich auch ansatzweise Zeitgestalten der Dorfgemarkung beschreiben. Denn die dreigliedrige Gestalt der historischen Dorfgemarkung war nicht irgendwann plötzlich da, sondern entwickelte sich im Verlauf einer langen Geschichte der Wechselwirkung zwischen Natur und Kultur in Mitteleuropa. Der Beginn der mitteleuropäischen Kulturlandschaftsentwicklung vor etwa 7000 Jahren (Küster 1999: 78) zeigt noch eine enge räumlich-zeitliche Verflechtung von Ackerbau und Waldnutzung. Aus den Urwäldern entstanden zunächst Weide- und Niederwälder, was von einer Zunahme lichtliebender Arten begleitet wurde.

In diesen frühen landwirtschaftlichen Systemen war die Vegetation der Wälder, der Säume, der «Unkraut»-Gesellschaften, der Rasen, der

Abb. 203: Beispiel einer Gemarkung aus der Hildesheimer Lössbörde südlich von Hannover: Lenthe 1781. In der Gemarkung überwiegt der trockene Wirtschaftsraum mit Ackerflächen, im feuchten Wirtschaftsraum ist eine deutliche Differenzierung in siedlungsnähere, intensiver bewirtschaftete Wiesen («Neue Wiese», dunkle Signatur) und dorfferneres Magergrünland («Lenther Wiese», hellere Signatur) zu sehen (Kurhannoversche Landesaufnahme).

Heiden und der Äcker noch nicht in der heutigen Form getrennt, sondern noch mehr oder weniger durchmischt. Erst im Frühmittelalter begann die Trennung von Acker- und Grünlandvegetation, die aber durch die Brache der Dreifelderwirtschaft noch locker miteinander verbunden waren. Endgültig getrennt wurden beide erst in der Neuzeit durch den Wegfall der Brache (Burrichter et al. 1993: 438). So hat sich der Kulturgradient mit einem Höchstmaß an Flächendifferenzierung erst im Laufe der Geschichte herausgebildet.

Gerade auch die Ausdifferenzierung des feuchten Wirtschaftsraumes mit den verschiedenen Grünlandgesellschaften entwickelte sich erst recht spät. Die ursprüngliche Grünlandvegetation mitteleuropäischer Dorfgemarkungen war wohl überwiegend Weideland. Futterwiesen waren demgegenüber bis zum Mittelalter noch wenig verbreitet, sie sind eine verhältnismäßig junge Erscheinung (Küster 1999: 228, Ellenberg 1996: 64). Die planmäßige Wiesennutzung auf frischen bis feuchten Böden beginnt erst zwischen der Mitte des 18. und dem Anfang des 19. Jahrhunderts (Born 1989: 106, Küster 1999: 321). Der größte Teil der nährstoffarmen Streuwiesen ist sogar «erst im 19. Jahrhundert durch die weitere Umwandlung feuchter Vieh-

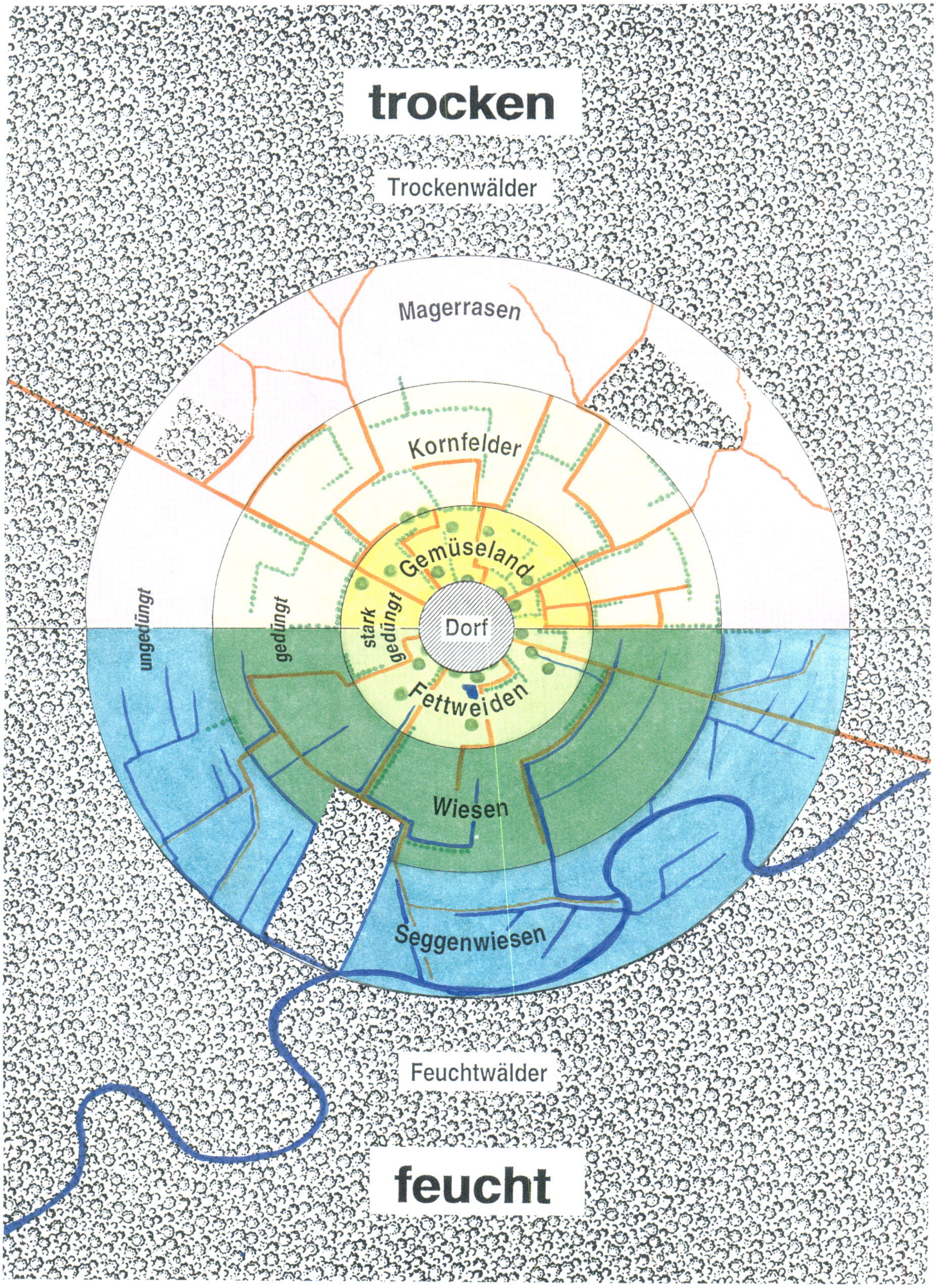

Abb. 204: Allgemeines Gliederungsprinzip der historischen Dorfgemarkungen Nordwestdeutschlands wie Abb. 171 (S. 211), jedoch erweitert um die inneren Strukturen.

weiden auf Allmendland als Folge der Einführung der ganzjährigen Stallhaltung des Viehs entstanden» (Kapfer 1995: 3, Kapfer & Konold 1994: 52).

So gesehen, hat sich der oben ausführlich beschriebene dreigliedrige Organismus der Kulturlandschaft erst im Laufe vieler Jahrhunderte schrittweise entwickelt. Vielleicht kann man auch das mit der individuellen Entwicklung eines Lebewesens vergleichen.

Und sofort stellt sich die Frage: Welches Stadium wurde denn erreicht, bevor die große industrielle Landschaftszerstörung eine Weiterentwicklung abschnitt? Könnte es sein, dass der Organismus der Kulturlandschaft seine eigentliche Blütezeit noch gar nicht erlangt hatte? Wäre es eine Zukunftsaufgabe, ihn in Zusammenhang mit biologischer Landwirtschaft dahin zu führen?

Naturgradient und Individualisierung

Bisher sind nur die großflächigen, zonentypischen Pflanzengesellschaften behandelt worden. Was in dem Bild der Dorfgemarkung jetzt noch fehlt, sind die vielen kleinen Waldstücke, Hecken, Einzelbäume, Teiche, Wasserläufe und anderen Lebensgemeinschaften der Umgebungsnatur, die als gliedernde Elemente die bisher besprochenen großflächig auftretenden Pflanzengesellschaften durchsetzen (Abb. 204). Sie tragen den Naturaspekt weit in die Kulturlandschaft hinein und kommen sogar noch im Dorf selbst vor. Es ist dabei zu beobachten, dass die Elemente der Umgebungsnatur nicht etwa zum Dorf hin ausdünnen und weniger werden, sondern dass sie einer ganz bestimmten Wandlung unterliegen, je näher sie zum menschlichen Zentrum der Kulturlandschaft kommen.

Um diesen Naturgradienten zu verdeutlichen, möchte ich den Gestaltwandel der Umgebungsnatur von außen nach innen für einige Beispiele darstellen.

Naturgradient der trockenen Gehölzvegetation

Als erste Frage wäre zu bearbeiten: Wie verändert sich die Waldnatur bis zum Dorf? Natürliche Wälder auf der trockenen Seite des Wirtschaftsraumes sind in Nordwestdeutschland vorwiegend verschiedene Buchenwaldtypen. Buchenwälder können hallenartige Hochwälder bilden, deren Kronendach so dicht geschlossen ist, dass keine Sträucher und nur wenige Kräuter (vor allem Frühlingsblüher) darin wachsen (Abb. 205). Die Baumgestalten, besonders die Kronenformen der Bäume, werden im geschlossenen Wald durch die Ganzheit des Waldes bestimmt. Von oben gesehen erscheint das Kronendach aus vielen unregelmäßigen Mosaiksteinchen – den einzelnen Kronen – zusammengesetzt, die genau ineinandergreifen und jede Lücke ausfüllen. Die arteigenen Kronenformen der verschiedenen Baumarten werden dabei fast ganz unterdrückt, sie werden der Ganzheit des Waldes untergeordnet. Entsprechendes beschreibt Suchantke (1988: 264 f.) sehr anschaulich.

Aus diesem Hochwald entwickelt sich durch Beweidung der Hudewald (= Weidewald, Abb. 206). Er ist vor allem durch Eichen, Hainbuchen und Eschen gekennzeichnet, die ein sehr lockeres und vielfach unterbrochenes Kronendach bilden, in dem die Schattholzart Buche nur noch selten wächst. Der Wald ist sehr strauchreich, Schlehe und Weißdorn erreichen hohe Anteile, weil sie vom Vieh nicht verbissen werden. Die Kräuter des Waldes, für das Vieh zumeist giftig (Gradmann 1950), gehen zugunsten lichtliebender Gräser und Kräuter zurück, die einen höheren Nährwert haben (Ellenberg 1996). Beachtenswert ist, dass Gebüschmantel

und Staudensaum, beim Hochwald nur an dessen Rand vorkommend, im Hudewald die ganze Waldfläche in unregelmäßigen Flecken durchziehen. Man kann hier von einem «Innensaum» sprechen. Durch ständig fortgesetzte Beweidung entwickelt sich der Hudewald über viele Jahre in eine Laubwiese (mit noch zahlreichen Gehölzen), dann in eine Trift und schließlich in eine Magerwiese (Ellenberg 1996).

Auch im nächsten Waldtyp, dem Mittelwald (Abb. 207), kommen hohe Bäume vor, wenn diese hier auch in recht großem Abstand zueinander stehen. Durch ihren vereinzelten Wuchs

Abb. 205: Der typische Buchen-Hallenwald ist ein arten- und strukturarmer Wald. Südharz, Oktober 1977.

Abb. 206: «Hudewald», durch Waldweide aufgelichtet. Gräsö, Schweden. Juli 2006.

Abb. 207: Im Mittelwald stehen einzelne große «Überhälter», die hier durch die dicken Stämme gekennzeichnet sind und die beim Abholzen stehen bleiben. Die dünneren Stämme dazwischen, die meist horstförmig aus einem Ansatz austreiben, bilden eine niedrigere Baumschicht, die alle fünfzehn bis fünfundzwanzig Jahre abgeschlagen wird. Eichen-Hainbuchen-Wald nördlich von Hannover. Mai 1989.

können sie ihre jeweils arteigene Krone voll ausbilden, sodass ihr individuelles Erscheinungsbild schon von Weitem sichtbar ist. Dazwischen breitet sich die weit niedrigere und dichtere untere Baumschicht aus, die alle fünfzehn bis fünfundzwanzig Jahre als Brennholz geschlagen wird. Durch das periodische «Auf-den-Stock-Setzen» bilden sich immer wieder viele junge Baumschösslinge an den abgeschlagenen Stümpfen, sodass ein strauchartiger Wuchs entsteht. Gefördert werden auf diese Weise in der unteren Baumschicht Gehölze wie Hainbuche, Linde, Ahorn, Esche, Hasel und Salweide und in der oberen Baumschicht die Eiche als «Überhälter» (Ellenberg 1996). Die Krautschicht ist üppiger entwickelt als im reinen Hochwald, da sie periodisch mehr Licht erhält.

Im Niederwald (Abb. 208) schließlich fehlen die größeren und älteren Bäume, ansonsten ähnelt er sehr stark dem Mittelwald, zumal er auch im Abstand von fünfzehn bis fünfundzwanzig Jahren zur Brennholzgewinnung geschlagen wird. Er ist noch ein wenig lichter, sodass hier schon eine Anzahl von Freilandpflanzen – wenn auch erst in geringer Menge – Fuß fassen kann. Sowohl beim Mittel- als auch beim Niederwald kann man wiederum von einem «Innensaum» sprechen, da die Waldmantelsträucher und die Waldsaumstauden im Waldesinneren wachsen. Sie mischen sich hier aufgrund des ausreichenden, vor allem periodisch auftretenden Lichtgenusses unter die Waldpflanzen.

In dem folgenden Typ wird eine neue Quali-

Abb. 208: Der Niederwald besteht nur aus einer niedrigwüchsigen Baumschicht, die alle fünfzehn bis fünfundzwanzig Jahre abgeschlagen wird und dann aus den Baumstümpfen wieder austreibt. Die eng stehenden Stamm-«Büschel» sind aus jeweils einem Baumstumpf ausgetrieben. Wiehengebirge bei Bad Oeynhausen. Foto: Wolfgang Schröder.

tät von Gehölzgesellschaft erreicht, die aber in der Reihe der bisher besprochenen Waldtypen schon vorbereitet wird. Es sind die Hecken und Gebüsche (Abb. 209), also zumeist keine flächig auftretenden, sondern streifen- und linienförmig ausgebildeten Pflanzengesellschaften. Sie haben dennoch viele Gemeinsamkeiten mit den Niederwäldern, z.B. die turnusmäßige Nutzung als Brennholz, wodurch der dichtstrauchige Wuchs noch gefördert wird. Die strauchartige Wuchsform nimmt ja vom Hochwald bis zum Niederwald schon zu, erreicht aber im Gebüsch ihr ganz eigenes Gesicht, indem die Triebe nun auch stark seitwärts wachsen. Dadurch entsteht ein sehr abgeschlossener Innenraum, in dem wegen Lichtmangels kaum mehr Krautpflanzen gedeihen. Doch diese fehlen der Hecke oder dem Gebüsch nicht, allerdings wandern sie an den Außensaum, wo sie blütenreiche Streifen bilden können.

Mit den Hecken und Gebüschen haben wir eine im Kulturland häufige Gehölzformation beschrieben. Der ursprüngliche Wald erscheint hier aber noch in einer anderen Abwandlung: in Form von Einzelbäumen (Abb. 210). Eine und dieselbe Baumart hat eine ganz andere Gestalt, je nachdem sie im Wald oder im völligen Freistand wächst. Als Solitär erlangt der Baum eigentlich erst seine typische, unverwechselbare Gestalt (Suchantke 1986). Zwischen der Hochwald- und der Solitärform eines Baumes gibt es Übergänge, die in den Hude- und besonders den Mittelwäldern zu beobachten sind. In den Niederwäldern verschwindet die charak-

Abb. 209: Weißdorn-Schlehen-Gebüsch *(Crataego-Prunetum)*, als Heckenstreifen ausgebildet, mit blühendem Weißdorn. Bergisch-Märkisches Hügelland südlich des Ruhrgebietes. Mai 2004.

Abb. 210: Einzeln stehende Eiche in der Feldflur von Govelin bei Hitzacker, östliches Niedersachsen. August 1991.

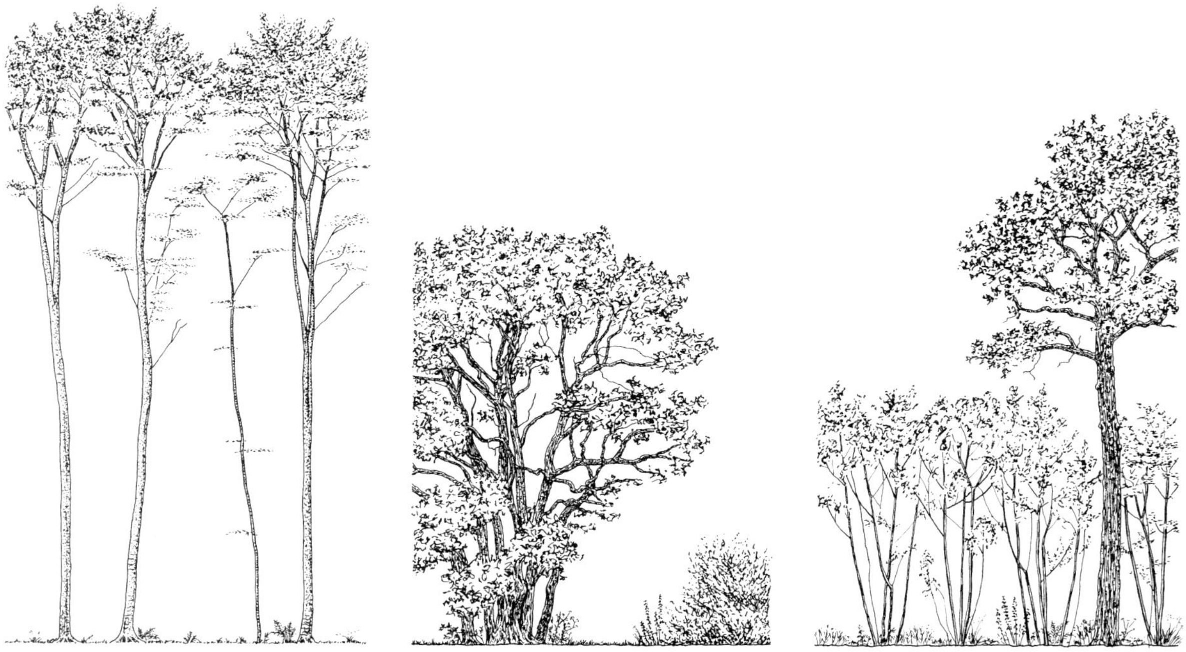

Abb. 211: Der Naturgradient der Gehölze im trockenen Wirtschaftsraum.

teristische Baumgestalt wieder in einer Unzahl gleichförmiger Jungstämme. Man muss deshalb die beschriebene Gestaltenreihe nach dem Mittelwald sich gabeln lassen: In der einen Richtung wird verfolgt, wie sich die untere Schicht des Mittelwaldes über den Niederwald bis zur Hecke fortsetzt, in der anderen Richtung steht die Entwicklung des Baumindividuums im Vordergrund der Betrachtung (Abb. 211). Als einzeln stehende Dorflinde erreicht dieses ja auch das Zentrum der menschlichen Siedlung.

Sind hier nun in der Reihe vom Hochwald bis zum Einzelbaum bzw. zur Hecke durchgehende Gestaltverwandlungstendenzen zu beobachten? Einiges in der Richtung wurde schon gesagt. Man könnte dies vielleicht folgendermaßen abrunden: Im Übergang vom Hoch- zum Hudewald wird der Wald aufgelichtet, aber er ist dann noch ganz «chaotisch». Durch die Mittelwaldwirtschaft entsteht eine gewisse Struktur, die sich in klaren, durchgehenden Schichtungen der Vegetation äußert. Das, was im Hudewald unregelmäßig «durcheinander wächst», wird im Mittelwald in Stockwerke getrennt. Das Prinzip der Trennung und damit der Individualisierung setzt sich fort, wenn schließlich die großen Bäume als einzelne in der Feldflur stehen, wenn die strauchartige Vegetation von der Fläche (Niederwald) in die Linie (Hecke) übergeht und wenn aus dem krautigen «Innensaum» ein Außensaum neben dem Gebüsch wird.

Naturgradient der feuchten Gehölzvegetation

Im Bereich der Bruch- und Auenwälder auf der feuchten Seite des Wirtschaftsraumes kann man Ähnliches beobachten, wie es für die trockenen Wälder dargestellt wurde. Die natürlichen «Ausgangswälder» sind hier verschiedene Hartholz-Auenwälder mit Eichen, Eschen, Ulmen,

Einzelbaum

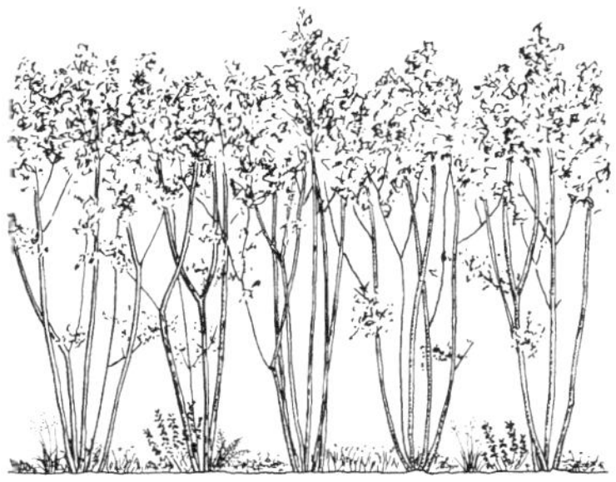

Niederwald

Hecke

Traubenkirschen und anderen Bäumen, Weichholz-Auenwälder mit Weiden und Pappeln sowie Moor- und Bruchwälder mit Schwarzerlen, Moorbirken, Kiefern und Lorbeerweiden (Abb. 212). Viele dieser Wälder wurden früher wohl auch beweidet und änderten dann die Artenzusammensetzung vor allem der Krautschicht. So konnten hier Arten der Röhrichte, Seggenrieder und Nasswiesen einwandern.

Eine wichtige Nutzungsform des Erlenbruchwaldes ist die Niederwaldwirtschaft (Abb. 213). Sie begünstigt – wie im trockenen Niederwald – ebenfalls etwas mehr das Vorkommen von lichtliebenden Arten. Dabei entsteht eine Vegetationsgestalt, wie sie weiter oben schon für den Eichen-Hainbuchen-Niederwald beschrieben wurde. Bemerkenswert ist, dass jahrelanges Auf-den-Stock-Setzen bei Schwarzerlen zu Stelzwurzelbildung führen kann, wodurch solche Wälder mitunter ein etwas tropisches Aussehen erlangen können (Abb. 214).

Der Hecke oder dem Gebüschsaum auf dem trockenen Land entspricht der Erlen- und Weiden-Galeriewald entlang von Wiesenbächen (Abb. 215). Die Bäume dieses «Waldes» können auch im Niederwaldbetrieb bewirtschaftet werden. Oft ist der Bestand so schmal, dass nur eine einzige Reihe von Bäumen dasteht, die Wurzeln auf der einen Seite im Wasser, auf der anderen Seite in die Böschung gegraben.

An Bächen und kleinen Flüssen und in feuchten Niederungen findet man manchmal eine durch den Menschen sehr stark überformte Art von «Galeriewald». Es ist gar kein Wald mehr, sondern einzeln stehende Kopfweiden, die in einer langen Reihe dem Lauf des Gewässers folgen (Abb. 216). Auf einem dicken, etwa 2 m hohen Stamm sitzt der «Kopf», eine Verwachsung, die dadurch entstanden ist, dass an dieser Stelle im Abstand von wenigen Jahren die neuen Weidenruten immer wieder abgeschnitten werden. Benutzt werden sie zur Herstellung von Körben

Abb. 212 (links): Schwarzerlen-Bruchwald *(Carici elongatae-Alnetum glutinosae)*, mit den Büscheln der Walzensegge *(Carex elongata)* im Unterwuchs. Bissendorf nördlich von Hannover. Juni 1991.

Abb. 213: Schwarzerlen-Bruchwald *(Carici elongatae-Alnetum glutinosae)*, als Niederwald bewirtschaftet. So entsteht der «büschelartige» Wuchs der Schwarzerle, die immer wieder mit mehreren Stämmchen aus dem Baumstumpf austreibt. Südliche Lüneburger Heide bei Celle. April 1981.

Abb. 214 (rechts): Wurzelstock der Schwarzerle *(Alnus glutinosa)* in einem Niederwald mit «Stelzwurzel»-Bildung. Fuhrberg nördlich von Hannover. August 1979.

Abb. 215: Hainmieren-Schwarzerlen-Wald *(Stellario nemori-Alnetum)* als «Galeriewald» entlang der Fulda zwischen Gersfeld und Fulda, Hessen. Mai 1992.

Abb. 216: Kopfweidenreihe an einem Graben. Gutshof in Witten-Annen, Westfalen. April 1995.

Abb. 217: Die Kopfweide ist keine eigene Pflanzenart, sondern eine besondere Wuchsform von Baumweiden (Silberweide *Salix alba* und Bruchweide *Salix fragilis*, sowie deren Bastard *Salix x rubens*), die durch das regelmäßige Abschneiden der rutenartigen Zweige entsteht. Hier kurz nach der Ernte der Ruten. Leineaue südlich von Hannover, Mai 1989.

Abb. 218: Der Naturgradient der Gehölze im feuchten Wirtschaftsraum.

usw. Es handelt sich hier quasi um einen «Niederwald» auf dem Kopf der Weiden. Man kann bei diesen dicken, keulenförmigen Kopfweidenstämmen wirklich den Eindruck haben, als handele es sich um so etwas wie eine aufgestülpte Erde, wie es Steiner (1924) im Prinzip für alle Bäume beschreibt. Der Eindruck wird noch dadurch verstärkt, dass auf dem «Kopf» mit seiner unregelmäßigen und von vielen Spalten und Ritzen durchzogenen Oberfläche nicht nur Weidenschösslinge austreiben, sondern auch andere Pflanzen siedeln: Ruprechtskraut *(Geranium robertianum)*, Schöllkraut *(Chelidonium majus)*, Brennnessel *(Urtica dioica)*, Weidenröschen *(Epilobium)*, Farne und andere Pflanzen wachsen hier beinahe epiphytisch, sie begnügen sich mit dem Humus, der sich in den Vertiefungen des «Kopfes» sammelt bzw. bildet (Abb. 217). Die Kopfweide ist die am stärksten durch den Menschen geprägte Gestalt von Gehölzen der Feuchtbereiche. In ihr kommt der Einzelbaumcharakter auch viel mehr zur Geltung als bei den Bäumen des «normalen» Galeriewaldes.

Als einzeln stehende Baumindividuen findet man im feuchten Wirtschaftsraum manchmal alte Weiden, die nicht als Kopfweide genutzt werden, sondern normal gewachsen sind. Sie bilden das Gegenstück zu den Solitärbäumen der trockenen Feldflur. Insbesondere bei der Zuchtform der «Hängeweide» *(Salix alba ‹Tristis›)* kommt durch die langen, peitschenartigen, hängenden Zweige das Wasserelement deutlich zum Ausdruck; von Weitem sieht so eine Weide wie eine riesige Fontäne aus, die in einer mächtigen Säule emporschießt und sich dann in viele dünne Wasserfäden zerteilt, die nach dem Umkehrpunkt gerade zur Erde zurückfallen. Hängeweiden findet man weniger in der freien Landschaft als vielmehr in Siedlungsnähe oder im Dorf selbst. Sie bilden also auch in dieser Hinsicht das Gegenstück zum siedlungsfernen «wilden» Bruch- oder Auenwald.

Ein Rückblick auf die hier dargestellte Reihe der Gehölzgesellschaften im Feuchtbereich zeigt ähnliche Tendenzen, wie sie schon für die entsprechende Reihe der trockenen Landschaft gefunden wurden (Abb. 218). Auch hier sind Auflichtung, Trennung und Individualisierung in Einzelbäume zu beobachten. Dazu kommt aber noch etwas anderes, was offenbar spezi-

bachbegleitender Erlen-Weiden-Galeriewald

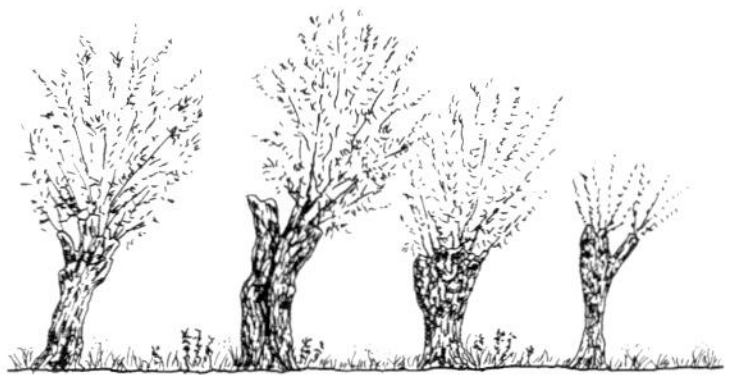

Kopfweidenreihe

Hängeweide am Teich

ell mit dem wässrigen Milieu zusammenhängt. Am klarsten zeigt sich dieses Phänomen bei den Kopfweiden. Nimmt man das Bild der «aufgestülpten Erde» ernst, dann wird durch die menschliche Nutzung der «Wald» sozusagen aus dem Bereich des nassen Bodens einige Meter höher in den Luftraum gehoben. Das bedeutet, dass mittels der Bewirtschaftung das in den Niederungen dominante wässrige Element zurückgedrängt und dafür dem Licht und der Luft mehr Einwirkungsmöglichkeiten geboten wird. Diese «Aufwärtsbewegung» vom wässrigen Boden in die Luft hinein findet man ja auch schon bei der Stelzwurzelbildung in den Erlenniederwäldern, wodurch die Form der Kopfweide in der beschriebenen Abfolge der Gehölzgestalten schon vorbereitet wird.

Naturgradient der Felsen- und Mauervegetation

Von den übrigen Möglichkeiten, wie die Umgebungsnatur auf die Kulturlandschaft einstrahlen kann, seien noch zwei beschrieben, die recht häufig vorkommen. Es sind zwei so verschiedene Landschaftselemente wie Stein und Wasser. Sowohl steile Felspartien als auch offene Gewässer sind von Natur aus waldfrei. Es gibt demzufolge natürliche Pflanzengesellschaften auf Felsen und im Wasser, die in abgewandelter Form auch in der Kulturlandschaft auftauchen, beispielsweise auf Mauern oder in Dorfteichen. Deshalb seien im Folgenden noch diese beiden Reihen dargestellt: die der Felsen- und die der Wasserstandorte.

Unbeschattete Felsköpfe, die hier und da aus der Waldlandschaft herausragen können, sind die natürlichen Wuchsorte von Trockenrasen (Abb. 219). Diese nehmen mit einer äußerst geringen Bodenschicht vorlieb und können vorübergehende Austrocknung des Wurzelsubstrates gut vertragen. In den Felsspalten wachsen kleine Farne; im sonnigen und trockenen Milieu sind es vor allem Streifenfarne (*Asplenium*-Arten), im etwas schattigeren und luftfeuchteren Bereich auf der Nordseite oder am Fuße der Felsen, wo schon wieder Bäume wachsen, kommen eine Reihe weiterer Arten hinzu.

Abb. 219: Unbewaldete Felsen mit Felsband-Trockenrasen: Süntel im Weserbergland, Niedersachsen. Im Vordergrund das typische Gras dieser Pflanzengesellschaft: Blaugras *(Sesleria caerulea)*. Juni 1976.

Das Felsenelement ist auch wichtiger Teil der

Abb. 220: Schwach übererdete Mauer mit der Dreifingersteinbrechgesellschaft *(Poo-Saxifragetum tridactylitis)*, hier zur Blütezeit des weißen Frühlingshungerblümchens *(Erophila verna)* im April. Dingerdissen östlich von Bielefeld, April 1984.

Kulturlandschaft; hier tritt es als Steinriegel, Trockenmauer, verfugte Mauer und schließlich als Gebäude auf. Diese verschiedenen Mauergebilde können charakteristische Pflanzengesellschaften tragen, die gewisse Ähnlichkeiten mit den natürlichen Felsen haben.

So findet man auf den Mauerkronen manchmal die Dreifingersteinbrechgesellschaft *(Saxifrago tridactylitae-Poetum compressae)* mit Mauerpfefferarten und anderen Pflanzen der Trockenrasen (Abb. 220). In den Fugen der Mauerseiten leben die Streifenfarne, die sich in der kennzeichnenden Mauerrautengesellschaft *(Asplenietum trichomano-rutae-murariae,* siehe Abb. 221) zusammenschließen. Auf der Schattenseite kommen noch weitere Farne dazu, zum Beispiel Blasenfarn *(Cystopteris fragilis)*. Schließlich tritt an den Mauern noch eine Gruppe von Pflanzen auf, die zumeist aus südlicheren Gefilden eingeschleppt wurden und den Mauern eine Farbenpracht verleihen, die nur mit den einheimischen Arten nicht erreicht würde. Dazu zählen der Gelbe Lerchensporn *(Corydalis lutea)*, die Rote Spornblume *(Centranthus ruber)*, der gelb blühende Goldlack *(Cheiranthus cheiri)*, das blau blühende Mauer-Zymbelkraut *(Cymbalaria muralis)* und andere (Abb. 222–223).

Was die Mauern der Kulturlandschaft gegenüber den Naturfelsen auszeichnet, ist, dass hier auf engem Raum sehr unterschiedliche Standortverhältnisse herrschen, wodurch eine große Vegetationsvielfalt auf kleinstem Raum möglich ist (Abb. 224). Im Unterschied zum Naturstandort sind die verschiedenen Bereiche klar voneinander getrennt, insbesondere bei

Abb. 221: Die Mauerrautengesellschaft *(Asplenietum trichomano-rutae-murariae)* wächst bevorzugt an den Mauerflanken.

Abb. 222: Die wärmeliebenden und bunt blühenden Arten der Mauerglaskrautgesellschaften *(Parietarietea judaicae)* bringen ein mediterranes Ambiente in die Siedlungen. Hier mit Goldlack *(Cheiranthus cheiri)*. Sparrenburg in Bielefeld, Mai 1993.

Abb. 223: Die häufigste Art der Mauerglaskrautgesellschaften ist das Zymbelkraut *(Cymbalaria muralis)*.

Abb. 224 (rechts): Insbesondere bei Ost-West-Verlauf erzeugen Mauern krasse Standortunterschiede auf kleinstem Raum, was durch verschiedene Pflanzengesellschaften angezeigt wird.

ost-west-verlaufenden Mauern: Nordseite, Südseite und Mauerkrone bilden eigene, scharf abgegrenzte Bezirke, die durch die Höhe und Steilheit der Mauer in ihrer ökologischen Wirkung noch verstärkt werden. An der Südseite herrscht trockeneres und wärmeres, an der Nordseite feuchteres und kühleres Kleinklima, als es an dieser Stelle ohne die Mauer sein würde. Der höhere Wärmegenuss verschafft den genannten wärmeliebenden Arten hier Lebensmöglichkeiten (wodurch dem Gemäuer der Siedlungen eine besondere Note verliehen wird), die den natürlichen Wuchsorten fehlt. Allerdings muss angemerkt werden, dass die vier genannten wärmeliebenden Arten in Nordwestdeutschland sehr selten sind – bis auf das häufigere Mauer-Zymbelkraut.

Naturgradient der Gewässervegetation

Etwas Ähnliches zeigt sich, wenn man die Einstrahlung des Wasserelementes aus der Natur in die Kulturlandschaft untersucht. In der Naturlandschaft sind Flüsse und Bäche, Seen, Sümpfe und Moore als Repräsentanten des Wässrigen verbreitet. Eine genaue Uferlinie ist oft nicht auszumachen, weil sich an die offenen Wasserflächen breite Sumpfzonen anschließen, die den Übergang vom Wasser zum Land verwischen. Stabile Kleingewässer sind selten, entweder verlanden sie sofort, oder sie unterliegen einer starken umgestaltenden Dynamik, wie beispielsweise Gewässer in Flussauen.

An Stillgewässern herrschen graublaugrüne Wälder aus Schilfrohr *(Phragmites australis,* vgl. dazu Abb. 19, S. 31) vor, die eine starke Neigung zum Verholzen (Reet) und damit zur Dauerhaftigkeit aufweisen. Vor der Schilfzone schwimmen an windgeschützten Ufern die großen Blattteller der Seerosen *(Nymphaea alba, Nuphar lutea,* siehe Abb. 78, S. 108, Abb. 88, S. 120, Abb. 138, S. 173), und im tieferen Wasser schließen sich untergetauchte Wälder aus großblättrigen Laichkräutern *(Potamogeton lucens, Potamogeton perfoliatus,* siehe Abb. 137, S. 172) an. So, wie es hier beschrieben wurde, sieht die Uferzonierung vieler natürlicher Seen aus.

Verglichen werden sollen damit die vom Menschen geschaffenen oder doch stark überformten Stillgewässer der Kulturlandschaft, wie beispielsweise Karpfenteiche, Feuerlöschteiche und Weidetümpel. Es handelt sich hierbei zumeist – im Gegensatz zu den natürlichen Seen – um Kleingewässer. Sie können trotz ihrer Kleinheit als stabil bezeichnet werden, da sie vom Menschen gepflegt werden; eine Verlandung oder ein Zuwachsen wird damit verhindert.

An diesen anthropogenen Gewässern ist alles kleiner, nicht nur die Wasseroberfläche. Das Röhricht besteht meist nicht aus den mehrere Meter hohen Schilfpflanzen, sondern aus Sumpf- und Uferpflanzen, die zwar schilfartig aussehen, aber niedriger sind (1–1,5 Meter hoch), eine grasgrüne bis sattgrüne Grundfarbe haben und auch oft noch bunt blühende Pflanzen beherbergen – alles Eigenschaften, die den graugrünen, eintönigen Schilfwäldern fehlen. Zu nennen wären hier Wasserschwertlilie *(Iris pseudacorus;* vgl. Abb. 225), Zungenhahnenfuß *(Ranunculus lingua)*, Schwanenblume *(Butomus umbellatus)*, Ästiger Igelkolben *(Sparganium erectum)* und Breitblättriger Merk *(Sium latifolium)*. Zum etwas trockeneren Ufer hin mischen sich verschiedene Stauden dazu, die eine intensive Blütenpracht hervorbringen können: beispielsweise die purpurnen bis violetten Blütenkerzen des Blutweiderich *(Lythrum salicaria;* vgl. Abb. 226), das Gelb des Gilbweiderich *(Lysimachia vulgaris)*, das Rosa von Zottigem Weidenröschen *(Epilobium hirsutum)* und Wasserdost *(Eupatorium cannabinum;* vgl. Abb. 242).

In der sich wasserwärts anschließenden

Abb. 225: Ein mittelhohes Röhricht, wie es für bewirtschaftete Gewässer typisch ist – hier mit viel gelb blühender Wasser-Schwertlilie *(Iris pseudacorus)*; im Mittelgrund die hohen, blaugrünen Blätter des Breitblättrigen Rohrkolbens *(Typha latifolia)*.

Abb. 226: Hochstaudensaum am uferwärtigen Rand des Röhrichts mit viel Blutweiderich *(Lythrum salicaria)*; dazwischen die Blätter des Breitblättrigen Rohrkolbens *(Typha latifolia)*.

Abb. 227: Schwimmpflanzendecke mit Wasserhahnenfuß *(Ranunculus aquatilis)*.

Schwimmblattzone wachsen zwar hier und da auch Seerosen, aber vielfach sind es doch kleinere Schwimmblattpflanzen, die das Bild prägen, z.B. Wasserhahnenfuß *(Ranunculus aquatilis,* Abb. 227), Froschbiss *(Hydrocharis morsus-ranae)*, Wasserlinsen *(Lemna minor)* u.a. Auch die Unterwasserpflanzen sind fein und zierlich gebaut; Zwerg-Laichkraut *(Potamogeton pusillus)*, Haar-Laichkraut *(Potamogeton trichoides)* und Teichfaden *(Zannichellia palustris)* sind Namen aus dieser Gesellschaft, die die charakteristische Pflanzengestalt erahnen lassen.

Ein bemerkenswerter Gegensatz zu den großen natürlichen Seen oder Sumpfgebieten ist die Gestaltung des Ufers selbst. In kulturbedingten Stillgewässern gibt es meist einen scharfen Übergang vom Land zum Wasser, die Uferlinie ist klar erkennbar. Oft kann man bis an das Wasser herantreten, ohne nasse Füße zu bekommen. Das ist bei den natürlichen Stillgewässern an den meisten Stellen kaum möglich (Abb. 228 und 229).

Beachtenswert ist auch das Auftreten von wärmeliebenden Wasser- und Sumpfpflanzen in manchen Kulturgewässern, die in der Naturlandschaft auf wenige wärmebegünstigte Gewässer, z.B. in warmen Flussauen, beschränkt sind. Als Beispiele wären zu nennen die Reisquecke *(Leersia oryzoides)*, die im Uferbereich knie- bis hüfthohe, hellgrüne Kleinröhrichte bilden kann; als sehr seltene und äußerst wärmebedürftige Schwimmblattpflanze kam früher in wenigen nordwestdeutschen Karpfenteichen auch die Wassernuss *(Trapa natans,* Abb. 230–231) vor, wo sie anscheinend als Nahrungsmittel kultiviert wurde. So wurde die Wassernuss noch bis Ende des 19. Jahr-

Abb. 228 (oben): Beispiel für ein natürliches Gewässer mit gleitenden Übergängen vom Wasser zum Land. Altarm der Ems bei Rheine.

Abb. 230: Heute sehr selten geworden – die wärmeliebende Wassernuss *(Trapa natans)*, früher in Teichen als Nahrungsmittel angepflanzt.

Abb. 231: Die bizarren Früchte der Wassernuss enthalten essbare Kerne.

Abb. 229 (S. 262 unten): Beispiel für ein künstliches Gewässer mit scharfen Übergängen vom Wasser zum Land. Auf dem Wasser schwimmen die Blattrosetten der Wassernuss *(Trapa natans)*.

hunderts in wenigen Fischteichen in Westfalen beobachtet (Meschede 1911).

Damit gäbe es eine Parallele zu dem Auftreten wärmeliebender Arten an den Mauern der Kulturlandschaft. Durch die große Zahl der anthropogenen Kleingewässer in der Kulturlandschaft und deren verschiedenste Nutzungsformen entsteht hier eine Vielfalt von Lebensgemeinschaften und Arten, die in der Naturlandschaft auf so engem Raum kaum möglich ist. Auch das ist eine Gestaltungstendenz, die schon bei der Mauervegetation beobachtet werden konnte.

Naturgradienten als Abbilder der menschlichen Individualität

Damit wären einige wichtige natürliche Landschaftselemente in ihren Einstrahlungen in den Kulturbereich dargestellt. Es stellt sich nun die Frage, ob sich in den beschriebenen Gestaltreihen Gemeinsamkeiten finden lassen, ob es also ein allgemeines Prinzip der Gestaltverwandlung von der Umgebungsnatur bis in den Kern der Kulturlandschaft hinein gibt.

Die Umgebungsnatur, sofern sie wirklich noch eine vom Menschen nicht gestaltete Natur ist, tritt als etwas sehr weiträumig Gegliedertes in Erscheinung, zumeist ohne feste Grenzen und mit breiten, fließenden Übergängen zwischen verschiedenen Formationen. Da es sich hier in Mitteleuropa zumeist um Waldlandschaften handelt, herrscht ein erdig-feuchtes, dämmriges Milieu vor. In Richtung auf die Kulturlandschaft wird diese Natur sehr stark durchlichtet, der Blütenreichtum nimmt zu, das Wärmeelement tritt stärker in Erscheinung und führt dazu, dass wärmeliebende Arten auftauchen, die es vorher in diesem Gebiet nicht gegeben hat. Parallel dazu werden Erd- und Wasserelement zurückgedrängt, stellenweise erhebt sich die Kulturlandschaft geradezu über das Wässrige, wie es als Bild in den Kopfweiden zum Ausdruck kommt. Naturwüchsige, großräumige, verschwommene Strukturen werden in der Kulturlandschaft in klare Formen umgewandelt, durch Trennung und Individualisierung von kleinen Landschaftsteilen entsteht ein kleinräumiges, vielfältiges und abwechslungsreiches Mosaik.

Diese Tendenz setzt sich in das Dorf hinein fort. Das Dorf ist der Punkt in der Kulturlandschaft, in dem die meisten wärmeliebenden Arten und die größte Blütenfülle vorkommen. Man denke nur an die Bauerngärten mit ihren Gewürz- und Heilkräutern und den Blumenrabatten. In den alten Bauerngärten findet man außerdem eine sehr strenge geometrische Aufteilung der Pflanzenbeete, die das absolute Gegenteil vom «Naturgarten» ist. Aber gerade dadurch zeigt sich die konsequente Fortsetzung der Tendenz der klaren Abgrenzung und Trennung von Flächen, wie sie in der Feldflur schon als Ablösung der naturwüchsig-verschwommenen Umgebungsnatur auftritt. All dies sind die Spuren dessen, was hier im Dorf wirkt: die menschliche Individualität.

Die starke Durchlichtung, die sich in Blütenfülle zeigt, ist wie ein Spiegel des menschlichen Bewusstseins, das nach Klarheit und einleuchtender Erkenntnis strebt. Die Durchwärmung, auf die die wärmeliebenden Pflanzen hinweisen, hängt vielleicht mit den Liebeskräften der Menschen zusammen, die wohl nicht nur das Herz erwärmen. Und in der Grenzziehung und Differenzierung in klar geschiedene Flächen zeigt sich die individuelle Einmaligkeit jedes Menschen, die von allen anderen völlig verschieden ist.

Das Potenzial der Kulturlandschaftszonen

Im letzten Kapitel über den Naturgradienten haben wir uns mit verschiedenen gliedernden Elementen befasst, die die großflächigen Pflanzengesellschaften der Kulturlandschaftszonen durchziehen. Von diesen kleinräumigen und linienhaften Strukturen wird also jede Zone noch einmal innerlich durchgestaltet. Wir hatten das allgemeine Gliederungsprinzip (Abb. 171, S. 211) durch diese Biotope noch ergänzt und bekamen das Bild der Abb. 204 (S. 244). Auch wenn dieses Bild wie eine Karte aussieht, darf das doch nicht darüber hinwegtäuschen, dass es sich wirklich nur um ein Gestaltungs-*Prinzip* handelt, das in jeder historischen Dorfgemarkung wieder in anderer Weise auftritt – aber eben nicht willkürlich, sondern im Rahmen eines *Typus*.

Wie kann man nun diesen Typus so fassen, dass er einerseits nichts Konkretes vorwegnimmt und dadurch eine bürokratische Unfreiheit einführt (wie viele Naturschutz- und Landschaftspflegeprogramme), dass er aber andererseits nicht der Willkür Tür und Tor öffnet, sondern in dem für die jeweilige Landschaft charakteristischen Rahmen bleibt? Machen wir uns dazu Folgendes klar:

Wir hatten gesehen, dass die Zonen des Kulturgradienten zumeist aus einem einheitlichen Waldtyp entstanden sind. So konnten sich aus einem Buchenwald je nach Nutzung ganz verschiedene Pflanzengesellschaften entwickeln, beispielsweise Gemüseland, Getreideacker oder Magerrasen. So ist es auch mit den verschiedenen kleinräumigen Saumstrukturen, die die Zonen durchgliedern. Schauen wir uns dazu die Zone der Fettweiden an. Ob an einer Stelle dieser Zone die Fettweide selbst ausgebildet ist oder ob dort eine Hecke wächst, ein Graben angelegt wurde oder eine Gruppe von Erlenbäumen steht: das hängt einzig und

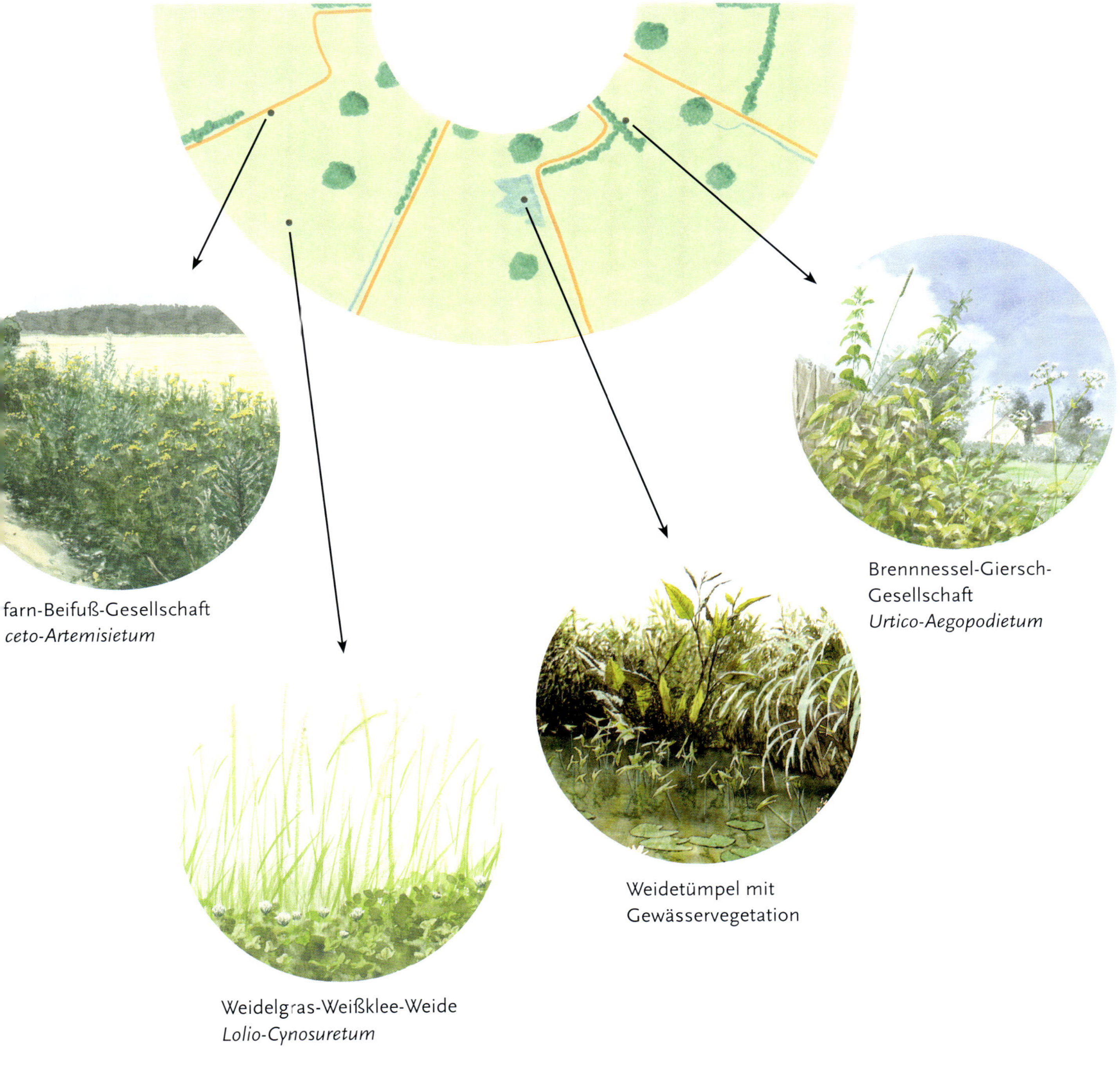

Abb. 232: Im Vegetationspotenzial der Fettweidezone kommen neben der bezeichnenden Pflanzengesellschaft, der Weidelgras-Weißklee-Weide *(Lolio-Cynosuretum)*, viele weitere Gesellschaften vor: an sonnigen Wegrändern die Rainfarn-Beifuß-Gesellschaft *(Tanaceto-Artemisietum)*, an halbschattigen Heckenrändern die Brennnessel-Giersch-Gesellschaft *(Urtico-Aegopodietum)*, Gewässervegetation im Weidetümpel und vieles andere mehr.

allein von dem Menschen und seinem Nutzungsmuster ab (Abb. 232).

Es ist also offensichtlich, dass ein und derselbe Ort ganz verschiedene Möglichkeiten von Pflanzengesellschaften in sich birgt, von denen immer diejenige zur Ausprägung kommt, die zu der Art von Nutzung passt, die gerade stattfindet. Die Möglichkeiten, das *Potenzielle*, sind also größer als das gerade *Aktuelle*.

Etwas Entsprechendes hatte schon Tüxen 1956 erkannt. Er wusste: Wenn man in einer Kulturlandschaft bestimmte Pflanzengesellschaften aktuell vor sich hat, dann würden sich diese ja bei Aufhören der Nutzung wieder zu einem Waldtyp entwickeln, der wahrscheinlich demjenigen entspricht, der früher einmal dort gewachsen ist. Tüxen *sah* in der Landschaft bereits vor seinem geistigen Auge diesen Wald, den man den Klimaxwald nannte, da er – frei von jeder Nutzung – nur noch mit dem lokalen Klima (und dem Boden) im Gleichgewicht stand. Er sah also etwas, was der Möglichkeit nach da war – also potenziell war. So wurde dieser Wald, der frei von jeder menschlichen Nutzung gedacht wurde, die potenzielle natürliche Vegetation genannt; nach Tüxen (1956) ist sie «der Ausdruck der natürlichen Potenz der Wuchskräfte in ihrem Gebiet», sie bedeutet das «biotische Potenzial» einer Landschaft.

Solch ein Potenzial kann man aber auch anders herum denken. Denn wenn ich umgekehrt aktuell einen Wald vor mir habe, schlummert ja auch darin ein Potenzial, und zwar eigentlich ein weit größeres Potenzial, als es der natürliche Wald ist, nämlich die Summe all der Pflanzengesellschaften, die durch verschiedene Nutzungen an diesem Ort hervorgerufen würden.

So entstünde z.B. aus einem Hainsimsen-Buchen-Wald *(Luzulo-Fagetum)* durch Viehweide ohne Düngung ein Borstgrasrasen *(Polygalo-Nardetum)*, durch Mahd und Düngung eine Glatthaferwiese (*Arrhenatheretum elatioris*), durch Getreideanbau eine Ackerfrauenmantel-Kamillen-Gesellschaft *(Aphano-Matricarietum)* usw. Alle diese Gesellschaften liegen der Anlage nach als Entwicklungsmöglichkeit im Hainsimsen-Buchen-Wald begründet, deshalb sind sie «potenziell»! Im Unterschied zur potenziellen natürlichen Vegetation, die von den Einwirkungen des Menschen abstrahiert, haben wir es hier mit denjenigen Gesellschaften zu tun, die sich gerade durch die Tätigkeit des Menschen entwickeln können. Diese Gruppe von Gesellschaften soll analog zur Benennung der potenziellen natürlichen Vegetation hier als potenzielle kulturabhängige Vegetation oder sprachlich besser als *potenzielle Kulturlandschaftsvegetation* (PKV) bezeichnet werden (Vahle 2001).

Das Gleiche lässt sich auch vorstellen, wenn man einen Acker, eine Weide oder sonst etwas als aktuelle Vegetation hat. Auch darin schlummert das gleiche Potenzial, da hier ja nur *eine* der verschiedenen Nutzungsmöglichkeiten realisiert ist. Vielfalt entsteht unter anderem auch dadurch, dass unterschiedliche Nutzungen mosaikartig nebeneinander stattfinden und jede dieser Nutzungen eine spezielle Pflanzengesellschaft aus dem Fundus der *potenziellen Kulturlandschaftsvegetation* entwickelt hat. Dies hat die enorme Biodiversität der historischen Kulturlandschaft ausgemacht.

Dass heutzutage längst nicht mehr alle Pflanzengesellschaften in «ihren» Landschaften verwirklicht sind, liegt unter anderem daran, dass die entsprechende Vielfalt der Nutzungsmöglichkeiten nicht mehr realisiert wird. Aber das *Potenzial*, also die prinzipielle *Möglichkeit*, ist noch vorhanden und könnte bei der Wiederaufnahme oder Neuentwicklung geeigneter Nutzungen wieder Wirklichkeit werden.

Wir hatten durch die Betrachtung des Kulturgradienten sechs Zonen gefunden, die die Hauptnutzungssysteme (und damit Organsysteme) der Kulturlandschaft bilden. Jede dieser Zonen beinhaltet neben der großflächig auftretenden, namengebenden Pflanzengesellschaft

Abb. 233: Beide Bilder zeigen eine Glatthaferwiese *(Arrhenatheretum)*; links eine artenarme, rechts eine artenreiche Ausprägung.

noch ein großes Potenzial weiterer Vegetationstypen. Diese sind entweder tatsächlich ausgebildet, da die zugehörige Nutzung stattfindet, oder liegen – meistens – als «schlummerndes» Potenzial, als Möglichkeit, vor. Und auch *wenn* diese Pflanzengesellschaften tatsächlich vorhanden sind, können sie in verschieden optimaler Weise ausgebildet sein, was sich insbesondere im Artenreichtum zeigt (Zimmermann 2004, vgl. Abb. 233).

Wenn wir uns nur einmal die Zone der Fettweiden daraufhin ansehen, bemerken wir selbst in dieser «normalen», nährstoffreichen und nicht gerade sehr vielfältigen Zone doch eine überraschend große Zahl an potenziellen Pflanzengesellschaften (Abb. 234). Da haben wir einmal die Weidelgras-Weißklee-Weide *(Lolio-Cynosuretum)* als die typische Weidegesellschaft, die in ihrer Artenkombination dadurch erhalten wird, dass sie von Weidetieren abgefressen wird. Unvermeidbar sind in solchen Weiden Trampelpfade des Viehs und andere Stellen, wo die geschlossene Grasnarbe durch Tritt zerstört ist. Hier wird der Weiderasen durch den Breitwegerich-Trittrasen *(Lolio-Plantaginetum,* Abb. 235) ersetzt. Ihn findet man auch an den Weidetoren, wo er den offenen, zertretenen Boden kranzförmig umgibt.

Dieser offene Boden wiederum ist Lebensraum der Vogelknöterich-Wegkamillen-Gesellschaft *(Polygono-Matricarietum discoideae,* Abb. 236), eines einjährigen Trittrasens, der noch stärkere Störungen als der Breitwegerich-Trittrasen verträgt. Bei genügend Feuchtigkeit findet man im Frühling an den gleichen Stellen manchmal eine ganz spezielle einjährige Trittrasengesellschaft, den Mäuseschwänzchenrasen *(Myosuretum minimi,* Abb. 237–238). Während die häufige Vogelknöterich-Wegkamillen-Gesellschaft nicht nur in Weiden,

Abb. 234: Weideparzellen am Ufer des Neckars bei Ingersheim nördlich von Stuttgart, vom Weinberg aus herunter fotografiert. Die tonangebende Weidelgras-Weißklee-Weide *(Lolio-Cynosuretum)* wird von mehreren anderen Pflanzengesellschaften begleitet. August 1999.

Abb. 235 (rechts): Breitwegerich-Trittrasen *(Lolio-Plantaginetum)*.

Abb. 236: Vogelknöterich-Wegkamillen-Gesellschaft *(Polygono-Matricarietum discoideae)*. Hier die Wegkamille oder Strahlenlose Kamille *(Matricaria discoidea)*.

Abb. 237: Im Vordergrund am Weidetor fällt eine hellgrüne, niedrigwüchsige Krautvegetation auf, die den Boden nur locker überzieht – der seltene Mäuseschwänzchenrasen *(Myosuretum minimi)*. Isernhagen nördlich von Hannover, Mai 1989.

Abb. 238: Die nur fünf bis zehn Zentimeter hohen Mäuseschwänzchen *(Myosurus minimus)* gehören zu den Hahnenfußgewächsen.

Abb. 239 (unten): Flache Senke in einer Weidefläche, in der im Frühling Wasser steht, die zum Sommer hin aber austrocknet – Lebensraum der Flutrasen. Isernhagen nördlich von Hannover, Mai 1989.

sondern praktisch an allen betretenen Stellen wächst, ist der Mäuseschwänzchenrasen eine sehr typische Gesellschaft der feuchten Weideeingänge.

Da die Fettweide im feuchten Wirtschaftsraum liegt, kann auch das Grundwasser stellenweise dicht unter der Oberfläche stehen. Sind in der Weide etwas tiefer liegende Senken vorhanden, steht hier das Wasser im Winterhalbjahr sogar über dem Boden, indem es vorübergehende Pfützen und flache Tümpel bildet (Abb. 239). Im Sommer ist das Wasser längst wieder verschwunden, und auf den ersten Blick bemerkt man gar nicht, dass hier andere Arten zusammen wachsen als in der angrenzenden Weidelgras-Weißklee-Weide. Da diese Vegetation im Winter überflutet wird, nennt man sie den Flutrasen, und die kennzeichnende Pflanzengesellschaft ist der Knickfuchsschwanzrasen *(Ranunculo repentis-Alopecuretum geniculati)*.

Überhaupt sind viele feuchteliebende Gesellschaften in der Weidezone vertreten. An besonders nassen Stellen, aber auch an anderen Stellen, die sich als praktisch erwiesen haben,

Abb. 240: Ein nährstoffreicher Weidetümpel mit dichter Decke von Wasserlinsen. Am Ufer auf Schlammboden dichte Krautfluren aus Nickendem Zweizahn *(Bidens cernua)*, im Hintergrund Breitblättriger Rohrkolben *(Typha latifolia)*. Garbsen nordwestlich von Hannover, Juli 1982.

wurden Weidetümpel als Tränke für das Vieh angelegt. Durch die stark gedüngte Umgebung sind auch sie nährstoffreich, und entsprechend finden sich hier nährstoffliebende Pflanzengesellschaften (Abb. 240). Besonders charakteristisch sind die verschiedenen Wasserlinsengesellschaften *(Lemnetea)*, die die Wasserfläche manchmal ganz als «Entengrütze» überziehen. Die sommerlich trocken fallenden Schlammbänke bedecken sich im Hochsommer mit kniehohen Krautfluren einjähriger Arten, die zur Wasserpfeffer-Zweizahn-Gesellschaft *(Polygono-Bidentetum)* gehören. Die Ufer werden von mittelhohen Röhrichten frischgrüner Arten gesäumt, vor allem vom Wasserschwadenröhricht *(Glycerietum maximae)* und Kalmusröhricht *(Acoretum calami)*.

Schließlich wachsen an allen Säumen, also an Weiderändern, Grabenböschungen, Wegrändern, zwischen Weiderasen und Gebüschen und an anderen Grenzlinien verschiedene Staudengesellschaften (Abb. 241). Auch sie lieben nährstoffreiche, feuchte Böden. Dazu gehört die häufige Brennnessel-Giersch-Gesellschaft *(Urtico-Aegopodietum)*, die auch – zum Leidwesen vieler Gärtner – nicht nur in der Weidezone wächst, weiterhin vor allem an Grabenböschungen die im Hochsommer rosa blühende Wasserdostgesellschaft *(Eupatorietum cannabini*, Abb. 242) und die Rauhaarweidenröschen-Zaunwinden-Gesellschaft *(Epilobio hirsuti-Convolvuletum*, Abb. 243).

Auch Gebüschgesellschaften fehlen nicht, dabei handelt es sich zumeist um artenärmere Ausbildungen des Weißdorn-Schlehen-Gebüsches *(Crataego-Prunetum*, Abb. 244), in denen die Schlehe etwas zurücktritt und dafür Holunder und Salweiden häufiger sind.

Abb. 241: Staudensaum zwischen Weide und Wald aus dem Verband der Gierschgesellschaften *(Aegopodion)*, mit weißen Blütenwolken von Wiesenkerbel *(Anthriscus sylvestris)*, dunkelgrünem Blattwerk von Brennnessel *(Urtica dioica)* und gelben Blüten von Kriechendem Hahnenfuß *(Ranunculus repens)*.

Abb. 242: Wasserdost *(Eupatorium cannabinum)*.

Abb. 243: Rauhaarweidenröschen-Zaunwinden-Gesellschaft *(Epilobio hirsuti-Convolvuletum)* mit blühendem Rauhaarweidenröschen *(Epilobium hirsutum)* an einem Mühlengraben.

Abb. 244: Weißdorn-Schlehen-Gebüsch *(Crataego-Prunetum)* mit blühender Schlehe *(Prunus spinosa)* am Rand einer Feuchtweide in der Leineaue südlich von Hannover. Mai 1976.

Diese Pflanzengesellschaften sind nur *einige* Beispiele aus *einer einzigen* Zone, und zwar einer nicht gerade sehr vielfältigen Zone der Kulturlandschaft. Man kann sich vielleicht denken, wie groß die Zahl der möglichen Gesellschaften in der gesamten Kulturlandschaft des eng begrenzten Gebietes einer Dorfgemarkung ist! Und wie wenig wird darüber gewusst, welche Gesellschaft sich bei welcher Nutzung einstellt bzw. welche Nutzung zu welcher Gesellschaft gehört! In der Vegetationskunde sind diese Zusammenhänge zwar in großen Zügen bekannt, aber kaum für die Praxis aufbereitet und allgemein verständlich beschrieben. Hier besteht großer Nachholbedarf.

Stadt – Land – Fluss. Fragen der Umsetzung

Die vorausgegangenen Erörterungen über die Dorfgemarkung – sei sie historisch oder als zukünftiges Leitbild aufzufassen – haben für die Zukunft keinen Wert, wenn sie nur im sozialen Umfeld der Dörfer und der Landwirtschaft selbst bleiben. Denn der größte Teil unserer Bevölkerung lebt und arbeitet in Städten oder verstädterten Dörfern und ist somit von der Landschaft schon räumlich getrennt. Dies erscheint vielen inzwischen als Mangelerlebnis und lässt die Suche nach neuen, sinnvollen Zusammenhängen wachsen. Das Interesse an Natur und Landschaft nimmt zu, vor allem bei Stadtbewohnern. Das zeigt eine ständig wachsende Nachfrage nach Angeboten aus dem Umweltbildungssektor. Hier liegt eine Motivation und Kreativität, die neu auf die Landschaft gerichtet werden könnte. Die städtische Bevölkerung bringt auch manches mit, was auf dem «Land» eher selten ist: überschüssige Arbeitsenergie, Zeit und Geld.

Wie kann deshalb die Stadt in das Konzept eines Landschaftsorganismus eingebunden werden? Geht das überhaupt? Oder ist die Stadt grundsätzlich etwas so Pathologisches, dass es nur als Störung eines Organismus, egal welcher Größenordnung, fungieren kann? Die Stellung der Stadt in unserem organismischen Konzept wird klar, wenn wir uns schrittweise von der Kulturlandschaft aus vorarbeiten.

Wir hatten zwar die Zonen der Kulturlandschaft bearbeitet, aber das Dorf als deren Zentrum bisher noch ausgespart. Ebenso fehlt in einer vollständigen Betrachtung der Landschaft der reine Naturpol, wie er früher in der Naturlandschaft gegeben war. Das soll nun nachgeholt werden. Naturlandschaften, die vom Menschen nicht oder noch kaum verändert wurden, hat es in früheren Zeiten durchaus jenseits der Grenzen der Gemarkung gegeben – und heute werden sie als Groß-Naturschutzgebiete wieder angestrebt. Gegenwärtig sind sie kaum mehr in weiter Ausdehnung und vom Menschen unberührt vorhanden – jedenfalls nicht in Mitteleuropa. Für das Verständnis dieser Natur müssen wir uns große Waldgebiete vorstellen, in die Seen, wilde Flussläufe, Sümpfe und Moore eingebettet sind. In dem Kapitel über den Naturgradienten wurde schon eine allgemeine Charakterisierung dieser Naturlandschaft versucht; wir sprachen von einer sehr weiträumigen Gliederung ohne feste Grenzen, mit breiten, verschwommenen Übergängen zwischen den dämmrigen, erdig-feuchten Wäldern, Sümpfen und unergründlichen Mooren.

Dass diese Naturlandschaft, für sich betrachtet, genauso wie die Dorfgemarkung, Organismuscharakter hat, zeigt Schad (1982b) in einer ausführlichen Studie. Demnach ist die Sumpflandschaft («Niedermoor» bei Schad) mit dem menschlichen Stoffwechselbereich vergleichbar: «Formenfülle und Überschuss an organischem Humus zeigen hier in reichem Maße die Wirksamkeit des Lebens im Stoffumsatz. Ebenso ist nun die merkwürdige Stimmung dieses Biotops psychologisch verfolgbar. Eine dumpf-euphorische Traumhaftigkeit lagert hier und nimmt jeden bald gefangen, der sich dafür offen hält» (Schad).

Polar entgegengesetzt stellt sich das Hochmoor dar: «Ein Hochmoor aber lebt als Sinnes-Nerven-Organ der Landschaft. Unter Zurücknahme der Lebensprozesse steht es einem weit größeren Umkreis, dem Großklima, offen. Wie im gehirngebundenen Denken wird die Fülle leichter auf die Wiederholung weniger Grunderscheinungen reduziert (wenige Arten, keine Metamorphosen). Die eigentümliche Stimmung aus Ernst und Verhaltenheit, Ruhe und Lichthaftigkeit lebt von den Kräften, die sich von der Organbindung freimachen. Das Hochmoor ist wie ein Gehirn der Natur» (Schad).

Zwischen diesen beiden Extremen vermittelt der Wald: «Der Wald ist die gesteigerte, harmonisierte Mitte zwischen beiden Polen. In ihm finden Auf- und Abbauprozesse die volle gegenseitige Ergänzung. Ja umgekehrt: er greift im entschiedenen Ausmaße nicht nur in sein Klein-, sondern auch ins Großklima ein. Er ist im Gasstoffwechsel der Fotosynthese die notwendige ‹umgekehrte› Lunge der Landschaft und vollzieht in der Regulation des Wasserhaushaltes Herzfunktionen. Während in beiden Moortypen das Wasser angestaut steht, lebt er aus dessen laufender Bewegung und bringt es durch die Transpiration in quantitativem Ausmaß mit in Bewegung» (Schad).

Diese dreigliedrige Naturlandschaft (Abb. 245)

weist insgesamt Eigenschaften auf, die dem Dorf entgegengesetzt sind. Sie zeichnet sich durch sehr starke vegetative Wachstumskräfte aus, die auch im Hochmoor, dem Gehirn der Landschaft, nicht völlig zum Erliegen kommen. So können die das Hochmoor aufbauenden Torfmoose (*Sphagnum*-Arten) durchaus sehr hohe Wachstumsraten erzielen. Eine dauerhafte menschliche Kultur und damit das Etablieren menschlichen Wachbewusstseins ist in Wäldern, Mooren und Sümpfen nicht denkbar – es sei denn, sie werden in Kulturlandschaft umgewandelt, dann sind sie aber nicht mehr nur Natur. Ein weiteres Kennzeichen wurde schon mehrfach genannt: Natur ist weit in den Umkreis ausgedehnt, nur in dieser Großräumigkeit funktionieren die natürlichen Ökosysteme vollkommen, aber sie funktionieren traumhaft, unbewusst.

In großem Gegensatz dazu stellt sich das Dorf dar. Im Dorf als Lebens-, Wohn- und Arbeitsraum der Menschen konzentriert sich das Bewusstsein der Landschaft. Das Leben ist hier sehr wach, innenzentriert und individualisiert. Dort, wo die Menschen leben und arbeiten, wo sich also das Bewusstsein am stärksten ausbildet, ist die übrige Natur – das unbewusste Leben – zum größten Teil abgetötet oder doch sehr stark eingeschränkt. Das ist der Fall in den Häusern der Menschen, die erst dadurch menschengemäß werden, dass sie aus toten Stoffen gebildet sind.

Ein Überhandnehmen des nichtmenschlichen Lebens in den Wohnhäusern, etwa in Form von Ratten, Mäusen, Flöhen, Kakerlaken, Fliegen, Mücken, Motten, Schwämmen, Schimmelpilzen und Colibakterien, beeinträchtigt oder gefährdet das menschliche Leben. Andererseits umgibt sich der Mensch in seiner Behausung mit Pflanzen und Tieren seiner Wahl, aber dabei handelt es sich immer um höherentwickelte Formen wie Säugetiere, Vögel und Blütenpflanzen, die zudem vom Menschen den Stempel der Individualisierung aufgedrückt bekommen. Tiere erhalten Namen und werden damit als unverwechselbare Einzelne aus der Gruppenseele herausgehoben. Pflanzen werden auf physisch-physiologischer Ebene individualisiert: Als Topfpflanzen auf der Fensterbank sind sie nicht mehr Teile jenes durch das Wurzelgeflecht zusammenhängenden Pflanzenwesens, das als Kontinuum über die Erde ausgebreitet ist. Sie sind vom großen Erdorganismus getrennt und in einem solchen Maße Individuum geworden, wie es keine Pflanze von sich aus sein könnte.

Eine weitere Besonderheit folgt aus der Individualisierung und Trennung der «vermenschlichten» Tiere und Pflanzen: Sie machen das menschliche Haus nicht zum «Ökosystem», das beginnen würde, gewisse Eigengesetzlichkeiten zu entwickeln, die der Mensch nicht unter Kontrolle hätte. Diese Gefahr besteht aber immer bei den oben genannten Pilzen und Kakerlaken. Man kann also sagen, dass das nichtmenschliche Leben in den Wohnungen der Menschen – von ihnen gewollt oder geduldet – sich durchaus in diese physisch tote Welt integriert, indem es aus den ursprünglichen Zusammenhängen herausgetrennt wird: In dessen Individualisierung spiegelt sich das menschliche Ich wider.

So kann man sagen, dass sich menschliche Siedlung und reine Natur polar gegenüberstehen und sich gegenseitig ausschließen. Zwischen beiden Extremen vermittelt die Kulturlandschaft der Dorfgemarkung. In ihr durchdringen sich Kultur und Natur, wie es durch den ausstrahlenden Kulturgradienten und den einstrahlenden Naturgradienten zum Ausdruck kommt. Dabei ist die Mitte – die Kulturlandschaft – nicht dadurch gekennzeichnet, dass hier ein langsamer Übergang vom einen ins andere Extrem stattfindet, sondern dass eine völlig neue Qualität entsteht, die es vorher nicht gegeben hat. Zwar sind die Einzelteile dieser Landschaft, beispielsweise die Tiere und Pflanzen, auch schon vorher irgendwo in der Natur (wenn auch nicht

unbedingt in der heimischen Natur) vorhanden gewesen, und deshalb wird eine bestimmte Gruppe von Ökologen und Naturschützern die Kulturlandschaft nicht richtig wertschätzen (z.B. Remmert 1990). Aber die Komposition der Elemente ist eine vorher nie dagewesene; das zeigen die vielen anthropogenen Pflanzengesellschaften und Biotope sehr deutlich, die in der Naturlandschaft keine Entsprechung haben. So erscheint die Kulturlandschaft als ausgewogene Mitte zwischen menschlicher Kultur und reiner Natur. Diese Mitte «bringt die Pole zum Ausgleich, enthält beide in gemäßigter Form und steht damit über ihnen, ist mehr als diese, weil sie beide umfasst – sie ist vollkommener» (Suchantke 1981).

Wenn wir uns nun der Stadt zuwenden, bemerken wir, dass viele der Charakteristika des Dorfes auch auf sie zutreffen. Ja, die Stadt erscheint dann als so etwas wie eine extreme Übersteigerung des Dorfpoles, etwa in dem Sinne, dass die für das Dorf beschriebenen Qualitäten in eine starke Einseitigkeit geraten. Als Stichworte seien genannt: höchste Konzentration des Bewusstseins neben extremer Lebensfeindlichkeit (Wüstencharakter), äußerste Individualisierung und Trennung bis zum Egoismus und zur Vereinsamung. Die Stadt als einseitiges Dorf ist ein Aspekt, über den noch gründlicher nachgedacht werden müsste.

Wir können nun eine übergreifende Dreigliederung beschreiben, in der sich die lebensfeindliche, aber hochbewusste *Stadt* und die lebensvolle, aber unbewusste *Naturlandschaft* gegenüberstehen. Zwischen beiden vermittelt die *Agrarlandschaft*, gebildet aus Dorf und Dorfgemarkung. Wenn wir als Symbol für die Naturlandschaft den Wildfluss nehmen, haben wir die in der Kapitelüberschrift benannte Bezeichnung dieser dreigliedrigen Landschaft: *Stadt – Land – Fluss* (Abb. 246). Und nur auf dieser umfassenden Ebene können wir über zukünftige Landschaftsgestaltungen reden, da nur so die Möglichkeit besteht, möglichst viele Menschen wirklich in den Prozess einzubinden.

Abb. 245: Dreigliedrige Naturlandschaft Mitteleuropas mit dem Hochmoor als Nerven-Sinnes-Pol (oben), dem Sumpf als Stoffwechsel-Gliedmaßen-Pol (unten) und dazwischen dem Wald als rhythmischem System.

Welche Konsequenzen hätte nun diese Sichtweise für Landschaftsplanung und Landschaftsgestaltung? Zunächst einmal haben wir die Möglichkeit, in der Landschaft mehr zu sehen als ein zufälliges und regelloses Mosaik verschiedener Nutzungen. Zumindest in den verbliebenen Resten der historischen Kulturlandschaft kann man etwas Organisches wahrnehmen. Damit stellt sich sofort die Frage, ob es notwendig ist, in Zukunft wieder organische Ganzheiten aufzubauen – allerdings dergestalt, dass sie nicht einfach aus früherer Zeit kopiert werden, sondern dem heutigen Menschen angemessen sind.

Der Typus der Kulturlandschaft, den ich hier versucht habe darzustellen, ist nicht nur etwas rein Historisches. Weiter oben wurde bereits die Frage aufgeworfen, ob eine «optimale Ausbildung» des Typus überhaupt schon jemals existiert hat. Vielleicht wurde die zeitliche Entwicklung des Kulturlandschaftstypus ja schon vor seiner eigentlich möglichen Blütezeit abgekappt – durch die einsetzende Technisierung der Landwirtschaft. Fasst man den Typus der Kulturlandschaft als die Funktionsgestalt der landwirtschaftlich geprägten Landschaft überhaupt auf, kann sie auch als (ganz allgemeines) Leitbild für eine vernünftige zukünftige Agrarlandschaft angesehen werden. Von diesem allgemeinen Leitbild ließen sich für jede geografische Region spezielle Leitbilder konkretisieren.

Solch eine Umgestaltung der Landschaft kann aber nur ganz und gar mit den betroffenen Menschen vollzogen werden. Das sind einmal

diejenigen, die in der Landschaft arbeiten, zum anderen diejenigen, die von den dort erzeugten Produkten abhängig sind: also wir alle! Trotz unserer weitgehenden Emanzipation von der Natur bleibt ein gewisser konservativer Aspekt bestehen, wenn es nämlich um die Versorgung von uns Menschen mit Nahrungsmitteln, Trinkwasser, Atemluft, Bekleidung, Wohnungen usw. *in gesundheitserhaltender und -fördernder Qualität* sowie um Bereitstellung von Erholungsmöglichkeiten und Naturerlebnis geht. Das heißt, dass wir auch weiterhin unmittelbar von der Landwirtschaft und der Qualität der von ihr erzeugten Produkte abhängig sein werden – wie eh und je. Insofern kann sich die Neugestaltung einer Kulturlandschaft an historische Aspekte anlehnen, an alte Prinzipien, «die man heute – unter veränderten Bedingungen und in veränderter Form – wieder gebrauchen könnte» (Beck 1994).

Solange aber die Landwirtschaft – und insbesondere die biologische – in ihrer Handlungsweise zunehmend von der globalen Marktwirtschaft bestimmt wird, kann sie nicht über die Arbeit an ihrem eigenen Existenzminimum hinaus großräumige Landschaftsumgestaltung nach organischem Leitbild betreiben, so gern auch gerade der Ökolandbau das tun würde. Hier ist der Zusammenschluss mit den Menschen des Umfeldes, und besonders mit den Menschen aus den Städten, notwendig. Ich hatte schon auf diejenigen Kräfte aufmerksam gemacht, die mehr in den Städten als auf dem Land freigesetzt werden, die aber in der Landschaft dringend gebraucht werden: Kreativität, Zeit, Geld, überschüssige Energie ... Und auch in den Städten gibt es zahlreiche Menschen mit dem berühmten «grünen Daumen», wobei es schade wäre, wenn diese Fähigkeit in der Landschaft nicht positiv eingesetzt werden könnte.

Abb. 246: Dreigliederung von Stadt – Land – Fluss. Weitere Erläuterungen im Text.

Das kreative Potenzial ist da; es fragt sich, wie es im konkreten Handeln wirksam werden kann. Der Weg dahin führt über die Umweltbildung in einer so detaillierten und speziellen Weise, dass sich hieraus neue Arbeitsfelder für Biologen, Ökologen, Landschaftsplaner und Vegetationskundler ergeben. Diese Fachleute könnten für jede spezielle Region den Typus der Landschaft und seine vielfältigen konkreten Ausgestaltungsmöglichkeiten darstellen, um die Menschen überhaupt einmal auf das Gestaltungspotenzial (die potenzielle Kulturlandschaftsvegetation) aufmerksam zu machen und – zu begeistern! Denn der Typus der Kulturlandschaft, so wie er in der vorliegenden Arbeit aufgefasst wird, beschreibt ja das allgemeine Gestaltungsprinzip, das allen nordwestdeutschen Kulturlandschaften zugrunde liegt.

Von diesem allgemeinen Prinzip lassen sich nicht nur alle bekannten nordwestdeutschen Dorfgemarkungen ableiten, sondern es eröffnet auch ganz neue Möglichkeiten der freien Gestaltung. «Frei» bedeutet, den sozialen Bedürfnissen und Wünschen angemessen, aber dennoch nicht willkürlicher Fantasie entsprungen, sondern ganz getreu aus dem Typus abgeleitet. Dazu müssen die Fachleute den jeweiligen Typus Kulturlandschaft mit seinen konkreten Entwicklungsmöglichkeiten den Menschen der betreffenden Region vermitteln. Der Grundbauplan des Kulturlandschaftsorganismus würde den ökologischen Rahmen, die Leitidee, bilden, der unter den speziellen sozialen Verhältnissen eine ganz konkrete Gestalt annimmt. Die Kunst besteht nun darin, zwischen dem «ökologisch» erforderlichen allgemeinen Typus der Dorfgemarkung und dem konkreten Willen der Menschen vor Ort und der sich daraus ergebenden Sozialgestalt zu vermitteln.

Nach diesem Leitbild können die in der Landschaft lebenden Menschen – im Idealfall – die Pflanzengesellschaften so gestalten und bereichern, dass sie in das Nutzungsmuster passen.

Dabei wird es sich auch ergeben, dass nicht jede Nutzung überall möglich ist. Der gesamte Fächer der potenziellen Kulturlandschaftsvegetation gibt hier eine große Hilfe zur Entscheidung.

Wir haben bereits davon gesprochen, dass die Vegetation als die Schrift der Landschaft gelesen werden kann, wenn sie einmal verstanden wurde. Aus diesem verständnisvollen Lesen kann man schließlich auch dazu übergehen, Landschaft mithilfe der Vegetation neu zu gestalten oder – um im Bild zu bleiben – neu zu *schreiben*. Neu schreiben bedeutet nicht völlige Willkür, sondern ein Schreiben im Rahmen der vorgefundenen Grammatik. Die Grammatik ist eigentlich die Auffassung der Kulturlandschaft als Organismus oder organische Ganzheit mit allen ihren Facetten.

Diese «Grammatik» haben wir in den vorausgehenden Kapiteln eingehend behandelt. Worüber wir in dem Zusammenhang nur beispielhaft gesprochen haben, sind die einzelnen Buchstaben und Wörter, also die Grundelemente, mit denen wir gestalten können. Diese Grundelemente sind die Pflanzengesellschaften.

Die verschiedenen Pflanzengesellschaften der Kulturlandschaft sind wie Vokabeln, die man erst einmal kennenlernen muss, um die neue Sprache zu sprechen oder zu schreiben. Andererseits reicht schon – wie in der «echten» Sprache – ein gewisser Grundstock an Vokabeln, um sich anfänglich zu verständigen und zu orientieren. Weitere Vokabeln kommen dann «automatisch» durch den Umgang mit der Sprache dazu.

So geht es auch im Umgang mit Vegetation. Wenn man erst einmal einige wenige Pflanzengesellschaften kennt, kann man sich von hier aus immer weiter vortasten und dabei ständig Neues entdecken. Allerdings kommt heutzutage erschwerend hinzu, dass viele Pflanzengesellschaften – die wir als Vokabeln lernen wollen bzw. müssen, um die Sprache richtig zu beherrschen und beim Schreiben aus dem Vollen zu schöpfen – gar nicht mehr oder nur noch unvollständig vorhanden sind oder doch zumindest nicht in unmittelbarer Nähe liegen.

Eine ganz besonders wichtige Gruppe von «Vokabeln» ist heute nahezu aus unseren Landschaften verschwunden. Das sind diejenigen Pflanzengesellschaften, die früher in dem gesamten Außenkreis der Dorfgemarkung vorkamen und die das Nerven-Sinnes-System der Kulturlandschaft bildeten: die Trockenrasen, Borstgrasrasen und Heiden, die Binsen-Pfeifengras-Wiesen und Kleinseggenrieder. Um sie wieder ins Bewusstsein zu heben, werden in den folgenden Kapiteln einige dieser selten gewordenen, aber dennoch für den Landschaftsorganismus wichtigen Pflanzengesellschaften beispielhaft und detailliert vorgestellt. Dabei geht es sowohl um ein Kennenlernen der Artenzusammensetzung und der Lebensansprüche als auch um ein Verständnis dafür, welche Rolle diese Gesellschaften im Rahmen der Kulturlandschaft spielen.

9. Lichtrasen

Eine ganz besondere Spezialität der Kulturlandschaftsvegetation sind die Trockenrasen und mageren Feuchtwiesen, deren Gemeinsamkeit ist, dass sie eine intime Beziehung zum Licht haben. Sie sollen deshalb als Lichtrasen bezeichnet werden. Da sie in fast allen heutigen Kulturlandschaften fehlen, aber aus verschiedenen Gründen notwendig sind, wird ihnen hier ein eigenes Kapitel gewidmet. Dabei geht es auch um die Frage, ob Lichtrasen nur auf nährstoffarmen Trocken- oder Moorböden wachsen können oder beispielsweise auch auf den nährstoffreichen Böden der Ackerbaulandschaften. Denn wenn sie so wichtig sind, müssten sie ja auch hier kultiviert werden.

Begriff und Bedeutung der Lichtrasen

Wir hatten als äußerste Zone des Kulturgradienten die feuchten und trockenen Magerrasen kennengelernt, und wir hatten ihnen nach der organismischen Betrachtung die Funktion der Sinnesorgane zugeschrieben. Da diese Vegetationstypen heute nicht allgemein bekannt sind und auch der Vergleich mit Sinnesorganen bei dem einen oder anderen Leser auf Unverständnis stoßen mag, will ich dieses Thema nun etwas mehr vertiefen.

Wie lassen sich Magerrasen allgemein charakterisieren? Im allgemeinen vegetationskundlichen Sprachgebrauch sind Magerrasen schwachwüchsige, von Gräsern und niedrigwüchsigen Pflanzen beherrschte Pflanzengesellschaften auf nährstoffarmen Böden. In der Naturlandschaft kommen oder kamen sie nur kleinflächig an den von Natur aus waldfreien Stellen vor; dazu zählen z.B. die Hochgebirgsrasen, die Felsspaltengesellschaften auf unbewaldeten Felsen der Mittelgebirge und die Sandtrockenrasen der Küstendünen.

Der flächenmäßig weitaus größte Teil der mitteleuropäischen Magerrasen hat sich jedoch durch historische Landnutzungsformen auf waldfähigen Böden entwickelt: durch Beweidung oder Mahd, in jedem Fall verbunden mit fehlender Düngung. Je nach Boden und Wasserhaushalt entstanden dadurch die vielen Pflanzengesellschaften der Kalkmagerrasen (Abb. 103, 177, S. 139, 216), Sandtrockenrasen (Abb. 114, 176, 178, 179, S. 150, 215, 217 f.), Borstgrasrasen (Abb. 43, 44, 116, S. 72, 152), Pfeifengraswiesen (Abb. 189–191, S. 226) und Kleinseggenriede (Abb. 129, 192, S. 165, 227). Wir verwenden den Begriff Magerrasen also hier nicht nur für Vegetation auf trockenen, sondern auch auf feuchten und nassen Böden.

Übrigens hat der Begriff «Streuwiesen», als was die Pfeifengraswiesen oft bezeichnet werden, nichts mit «Streuobstwiesen» zu tun. Pfeifengraswiesen wurden insbesondere in Süddeutschland zur Streugewinnung genutzt; sie wurden sehr spät im Herbst gemäht und das strohige Gras als Einstreu (Strohersatz) für die Viehställe verwendet. Streuobstwiesen sind demgegenüber nicht eigentlich Wiesen, sondern Obstbaumanlagen mit Grasunterwuchs.

Mit der Aufgabe der traditionellen Bewirtschaftungsweisen in der Neuzeit schrumpfte der Flächenanteil der Magerrasen drastisch. Denn die technisierte Landwirtschaft hat überhaupt kein Interesse mehr an Magerrasen, was zur Folge hatte, dass diese Vegetationstypen verschwanden: Entweder sie verbuschten bei Brachfallen, wurden aufgeforstet oder durch Düngung in ertragreichere Fettwiesen oder Äcker umgewandelt. In gewissem Sinne gilt dieses Desinteresse auch für die biologische Landwirtschaft. Sie strebt ebenfalls die fruchtbare Kulturlandschaft an, nichts «Mageres».

Magerrasen sind für den Naturschutz jedoch höchst wertvolle Lebensräume. Hier kommen nicht nur viele seltene und stark gefährdete Tier- und Pflanzenarten vor, sondern die jeweils spezielle Arten*kombination* weist diese Ökosysteme als etwas Besonderes aus. In Zeiten knapper öffentlicher Kassen und gleichzeitiger Forderung des Naturschutzes nach mehr Wildnis werden Magerrasen nun tendenziell in die Ecke von «Pflegefällen» gedrängt, deren Erhaltung einerseits sehr kostspielig ist und andererseits nicht ganz in das moderne «Wildniskonzept» passt.

Deshalb ist es ganz wichtig, dass wir über den Naturschutzwert von Magerrasen hinausgehen und aufzeigen, welche vielfältigen Bedeutungen und Funktionen Magerrasen in der mitteleuropäischen Kulturlandschaft haben. In diesem Zusammenhang ist es auch wünschenswert, die Akzeptanz dieser Lebensräume in der Bevölkerung deutlich zu erhöhen (Vahle 2004a, 2005).

Sollen Magerrasen in der Gesellschaft mit einem positiven Wert besetzt werden, so ist es angebracht, das Wort «mager» durch etwas anderes zu ersetzen, da es negativ gekennzeichnet ist. Magerkeit ist das Gegenteil von Wohlgenährtsein und wird im allgemeinen Sprachgebrauch eher mit Askese, Schwäche und vielleicht sogar mit knappen Kassen in Verbindung gebracht. Deshalb werden die oben genannten Vegetationseinheiten in der folgenden Darstellung als «Lichtrasen» bezeichnet, was im Folgenden eingehend begründet werden soll.

Ein gestaltbiologisches Kennzeichen der Lichtrasen ist das dominante linealische Vegetationsgestaltelement (vgl. Abb. 52, S. 84, mittlere Reihe). Das flächenblättrige Element spielt nur eine untergeordnete Rolle; es ist in Lichtrasen viel schwächer vertreten als in gedüngten Wiesen und Weiden, wo es sogar eine eigene Schicht im Vegetationsprofil bilden kann. Ebenso ist das kornförmige Gestaltelement in Lichtrasen deutlich ausgebildet. Das polsterförmige Gestaltelement kann ganz unterschiedlich ausgeprägt sein: In vielen Trockenrasen tritt es ganz zurück oder fehlt sogar, in den meisten Kleinseggengesellschaften ist es jedoch kräftig entwickelt.

Das linealische Gestaltelement der trockenen und feuchten Lichtrasen weist auf einen deutlich ausgebildeten Luftkomplex: Starke Luftbewegung und hoher Lichtgenuss sind charakteristisch. Höhere Wärme tritt nur in den eigentlichen Trockenrasen auf, die eine Teilmenge der Lichtrasen bilden. Die starke Luftbewegung in Lichtrasenbeständen führt unter anderem dazu, dass beispielsweise die obersten Bodenschichten schneller und stärker austrocknen (Ellenberg 1996: 665). Die Struktur der lockeren, oft mehr oder weniger senkrecht stehenden Halme und Blätter führt dazu, dass auch das Licht bis tief in den Bestand einstrahlen kann.

Durch die fehlende Schicht aus flächenblättrigem Gestaltelement werden Extreme des Kleinklimas kaum abgepuffert. Häufiger Wechsel zwischen Vernässung und starker Austrocknung, zwischen hohen und tiefen Temperaturen hemmen die biologische Aktivität des Bodens, sodass auch die Pflanzenverfügbarkeit der Nährstoffe herabgesetzt wird (Ellenberg 1996: 675). Das entspricht einer aktiven Oligotrophierung, einer Verringerung der Fruchtbarkeit durch diese Bestände und damit deren Selbststabilisierung.

Diese Stabilisierung kann allerdings nur dann funktionieren, wenn von außen ein (geringer) Steuereinfluss dazukommt. Das sind extensive Beweidung oder Mahd, die dazu führen, dass die Grasnarbe niedrigwüchsig bleibt, sich keine nennenswerte Streuauflage bildet und bestimmte Pflanzenarten, die eine Sukzession in Richtung auf Stauden- oder Gehölzgesellschaften einleiten würden, an dauerhafter Ansiedlung gehindert werden.

Die vom Menschen geschaffenen Lichtrasen, die früher in der Landschaft großflächig verbreitet waren, besiedelten Standorte, die von Natur aus Wald trugen. Nutzungsaufgabe führte bzw. führt letztendlich wieder zum Wald zurück. Der Wald ist hinsichtlich der ökologischen Prozesse den Lichtrasen gewissermaßen entgegengesetzt. Licht und Wind werden vom Kronendach des Waldes weitgehend abgefangen und gelangen kaum oder nur in sehr geschwächter Form bis zum Boden. Das Bestandsklima ist mehr oder weniger ausgeglichen und feucht. Gegenüber den Lichtrasen emanzipiert sich der Wald in gewissem Grade von den äußeren Standortfaktoren, vor allem von den Bodenverhältnissen. Das zeigt sich schon daran, dass auf den meisten mitteleuropäischen Böden von Natur aus Buchenwälder wachsen würden, gleich ob es sich um Kalk, Lehm, Ton, Sand, um saure oder alkalische Reaktion, um mäßig feuchte oder trockene Böden handelt. Zwar sind die Arten der Krautschicht jeweils unterschiedlich, aber dennoch werden die feinen Unterschiede in Bodentyp, Wasserhaushalt, Exposition etc. vom Wald ausgeglichen. Darüber hinaus gibt es in allen diesen Buchenwäldern nur *eine* dominante Art: eben die Buche *(Fagus sylvatica)*.

Ganz anders die Lichtrasen! Wo durch den Menschen aus Wald die Lichtrasen entstanden und damit die Dämpfung des Klimas durch den Waldbestand wegfiel, bildeten sich stärker differenzierte Standorte selbst auf kleinstem Raume heraus (Ellenberg 1996: 667). Die feinen Standortunterschiede werden bei Lichtrasenvegetation durch völlig verschiedene Artenkombinationen angezeigt; sie bilden diese Standortqualitäten deutlicher ab als andere anthropogene Pflanzengesellschaften und auch deutlicher als natürliche Waldgesellschaften. Im übertragenen Sinne werfen Lichtrasen also ein Licht auf die feinsten unterschiedlichen Standortqualitäten, die damit für uns Menschen, für unsere Sinne, unmittelbar wahrnehmbar werden. Dies konnten wir ja mit der Qualität von Sinnesorganen der Kulturlandschaft in Verbindung bringen.

Wir hatten im letzten Kapitel gesehen, dass die feuchten und trockenen Magerrasen, also die Lichtrasen, als extensiv bewirtschaftete Nutzflächen das äußerste, dorfferne Ende des Kulturgradienten bildeten. In arrondierten (abgerundeten, nicht zerstückelten) Gemarkungen und mehr oder weniger einheitlichem geologischem Untergrund kamen sie am äußersten Rand der Feldflur vor, wobei sie sich je nach Bodenfeuchte differenzierten: Kalkmagerrasen und Sandtrockenrasen auf trockenen Böden, Pfeifengraswiesen und Kleinseggenriede auf feuchten bis nassen Standorten. Borstgrasrasen bildeten (im sauren Bereich) oftmals den Übergang zwischen trockenen und feuchten Wuchsorten.

In der Lichtrasenzone werden die feinen Standortunterschiede ins Bild gesetzt, es wird ein Licht darauf geworfen, was uns Menschen sonst nicht so ohne Weiteres sinnlich wahrnehmbar wäre. Vermutlich führen diese verschiedenen Standortqualitäten auch zu unterschiedlichen und vielfältigen Stoffbildungen in den Lichtrasenpflanzen, was schon durch das reiche Vorkommen von Heil- und Gewürzpflanzen angedeutet wird; so finden sich hier beispielsweise Arnika (*Arnica montana,* Abb. 247), Wundklee (*Anthyllis vulneraria,* Abb. 248), Küchenschelle (*Pulsatilla grandis,* Abb. 249),

Abb. 247: Arnika (*Arnica montana*)

Abb. 248: Wundklee (*Anthyllis vulneraria*)

Abb. 249: Küchenschelle (*Pulsatilla grandis*)

Abb. 250: Thymian (*Thymus serpyllum*)

Thymian (*Thymus serpyllum,* Abb. 250), deren wissenschaftliche Namen viele gesundheitsbewusste Menschen eher als Bezeichnung für Medikamente kennen. Diese Biotope sind also nicht nur Lebensraum seltener Tier- und Pflanzenarten, sondern stellen als *diätetische Zone* ein lebenswichtiges Organsystem einer funktionierenden Kulturlandschaft dar.

Die besonderen Inhaltsstoffe der Lichtrasenarten sind wohl auch der Grund dafür, dass das «Bergwiesenheu» von vielen Weidetieren sehr gerne gefressen wird und dass einige wenige ökologisch wirtschaftende Landwirte den Wert der Lichtrasen als «Stallapotheke» schätzen (Ochse 1993, Bahner & Burandt 1997, Bairacli Levy 1987). Wie sich dieser Wert ganz konkret auch im materiellen Nutzen niederschlägt, zeigt beispielsweise die Bewirtschaftung einer ostfriesischen Blaugraswiese *(Cirsio dissecti-Molinietum)* durch den Landwirt Hinrich Sweers aus Warsingsfehn. Die ungedüngten Blaugraswiesen sind spezielle Lichtrasen, die es nur in Ostfriesland und den angrenzenden Niederlanden gibt (Abb. 251). Sie bringen nur wenig Massenertrag. Aufgrund ihrer inzwischen großen Seltenheit und ihres hohen Anteils an «Rote-Liste-Arten» sind sie aber für den Naturschutz von höchster Bedeutung. Landwirt Sweers bewirtschaftet solch eine große Blaugraswiese zwar ganz im Sinne des Naturschutzes, jedoch nicht in erster Linie aus Naturschutzgründen: Für ihn ist diese Fläche die «Stallapotheke» für sein Vieh, wodurch er einen großen Teil seiner Tierarztkosten spart. Die Qualität kann sich über die «Nahrungskette» noch weiter fortsetzen und sich schließlich auch im Geschmack der Milchprodukte zeigen (Peppler 1987, «Aroma-Milch»: Oppermann & Gujer 2003: 24). Das Beispiel zeigt, dass die Lichtrasen auch heute noch eine Bedeutung in der ökologischen Landbewirtschaftung haben können und nicht als reine Pflegefälle Sache des Naturschutzes werden müssen (weitere Beispiele bei Ochse 1993).

Auch außerhalb der (im engeren Sinne) ökologischen Landwirtschaft wird der Wert von Lichtrasenheu inzwischen erkannt. Einen gewissen Bekanntheitsgrad hat das von Prof. Wolfgang Schumacher initiierte Bergwiesenheu-Projekt in der Eifel erlangt, in dem blumenreiche magere Glatthaferwiesen, Kalkmagerrasen und Borstgrasrasen erfolgreich bewirtschaftet werden (Abb. 252). Erfolgreich bedeutet, dass sowohl die Artenvielfalt ungeahnte Größenordnungen annimmt, als auch, dass sich die Arbeit mit und an den Lichtrasen für die beteiligten Vollerwerbslandwirte finanziell lohnt (Weis, Muchow, Schumacher 2000).

Über den naturschutzfachlichen und landwirtschaftlichen Wert hinaus bereichern Lichtrasen das Landschaftsbild der mitteleuropäischen Kulturlandschaften durch ihren ausgeprägten jahreszeitlichen Aspektwechsel, durch verschiedene Blühphasen und durch ihre gestaltliche Besonderheit. In das Mosaik von dunkelgrünen Wäldern, frischgrünen Wiesen und Weiden und strohgelben Getreidefeldern bringen Lichtrasen eine zusätzliche Farb- und Gestaltkomponente hinein. Ihre Grundfärbung spielt zwischen hellem Blaugrün oder Graugrün bis zu braungrünen oder rötlichen Tönen. Auch ist der Blütenreichtum oft weit höher als derjenige in Intensivgrünland oder Ackerflächen (Abb. 253).

In Zusammenhang mit der ästhetischen Aufwertung des Landschaftsbildes steht das Naturerlebnis. Lichtrasen sehen nicht nur interessant aus, sie duften auch anders, zumeist würziger als andere Lebensräume. Außerdem können sie nicht nur «von außen» erlebt werden wie viele landwirtschaftliche Nutzungsflächen und Naturschutzflächen, sondern auch in direktem Kontakt. Das Betreten ist für die meisten Lichtrasen weniger problematisch als für viele andere Pflanzengesellschaften. So eignen sie sich hervorragend für eine Wahrnehmung von Natur, die nicht nur visuell aus der Ferne stattfindet,

Abb. 251: Solch eine «Blaugraswiese» *(Cirsio dissecti-Molinietum)*, ein feuchter Lichtrasen, wird durch einen ostfriesischen Landwirt aus Warsingsfehn als «Stallapotheke» bewirtschaftet. Mai 1989.

Abb. 252: Borstgrasrasen in der Eifel, genutzt als wertvolles «Bergwiesenheu» im landwirtschaftlichen Vollerwerb auf sauren, kalkarmen Böden. NSG Sistig-Krekeler Heide, Gemeinde Kall. Juni 2004.

Abb. 253: Blütenreicher Lichtrasen: Wechseltrockene Kalk-Pfeifengraswiese *(Cirsio tuberosi-Molinietum)* auf der Königsbrunner Haide bei Augsburg, mit rot blühender Sumpfsiegwurz *(Gladiolus palustris)* und weißer Graslilie *(Anthericum ramosum)*. Juli 1998.

sondern den direkten Kontakt sucht (Natur zum Anfassen).

Wie sehr Lichtrasen oder auch Reste von ihnen für viele Menschen Anziehungspunkte sind, zeigt sich an deren Belagerung an Wochenenden; Picknick, Ballspiel, Sonnenbaden sind beliebte Freizeitaktivitäten, die Kinder lassen Modellflugzeuge fliegen oder Drachen steigen. Das Fatale dieser Situation ist, dass sich viele Menschen auf kleinen Flächen zusammendrängen und damit natürlich zu einer Überlastung selbst der trittunempfindlicheren Lichtrasen führen. Man sollte sich viel ausgedehntere Lichtrasenareale wünschen, auf denen sich die Trittbelastung auf größere Flächen verteilt und damit unschädlich wird. Das ist bereits in einer schleswig-holsteinischen Region erprobt worden (Dierking 1993).

Grundwasserschutz ist ein weiterer Aspekt, der die Bedeutung der Lichtrasen unterstreicht. Einerseits werden aus Lichtrasen, da diese nicht gedüngt werden, kaum Nährstoffe ausgewaschen, sodass die Qualität des Grundwassers unter Lichtrasen sehr hoch ist. Andererseits wird unter Lichtrasen mehr Grundwasser neu gebildet als in Wäldern (die ebenfalls hochwertiges Grundwasser liefern), da Wald viel mehr Wasser verdunstet.

Die vielfältigen Positivwirkungen der Lichtrasen legen es nahe, nach Möglichkeiten einer Flächenerweiterung der Lichtrasen zu suchen. Das würde bedeuten, diese Vegetationstypen weithin neu anzulegen oder zu revitalisieren. Auch in historischer Zeit wurden Lichtrasen teilweise planmäßig angelegt. So wurden viele Streuwiesen in Bayern und im Schweizer Mittelland erst im 19. Jahrhundert durch Einsaat oder Anpflanzung begründet (Stebler 1898,

Volkart 1919, Kapfer 1995: 3), und zwar aus Erlen-Niederwäldern, Futterwiesen, eingeebneten Torfstichen, ausgebeuteten Lehmgruben usw. (Kapfer & Konold 1994). In der nordwestdeutschen Geest entwickelten sich artenreiche Sandtrockenrasen aus beweideten Ackerbrachen innerhalb weniger Jahre (Preising & Vahle 1997: 48). Auch manche gemähte Kalk-Halbtrockenrasen scheinen als solche angelegt zu sein, da bestimmte Charakterarten (z.B. *Onobrychis viciifolia, Bromus erectus*) wahrscheinlich als Futterpflanzen importiert und ausgesät wurden (Heinrich 1992: 17). Auch Voigt (1998) berichtet, dass im Weserbergland artenreiche Kalkmagerrasen auf ehemaligen Ackerflächen wachsen. Wenn also heute verschiedene Lichtrasen neu angelegt würden, wäre das nichts anderes als das erneute Aufgreifen einer alten Tradition.

Dabei ergibt sich natürlich die Frage, ob Lichtrasen in den heute allgemein gedüngten Landschaften mit zusätzlicher Stickstoffdüngung aus der Luft überhaupt noch lebensfähig sind, insbesondere Lichtrasen-Neueinsaaten. Und die nächste Frage: Wenn Lichtrasen aus landschaftsökologischen, ästhetischen und landwirtschaftlichen Gründen so wichtig sind, müssten sie dann nicht auch in nährstoffreicheren Lehm- und Lösslandschaften angelegt werden, um die landwirtschaftliche Funktionsgestalt mit den «Sinnesorganen» zu ergänzen? Hat es aber in Landschaften mit nicht extremen Böden auch in historischer Zeit überhaupt Lichtrasen gegeben? Kann das überhaupt prinzipiell möglich sein?

Lichtrasen in nährstoffreichen Landschaften?

Lichtrasen lassen sich sehr gut auf trockenen, mageren, sandigen oder kalkhaltigen Böden vorstellen, ebenso auf nährstoffarmen Moorböden. Hier ist auch eine Revitalisierung denkbar, was inzwischen vielfach gelungen ist. Schwierig oder gar nicht vorstellbar sind aber Lichtrasen auf nährstoffreichen Böden in ebener Lage, nämlich guten Ackerböden. Ein guter Ackerboden ist in fast allen Kennzeichen das Gegenstück zum Lichtrasen: nicht trocken, nicht nass, nicht mager, nicht extrem sandig oder kalk-steinig, nicht steil geneigt.

Am Beispiel des Ravensberger Lösshügellandes, einer typischen nährstoffreichen Ackerbaulandschaft, konnte gezeigt werden, dass hier früher Heiden, Borstgrasrasen und nährstoffarme Feuchtwiesen vorkamen (Vahle 1999a). Dies war dadurch möglich, dass durch die menschliche Nutzung und Pflege Bereiche entstanden, in denen selbst der «fruchtbare» Lössboden durch ständigen Stoffentzug (Beweidung, Mahd, keine Düngung) ausmagerte. Vermutlich würde man auch heute durch entsprechende Maßnahmen Lichtrasen wieder entwickeln können.

Der Einwand, dass das gar nicht gehen könne, da ja das inzwischen erreichte Nährstoffdepot des Bodens und der derzeitige Nährstoffeintrag aus der Luft die Entwicklung von Lichtrasen prinzipiell unmöglich mache, ist durch die Praxis bereits widerlegt worden: «Denn nach Wiedereinführung extensiver Nutzungen oder entsprechender Pflegemaßnahmen lassen sich degenerierte und leicht eutrophierte Magerrasen mit gutem Erfolg regenerieren, was auch an der starken Zunahme empfindlicher Arten ... zu erkennen ist» (Schumacher 1992: 22). Eine neuere Forschungsarbeit belegt darüber hinaus aufgrund einer Langzeitstudie, dass in Magerwiesen der Schwäbischen Alb keine Aufdüngung durch atmosphärische Stickstoffeinträge erkennbar ist (Briemle 2005).

Ist ein Lichtrasen durch entsprechende Maßnahmen erst einmal etabliert, kann man annehmen, dass durch die spezielle Struktur des Rasens Bedingungen geschaffen werden, die zu einer Art Selbstregulation führen. Wir hatten im Kapitel über die Elementekomplexe ausführlich die intensiven Wechselwirkungen zwischen Vegetation, Boden und Klima besprochen. Wir hatten auch gesehen, dass die Vegetation nicht etwas Passives ist, was als «Zeigerpflanzen» nur auf die physikalisch-chemischen Verhältnisse reagiert, die von Boden und Klima vorgegeben werden. Sondern Vegetation ist genauso gut aktiv gestaltende Partnerin in diesem Elementekomplex. Wir erinnern uns auch an diejenigen Elemente, die mit Lichtrasen (Magerrasen, Trockenrasen) zusammengehen: Luft und Wärme. Müsste es unter diesen Gesichtspunkten nicht möglich sein, gerade *durch* die Lichtrasenvegetation den Luft- und Wärmekomplex anzuregen, der dann, einmal aufgebaut, selbstregulierend und stabilisierend – auch positiv rückwirkend auf die Vegetation – wirksam wird? Und der so stark sein kann, dass er sich sogar *gegen* den Nährstoffreichtum eines Lehmbodens durchsetzt?

Die These, dass sich Lichtrasen auch auf vorher gedüngten Lössböden entwickeln können, wollte ich durch ein Experiment bestätigen: durch Aussaat einer Lichtrasenmischung auf nährstoffreichem Gartenboden. Ich bin dabei von der Vermutung ausgegangen, dass die Lichtrasenarten nicht unbedingt einen mageren Boden *brauchen*, sondern auch auf reicheren Böden wachsen, wenn sie nur nicht von anderen Pflanzen bedrängt werden. Das ist aber in der freien Landschaft und auch im Garten nicht zu erwarten, denn in den Böden liegen Tausende von keimfähigen Samen starkwüchsiger Pflanzen, die gleichzeitig mit den Lichtrasenpflanzen keimen und sich breitmachen würden.

Nach den bisherigen Kenntnissen würden nun diese schnell- und hochwüchsigen «Unkräuter» sofort im Vorteil gegenüber den zunächst niedrigwüchsigen Lichtrasenarten sein. Die einzige Möglichkeit, Letztere zu fördern, wäre erstens sehr dichte Aussaat, sodass sofort eine möglichst hohe Bedeckung erreicht wird, und zweitens unmittelbar einsetzende Pflegemahd, die den Wuchsvorteil der schnell- und hochwüchsigen Konkurrenten zugunsten der niedrigwüchsigen, lichtliebenden Lichtrasenarten immer wieder aufhebt. Die Frage war also: Kann sich ein Lichtrasen ohne vorherige Nährstoffverarmung (Ausmagerung) auf einem nährstoffreichen Lössboden nach Aussaat und anschließender regelmäßiger Mahd etablieren? Dazu wurde auf einer ca. 50 m^2 großen Gartenfläche, die bisher als Gemüseland genutzt wurde, eine Lichtrasen-Samenmischung eingesät (Tab. 6), die Arten der Borstgrasrasen, der Kalkmagerrasen und der Pfeifengraswiesen enthielt.

Der Versuch wurde im Frühjahr 1996 begonnen, sodass bisher zehn Beobachtungsjahre zur Verfügung stehen (vgl. Tab. 6). Es zeigte sich schon im ersten Jahr, dass sich die Lichtrasenarten mengenmäßig bereits behauptet haben, obwohl es in den ersten Wochen nach der Keimung Entwicklungen in die andere Richtung gab, indem sich beispielsweise große Decken von starkwüchsigen Ackerunkräutern über die restlichen Arten ausbreiteten. In diesen Stadien, die nacheinander mehrmals auftraten, wurde mit einem handelsüblichen Motorrasenmäher bis auf 3–5 cm abgemäht und das Mähgut restlos entfernt. Da sich die Vegetationsnarbe daraufhin mehr in Bodennähe schloss – wobei die inzwischen gekeimten Lichtrasenarten stark beteiligt waren –, hatten die Ackerunkräuter immer weniger Chancen, sich durchzusetzen. Die erste, problematische Phase für die Ansiedlung der Lichtrasenarten war damit positiv abgeschlossen, was ein bemerkenswertes Zwischenergebnis war.

Abb. 254: Eingesäter Magerrasen auf nährstoffreichem Lösslehmboden, der vorher als Gemüseland genutzt wurde, im fünften Jahr nach der Aussaat. Ravensberger Hügelland, Bielefeld-Jöllenbeck. Juni 2001.

Die weitere Entwicklung in den Folgejahren änderte an diesem allgemeinen Bild grundsätzlich nichts. Die einjährigen Ackerunkräuter tauchten nicht wieder auf, sodass die Lichtrasenarten von dieser Seite her nicht mehr gefährdet waren. Stattdessen erschienen einige Arten des Grünlandes, die sich in dem dichten Bestand allerdings nur sehr zögerlich ausbreiteten. Eine Mengenzunahme konnte andererseits jedoch auch bei einigen Arten der Lichtrasen beobachtet werden, und schließlich wanderten sogar noch andere Lichtrasenarten ein, beispielsweise das Breitblättrige Knabenkraut. Es ist überaus bemerkenswert und eigentlich unglaublich, dass die Dominanz der Lichtrasenarten über die zehn Versuchsjahre erhalten blieb, wenn man bedenkt, um welche «ungünstigen» Bodenvoraussetzungen es sich handelt (Abb. 254, 255).

Abb. 255: Aufrechte Trespe *(Bromus erectus)* und Zittergras *(Briza media)* sind typische Gräser von Magerrasen (= Lichtrasen). Sie beherrschen den Magerrasen der Abb. 254. Dazwischen gelbe Blüten des Echten Labkrautes *(Galium verum)* und die roten Köpfchen von Wiesenknopf *(Sanguisorba officinalis)*. Anfang Juli 2003.

Aus diesem Beispiel können wir ersehen: Die Chance für die Existenz von anthropogenen

Lichtrasen in der heute allgemein eutrophierten Landschaft besteht darin, dass sie eine relativ starke Rückwirkung auf den Standort haben und ihn – falls sie einmal angesiedelt sind – in einer Weise beeinflussen, die sich wiederum als günstig für die Vegetation selbst erweist (Ausbildung des Luftkomplexes). Wäre das nicht so, dürfte es heute in Mitteleuropa kaum mehr Lichtrasen geben, da die Nährstoffeinträge aus der Luft dafür fast überall zu hoch sind. Man könnte allerdings die gegenwärtigen Vorkommen für Relikte halten, die sich bis heute aus optimalen Zeiten nur erhalten haben. Dem steht entgegen, dass sich auch unter aktuellen Bedingungen durch Revitalisierung oder Neueinsaaten neue Lichtrasen bilden, auch unter den gegenwärtigen suboptimalen Bedingungen.

Im Zuge einer «Ökologisierung» der bundesdeutschen Landwirtschaft wurde in den letzten Jahren nach neuen Wegen im Schnittbereich von Landwirtschaft und Landschaftspflege gesucht. Sollte sich – ähnlich wie schon stellenweise im technischen Bereich – die Landwirtschaft dazu entschließen, nach dem Vorbild eines Organismus zu arbeiten, dann ständen die Lichtrasen als mögliche diätetische Organsysteme der Kulturlandschaft (= Sinnesorgane) zur Verfügung, und zwar mit den entsprechenden betriebswirtschaftlichen Vorteilen, die oben angedeutet wurden. Würde dieser Ansatz weit genug greifen – was zurzeit sicher noch eine Idealvorstellung ist –, wären die anderen Lichtrasennutzungen wie Naturerlebnis, Naturschutz, Grundwasserneubildung usw. gewissermaßen wünschenswerte Nebeneffekte. Dazu ist jedoch zunächst intensive bewusstseinsbildende Arbeit notwendig.

Lichtrasen in nährstoffreichen Lösslandschaften sind schon recht erstaunlich, müssen sich doch hier mithilfe der Vegetation Kräftewirkungen der Elemente Luft und Feuer aufbauen, die eigentlich *gegen* die in diesen Landschaften vorherrschenden Erde- und Wasserwirkungen arbeiten. Und, wie wir sehen, mit Erfolg. Zwar haben diese Lichtrasen nicht die gleiche Artenkombination wie die Kalktrockenrasen, Sandtrockenrasen oder die wunderbaren Pfeifengraswiesen des Voralpenlandes. Aber ihre Gestalt und ihre Artenzusammensetzung lässt sie doch als vollgültige Partner des Luftkomplexes erscheinen. Diese Lichtrasen sind eigentlich schon kleine Wunder, und es lässt sich kaum mehr eine Steigerung denken. Und doch gibt es Vegetationstypen, die ihre Elementekomplexe gegen noch größere Widerstände aufbauen müssen: Lichtrasen unter Wasser.

10. Lichtrasen unter Wasser: Heideweiher und Heideseen

Ein Sonderfall der Lichtrasen sind die Pflanzengesellschaften der Heidegewässer, da sie unter Wasser wachsen. Hieran kann sehr schön die starke Wirksamkeit des Luft-/Lichtelementes studiert werden, das sich in diesem Fall sogar gegen das Wasser durchsetzt. Diese Gewässer mit ihrer besonderen Vegetation können als die Augen der Landschaft betrachtet werden. Umso bedauerlicher ist es, dass sie heute fast von der Bildfläche der mitteleuropäischen Landschaften verschwunden sind. Was hat das mit uns zu tun? Das ist nicht nur eine Frage des Naturschutzes, sondern hier spiegelt sich etwas von unserer eigenen menschlichen Pathologie.

Heideseen

Wir fahren durch die niedersächsische Geestlandschaft zwischen Bremerhaven und Bremervörde. Die Landstraße führt uns in den kleinen Ort Wollingst, in dem wir auf eine Nebenstraße abbiegen, die bald zu einem Feldweg wird. An der Abzweigung haben wir ein altes Holzschild gesehen, auf dem «*Zum See*» stand. Und nun fahren wir auf diesem Feldweg nach Süden aus dem Dorf heraus, vorbei an Wiesen, Äckern und Hecken bis zu einem Waldstück, an dem der Weg endet. Bis hierher verrät nichts in der Landschaft, dass wir vor einer besonderen Naturerscheinung stehen – um uns herum die flache, nordwestdeutsche Geest mit friedlich grasenden, schwarzweißen Kühen in fruchtbarer Kulturlandschaft.

Erst wenn wir einem kleinen Trampelpfad in das Wäldchen hinein folgen, merken wir mit Verblüffung – wenn wir gegenüber den Naturerscheinungen nicht ganz blind geworden sind –, dass es nun deutlich bergauf geht. Hier, vom Wald versteckt, erhebt sich tatsächlich ein sandiger Hügel bis etwa 7 m über das ringsum liegende flache Land. Und oben angekommen, lichtet sich der Baumbestand und gibt den Blick frei auf eine offene, glänzende Wasserfläche: den Wollingster See (Abb. 256).

Vor uns fällt der Hügel ziemlich steil ab bis zum Wasser, wo die Wellen an eine Uferkante schlagen. Auf den ersten Blick scheint an dem See nichts Besonderes zu sein – entlang der Uferlinie wächst in unterbrochenem Band ein lockeres Schilfröhricht, dahinter niedrige Büsche und einzelne Bäume: ein Bild wie an vielen norddeutschen Seen. Und doch gibt es etwas Ungewöhnliches, und das ist die Pflanzenwelt unter Wasser. Hier leben drei extrem seltene Wasserpflanzen – oder lebten, wie man heute richtig sagen muss, denn eine von ihnen scheint in den letzten Jahren ausgestorben zu sein, weil sich deren Wuchsbedingungen rapide verschlechtert haben. Vor einigen Jahrzehnten konnte man die optimalen Lebensverhältnisse dieser besonderen Pflanzen am See noch stu-

Abb. 256: Ein ganz besonderer See in der sandigen Geestlandschaft zwischen Bremerhaven und Bremervörde – der Wollingster See, hier vom «Seeberg» aus gesehen. Juli 1992.

dieren. Hierauf bezieht sich die folgende Beschreibung.

Schrauben wir die Zeit also um etwa vierzig Jahre zurück! Da bedeckt kristallklares Wasser den hellen, sandig-kiesigen Grund, der auf weiten Strecken ganz frei von Schlamm ist. Aus dem Boden ragen kurze, spitze Blättchen – wie kleinste Binsen sehen sie aus, nur wenige Zentimeter hoch und hellgrün, und sie überziehen den Boden in teils lockerem, teils dichtem Teppich (Abb. 257). Hat man zunächst den Eindruck gewonnen, als hätte sich der Gewässerboden mit einem Stachelkleid überzogen, wird man eines Besseren belehrt, wenn man barfuß über den Rasen durch das Wasser watet. Die Pflanzengesellschaft fühlt sich dann zwar etwas knorpelig an, ist aber doch insgesamt recht weich. Mehrere der hellgrünen, zum Grund hin weißlichen Blätter werden durch die Fußtritte abgebrochen oder abgerissen und treiben nun wie Korken zur Wasseroberfläche. Prüfend in die Hand genommen, zeigt sich eine sehr schwammige Struktur des Blattinnern, das aus einem ausgeprägten Luftgewebe (Aerenchym) besteht.

Schaut man sich die Rasengesellschaft etwas genauer an, fallen innerhalb dieser sehr einförmigen Wuchsform doch unterscheidbare Gestalten auf. Gedrungene, deutliche Rosetten aus zahlreichen Blättern, die zurückgebogen und vorne leicht abgerundet sind, gehören zur Wasserlobelie *(Lobelia dortmanna,* Abb. 258). Der Strandling *(Littorella uniflora,* Abb. 257) bildet mit seinen Ausläufern meist dichte Matten aufrechter, zugespitzter Blättchen, die nicht in Rosetten stehen. Kommt man Anfang Juli an den See, findet man kleine weißliche bis hellblaue Blütenglöckchen, die zu mehreren an einem Stiel sitzen, der etwa 15 cm aus dem Wasser schaut. Das sind die Blüten der Wasserlobelie, die von den grundständigen Blattrosetten an

Abb. 257: Lockere Rasen aus binsenartigen, zugespitzten Blättchen überziehen den reinen Sandboden im Flachwasser des Heidesees: Strandling *(Littorella uniflora)*.

langen Stielen aus dem Wasser gehoben werden (Abb. 259).

Die dritte Art, das Brachsenkraut *(Isoetes lacustris)*, ist in den Flachwasserrasen kaum zu entdecken, da es erst im metertiefen Wasser wächst und flachere Uferzonen meidet. Am ehesten findet man ganze Pflanzen oder deren Blätter am Strand angespült (Abb. 260). Hier fallen sie beim genaueren Hinsehen durch die etwas längeren, dunkelgrünen, nadelig-spitzen und vorne leicht umgebogenen Blätter auf, die glasig-durchscheinend und innen deutlich gekammert sind. In dem löffelförmig verbreiterten Blattgrund kann man bei etwas Glück auch die kleinen Sporenkapseln entdecken – denn das Brachsenkraut ist eine farnverwandte Pflanze.

Abb. 258: Rosetten der Wasserlobelie *(Lobelia dortmanna)* mit stark gebogenen, vorn abgerundeten Blättern.

Abb. 259: Ganze Pflanzen der Lobelie *(Lobelia dortmanna)* mit Blattrosetten und Blütenständen, die 10 bis 15 cm über den Wasserspiegel gehoben werden.

Abb. 260: Das See-Brachsenkraut *(Isoetes lacustris)*, eine weitere kennzeichnende Pflanzenart der Heideseen, findet man am ehesten am Strand angespült. Kennzeichen: braune Wurzeln (die von Strandling und Lobelie sind weiß), relativ lange, aber dünne und nadelspitze Blätter mit löffelförmig verbreitertem Blattgrund, die Blätter sind dunkelgrün und von glasiger, deutlich gekammerter Struktur.

Alle drei Pflanzenarten sind auf klarstes Wasser und sandig-kiesigen Boden angewiesen, der nicht von Schlamm bedeckt ist. Diese Verhältnisse konnte der Wollingster See früher bieten. Allerdings lockte diese besondere Qualität bald auch Menschen an den See, da er sich als Badeplatz geradezu anbot. Als sich der Geheimtipp Wollingster See mehr und mehr herumsprach, wurde aus dem einsamen Naturbaden mit der Zeit ein Massenbadebetrieb, der seinesgleichen suchte. Den Höhepunkt erreichte der Badetourismus Ende der Sechziger- und besonders in den Siebzigerjahren, als Kiosk, DLRG-Station und Sprungbrett für Verhältnisse sorgten, die denen in einem öffentlichen Freibad gleichkamen (Bönke et al. 1996). Herr Bock vom Naturfreundeverein erinnert sich noch an Sommertage mit bis zu 4000 Badegästen. Doch gegen Ende der Siebzigerjahre ging der Badebetrieb wieder stark zurück, als in der Nähe Baggerseen beim Autobahnbau entstanden, auf die sich nun ein großer Teil des Besucherstromes wälzte.

Dass aber diese «Badewannen»-Phase des Wollingster Sees nicht ohne Folgen für die Wasserqualität geblieben ist, dürfte auf der Hand liegen. Denn heute ist nicht mehr viel zu bemerken von der anfangs so geschätzten Qualität des wunderbar sauberen, klaren Wassers und des ebenso wunderbar sauberen, hellen Sandstrandes. Wenn wir heute in das Wasser schauen, sehen wir nur noch ein paar Meter sandigen Untergrund, der von Rippelmarken gekräuselt ist. Rechts und links davon und dahinter zum tieferen Wasser hin ist der Boden bedeckt mit dunklem Schlamm. Beim Durchwaten des flachen Wassers wird er aufgewirbelt und setzt sich als dünner, schwarzer Film auf der Haut der Beine ab.

Die Schlammbildung ist für Strandling, Lobelie und Brachsenkraut sehr abträglich. Das Brachsenkraut ist denn auch bereits verschollen, wie durch Tauchuntersuchungen festgestellt wurde. Um optimal zu gedeihen, brauchen die drei Pflanzenarten klares, nährstoff- und kalkarmes Wasser, sandigen oder kiesigen Boden ohne Schlammauflage und viel Licht. Der Name *Strandling* weist sehr schön auf diese besonderen Umstände hin.

Es sind aber diese Lebensumstände eigentlich etwas ganz Ungewöhnliches in den mitteleuropäischen Landschaften. Normalerweise sind die Ufer von Stillgewässern bei uns immer in irgendeinem Stadium der Verlandung anzutreffen, das heißt, es wachsen Röhrichte, Schwimmblatt- und Unterwasserpflanzen in den Seen und Weihern, die Schlamm produzieren und damit den Gewässerboden aufhöhen. Man findet deshalb durchweg schlammige, organische Böden im Uferbereich mit stark wuchernder Vegetation. Dieses Zuwachsen der stehenden Gewässer ist ein normaler und natürlicher Prozess. Die Pflanzen dieser Verlandungsbereiche sind denn auch die häufigsten Arten der Gewässervegetation – Schilf, Seerosen und Laichkräuter gehören dazu.

Ein Gegensatz, der nicht extremer gedacht werden kann, zu diesen schlammigen Verlandungsufern mit trübgrünem Wasser ist der Lebensraum der Lobeliengesellschaft. Eigentlich dürften diese Biotope gar nicht existieren, da doch überall das Wuchern, Zuwachsen und Verschlammen *die* Entwicklungsrichtung in den Gewässern ist. Unter welchen Umständen wird also diese Verlandungstendenz behindert oder unmöglich gemacht?

Genau das lässt sich am Wollingster See studieren – oder besser gesagt: ließ sich studieren, da heute bereits die Verlandung vom See Besitz ergriffen hat. Na, dann ist es doch gut, kann man jetzt sagen: es ist doch nur natürlich so! Ob es das wirklich ist, das soll sich im Folgenden zeigen, nachdem wir versucht haben, den historischen Zustand zu rekonstruieren.

Wie es am Wollingster See noch zu Anfang des 20. Jahrhunderts aussah, zeigen verschiedene Dokumentationen, sowohl Landschafts- und Vegetationsbeschreibungen als auch Fotos. Bis kurz vor dem Bau des Naturfreundehauses im Jahre 1926 hatte sich der See wahrscheinlich wenig verändert, sodass wir etwa im Jahre 1920 einen Zustand beschreiben können, der sich zumindest über lange Zeit so erhalten hat. Wie sah der See damals in etwa aus?

Eine der ersten Beschreibungen verdanken wir Grete Siemers vom Touristenverein «Die Naturfreunde», die von einer Wandertour zum Wollingster See im August 1916 erzählt: «... Es wurde kräftig durch Wälder, Moor und blühende Heide gewandert. Bald war Appeln erreicht, und laut Wanderkarte war ‹es› nicht mehr weit. Schon sah man die Häuser von Wollingst in der Ferne, aber vom See keine Spur. Es war eine große Heidefläche mit viel Porst und Birken. Ein Heidehügel lag nun vor uns, und wir waren gespannt, was für ein Tümpel mit Schilf und Schlingpflanzen es wohl wäre. Ob sich wohl

Abb. 261: Aquarell des Wollingster Sees als Rekonstruktion des Zustandes zu Anfang des 20. Jahrhunderts. Gemalt nach historischen Fotos.

der Umweg von drei Stunden lohnte? Gibt es ein frisches Bad? Als wir auf dem Heideberg standen, lag der See plötzlich ganz unvermittelt vor uns müden Wanderern. Wer kann die Freude ermessen; ein Bild so wunderschön, so klar und rein, wie man es überhaupt nicht zu hoffen wagte. Keiner konnte vor Staunen etwas sagen, so ergriffen waren wir von dem herrlichen Stück Erde. Dies war ein Fleckchen Erde, so recht zum Verweilen für müde, luft- und sonnenhungrige Menschenkinder. Ein angepflocktes Boot lag am Ufer und Ruder darin. So haben wir den Tag genossen, mit Rudern, Baden und Sonnen. Der See war klar und die Ufer mit weißem Sand bedeckt.» (Zitiert nach der studentischen Projektarbeit von Bönke, Kosiek, Kurpan, Schöller 1996.)

Aus dieser Zeit stammen auch die vermutlich ersten Schwarz-Weiß-Fotos. Angesichts der Bilder kann man nur staunen, wenn man den Wollingster See von heute kennt. Da, wo sich heute Schilfröhrichte, Büsche und Bäume, Äcker und Wiesen ausdehnen, war früher nichts als Heide bis zum Horizont (Abb. 261)! Bäume und Sträucher waren nur spärlich in die niedrige Vegetationsdecke eingestreut, allein der Seeberg hob sich deutlich aus der flachen Ebene.

Daneben der Wollingster See mit hellem,

Abb. 262: Wind und Wellenschlag sind notwendig zur Erhaltung der Lobeliengesellschaft. Aquarell nach einem historischen Foto von 1926.

Abb. 263: Lobeliengesellschaft im flachen Wasser eines Heidesees. Die Blüten der Lobelie *(Lobelia dortmanna)* ragen einige Zentimeter aus dem Wasser heraus.

fast weißem Sandstrand – und kein Schilfröhricht weit und breit! Nur ein spärliches, kniehohes Gehälm aus meergrüner Schnabelsegge (*Carex rostrata*), dunkelgrüner Gewöhnlicher Sumpfsimse (*Eleocharis palustris*) und hellgrüner Zitzen-Sumpfsimse (*Eleocharis mamillata*) umsäumten den See als lockeres Band; sie setzten dem Wind kein Hindernis entgegen, der ungehindert über das Wasser fegen konnte. Er erzeugte im flachen Uferwasser starken Wellenschlag und Turbulenzen, was im Sandboden zur Bildung von Rippelmarken führte und etwaige organische Schwebstoffe in die Tiefe spülte (Abb. 262).

In dem sehr klaren, schwach gelblich gefärbten Wasser watend, konnte man den hellen, kiesigen Sand stellenweise bis weit in den See hinein verfolgen, bevor er in der Tiefe dem Blick entschwand. Der sandige Strand und das helle Flachwasser, dessen Grund an keiner Stelle von dunklem Schlamm bedeckt war, zog sich um den ganzen See herum (Vahle 1990). Auf dem sandigen Gewässerboden zwischen den lockeren Seggen- und Simsenhalmen und im freien Wasser davor siedelte der niedrige, frischgrüne Unterwasserrasen der Brachsenkraut-Lobelien-Gesellschaft (Abb. 263), der den ganzen Seeboden bis in eine Tiefe von 4–5 m bedeckte (Behre 1955, Lundbeck 1951).

Dem gesamten See fehlte nahezu jede Spur von Schlammbildung und Verlandung. Warum? Ein Grund ist zunächst der sandige Boden im

See und um den See herum. Er enthielt nur äußerst geringe Mengen von Nährstoffen, sodass das Wasser auch nichts aus ihm herauslösen konnte. Wenn Nährstoffe, insbesondere Phosphor und Stickstoff, praktisch fehlen, kann sich kein üppiges Pflanzenwachstum einstellen, was aber die Voraussetzung der Verlandung wäre.

Nun könnte man denken, dass im Laufe der Zeit durch Zuflüsse von außen – als Fließgewässer, als Grundwasser oder einfach als Oberflächenabfluss – Nährstoffe aus der Umgebung in den See gelangen würden. Das ist bei den meisten Seen auch der Fall, da sie normalerweise an der tiefsten Stelle im Gelände liegen und hier alle ausgeschwemmten Nährstoffe zusammenfließen. Doch nicht so beim Wollingster See! Denn er liegt keinesfalls in irgendeiner Geländesenke, sondern beinahe im Gegenteil: auf dem Scheitelpunkt einer flach ausgezogenen Erhebung. Nur nach Nordosten steigt das Gelände schwach an, nach Westen, Süden und Osten fällt es vom See aus ab; entsprechend entwässern mehrere Fließgewässer in diese verschiedenen Richtungen (Abb. 264, 265).

Schon wieder eine Merkwürdigkeit: Wieso kann ein See oben auf einem «Buckel» existieren? Müsste er nicht bald sein Wasser verlieren? Normalerweise ja, aber der Wollingster See ist in einen Untergrund aus Geschiebelehm und Geschiebemergel eingebettet, der von einer nur wenige Meter dicken Schicht Sand überdeckt ist. Am Rand des Sees im Flachwasser ist diese Schicht am dicksten; in der Tiefe des Sees ist sie anscheinend gar nicht vorhanden. Wenige Meter unter der tiefsten Stelle des Sees (die zu Anfang des 20. Jahrhunderts noch 17 m maß; Brockmann 1933) ist sogar stark kalkhaltiges Material zu finden (Lade 1974). Deshalb nimmt der Säuregehalt des Wassers von oben (etwa pH 4) nach unten ab (Lundbeck 1934).

Durch die besondere, hohe Lage im Gelände konnte aus der Umgebung also kaum ein Nährstoffeintrag in den Wollingster See stattfinden, zumal in der Nachbarschaft nur arme Sandböden mit unfruchtbarer Heidevegetation existierten. Wenn man aber bedenkt, dass der Wollingster See schon viele Jahrtausende existiert, dann muss man doch davon ausgehen, dass auch geringste Mengen an jährlich zugeführten Nährstoffen im Laufe der Zeit dennoch zu einer deutlichen Nährstoffanreicherung führen mussten. Wo sind diese Substanzen aber geblieben? Im Jahre 1932 wurde von Lundbeck der Seeboden untersucht, auch an seiner tiefsten Stelle. Er fand jedoch keine reinen Schlammablagerungen, sondern nur ein Sand-Humus-Gemisch geringer Dicke – jedenfalls unverhältnismäßig wenig für einen so alten See (Lundbeck 1934).

Die Gewässerkundler haben herausgefunden, dass in einem relativ tiefen See (relativ in Beziehung zu seiner Oberfläche) ganz bestimmte Prozesse ineinanderwirken, die dazu führen, dass einmal gebildete organische Substanzen wieder vollständig mineralisiert werden (Thienemann 1928, 1955). Das hängt einerseits mit dem hohen Sauerstoffgehalt bis in die tiefsten Wasserschichten zusammen und andererseits mit der Tatsache, dass in tiefen Seen die «abbauende» Tiefwasserzone ein viel größeres Volumen hat als die produktive Oberflächenschicht. Die Kapazität des Abbaues durch Mikroorganismen ist am Wollingster See also viel größer als die Aufbaukapazität. Oder anders ausgedrückt: Die Gesamtbilanz zeigt keinen Überschuss an organischer Masse, die sich als Schlamm ablagern könnte, da alles wieder abgebaut und in wasserlösliche Form überführt wird.

Es bleibt nur noch eine Ungereimtheit: Müssten sich nicht im Laufe der Zeit die löslichen Nährstoffe im Wasser anreichern und zu einer höheren Produktion führen? Da sie das offensichtlich bis zu Anfang des 20. Jahrhunderts nicht getan hatten – denn sonst hätte die Vegetation anders ausgesehen und es hätte mehr Schlamm gegeben –, müssen die wenigen, aber

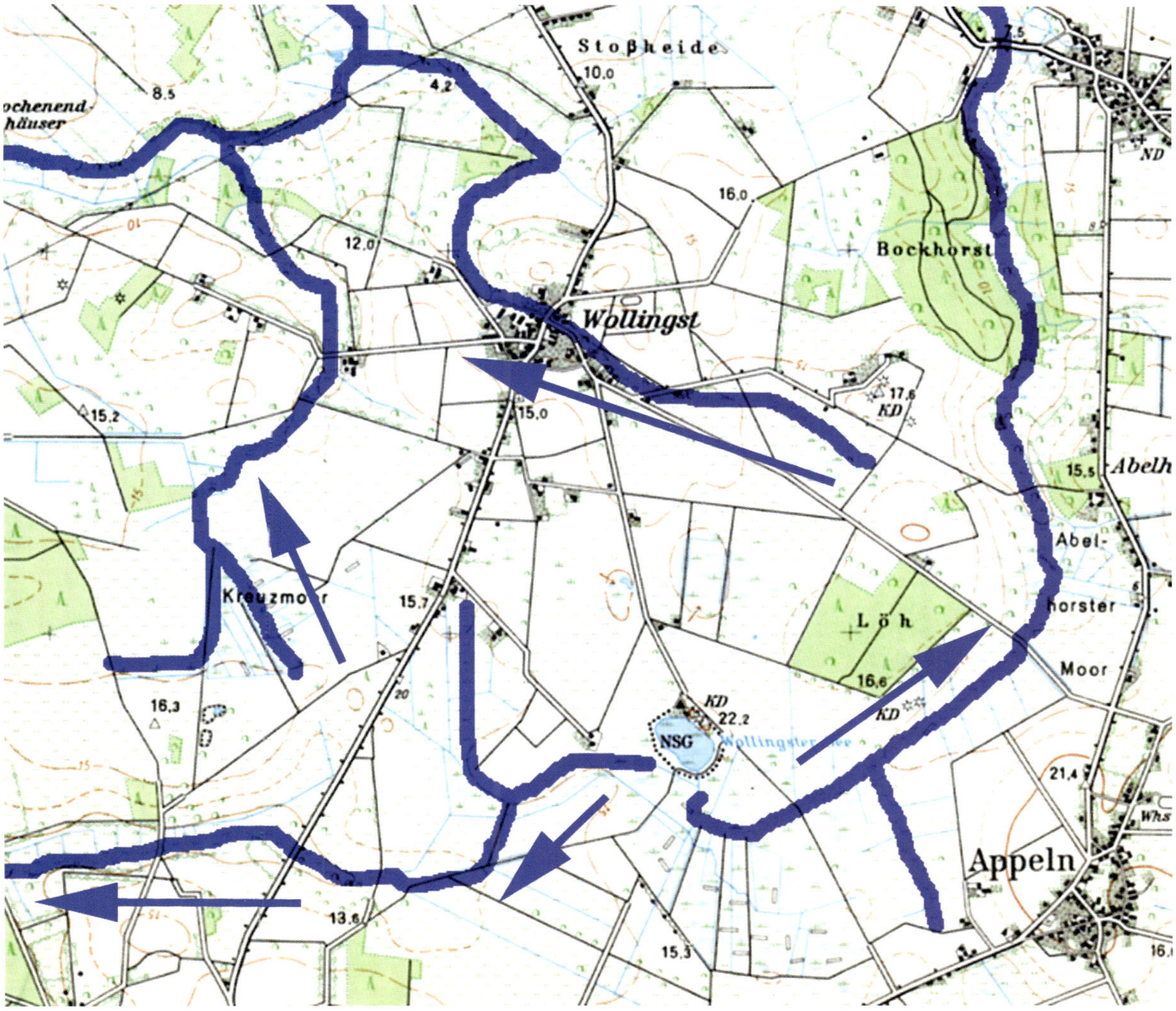

Abb. 264: Abflussrichtungen der Fließgewässer am Wollingster See. Da der See auf einer Geländeerhebung liegt, fließen die Bäche und Gräben vom See weg.

stetig hereinkommenden Nährstoffe durch einen schwachen, aber ebenso stetigen Prozess wieder aus dem See verschwinden. Was kommt da in Betracht?

Wir hatten schon gesehen, dass der See *oben* auf einer flachen Erhebung liegt. Es gibt also keine wesentlichen oberirdischen Zuflüsse, sondern nur Abflüsse. Inzwischen wurde auch ein künstlicher Graben angelegt, der allerdings erst wenige Jahre alt ist. Auch unter natürlichen Verhältnissen kann das Wasser bei hohem Wasserstand aus dem See abfließen; es fließt entweder oberflächlich ab oder es drückt durch die oberen Sandschichten hindurch. Auf jeden Fall muss ja diejenige Wassermenge, die durch Niederschläge in den See hineingelangt, irgendwie auch wieder hinauskommen. Die Verdunstung spielt hierbei eine gewisse, jedoch untergeordnete Rolle, da in unserem feuchten Klimabereich die Niederschlagsmenge viel höher ist als die Verdunstung. Durch Regen und Schnee gelangte früher also reines, praktisch nährstofffreies Wasser in den See, vermischte sich mit dem etwas reicheren Seewasser, und die Mi-

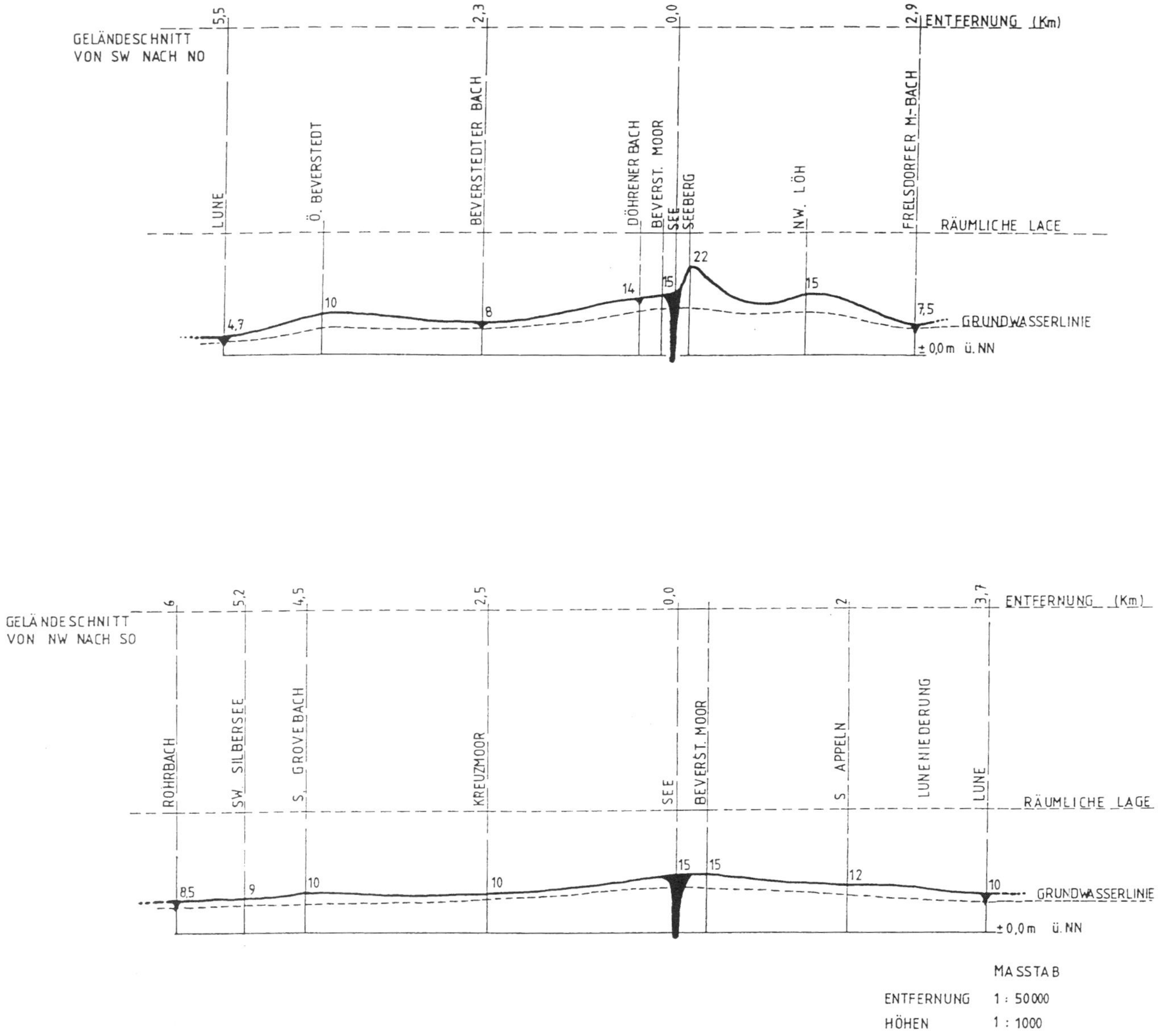

Abb. 265: Der Wollingster See liegt auf einer flachen Geländeerhebung. Geländequerschnitte durch die Umgebung des Wollingster Sees mit Grundwasserlinie (gestrichelt), oben von Südwest nach Nordost, unten von Nordwest nach Südost. Um die Niveauunterschiede deutlich zu machen, sind die Zeichnungen fünfzigfach überhöht; dadurch sieht der Wollingster See wie eine schmale Spalte aus. Beachtenswert ist, dass der tiefste Punkt des Sees *unterhalb* der Meeresspiegelhöhe (0,0 m ü. NN) liegt! Aus Bönke, Kosiek, Kurpan, Schöller 1996.

Abb. 266: Massen von Strandlingsblättchen, angespült im flachen Uferwasser des Wollingster Sees. März 1983.

schung strömte aus dem See. Das bedingte eine schwache, aber stetige Nährstoffabnahme.

Zwei weitere Prozesse gingen vielleicht in die gleiche Richtung und unterstützten die Verarmung. Diese beiden Prozesse sind – das mag vielleicht verwundern – durch die Tätigkeit des Menschen in der historischen Kulturlandschaft bedingt oder doch zumindest gefördert worden. Vielfach denkt man ja, dass der Mensch solch einen empfindlichen Lebensraum wie den nährstoffarmen Wollingster See eigentlich nur negativ beeinflussen kann. Bei genauerer Betrachtung zeigt sich aber etwas anderes (Vahle 1990, 1995).

Zunächst zu dem einen Prozess. Dieser hat mit der eigentümlichen Vegetation des Sees zu tun, also der Lobeliengesellschaft. Deren aufbauende Pflanzenarten nehmen trotz ihrer Genügsamkeit dennoch geringe Mengen an Nährstoffen aus dem Wasser und den obersten Sandschichten auf, die dann im lebenden Pflanzengewebe mehr oder weniger festgelegt sind. Wenn nun ein Teil dieser Pflanzen aus dem Wasserkörper entfernt wird, bedeutet das eine Verringerung der Nährstoffbilanz des Sees.

Bei stärkeren Stürmen, vor allem in der kühleren Jahreshälfte, werden oft zahlreiche Strandlingpflanzen losgerissen und treiben dann ans Ufer, wo sie sich in Spülsäumen sammeln. Hier kann man dann ganze Matten der hellgrünen, weißwurzeligen Pflänzchen dicht an dicht wie Floßholz in Miniatur finden (Abb. 266). Was genau mit den angespülten Strandlingen letztendlich geschieht, ist bisher noch nicht beobachtet worden. Es ist aber Folgendes denkbar.

In der kühleren Jahreshälfte steht das Wasser in der Regel höher als im Sommer, und als in früheren Jahren das Abflussrohr noch nicht bestand, konnte das Winterwasser noch höher steigen als heute. Während im Sommer ein Teil des hellen Strandes trocken fiel, überflutete das winterliche Hochwasser auch die angrenzenden Feuchtheideflächen. Die Spülsäume aus angeschwemmtem Strandling lagerten sich an der Winterwasserlinie ab, das heißt aber: eigentlich knapp außerhalb des engeren Seebeckens. Ging das Wasser im Frühjahr und Sommer zurück, blieben diese Pflanzenpakete außerhalb des nun «kleiner» gewordenen Sees liegen und wurden dort zersetzt. Dass es solch einen Prozess überhaupt gab, ist bei anderen Seen Nordwestdeutschlands beobachtet worden; allerdings war es hier kein Strandling, sondern Schilf und andere Röhrichtpflanzen (Jaeckel 1963, Vahle 1990).

Wir erinnern uns, dass der Wollingster See früher von Heide umgeben war. Heide ist aber keine natürliche Vegetation, sondern entstand durch eine ganz bestimmte historische Landnutzungsform, die Heidebauernwirtschaft. In diesem Zusammenhang wurde die Heide als Schafweide, als Bienenweide und in Form von abgestochenen Soden (die «Plaggen») als Einstreu für die Ställe genutzt. Die so entstehende Mischung aus Dung und Heidestreu kam als Nährstofflieferant auf die wenigen Äcker, die sich in Dorfnähe befanden. Die Heide selbst wurde nicht gedüngt, sondern ihr wurden nur Stoffe entzogen, dadurch wurde sie immer nährstoffärmer.

Es ist nicht auszuschließen, dass in diesen allgemeinen Stoffentzug der Heidegebiete auch die Heidegewässer mit einbezogen wurden. Für einen der anderen tiefen Heideseen, das Sager Meer im Oldenburgischen, ist bekannt, dass Teile seines Ufers früher von Schafen beweidet wurden – und indem sie die höheren Uferpflanzen fraßen, bekamen solche Zwergpflanzen wie der Strandling mehr Licht und konnten sich ausbreiten. Durch das Abweiden wurde dem See als Ganzem natürlich Substanz entzogen, allerdings spendeten die Tiere dem See auch wieder die Endprodukte ihrer Verdauung. Wie die Bilanz letztlich aussah, ist schwer zu sagen; klar ist jedenfalls, dass die sicherlich über viele Jahrzehnte oder Jahrhunderte übliche Beweidung dem See nicht geschadet, sondern wohl eher genutzt hat (Vahle 1990).

Da die Heidebauern grundsätzlich einer Nährstoffmangelsituation ausgesetzt waren, mussten sie alle Möglichkeiten wahrnehmen, an zusätzliches Material zu kommen, das sich irgendwie als Dünger eignete (Burrichter, Hüppe, Pott 1993). Es ist deshalb nicht ausgeschlossen, dass sie die Spülsäume aus Strandling zusammengeharkt und auf die Äcker gebracht haben.

Eine weitere Art von Nährstoffentzug war das Befischen des Sees. Solch ein nährstoffarmer Heidesee kann natürlich nicht viel Fischmasse ernähren. So lebten denn früher fast ausschließlich Barsche in dem See, und zwar sehr magere Exemplare. Über die Nahrungskette wurden die ohnehin geringen Stickstoff- und Phosphormengen des Sees in den Fischen konzentriert, weswegen das Fangen der Fische eine sehr wirkungsvolle Methode war, dem See Nährsubstanzen zu entziehen.

Übrigens hatte die niedrigwüchsige Heide noch einen anderen Effekt auf die Qualität des Sees, insbesondere wenn man sich vorstellt, der Wollingster See wäre anstatt der Heide von Wald umgeben, also von einer natürlichen Vegetation. Im Gegensatz zum Wald lässt die Heide den Wind mit voller Kraft auf die Wasserfläche wehen, da sie der Luft kaum Widerstand entgegensetzt. Dadurch werden an der Wasseroberfläche und im flachen Uferwasser Wellen und Turbulenzen erzeugt, die etwaige Schlammpartikelchen sich nicht absetzen lassen, sondern in die Tiefe spülen – wo sie dann mineralisiert werden. Der Wind hält die ganze Lobeliengesellschaft also schlammfrei und wirbelt zudem viel Sauerstoff in das Wasser, was sich förderlich auf diese spezielle Vegetation auswirkt. Des Weiteren produzierte die Heide kaum organisches Material, was den See belastet hätte; das Gegenteil würden Bäume und Büsche in Ufernähe tun, indem sie ihre Blätter im Herbst im großen Mengen in das Wasser fallen ließen.

Diese Beispiele machen deutlich, dass der Wollingster See wie auch alle anderen Heidegewässer eben keine reinen Naturbiotope waren, sondern ihren eigentümlichen Charakter *auch* durch die frühere Landbewirtschaftung erhielten. Man muss sogar so weit gehen zu sagen, dass die von Natur aus ablaufenden Alterungsprozesse wie Verlandung und Moorbildung durch die Tätigkeit des Menschen aufgehalten und in Verjüngungsprozesse umgewandelt wurden, ähnlich wie wir es schon bei den Grünlandgesellschaften und Lichtrasen kennengelernt haben (vgl. Kapitel über die Zeitgestalten). Denn die Vegetation aus Strandling, Lobelie und Brachsenkraut ist eine sehr jugendliche Pflanzengesellschaft, die kennzeichnend ist für das junge Entwicklungsstadium eines (kalkarmen) Sees.

In der Nacheiszeit, als die offenen Rohböden und die sterilen Gewässer langsam wieder vom Leben erobert wurden, überzog sich die Landschaft mit niedrigwüchsiger Tundrenvegetation, und in den größeren und kleineren Seen siedelten sich Strandlingsgesellschaften an. Das ist mithilfe von Sedimentbohrungen für viele norddeutsche Seen nachgewiesen worden. Der Wollingster See war in seiner Frühzeit vom Stachelsporigen Brachsenkraut (*Isoetes echinospora*) bewachsen, das später von See-Brachsenkraut, Strandling und Lobelie abgelöst wurde. Strandlingsgesellschaften waren es aber von Anfang an, und diese wuchsen zunächst in den Gewässern der offenen Tundrenlandschaft, in denen der Wind seine oben beschriebene Wirkung voll ausüben konnte.

Im Laufe der klimatischen Erwärmung entwickelte sich die offene Tundrenlandschaft in lichte Birken-, Kiefern- und Eichenwälder, in denen der Wind schon recht stark gebremst wurde und deshalb nicht mehr ganz so starke Turbulenzen in den norddeutschen Seen erzeugen konnte. Auch gelangte vermehrt Falllaub in die Seen und führte zu Nährstoffanreicherung und damit zur Verlandung und Moorbildung. Das wiederum vertrugen die Strandlingsgesellschaften nicht und verschwanden aus fast allen norddeutschen Seen – bis auf wenige Ausnahmen. Diese haben wegen der großen Tiefe und der Nährstoffarmut ihr Jugendstadium extrem lange erhalten können, und sie wurden später darin vom Menschen noch unterstützt.

Denn bevor sich die lichten Birken-, Kiefern- und Eichenwälder zu dunklen Buchen- und Erlenwäldern weiterentwickeln konnten, setzte anscheinend eine Art «Verjüngung» des Ökosystems mit der Einflussnahme des historischen Menschen ein. Das geschah in der Wollingster Gemarkung schon im 3. vorchristlichen Jahrtausend, in der Jungsteinzeit (Schön 1997: 9). So zeigt auch das Pollendiagramm sehr deutlich, dass das See-Brachsenkraut zu der Zeit rasant zunahm, als der erste menschliche Einfluss am Wollingster See bemerkbar wurde. Die Öffnung der Wälder zu einer frühen Kulturlandschaft – vermutlich mit viel Heide und Magerrasen, also wieder tundraähnlich – führte anscheinend zu einer erneuten Förderung des Luftkomplexes und damit zu einer Förderung der Strandlingsgesellschaften. Sehr wahrscheinlich spielte dabei der stärkere Licht- und Windzutritt eine entscheidende Rolle (vgl. Vahle 1990, 1995).

So sind die tiefen Heideseen kleine biologisch-ökologische Wunderwerke, wirkliche Öko-Organismen, voller Unwahrscheinlichkeiten, Besonderheiten, Seltenheiten – und das gerade *auch* im Zusammenhang mit den traditionellen Nutzungsformen der früheren Menschen. Es ist deshalb vielleicht nicht verwunderlich, dass die engere Umgebung des Sees bei den Frühmenschen anscheinend als eine heilige Stätte galt, denn mehrere bronzezeitliche Großsteingräber und Funde einer Kultstätte am See aus dem 1.

und 2. Jahrhundert n.Chr. (Schön 1997) zeugen von einer spirituellen Bedeutung der Gegend.

Ein kurzer Exkurs zu diesem Thema sei hier eingefügt. Man kann sich nämlich die Frage stellen: Was kann das gewesen sein, das den Wollingster See als heilige Stätte ausgezeichnet hat und wofür die Frühmenschen vielleicht noch viel mehr als wir Heutige ein intensives Gespür hatten? Wir sind ja gewohnt, mehr auf Einzelheiten zu achten, beispielsweise seltene Pflanzen, Wasserqualität, geologische Schichten. Wenn man aber, wie wir das hier versucht haben, eine ganzheitliche Betrachtung verfolgt, dann kann man auch heute auf eine sehr große Besonderheit aufmerksam werden.

Man braucht sich nur einmal vorzustellen, wie der Wollingster See in den Untergrund eingebettet ist (vgl. Abb. 265, S. 302). Dass er auf einem flachen Hügel liegt, hatten wir schon gesehen. Nun ist er (bzw. war er vor seiner Verschlammung) andererseits so tief, dass seine tiefste Stelle etwa 2 m unterhalb des Meeresspiegelniveaus liegt! Was spricht aus diesem Bild? Der früher sehr klare Wasserkörper des Sees ragte mit seiner Oberfläche aus der flachen Landschaft nach oben in Richtung Himmel und nach unten tief in die Erde hinein. Ein Ort also, an dem Himmel und Erde intensiv verbunden waren? Und wenn man dazu noch die Klarheit und Lichtdurchlässigkeit des Sees berücksichtigt, wird diese Verbindung noch enger: Das Himmelslicht, das schon oben auf dem Hügel «abgefangen» wird, kann durch das kristallklare Wasser hindurchstrahlen bis in eine Tiefe, die unter Normalnull liegt. Die Wirksamkeit des Lichtes bis in große Erdentiefe – vielleicht war dies das spirituelle Motiv, das die frühen Menschen im Wollingster See sahen?

Nach dem, was wir über die Heideseen erfahren haben, müsste die Strandlingsvegetation allein auf diesen Gewässertyp beschränkt sein, da die besonderen Lebensumstände offenbar nur hier gewährleistet sind bzw. waren. Eine wichtige Rolle spielt hierbei die Tiefe des Sees, wodurch die gebildeten «Abfallstoffe» wieder aufgelöst werden. In flachen Gewässern lässt sich aus diesem Grunde eigentlich keine Lobeliengesellschaft denken; auch wären flache Gewässer seit der letzten Eiszeit ja längst vollkommen verlandet. Es zeigt sich aber, dass die Lobeliengesellschaft auch in Flachgewässern vorkommt, und das ist fast noch unwahrscheinlicher als die Besiedlung tiefer Heideseen. Diese flachen Heideweiher wollen wir uns deshalb einmal etwas genauer anschauen.

Heideweiher

Wenn man heute durch das Emsland fährt, vorbei an Maisfeldern, Kartoffeläckern, Getreideschlägen und Intensivgrünland in großen, maschinengerechten Flächen, über Straßen und Wege mit Säumen aus Brennnesseln und Disteln, erinnern oft nur die verstreuten Kiefernforste daran, dass man es hier mit einer Sandlandschaft zu tun hat. Ansonsten ist es eben die ganz normale deutsche Agrarlandschaft. Auf den ersten Blick weist nichts im Landschaftsbild darauf hin, dass sich hier noch vor hundert Jahren riesige Heide- und Moorflächen ausdehnten. Der landschaftstypische Charakter ist dem einförmigen Gesicht der Produktionslandschaft gewichen.

Man könnte sich damit trösten, dass heute noch große, zusammenhängende Heideflächen quasi als Kulturlandschaftserinnerung in der Lüneburger Heide geschützt sind. Doch das Naturschutzgebiet *Lüneburger Heide* ist nicht repräsentativ für alle nordwestdeutschen Heidegebiete, denn die Lüneburger Heide ist überwiegend eine recht trockene Heide. Die Heide des Emslandes sah früher etwas anders aus, da große Teile von ihr im grundwassernahen Bereich lagen – es handelte sich also überwiegend um feuchte Heiden. Innerhalb dieser Feuchtheiden kam ein ganz besonderes Landschaftselement hinzu, das der östlichen Heide bei Lüneburg fehlt. Das sind die Heideweiher.

Wie Erinnerungen daran findet man heute noch manchmal versteckt in Kiefernwäldern größere Lichtungen, die mit Pfeifengras, etwas Torfmoos und ein paar Sumpf- und Moorpflanzen bewachsen sind. Dann kann man fast sicher sein, dass es sich um einen ehemaligen, nun verlandeten oder trockengelegten Heideweiher handelt. Oder man entdeckt im Spätwinter bis Frühjahr nach größeren Niederschlägen im Grünland oder im Acker eine große, flache «Pfütze», die im Sommer aber längst wieder verschwunden ist und nur bei sehr genauem Hinsehen als flache, weit ausgezogene Bodenmulde erkennbar wird. Auch das deutet auf einen alten Heideweiher.

Mithilfe historischer Karten kann überprüft werden, ob sich an den fraglichen Stellen vor etwa hundert Jahren noch Gewässer befunden haben. Das Kartenstudium liefert erstaunlich viele Hinweise über das frühere Vorkommen solcher Weiher. Dann erst wird deutlich, wie verbreitet dieser Gewässertyp früher war und wie extrem selten er heute geworden ist. Überall in den eiszeitlich gebildeten Sandgebieten der Niederlande, Nordbelgiens und Nordwestdeutschlands, die ehemals großflächig von Heide bedeckt waren, lagen Hunderte dieser flachen Sandgewässer verstreut (Abb. 267). Sie waren etwa einen halben Meter tief und von flachschüsselförmiger Gestalt, hatten festen Sandboden und kristallklares, nährstoff- und kalkarmes Wasser. Im Gegensatz zu der extremen Flachheit stand die Größe der Wasserfläche, deren Durchmesser etwa 100 bis 300 m betrug.

Sie hießen in den Niederlanden «ven», im Emsland «Venn», «Pool» oder «Kolk», im Oldenburgischen «Schlatt», oder ganz allgemein «Heidetümpel» oder «Heideweiher». Eine besondere Gruppe dieser Gewässer, die wenigstens stellenweise reinen Sandboden ohne Schlammbedeckung aufwiesen, beherbergte unsere nun schon bekannte Lobeliengesellschaft – allerdings fast immer ohne das Brachsenkraut, da es tieferes Wasser bevorzugt. Diesen «Lobelien-Heideweihern», die die zentrale Erscheinung des Heideweihertypus sind, gilt die folgende Darstellung.

Die Lobelien-Heideweiher stellen Kostbarkeiten dar, die gegenwärtig ganz aus der mitteleuropäischen Landschaft zu verschwinden drohen. In den letzten fünfzig Jahren ist eine große Zahl der Heideweiher durch Kultivierung von Heideland, durch Industrialisierung der Landwirtschaft und schließlich durch Luftverschmutzung zerstört worden. Die heute noch vorhandenen können an einer Hand abgezählt werden, und auch sie sind schon stark degeneriert.

Wenn wir nun ein möglichst charakteristisches Bild dieses Gewässertyps zeichnen wollen, können wir uns nicht auf ein einziges Beispiel stützen, wie wir es etwa beim Wollingster See getan haben. Denn solch ein «gutes» Beispiel gibt es schon nicht mehr. Stattdessen müssen wir aus mehreren Gewässern die wichtigen Aspekte zusammentragen; vieles ist auch nur noch durch die Literatur überliefert. So nachteilig dies für eine umfassende Betrachtung ist, so hat es doch einen Vorteil: Durch das Nicht-Festgelegtsein auf eine einzelne, konkrete Erscheinung kann der Typus des Lobelien-Heideweihers deutlicher werden. Für dessen Darstellung habe ich sämtliche mir zugängliche Literatur aus dem ganzen Verbreitungsgebiet dieses Gewässertyps und eigene mehrjährige Geländestudien ausgewertet.

Der typische Heideweiher liegt, wie der Name schon andeutet, in wind- und lichtoffener Heidelandschaft (Abb. 268), wobei der Begriff Heide hier nicht nur die Besenheidegesellschaft, sondern auch alle Formen von Sandmagerrasen, Borstgrasrasen, Kleinseggenriedern und Binsen-Pfeifengras-Wiesen umfasst. Wichtig

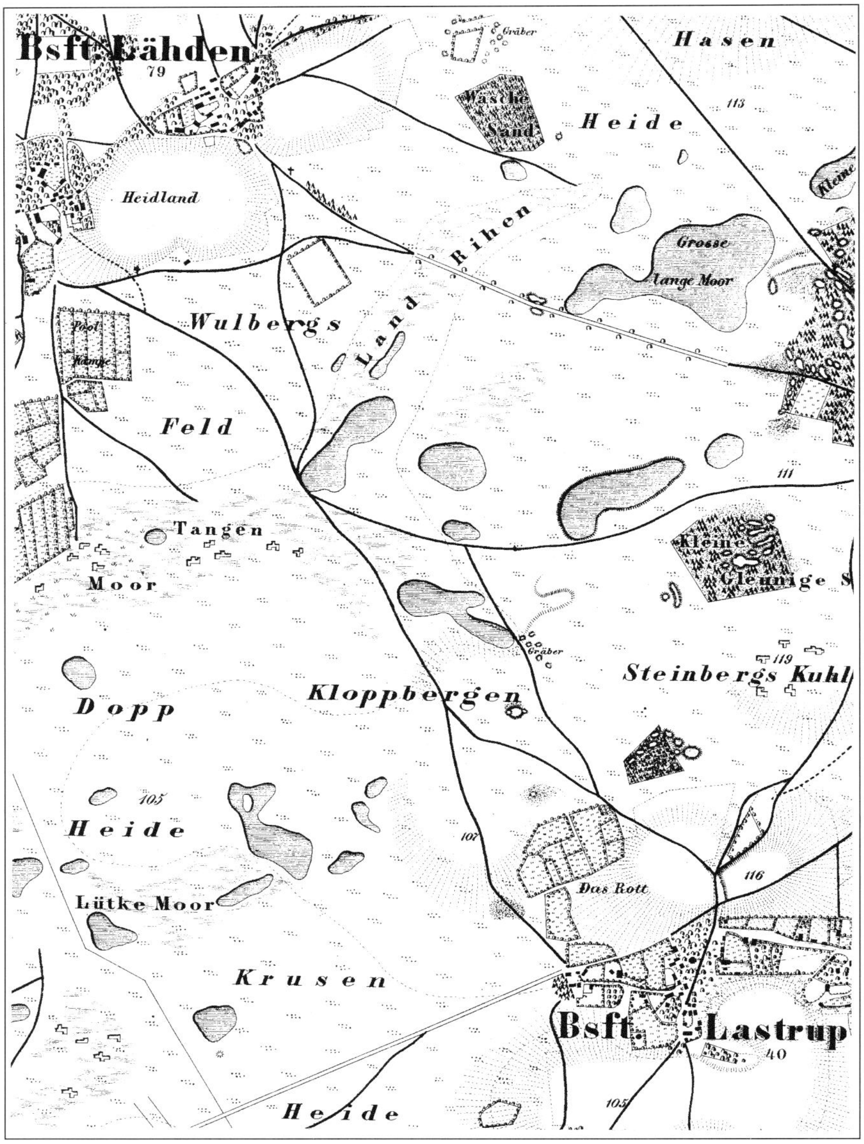

Abb. 267: Gruppe von Heideweihern zwischen Lastrup und Holte am Südrand des Hümmling, 20 km östlich von Meppen (Emsland, Niedersachsen), etwa um 1850. Maßstab 1 : 25.000. Gaußsche Landesaufnahme.

für das Bestehen dieser Gewässer ist, dass sie völlig frei liegen, ohne Wälder, Hecken oder Gebüsche in der Nähe. Bemerkenswert ist auch, dass sie sich nicht, wie die meisten anderen Gewässer, in Geländevertiefungen befinden, sondern «oben» auf den Wasserscheiden, wie wir es auch schon beim Wollingster See gesehen haben. Die typische Lage für den Heideweiher ist die flach ausgezogene Sattellage. Wenn hier oberflächennahe Stauschichten unter dem Sand liegen, verhindern diese ein rasches Ablaufen des Wassers, sodass es sich in flachen Mulden lange halten kann. Gespeist werden die Heideweiher somit ganz überwiegend aus den Niederschlägen, sodass man auch von «Himmelsteichen» sprechen kann.

Abb. 268: Einer der letzten intakten Heideweiher – der Trauener Saal bei Munster in der Lüneburger Heide. Er liegt in einer 15 km^2 großen, offenen Heidefläche in einem Truppenübungsplatz. September 1987.

Die Heideweiher sind also ganz von den Kräften der Atmosphäre abhängig. Das gilt nicht nur für die Niederschläge, sondern auch für den Wind. Heideweiher sind um ein Vielfaches mehr vom Wind abhängig als die Heideseen. Sie sind sogar durch Windausblasung entstanden, und zwar vom Ende der letzten Eiszeit bis in historische Zeit (Grahle und Staesche 1964, Garleff 1968). Die starken, etwa von West nach Ost wehenden Winde haben den Sand in trockenen Klimaphasen bis auf die tiefer liegende, durchfeuchtete Schicht ausgeblasen und zu flachen Dünen aufgehäuft, die heute noch stellenweise an der Ostseite der Gewässer gefunden werden können. Als das Klima feuchter wurde, haben sich die flachen Mulden dann mit Wasser gefüllt: Die Heideweiher waren entstanden.

Heideweiher sammeln also das vom Himmel fallende Wasser auf, zeigen es in seiner ganzen Klarheit und verändern es so gut wie gar nicht, da vom sandigen Grunde des Gewässers kaum lösliche Substanzen in den Wasserkörper übergehen. Kristallklar bedeckt das Wasser den hellen Sandgrund, dem das Spiel der Wellen Rippelmarken eingeprägt hat.

Die Regenwasserqualität mit ihrem nährstoffarmen und schwach sauren Charakter ist Voraussetzung für die extrem oligotrophen Verhältnisse des Heideweihers. Entsprechend finden sich hier Pflanzenarten, die an diese besonderen Bedingungen gebunden sind. Schilf und Seerosen, vertraute Gestalten der Wasservegetation, suchen wir im Lobelien-Heideweiher vergeblich. Allein das Südwestufer beherbergt Vegetationsformen, die dem normalen Bild eines bewachsenen Ufers noch am nächsten kommen. Hier, in relativer Windruhe, bilden die schlanken Halme und Blätter von Seggen *(Carex rostrata, Carex lasiocarpa* etc.), Wollgras *(Eriophorum angustifolium)* und Sumpfsimsen *(Eleocharis palustris, Eleocharis multicaulis)* eine röhrichtartige, aber niedrige Gesellschaft, die durch das linealische Gestaltelement beherrscht wird (Abb. 269).

Eine bemerkenswerte Art ist das Sumpfjohanniskraut *(Hypericum elodes)*. An seinen vom Grund zur Oberfläche flutenden Stängeln

Abb. 269: Am Südwestufer des Heideweihers wachsen Kleinröhrichte aus Sauergräsern – hinten links graugrüne Herde von Schnabelsegge *(Carex rostrata)*, rechts anschließend dunkleres Grün von Schmalblättrigem Wollgras *(Eriophorum angustifolium)*, vorn im Wasser locker verteilt Sumpfsimse *(Eleocharis palustris)*. Hörpeler Teiche bei Döhle in der Lüneburger Heide, August 1980.

Abb. 270: Das Sumpfjohanniskraut *(Hypericum elodes)* treibt seine Stängel vom Grund zur Wasseroberfläche, wo die Sprosse wenige Zentimeter aus dem Wasser ragen und schwimmende Matten hellgrüner, pelziger Blättchen bilden. Was aussieht wie Binsen, ist die seltene Vielstängelsimse *(Eleocharis multicaulis)*. Naturschutzgebiet Gerlachsche Fläche im Emsland, Dreiländereck Niederlande / Niedersachsen / Nordrhein-Westfalen. Juli 1995.

Abb. 271: Das Sumpfjohanniskraut *(Hypericum elodes)* blüht nur bei sonnigem, warmem Wetter und auch dann nur nachmittags. Naturschutzgebiet Berger Keienvenn im Emsland, Südwestliches Niedersachsen. Juni 1990.

sitzen kreuzweise-gegenständig rundliche Blättchen. Unter Wasser bleiben sie klein und stehen in großen Abständen am Stängel. Zum Wasserspiegel hin rücken sie zusammen und wachsen bis Daumennagelgröße heran (Abb. 270). An den wenige Zentimeter aus dem Wasser herausschauenden Sprossen erkennt man eine feine und dichte Behaarung, die die Blätter unbenetzbar macht und das Wasser zu kleinen Kugeln in den Blattachseln zusammenlaufen lässt. Im Juli und August schmücken sich die Pflanzen mit strahlend gelben Johanniskrautblüten, die sich aber nur bei Sonnenschein und zum Nachmittag öffnen (Abb. 271).

Johanniskräuter sind Sonnenpflanzen, keine Wasserpflanzen. Wenn nun doch eine Art dieser Gattung im Wasser lebt, ist das eine bemerkenswerte Sondererscheinung. Dass sie sich dabei, als Sonnenpflanze, gar nicht richtig mit dem Wasser verbindet, zeigt sich in ihrer samtig-dichten Behaarung, die das Wasser abstößt, und an ihrem Aufblühen, das nicht bei feucht-kaltem, sondern nur bei sonnig-warmem Wetter geschieht. Das Sumpfjohanniskraut unterstreicht also als einzelne Pflanzenart noch einmal den Sonnen-Himmelsteich-Charakter des Heideweihers.

In einem wasserwärts anschließenden, oft auch mit der «Röhrichtzone» aufs engste verwobenen Vegetationsgürtel findet man verwandte Formen der Seerosen- und Laichkrautgesellschaften, allerdings sämtlich in stark verkleinerter Gestalt. Ein Gewirr fädiger Blätter und Sprosse durchzieht den Wasserkörper, kleine Schwimmblättchen liegen auf der Oberfläche (Abb. 272). Zunächst ist schwer zu erkennen, was zu welcher Pflanze gehört und wie viele verschiedene Arten da durcheinander wachsen. Schließlich fallen doch kleine Unterschiede der Pflanzen mit dem fadenförmigen Element auf: die grasartigen, etwa im rechten Winkel vom Spross abstehenden Blätter der Tauchsimse *(Isolepis fluitans)*, die haarfeinen, gebüschelten, oft rötlich überlaufenen Fadenblätter der Zwiebelbinse *(Juncus bulbosus)*, die stark zerschlitzten, im Umriss länglichen Blätter des Wassersellerie *(Apium inundatum)* und die mehrfach gabelig zerteilten, in haarförmige Spitzen auslaufenden und im Umriss kugeligen Blätter des Reinweißen Wasserhahnenfußes *(Ranunculus ololeucos)*.

Das flächenblättrige Gestaltelement tritt im Heideweiher nur in Miniaturform und sehr zerstreut auf. Statt der See- und Teichrosen kommen

Abb. 272: Am Südwestufer des Heideweihers wächst die Tauchsimsengesellschaft *(Scirpetum fluitantis)* im flachen Uferwasser. Mehrere Pflanzenarten durchziehen den Wasserkörper mit dem fadenförmigen Gestaltelement. An der Wasseroberfläche findet man zerstreut kleine, rundliche Blättchen, teilweise als Schwimmblätter: in der Mitte den glänzenden Wassernabel *(Hydrocotyle vulgaris)*, rechts daneben das matt-hellgrüne Sumpfjohanniskraut *(Hypericum elodes)*, links die dreiteilig-gekerbten Blätter und die weiße Blüte des Reinweißen Wasserhahnenfußes *(Ranunculus ololeucos)*. Naturschutzgebiet Berger Keienvenn im Emsland, Südwestliches Niedersachsen. Juni 1990.

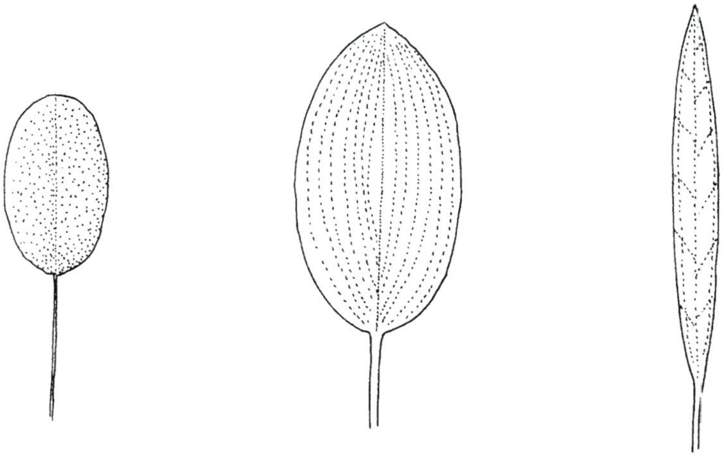

Abb. 273: Schwimmblätter im Heideweiher, von links nach rechts Froschkraut *(Luronium natans)*, Knöterichlaichkraut *(Potamogeton polygonifolius)* und Igelschlauch *(Baldellia ranunculoides)*.

Abb. 274: Im offenen, windbewegten Wasser des Heideweihers wächst der Schmalblättrige Igelkolben *(Sparganium angustifolium)*, dessen lange, bandartige Schwimmblätter vom Wind streifenförmig in eine Richtung gekämmt werden und alle tanzenden Bewegungen der Wellen mitmachen. Trauener Saal bei Munster in der Lüneburger Heide, Juli 1987.

hier andere Pflanzen mit Schwimmblättern vor, beispielsweise Froschkraut *(Luronium natans)*, Knöterichlaichkraut *(Potamogeton polygonifolius)* und Igelschlauch *(Baldellia ranunculoides)*. Auffällig ist hierbei nicht nur die Zwerghaftigkeit, verglichen mit den großen Blatttellern der Seerosen, sondern auch die elliptische bis lanzettliche Form der Schwimmblätter (Abb. 273).

Das runde Blatt, als Urbild des Schwimmblattes, wird im windbewegten Heideweiher gestreckt, als lebendiger Ausdruck wirkender Unruhe. Strömungsformen von Wasserpflanzen, die im fließenden Wasser Schwimmblätter ausbilden (z.B. *Potamogeton natans*), zeichnen sich allgemein durch langgestreckte Blätter aus. Die rundliche Form scheint dabei von der Strömung elliptisch bis lanzettlich ausgezogen. Indem solche gestreckten Rundformen im Heideweiher wachsen, zeigen sie den Allgemeincharakter des windigen Gewässers, selbst wenn sie in relativer Strömungsruhe des Südwestufers wachsen (Abb. 273).

Die Extremform der Schwimmblattvegetation im Heideweiher ist der Schmalblättrige Igelkolben *(Sparganium angustifolium)* mit seinen langen, bandartigen Schwimmblättern, die auf der Wasseroberfläche durch den Wind in eine Richtung gekämmt werden. Er wagt sich auch in das offene, windbewegte Wasser hinaus, wo er hellgrüne, parallele Streifen über das Wasser zieht, die alle tanzenden Bewegungen der Wellen mitmachen (Abb. 274). Die Schwimmblätter zeigen eine bemerkenswerte Mittelstellung zwischen flächenblättrigem und linealischem Gestaltelement. Die Gesamtheit der Igelkolben-Schwimmblätter einer Pflanzengruppe hat flächenblättrigen Charakter, ist aber im Detail in zahlreiche, parallel nebeneinanderliegende, linealische Blätter aufgelöst: Das linealische Gestaltelement erreicht den Wasserspiegel. Die

Abb. 275: Bodenrasen aus Strandling *(Littorella uniflora)* in der Nordosthälfte des Heideweihers. Foto: Peter Franck.

Abb. 276: Im Nordostbereich des Trauener Saal blühen Anfang Juli Tausende von hellblauen Lobelien. Juli 1987.

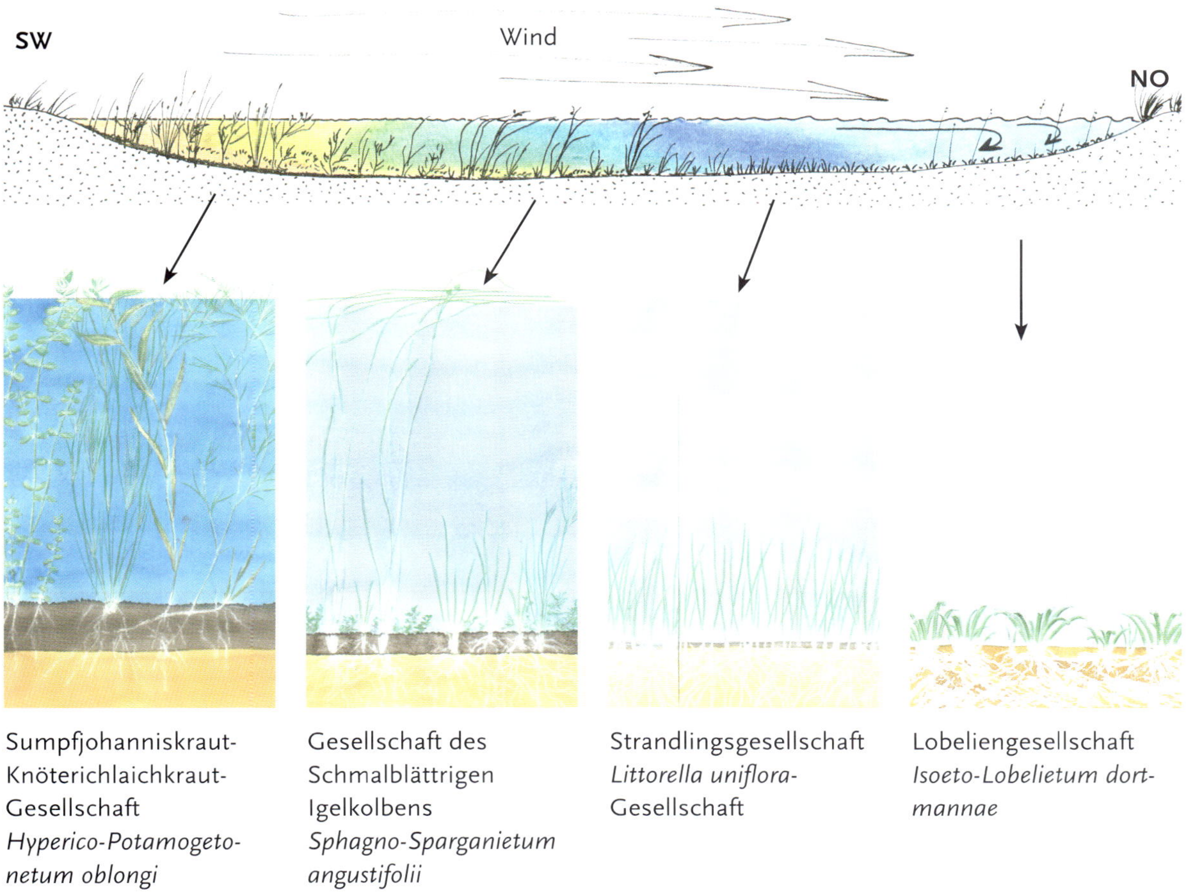

Abb. 277: Die Vegetationsgestalten in einem typischen Lobelien-Heideweiher ziehen sich von Südwest nach Nordost zunehmend aus dem freien Wasser in die Bodennähe zurück, wobei auch die Wurzelmasse immer größer wird.

Igelkolbengesellschaft hat neben der Schwimmblattschicht einen weiteren Schwerpunkt in der Nähe des Gewässerbodens, wo Zwiebelbinse (*Juncus bulbosus*), Pillenfarn (*Pilularia globulifera*) u.a. Bodenrasen bilden und bodenbedeckende Ohrentorfmoos- (*Sphagnum denticulatum*-)Kissen stellenweise das polsterförmige Element aufbauen.

Richtung Nordostufer wird die Vegetationsgestalt zunehmend von untergetauchten Strandlingrasen (Abb. 275) bestimmt, wobei das lineaIische Gestaltelement nun unter Wasser auftritt. Dieses findet sich in Extremform im Nordostbereich. Der Wasserkörper scheint hier zunächst pflanzenleer zu sein. Aber am Grund siedeln die Rasen der Lobeliengesellschaft, die das linealische Element ganz dicht am Boden ausbilden. Vom Südwest- zum Nordostufer finden wir also einen Rückgang der Pflanzenmasse und eine zunehmende Konzentration der Vegetation in Bodennähe. Den Endpunkt der Reihe stellt *Lobelia* dar mit nur wenigen Zentimeter hohen Bodenrasen auf nahezu mineralischem Boden. Einmal im Jahr, im Juli bis August, schieben die Lobelien allerdings ihre Blütenstängel aus dem Wasser. Dann ist die Nordostfläche des Heideweihers mit kleinen, hellblauen Blüten übersät (Abb. 276).

In dem Maße, wie von Südwest nach Nordost das Sediment dünner wird und die oberirdischen Vegetationsteile sich immer mehr in Bodennähe zusammenziehen, wird die Durchwurzelung intensiver; bei der Lobelie ist das Verhältnis Wurzelmasse zu oberirdischer Sprossmasse am größten (bis zu 4 : 1 nach Wium-Andersen 1971 und Szmeja 1994). Von Südwest nach Nordost «bewegt» sich also die Vegetation aus dem freien Wasserkörper in die Bodennähe und letztlich sogar unter die Bodenoberfläche (Abb. 277). Diese gegenläufige Tendenz zur «normalen» Wasservegetation zeigt sich schließlich auch in den lederig-knorpeligen Blättern der Lobelie mit vergleichsweise dicker Außenhaut, was den Rückzug aus der Wassersphäre auf einer weiteren Ebene verdeutlicht.

Das linealische Gestaltelement der Isoetiden (= Pflanzen mit der gleichen Gestalt des Brachsenkrautes *Isoetes*) ist für Wasserpflanzen eine ungewöhnliche Erscheinung. «Normal» wären hier fadenförmiges, polsterförmiges und flächenblättriges Element. Ungewöhnlich ist es auch deshalb, weil das linealische Element mit dem Luftkomplex in Verbindung stehen sollte. Wenn diese Korrelation wirklich gilt, muss am Wuchsort der Lobeliengesellschaft ein starker Luftkomplex *unter Wasser* wirken.

In die gleiche Richtung weist, dass die kleinen, trockenen Samen der Lobelie keinerlei Anpassungen an eine Verbreitung im wässrigen Milieu zeigen, wie sie bei anderen Sumpf- und Wasserpflanzen etwa in Form von Schwimmgewebe vorkommen (vgl. Ohlendorf 1907). Was drückt sich darin aus? Dazu muss etwas weiter ausgeholt werden.

Der Elementekomplex der Brachsenkraut-Lobelien-Gesellschaft

Manche Wasserpflanzen haben die Fähigkeit, neben ihren «normalen» Wasserformen besondere Landformen auszubilden, was ihnen auch dann ein Weiterwachsen ermöglicht, wenn ihre Wuchsgewässer zeitweise austrocknen. Umgekehrt lassen viele Sumpfpflanzen andersgestaltete Wasserformen entstehen, wenn ihre Wuchsorte lange wasserbedeckt sind, was gerade im Frühling gut beobachtet werden kann. Aus dieser Gruppe amphibisch lebender Pflanzen sollen jetzt diejenigen näher betrachtet werden, deren Wasserformen durch fein zerschlitzte Blätter ausgezeichnet sind, wie Wassersellerie *(Apium inundatum)*, Wasserhahnenfuß *(Ranunculus aquatilis)* und Tausendblattarten *(Myriophyllum)* (Abb. 278).

Die Wasserformen dieser Arten tragen an einem im Wasser flutend-aufrechten, langgestreckt wachsenden Stängel im Umriss recht große, sehr weiche, fein zerteilte Blätter mit haarfeinen Blattzipfeln. Da sie vom Wasser getragen werden, fehlt ihnen jegliches Stützgewebe, sodass sie beim Herausnehmen aus dem Wasser schlaff zusammenfallen. Die Landform auf wassergesättigtem Boden wächst niedrig und gedrungen. Sie bildet kriechende, sehr kurze Stängel aus, an denen in engen Abständen ebenfalls zerteilte, doch kleinere und derbere Blätter sitzen. Die Art und Weise der Zerteilung ist die gleiche wie bei der Wasserform, nur sind die einzelnen Blattzipfel kürzer und breiter. Ein Stützgewebe verleiht ihnen die Festigkeit, sich auch in der Luft gespreizt zu halten.

Auch die Lobeliengesellschaft der Heideweiher zeigt amphibische Lebensweise; die Isoetidenvegetation kann während mehrerer Wochen im Sommer trocken fallen, ohne Schaden zu nehmen. Viele der Arten brauchen sogar die Trockenphase, um blühen und fruchten zu können

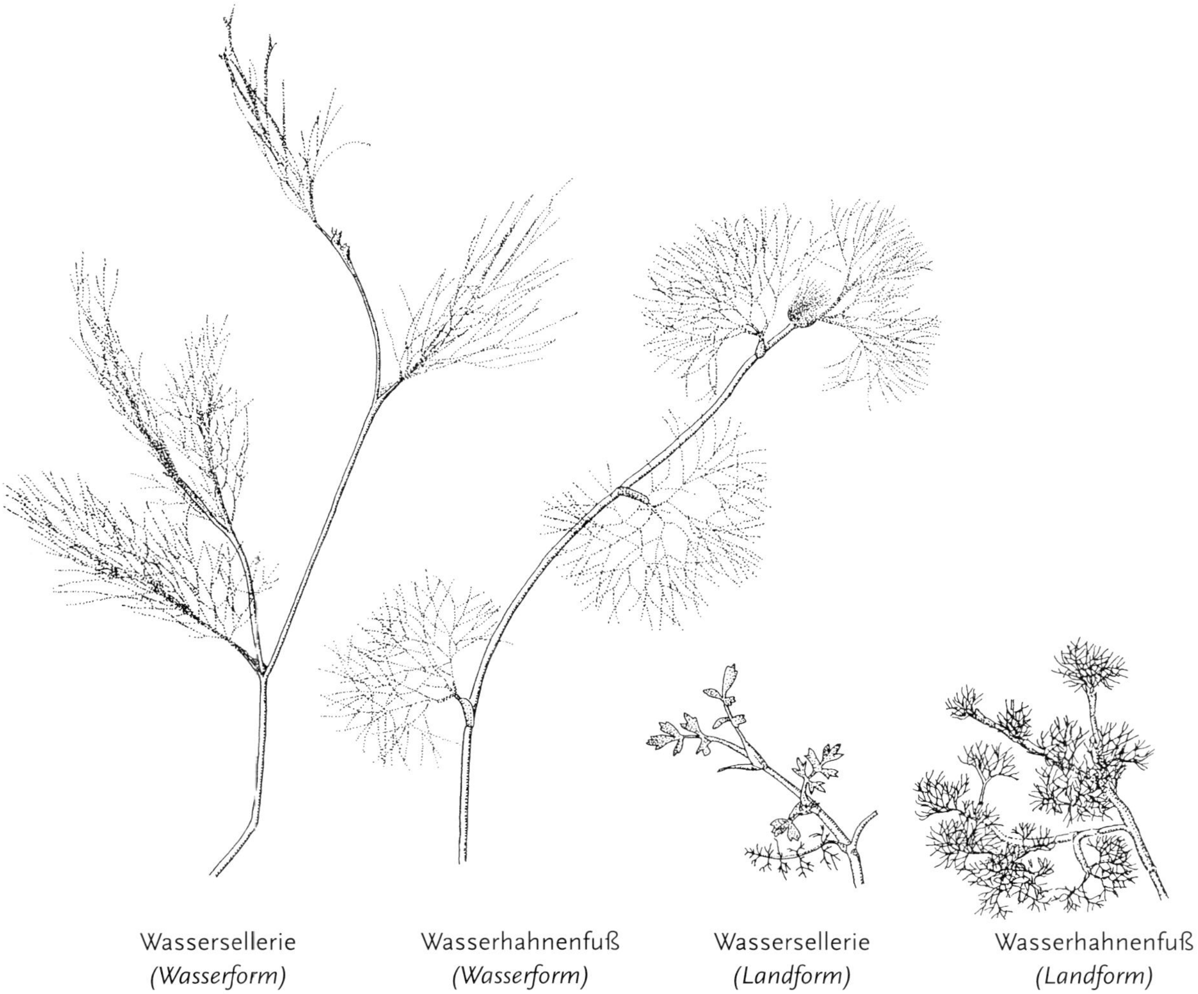

Abb. 278: Wasser- und Landformen amphibischer Pflanzen – Wassersellerie *(Apium inundatum)* und Wasserhahnenfuß *(Ranunculus aquatilis)*.

Abb. 279: Strandling *(Littorella uniflora)*, links Landform, rechts Wasserform.

bzw. um Sporen auszubilden (Strandling, Pillenfarn). Gibt es in dieser Vegetation auch Unterschiede zwischen Wasser- und Landformen?

Sehen wir uns den Strandling an (Abb. 279). Die Landform, auf feuchtem bis nassem Sand wachsend, zeigt eine Rosette aus zahlreichen (bis zu 25) schmal-linealischen Blättern, die oberseits rinnig sind. Die Wasserform hat viel weniger Blätter, diese sind dick, im Querschnitt binsenförmig-rund bis breit-elliptisch und stehen in Festigkeit den Blättern der Landform nicht nach. Die Wasserblätter von *Littorella* wachsen aufrecht und sind länger als die Luftblätter und entsprechen damit dem oben geschilderten «Normalfall». Ihre derbe Dicke weist aber in die entgegengesetzte Richtung, denn in diesem Merkmal drückt sich eine stärkere Landpflanzenverwandtschaft aus. Ins Extrem getrieben findet sich diese Tendenz bei den Rosetten der Lobelie, die geradezu als «hart» bezeichnet werden können und von der Form her nichts mehr mit typischen Wasserblättern gemein haben. Was zeigt sich in dieser Ledrigkeit und dieser Dicke der Blätter? Ist es vielleicht sogar die Polarität zu einem Wasserblatt?

In der folgenden Übersicht sei noch einmal die Gestalt der Wasserlobelienrosette mit den Merkmalen der Wasser- und Landformen von Sumpf- und Wasserpflanzen verglichen. In der hier erkennbaren Grundtendenz des Gestaltwandels weist die Lobelie in eine Richtung, die anscheinend vom Wasser fortführt. Wären nicht die ausgeprägten Luftkammern im Blatt, man könnte sie für eine sukkulente Pflanze halten.

Zieht man dann noch die Beobachtung über das «Meiden» des Wasserraumes und die nicht an das Wasserleben angepassten Samen hinzu, muss man die Lobelie als eine «Trockenpflanze» unter den Wassergewächsen begreifen. In diese Richtung weisen auch physiologische Untersuchungen. So wurde bei Strandling und Brachsenkraut ein physiologischer Prozess nachgewiesen (der sogenannte «diurnale Säurerhythmus»), der für Pflanzen der Trockengebiete typisch ist, also für die «ökologischen Gegenspieler» der Gewässervegetation (Frisch 1996: 108 ff, Wilmanns 1998: 85). Das spiegelt genau den Befund wider, der durch den Gestaltvergleich gefunden wurde: den extremen Rückzug der Lobeliengesellschaft aus dem freien Wasserkörper und damit das Gegenteil zur normalen Wasservegetation.

Bemerkenswert ist außerdem die Ausbildung einer Wurzelpilzsymbiose (Mykorrhiza)

	Wasserform	**Landform**	**«Lobelia»- Form**
Pflanze insgesamt	gestreckt	gedrungen	gedrungen
Spross im vegetativen Bereich	flutend-aufrecht, lang	kriechend, kurz	gestaucht, kurz
Blatt	haarfein, groß	dicklich, klein, Querschnitt flächig	dick, klein, Querschnitt rundlich
Festigkeit	weich, schlaff	fest, derb	lederartig, hart

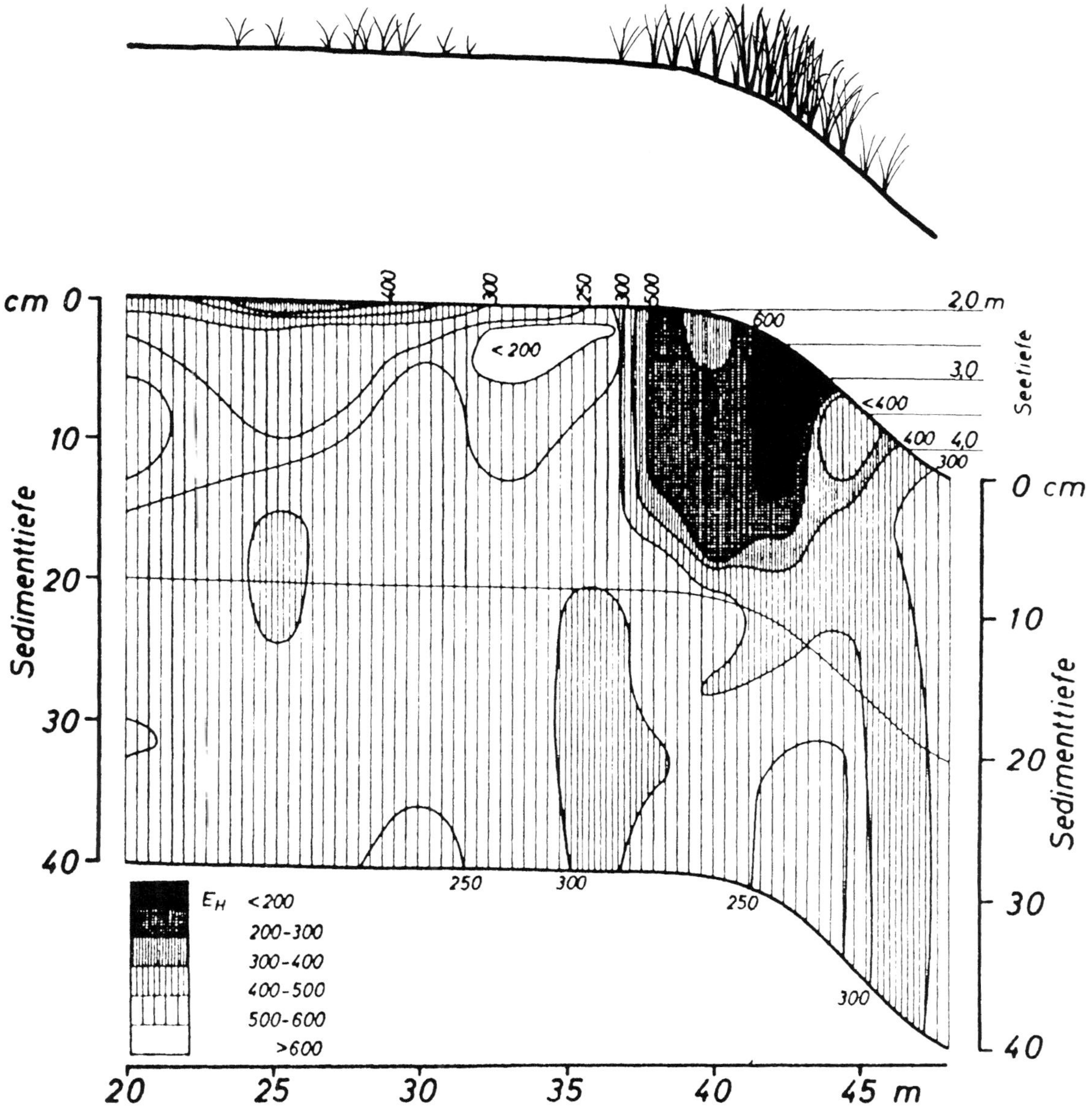

Abb. 280: Das Brachsenkraut *(Isoetes lacustris)* pumpt große Mengen von Sauerstoff in den Boden (Feldsee im Schwarzwald). Sauerstoffintensität gemessen am Redoxpotenzial des Bodenwassers. Je dunkler die Schraffur, desto mehr Sauerstoff im Bodengrund. Darüber die etwaige Dichte der Isoetes-Vegetation: je dichter der Bewuchs, desto größer der Sauerstoffeintrag. Nach Tessenow & Baynes 1978, verändert.

bei Strandling und Lobelie (Farmer 1985), ein Phänomen, das bei Landpflanzen häufig vorkommt, jedoch für Wasserpflanzen ungewöhnlich ist (Wilmanns 1998: 84). Das durch den Gestaltvergleich gewonnene Bild bestätigt sich also auch auf anderen Ebenen, wodurch sich bei der Lobeliengesellschaft eine gewisse Verwandtschaft mit Landvegetation zeigt. Sind vielleicht, obwohl die Lobeliengesellschaft im Wasser wächst, an ihrem Wuchsort Kräfte wirksam, die nicht dem Wasserelement, sondern dem Luft-, Licht- und Wärmeelement angehören? Kann eine Betrachtung der Standortverhältnisse dieses morphologische Urteil beleuchten?

Zunächst einmal fällt am Lobelienstandort die Armut des Wassers an gelösten Salzen auf, die durch die Herkunft aus weichem Regenwasser zu erklären ist. Das Wasser des Weihers behält im Wesentlichen die Eigenschaften bei, die es aus dem Licht-/Luftraum der Atmosphäre mitbrachte. Selbst wenn das Wasser längere Zeit mit dem sandigen Boden Kontakt hatte, nimmt es nur äußerst wenige Stoffe aus diesem auf, sodass man sagen kann: Es besteht – im Vergleich zu lehmigem, kalkhaltigem oder torfigem Untergrund – beim Silikatsand keine innige Verbindung zwischen Wasser und Boden. Sand und Kies sind praktisch nur «Gerüst», in dem das Wasser sich bewegen kann. Je größer die Körnung von Kies und Sand ist, je weitmaschiger also das Bodengerüst ist, desto tiefer kann das sauerstoffreiche Wasser in dieses eindringen. Daher kann der Sauerstoff im Boden als Kennzeichen der Luftraumwirkung angesehen werden. Normalerweise nimmt der Sauerstoff mit zunehmender Bodentiefe ab (vgl. Scheffer und Schachtschabel 1973).

Im Zusammenhang mit dem Sauerstoff finden wir eine sehr bemerkenswerte Eigenaktivität der Lobeliengesellschaft, die den Transport dieses Gases in den Bodensand noch weiter verstärkt. Tessenow & Baynes (1978) konnten an Beständen von Brachsenkraut im Feldsee (Schwarzwald) nachweisen, dass diese das Sediment, auf dem sie wachsen, in einer extremen Weise beeinflussen, indem sie über die Wurzeln viel Sauerstoff abgeben (Abb. 280). Während so beim Brachsenkraut etwa 40 Prozent des fotosynthetisch produzierten Sauerstoffes in den Wurzelraum eingebracht wird, sind es bei der Lobelie sogar 100 Prozent (Sand-Jensen et al. 1982: 351; vgl. auch Wium-Andersen & Andersen 1972). Brachsenkraut und Lobelie oxidieren das Sediment dadurch bis zu einer Tiefe von 20 cm (Wium-Andersen 1971, Tessenow & Baynes 1978). Der Prozess der Sauerstoffabgabe läuft im Prinzip bei vielen anderen Wasser- und Sumpfpflanzen ebenfalls ab, erreicht jedoch nicht die Intensität wie bei den Isoetiden. Diese geben den Sauerstoff auf der gesamten Wurzellänge ab, Schwimmblattpflanzen wie die Gelbe Teichrose *(Nuphar lutea)* (Smits et al. 1990: 9) und Unterwasserpflanzen wie Quirl-Tausendblatt (*Myriophyllum verticillatum*) und Spreizender Wasserhahnenfuß (*Ranunculus circinatus*) (Flessa 1994) tun dies nur in unmittelbarer Nähe der Wurzelspitzen. Umgekehrt nehmen die Isoetiden, anders als die meisten übrigen Wasserpflanzen, Kohlendioxid aus dem Bodenwasser auf.

Die Lobeliengesellschaft reichert also die obere Bodenschicht stark mit Sauerstoff an. Daraus lassen sich zwei logische Folgerungen ziehen: Erstens werden organische Substanzen oxidiert und damit im Wesentlichen zu Wasser und Kohlendioxid abgebaut. Es wird also – in Maßen – organischer Schlamm zerstört, was einem aktiven Oligotrophierungseffekt entspricht. Das dabei entstehende Kohlendioxid nehmen die Pflanzen für ihre Fotosynthese wieder auf. Als zweiter Effekt werden die wenigen Nährstoffe absorbiert, die mit dem organischen Abfall zu Boden sinken, wobei das sauerstoffreiche Sediment als Phosphatfalle wirkt und damit diesen wichtigen Pflanzennährstoff der Lobeliengesellschaft zuführt (Jaynes & Carpenter 1986). Das ist der zweite mögliche oligotrophierende Effekt, der von der Lobeliengesellschaft ausgeht. Beide Prozesse führen zu einer aktiven Nährstoffverarmung des Wasserkörpers und zu einer teilweisen Entschlammung der Bodenoberfläche.

Welches Ausmaß diese Vorgänge für das ganze Ökosystem des Gewässers haben können, wird deutlich, wenn man sich klarmacht, welcher Anteil der gesamten Gewässergrundfläche von der Lobeliengesellschaft besiedelt ist. Auch in den tiefen Heideseen wie dem Wollingster See kam sie früher nicht nur in einem schmalen Streifen am Ufer, sondern großflächig vor. Auch wenn wir den schon nicht mehr ganz optimalen Zustand um 1950 zugrunde legen, siedelte die Gesellschaft immerhin noch bis 4 m Wassertiefe. Das bedeutete einen Wuchsbereich von etwa 70 Prozent des Seebodens.

Die beiden oligotrophierenden Prozesse müssten allerdings noch genauer studiert werden, insbesondere die Frage, wie sich die Sedimentveränderung auf den darüberliegenden Wasserkörper auswirkt. Aber auf jeden Fall wird deutlich, dass die Lobeliengesellschaft ein sehr aktiver Partner in den Wechselwirkungsprozessen ist, die die Oligotrophie aktiv aufrechterhalten – ein eindrückliches Beispiel für die Selbstverstärkung eines Elementekomplexes. Das Beispiel ist auch deshalb besonders bemerkenswert, weil hier der Luftkomplex in einem ihm eigentlich fremden Milieu (Wasserkörper und Unterwasserboden) aufgebaut und stabilisiert wird

Doch nicht nur Sauerstoff wird in tiefere Bodenschichten des Sandes befördert. Lübben (1973) schreibt, dass auf dem auffallend hellen Sanduntergrund des Ihlsees (Schleswig-Holstein) die flächenmäßig größte und im Großen und Ganzen besterhaltene Lobeliengesellschaft gedeiht. Sollte die Reinheit und Helligkeit des Quarzsandes eine besondere Rolle spielen, etwa im Zusammenhang mit dem Licht? Immerhin gilt *Lobelia* als Lichtkeimer. Man kann sich vorstellen, dass bei einem hellen Quarzsandgrund das Licht noch relativ weit in den Boden strahlt, da die Sandkörnchen zum Teil glasig-lichtdurchlässig sind und die Hohlräume ausleuchten. Welche Wirkung dies im Einzelnen auf die Lobelienvegetation außer auf die Keimung hat, ist nicht klar; *dass* aber ein besonderer Einfluss des Lichtes vorhanden sein muss, geht aus Lübbens Beobachtung hervor.

Das messbare Licht ist aber nur *eine* Äußerung des Licht-/Luftraumes. Eine weitere Wirkung ist für das Bestehen der Lobeliengesellschaft vor allem in flachen Heideweihern lebensnotwendig: der Wind. Der kräftige, durch kein Hindernis in seiner Stärke gebrochene Südwestwind fegt über die Wasserfläche und erzeugt besonders am Nordostufer einen Wellenschlag, der eventuell vorhandene organische Sinkstoffe daran hindert, sich auf dem Sandboden abzusetzen. Bei seinem Weg über das Wasser erzeugt der Wind außerdem in den obersten Wasserschichten eine nordostwärts gerichtete Strömung, die am Nordostufer auftrifft, dort nach unten abbiegt und über den Gewässergrund wieder zurückführt. In diesem leichten Strom werden die durch den Wellenschlag in der Schwebe gehaltenen Teilchen vom Nordostufer fortgezogen und in der windberuhigten Südwesthälfte abgelagert.

Während so das Nordostufer schlammfrei gehalten wird, ermöglichen die Einschwemmungen im Südwestteil des Weihers das Wachstum der flutenden Pflanzen, zu denen sich auch solche gesellen, die über die Wasseroberfläche hinauswachsen. Da diese Pflanzen andererseits auch wieder als Sedimentfänger wirken, greifen hier zwei die Ablagerung fördernde Prozesse ineinander. Dazu kommt schließlich noch die Eigenproduktion von organischer Masse an dieser Seite des Gewässers.

Durch den Wind bildet sich also eine Polarisierung des Lobelien-Heideweihers heraus, die an der Vegetation deutlich ablesbar ist (vgl.

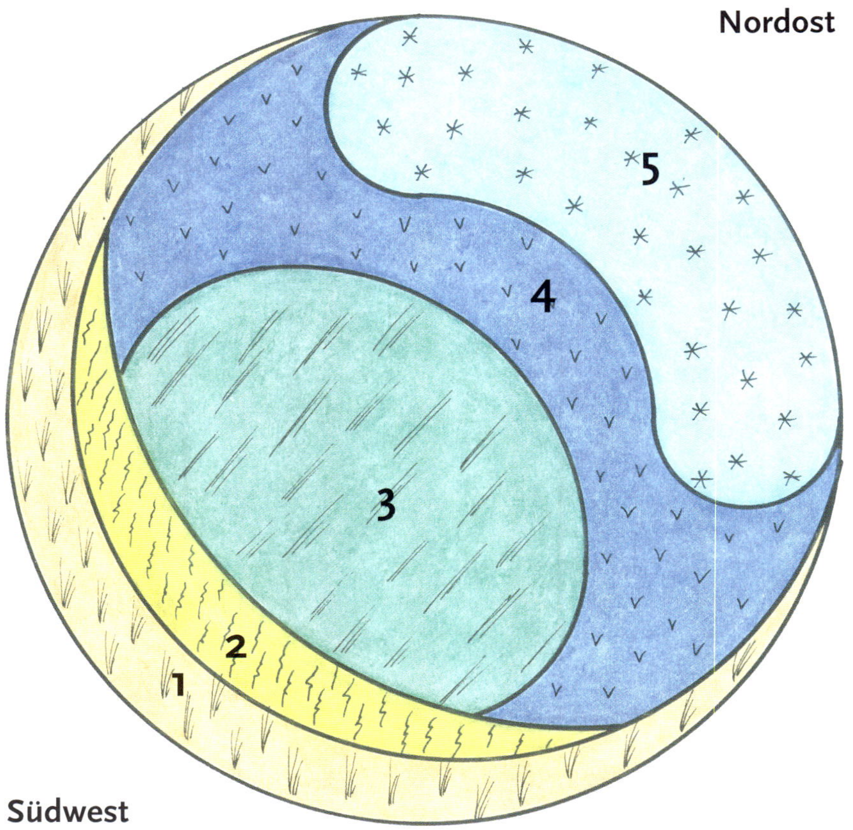

Abb. 281: Idealtypische, windbedingte Verteilung der Vegetation im oligotrophen Heideweiher, stark schematisch. 1: Vielstängelsimsengesellschaft (Eleocharitetum multicaulis), 2: Sumpfjohanniskraut-Knöterichlaichkraut-Gesellschaft *(Hyperico-Potamogetonetum oblongi)*, 3: Gesellschaft des Schmalblättrigen Igelkolben *(Sphagno-Sparganietum angustifolii)*, 4: Strandlingsgesellschaft *(Littorella uniflora*-Gesellschaft), 5: Lobeliengesellschaft *(Isoeto-Lobelietum)*.

Abb. 281). An der Nordostseite wirken vorwiegend die kosmischen Kräfte des Licht-/Luftraums (des Luftkomplexes), die sich in windbedingten Wasserturbulenzen, hohem Sauerstoffgehalt des Wassers und Bodens und viel Licht auszeichnen. Diese Kräfte hemmen den Pflanzenwuchs, drücken die Vegetation zu niedrigen Rosetten an den Boden, und es entstehen so oligotrophe Verhältnisse. An der Südwestseite überwiegen die irdischen Kräfte der Erde und des belebten Wassers (Erde- und Wasserkomplex), die Pflanzenproduktion ist stärker, die Pflanzen erfüllen den Wasserraum ganz. Auch Verlandungstendenzen sind hier erkennbar. Wir haben Verhältnisse, die in eine schwach eutrophe Richtung gehen.

So gering die Verlandungswirkung auch sein mag, im Verlauf von Jahrhunderten müsste sie sich aber in solch einem flachen Gewässer wie dem Lobelien-Heideweiher bemerkbar machen. Denn vom Südwestufer her nimmt das schwammige «Paket» aus lebender und abgestorbener Pflanzenmasse mit der Zeit an Größe zu und nähert sich dem Ostufer (Abb. 282). Die freie Wasserfläche verkleinert sich, und der Wind hat auf dem Wasser keine große Angriffsmöglichkeit

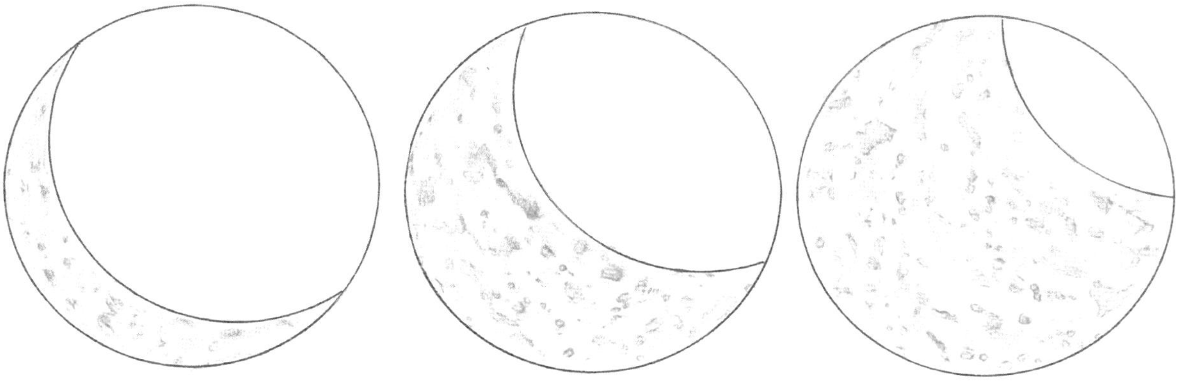

Abb. 282: Die Verlandungstendenz im Heideweiher schreitet von Südwest nach Nordost voran.

mehr, bis Turbulenzen am Nordostufer schließlich ausbleiben. Zum Schluss überwachsen die Torfmoose die Reste der Lobeliengesellschaft, die unter dieser Decke geradezu ersticken (vgl. Lübben 1973). Trotz dieser Verlandungstendenz konnten viele der Lobelien-Heideweiher seit Jahrhunderten oder Jahrtausenden bestehen. Wie ist das möglich?

Die Verlandung ist im Grunde eine ganz folgerichtige Entwicklung, denn das Pflanzenwachstum im Heideweiher, auch wenn es noch so gering ist, führt früher oder später zu einer Ansammlung von organischen Ablagerungen. Eine Verlandung könnte auf Dauer nur dadurch verhindert werden, dass die Sedimente auf irgendeine Art und Weise aus dem Gewässer verschwinden. Das geschieht tatsächlich von Zeit zu Zeit durch einen bemerkenswerten Prozess, den Runge (1979) eingehend beobachtet und beschrieben hat. Auf seine Beobachtungen stützt sich das Folgende.

Die beschriebene Verlandung ist nur möglich, wenn der Weiher ständig Wasser führt. Sobald ein Dürrejahr kommt, trocknet das Gewässer vollständig aus, und das Torfmoos-Torfschlamm-Paket schrumpft zusammen und verdichtet sich dabei. Die an das Wasser angepassten Torfmoose vertragen die plötzliche Austrocknung nicht und sterben ab. Die so entstandene, nur noch feuchte Torfdecke lässt sich leicht vom Sanduntergrund abheben. Bei anhaltender Trockenheit bilden sich Schrumpfungsrisse in der Torfdecke, die einzelnen Schollen trocknen weiter aus und bilden schließlich Krümel, die zuletzt zu feinem Pulver zerfallen. Ein kräftiger Wind kann diesen Staub aufwirbeln und fortwehen, sodass der oberflächlich trockene, blanke Sand wieder zum Vorschein kommt. Zum Winter steigt der Wasserstand wieder an, und in den nächsten ein bis drei Jahren keimt die ganze Lobeliengesellschaft wieder aus den Samen, die an der Oberfläche des Sandes die Verlandungsperiode überdauert haben. Damit ist der Zyklus wieder geschlossen.

Es ist also der durch das Wärmeelement angeregte rhythmische Wechsel zwischen Trocken- und Feuchtejahren, der den Lobelien-Heideweiher seit Jahrhunderten und Jahrtausenden, stellenweise vielleicht sogar seit dem Ende der Eiszeit, erhält. Dabei ist die sommerliche Trockenphase äußerst wichtig für das Bestehen dieses Gewässertyps. Denn je öfter und tiefer der Heideweiher austrocknet, desto weniger haben die Torfmoose eine Chance, den freien Wasserraum zu erobern. Andererseits muss die Zeit der Wasserbedeckung zwischen den Trockenphasen ausreichen, um wieder genügend große Lobelienpopulationen aufkeimen zu lassen, das heißt, die «Wasserphase» müsste mindestens drei Jahre dauern. Wichtig ist also der

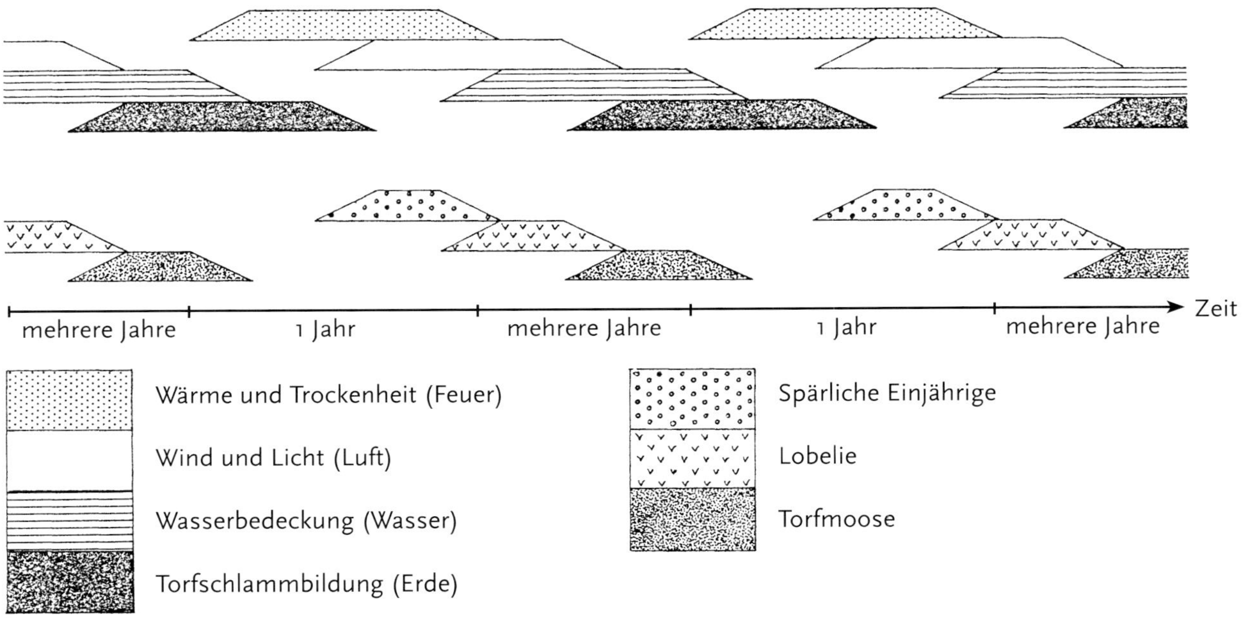

Abb. 283: Schema der Zyklen von Vegetation und Elementewirksamkeit in einem Lobelien-Heideweiher.

rhythmische Wechsel zwischen Austrocknung und Wasserfüllung sowie die ungehinderte Kraft des Windes, die sich nur bei offenen Landschaften richtig auswirken kann. Der Wind, der die Heideweiher einst durch Windausblasung schuf, erhält sie nun auch weiter.

Wind und periodisch hohe Wärme mit Trockenheit innerhalb eines sonst feuchten atlantischen Klimas sind also notwendige Voraussetzungen für die Erhaltung dieser Gewässer. Erstaunlich ist, dass dieser Gewässertyp zwar an den atlantischen Klimabereich gebunden ist, dass aber ein gleichbleibend feuchtes (also atlantisches) Klima für ihn vernichtend wäre!

Aus diesen Zusammenhängen kann man ablesen, dass der Lobelien-Heideweiher eine starke und intime Beziehung zu dem kosmischen Elementepaar «Feuer» und «Luft» hat. Das Luftelement besitzt im Wind ein Werkzeug, durch das eine räumliche Differenzierung des Gewässers in die Polarität von (schwach) eutrophem Südwest- und oligotrophem Nordostufer entsteht. Andererseits bringt das Wärmeelement durch die rhythmisch auftretenden Trockenjahre eine zeitliche Differenzierung hervor, die sich in einem gesetzmäßigen Vegetationsrhythmus äußert. Somit ist der Heideweiher durch eine räumlich und zeitlich rhythmische Folge der Elementewirksamkeit charakterisiert (Abb. 283).

Da dieser Gewässertyp durch und durch von atmosphärischen Kräften bestimmt ist, kann er als «Himmelsteich» bezeichnet werden, wobei die maßgeblichen Faktoren sind: 1. die Qualität des Wassers als Regenwasser, 2. die extreme Windwirkung, 3. die durch Sonnenwärme bedingte Austrocknung. Sie wirken alle aktiv oligotrophierend, indem sie den pflanzlichen Prozessen von fortlaufendem Wachstum und Verlandung entgegensteuern. Die wichtigste Komponente für die Erhaltung des oligotrophen Heideweihers ist dabei der Wind, der einerseits das Nordostufer sedimentfrei hält und andererseits in Trockenjahren das pulverisierte

Sediment aus dem Weiherbecken bläst. Damit der Wind wirklich «ganze Arbeit» leistet, dürfen keine großen Windhindernisse in der Nähe des Gewässers stehen. Dichte Gebüsche und Wälder in der Umgebung würden das Ende des Lobelien-Heideweihers bedeuten. Notwendig ist eine niedrige Vegetation, wie beispielsweise Heiden, Moorheiden, Borstgrasrasen, Magerweiden und Magerwiesen (auch Fettgrünland bietet kein Windhindernis, würde aber durch die Düngung das oligotrophe Gewässer negativ beeinflussen). Diese Vegetationstypen sind aber durch historische Nutzungen vom Menschen geschaffen worden. Die Heideweiher lagen also in historischen Kulturlandschaften, nicht in Naturlandschaften!

Heidegewässer in der historischen Kulturlandschaft

Wir können hier unmittelbar an unsere Darstellungen über die historische Kulturlandschaft Nordwestdeutschlands anschließen, wobei noch einmal an den Kulturgradienten mit drei verschiedenen Zonen erinnert sei, die von den dorfnahen, gedüngten Flächen bis zu den dorffernen, ungedüngten Gebieten mit Stoffentzug reichen. Zu Letzteren gehören auch die Heiden und Lichtrasen. Somit sind die Heideweiher ein Glied der äußersten Gemarkungszone, die durch die traditionelle Heidebauernwirtschaft entwickelt und erhalten wurde (Abb. 284), insbesondere durch die Beweidung mit Schafen, was die Heide immer wieder verjüngte. Hierzu trug auch die Plaggennutzung bei: In Abständen von einigen Jahren wurde Heide wie Grassoden abgestochen, indem man die oberste Humusschicht mit den Wurzeln und dem Heidekraut selbst abschälte, zerteilte und als Streu in die Viehställe brachte. Zusammen mit dem Kot der Tiere kam das Material dann als Dünger auf die Äcker.

Bei der Schafbeweidung wurden die Heideweiher selbst auch mit einbezogen: Die Tiere gingen hier zur Tränke und fraßen die Ufervegetation ab. Der Weidegang verhinderte damit eine stärkere Stoffproduktion durch höhere Uferpflanzen; außerdem schaffte er für die konkurrenzschwachen Arten der Strandlingsgesellschaften Lebensmöglichkeiten bzw. verbesserte sie, und zwar durch folgende Faktoren: höhere Lichtintensität in Bodennähe, mechanische Störung der Vegetationsnarbe und des Bodens, Schwächung höherer Pflanzen durch Befressenwerden. Durch den Fraß wurde auch wahrscheinlich eine eventuelle Eutrophierung durch den Kot wieder aufgehoben (Westhoff 1969).

Beim Durchwaten des flachen Uferwassers erzeugten die Tiere im Wasserkörper und am Boden Turbulenzen, wodurch die Verdriftung des Sediments begünstigt wurde, was wiederum förderlich für die Strandlingsgesellschaften war. In die gleiche Richtung wirkte auch das Waschen der Schafe in den Heideweihern kurz vor dem Scheren (Van Dam 1987). War im Sommer der Heideweiher einmal ausgetrocknet und das Sediment in trockene Schollen aufgerissen, dann zermalmte eine eventuell durch das Gewässerbett ziehende Schafherde die Brocken weiter, sodass das Material leicht vom Wind er-

Abb. 284 (S. 326): Der südliche Teil der Wollingster Gemarkung mit dem See um 1899. Dies ist eine regionale Metamorphose der typischen nordwestdeutschen Dorfgemarkung der Abb. 171. Nährstoffreichere Wiesen, Weiden und Äcker konzentrierten sich in dieser Zeit in unmittelbarer Nähe der Siedlung. Die äußeren Bereiche umfassten Heide, Moor und einige wenige Wälder. In dieser nährstoffarmen Zone lag der Wollingster See. Legende siehe Abbildung 200 (S. 240). Türkis: Nährstoffarme Moorwiesen.

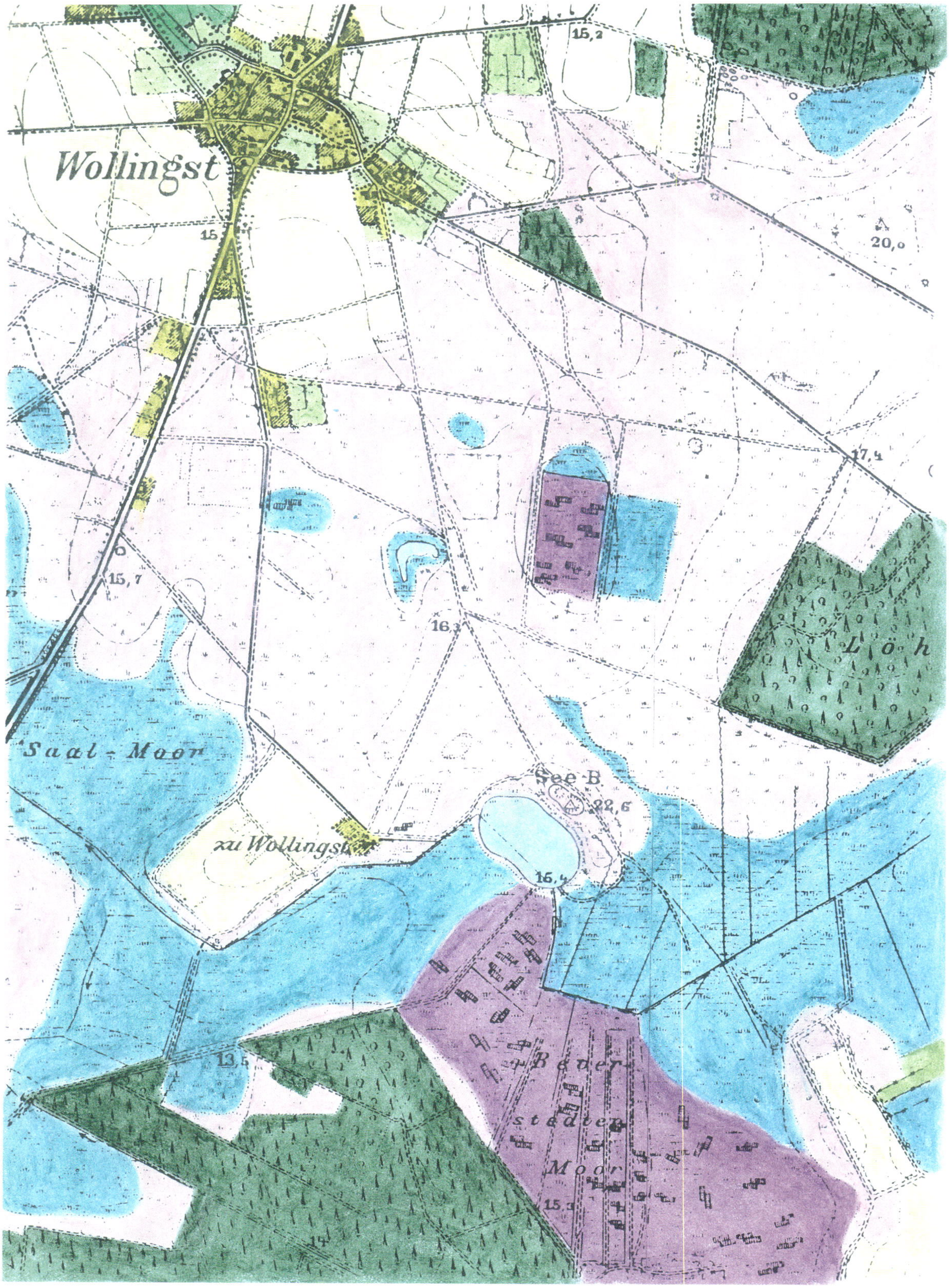
Wollingst
15,2
15
20,0
17,4
15,7
16,3
Löh
Saal-Moor
See B.
22,6
zu Wollingst
16,4
13,5
Beder-
stedter
Moor
15,3

Abb. 285: Am flachen Sandufer eines Speicherbeckens in Mittelfrankreich bei Auxerre wachsen dichte Rasen von Strandling (*Littorella uniflora*), Nadelsimse *(Eleocharis acicularis)* und andere Arten der Strandlingsgesellschaften. Auch die äußerst seltene Armleuchteralge *Chara braunii* kommt hier vor. Das Gewässer wird freizeitmäßig genutzt: Hier wird gebadet, gezeltet, gelagert und gespielt, gesurft und gesegelt – offenbar nicht zum Schaden der Strandlingsgesellschaften. August 2000.

fasst und fortgeweht werden konnte. Die Tiere trugen damit zur Entschlammung des Heideweihers bei.

Positiv wirkte sich auch ein mäßiges Baden auf die Vegetation der Heideweiher aus. So ist es zu erklären, warum Lobelien- und andere Strandlingsgesellschaften verschwanden, wenn ein mäßiger Badebetrieb in deren Siedlungsgewässern aufhörte, indem das Gebiet z.B. unter Naturschutz gestellt wurde. Es gibt viele Hinweise darauf, dass die Strandlingsgesellschaften durch mäßiges Baden gefördert werden und worden sind (z.B. Arts, Schaminée & Van den Munckhof 1988; Vahle 1990; Kaplan 1992, 1993; Van Dam & Arts 1993). Auch heute kann noch an einigen Stellen beobachtet werden, wie sich mäßige Freizeitnutzung und üppige Strandlingvegetation nicht widersprechen müssen (Abb. 285). Wie gesagt – es geht dabei um *mäßiges* Baden, nicht um diejenige Größenordnung, die den Wollingster See beinahe zerstört hätte.

Es zeigt sich also, dass die meisten der früheren Einwirkungen des Menschen auf die Heideweiher gerade jene oligotrophierenden Vorgänge förderten, die schon bei der Beschreibung der Prozessgestalt als lebensnotwendig für das Bestehen dieses Gewässertyps genannt wurden, nämlich Wasserturbulenzen und Offenhalten des sandigen Bodens im Gewässer. Führt man sich dann noch vor Augen, dass unbedingte Voraussetzung für die Prozessgestalt des Heideweihers die niedrige, d.h. anthropogene Umgebungsvegetation ist, dann muss man zu der Feststellung kommen, dass oligotrophe Heideweiher ohne die historische Landbewirtschaftung gar nicht existieren konnten. Zu der gleichen Einschätzung kommen auch Westhoff (1979), Schaminée, Westhoff & Arts (1992) und Van Dam & Arts (1993).

Es stellt sich dann allerdings die Frage, was mit den Heideweihern *vor* der Heidebauernkultur gewesen ist, als die niederländischen und norddeutschen Sandgebiete noch von lichten Birken-Eichen-Wäldern bedeckt waren. Diese wirkten als starkes Windhindernis. Es muss daher vermutet werden, dass die im Wald liegenden Gewässer relativ schnell verlandet sind. Das würde weiterhin heißen, dass zu Beginn der Heidewirtschaft kaum mehr offene Gewässer vorhanden gewesen sein könnten. Woher kommen dann die zahlreichen Heideweiher, die auf den historischen Karten in der Heidelandschaft verzeichnet sind?

Sind sie etwa erst in historischer Zeit während der Heidebauernkultur entstanden? Solche Gewässer gibt es durchaus; sie sind durch Übernutzung der Heide, anschließende Sandverwehungen und dann Windausblasung entstanden. Allerdings spricht nach Garleff (1968) die fast runde, geschlossene Form der meisten Heideweiherflächen dagegen, dass die Becken durch Sandverwehung in geschichtlicher Zeit entstanden sind, sondern eher dafür, dass es sich um sehr alte, eiszeitliche Windausblasungen handelt. Wie konnten aber diese Becken die Bewaldungszeit der Landschaft überdauern, ohne zu verlanden und mit Sedimenten verfüllt zu werden?

Ich möchte dazu eine Erklärungsmöglichkeit skizzieren, die allerdings zunächst nur hypothetischen Charakter hat. Der vermutete Ablauf sieht demnach so aus: Am Ende der letzten Eiszeit werden die Hohlformen der heutigen Weiherbecken durch Windausblasung gebildet: Es sind zumeist recht einfache, rundliche Formen ohne viele Ausbuchtungen (Grahle & Staesche 1964; Garleff 1968). Sie werden in der Tundrenzeit von Brachsenkräutern, Lobelie, Strandling u.a. besiedelt, einer Vegetation also, die heute noch häufig in Skandinavien sowie in einigen *tiefen* norddeutschen Heideseen (zum Beispiel Wollingster See, Bültsee) zu finden ist. Beim zeitlichen Übergang der Tundra- in die Waldvegetation lässt die Windwirkung auf diese Gewässer nach, und sie verlanden zwangsläufig. Ausnahme bilden einige sehr große Heidegewässer in den südlichen Niederlanden, auf deren weiter Wasserfläche der Wind trotz der umgebenden Bäume seinen Erhaltungsprozess fortführen kann, sowie die tieferen Heideseen. Anzeichen für deren Überdauern seit der Eiszeit ist das Vorkommen von Eiszeitrelikten (See-Brachsenkraut, stellenweise auch Stachelsporiges Brachsenkraut) in diesen Gewässern. Die wesentlich kleineren nordwestdeutschen Heideweiher sind aber zu Beginn der Heidebauernkultur längst verlandet.

Ein für unsere Betrachtung wesentliches Kennzeichen der nun folgenden Heidekultur war die Plaggenwirtschaft; besonders begehrt waren dabei die Plaggen der Glockenheide (vgl. De Smidt 1979). Da die Verbreitung der Plaggenheidewirtschaft recht genau der Verbreitung der Lobelien-Heideweiher entspricht (Vahle 1990), kann man vermuten, dass die Bauern nicht nur die Plaggen der Glockenheide nutzten, sondern womöglich auch die verlandeten Heideweiherbecken wieder auskofferten, um das organische Material als Dünger für die sandigen Äcker zu verwenden. Aus den Niederlanden ist diese Tätigkeit zum Teil sehr ausführlich beschrieben (vgl. Van der Voo & Leentvaar 1959; Van der Voo 1962; Van Dam 1987; Arts, Schaminée & Van den Munckhof 1988; Van Dam & Arts 1993). Auch für Nordwestdeutschland gibt es einige Hinweise (Steusloff 1938; Runge 1978: 192). Vielleicht war dieses Weihersediment besonders begehrt, weil es im Allgemeinen etwas höhere Basen-

und Nährstoffgehalte aufwies als die trockenen Heideplaggen. Die Weiherbecken, auf diese Weise ihrer Schlammpackung entledigt und mit neuem Niederschlagswasser gefüllt, konnten anschließend unter dem nun wieder stärkeren Windeinfluss in offener Heide die oben beschriebene Prozessgestalt entwickeln.

Die Arten der Strandlingsgesellschaften sind dann vermutlich aus den tieferen Heidegewässern der Niederlande und den wenigen tiefen Heideseen Nordwestdeutschlands wieder eingewandert, mit Ausnahme der beiden Brachsenkräuter als Eiszeitrelikte, die sich in der historischen Zeit anscheinend nicht mehr weiter verbreiteten. Wenn diese Hypothese stimmt – und alles deutet darauf hin –, würde das bedeuten, dass die oligotrophen Heideweiher nicht nur vom Menschen in der Geschichte positiv beeinflusst wurden, sondern dass sie durch den Menschen sekundär überhaupt neu geschaffen wurden. Es würde sich also um anthropogene Ökosysteme handeln!

Hier zeigt sich wieder, dass der Mensch nicht der größte Feind der Natur ist und dass in Natur und Landschaft nicht dann alles zum Besten bestellt wäre, wenn der Mensch herausgehalten werden könnte. Diese Erfahrung mit einem so «empfindlichen» Ökosystem wie dem oligotrophen Heideweiher weist vielmehr auf die mögliche positive menschliche Wirkung, die allerdings in der letzten Zeit immer mehr verdeckt wurde.

Dadurch, dass Heideweiher und Heideseen in der äußersten Zone der Dorfgemarkung liegen, gehören sie zum Nerven-Sinnes-System der Kulturlandschaft. Das wird allerdings auch schon durch diese Gewässer selbst deutlich, ohne Beziehung zur Dorfgemarkung. Denn die Artenarmut, die zurückgedrängten Lebensprozesse, die Umkreisoffenheit dieser Gewässer sind Eigenschaften, die Schad (1982b) auch für die Hochmoore beschrieben hat, sodass die Heideweiher also in den Bereich der Nerven-Sinnes-Organisation der Landschaft zu stellen sind. Allerdings mit dem Unterschied, dass beim Hochmoor die Beziehung zum Nervensystem im Vordergrund steht: «Das Hochmoor ist wie ein Gehirn in der Natur» (Schad). Der Heideweiher vermittelt demgegenüber ein polares Bild. Die durchsichtige Klarheit, die Lichthaftigkeit lässt die Lobelien-Heideweiher wie Augen in der Landschaft erscheinen. Sie sind Sinnesorgane der Landschaft.

Der Vergleich mit dem Auge kann noch vertieft werden. Zunächst ist da die runde Form des Heideweihers, was jedoch an sich noch keine Bedeutung zu haben braucht. Bemerkenswert ist aber, dass dieses «Auge» einem rhythmischen Wechsel zwischen «offen» und «geschlossen» unterliegt, wie eben unser Auge im Tageslauf auch. «Sinnesoffen» ist das Heideweiher-Auge dann, wenn der Boden überwiegend von Strandlingsgesellschaften, insbesondere der Lobeliengesellschaft, bedeckt ist. Wenn nun eine Verlandungstendenz einsetzt, dann schreitet diese vom Südwestufer Richtung Nordostufer fort. Gleichzeitig nimmt die Strandlingsvegetation an diesen Stellen ab und wird durch Torfmoose usw. ersetzt. Im Bild gesprochen: Das Auge beginnt «einzuschlafen», indem ein stärkeres Pflanzenwachstum einsetzt, und die Sinneswachheit, repräsentiert durch das linealische Element der Grundsprossgewächse, nimmt ab (vgl. Abb. 282). Und die äußere Gestalt dieses «Augenschließens» ist die, die wir auch von unseren Augen kennen, wenn sich das Lid vor die Linse schiebt.

Die Heidegewässer in ihrem heutigen Gesicht

In den letzten fünfzig bis hundert Jahren haben drastische Veränderungen der Landschaften stattgefunden, sodass wir Heidegewässer in der beschriebenen Gestalt kaum mehr finden können. Auch der Oligotrophierungseffekt der Brachsenkraut-Lobelien-Gesellschaft hilft beim besten Willen nichts, wenn das Gewässer beispielsweise trockengelegt oder zugeschüttet wird. Gerade die Heideweiher bieten dem auf landwirtschaftliche Ertragsmaximierung ausgerichteten Denken optimale Möglichkeiten, weiteres Kulturland zu gewinnen. Denn durch ihre flache Beckenform und ihre Lage «oben» auf Wasserscheiden bedarf es nur wenig maschinellen Einsatzes, um Heideweiher trockenzulegen und in Grünland oder Acker umzuwandeln. Auf diese Weise sind in den Dreißigerjahren des 20. Jahrhunderts die schönsten Heideweiher, die im westlichen Niedersachsen lagen, durch den sogenannten Emsland-Plan bis auf klägliche Reste von der Bildfläche verschwunden.

Aber auch die nicht entwässerten Heideweiher verloren ihren ehemaligen Charakter. Inzwischen sind zwei gegensätzliche Entwicklungstendenzen erforscht worden, denen die ursprünglich oligotrophen Gewässer unterliegen. Das eine ist die Eutrophierung (Nährstoffanreicherung), die vor allem von einer nach industriellen Maßstäben betriebenen Landwirtschaft herrührt. Indem leicht lösliche Mineraldünger über Grund- und Oberflächenwasser sowie über die Luft in die Gewässer gelangen, wird hier die Pflanzen-Massenproduktion angeregt.

Durch das höhere Nährstoffangebot können sich starkwüchsige Röhrichtarten ansiedeln und ausbreiten, z.B. Rohrkolben, Schilf, Flatterbinsen (Abb. 286). Durch deren Rückstände bildet sich schnell eine dicke Schlammdecke auf dem Sand, sodass die licht- und luftliebenden Arten der Lobeliengesellschaft geradezu ersticken (vgl. Lübben 1973). Seit den Fünfzigerjahren ist «fast überall in den nordwestdeutschen Heidegewässern eine verstärkte Verlandung» zu beobachten (Dierssen 1972).

Neben den eutrophierten Gewässern machte eine zweite Gruppe von Lobelien-Heideweihern eine ganz andere Entwicklung durch. Diese betraf insbesondere die «ungestörten» Gewässer in Waldgebieten. In diesen Weihern wurde die Lobeliengesellschaft von Torfmoosen *(Sphagnum)* und Zwiebel-Binsen (*Juncus bulbosus*) verdrängt, die durch Versauerung gefördert werden (Abb. 287, 288). Das Milieu, das dadurch in den Gewässern entstand (und auch heute immer noch entsteht), nennt man dystroph und den Vorgang dahin Dystrophierung. Dystrophierung besteht in einer zunehmenden Nährstoffverarmung, Versauerung des Wassers und Torfschlammbildung. Wie *eutroph* und *oligotroph* kommt auch dieser Begriff aus dem Griechischen und bedeutet *äußerst schlechte Ernährung*. Ursache dieser Entwicklung ist offenbar die Luftverschmutzung (saurer Regen). Das ist die zweite häufige – jedoch weniger allgemein bekannte – Degenerationserscheinung der Lobelien-Heideweiher. (Zum Problem der Versauerung von Heideweihern vgl. z.B. Arts 1990; Kaplan 1992, 1993; Van Dam 1987.)

Mit Trockenlegen, Eutrophierung und Dystrophierung sind die drei Ursachen genannt, die die nordwestdeutschen und niederländischen Lobelien-Heideweiher beinahe ganz zum Verschwinden gebracht haben. Da der optimale Zustand dieses Gewässertyps durch das Vorkommen der Charakterart *Lobelia dortmanna* gekennzeichnet ist, lassen sich aus dem Zurückgehen der Art Aussagen über die Entwicklung des Gewässertyps machen. Von den in Nordwestdeutschland früher bekannten etwa fünfzig Lobelien-Heideweihern (nach Angaben

Abb. 286: Eutrophierung. Durch Nährstoffanreicherung aus umgebender Landwirtschaft wächst dieser Heideweiher mit nährstoffliebenden Sumpfpflanzen, Röhrichten und Weidenbüschen zu. Berger Keienvenn im Emsland, Südwestliches Niedersachsen. Juli 1987.

von Lübben 1973) sind heute nur noch zwei übrig geblieben: Ahlder Pool im Emsland und Saal bei Trauen in der Lüneburger Heide.

Allerdings sind in den letzten Jahren durch Sanierungsmaßnahmen wieder zwei weitere Gewässer dazugekommen, eins im Emsland und eins bei Bremen. Hier wurden ehemalige, völlig verlandete Weiherbecken wieder ausgekoffert, worauf Strandling, Lobelie und eine Vielzahl weiterer Heideweiherarten aus der langlebigen Samenbank des alten Gewässerbodens keimten.

In diesem Zusammenhang ist erwähnenswert, dass alle heute noch existierenden Lobelien-Heideweiher Deutschlands und der Niederlande (und damit wohl alle mitteleuropäischen) innerhalb der letzten zwanzig Jahre maschinell ausgeräumt wurden und es sehr wahrscheinlich ist, dass die Lobelien-Heideweiher nur noch aus diesem Grund bestehen (vgl. Arts, Schaminée & Van den Munckhof 1988: 14).

Die tiefen Heideseen konnten natürlich nicht trockengelegt werden. Aber alle anderen zerstörerischen Einflüsse treffen auch für sie zu. Am besten ist das für den Wollingster See dokumentiert, der durch Eutrophierung *und* Dystrophierung bedroht ist. Das zeigte sich am Südostufer sehr deutlich (Abb. 289), bevor seit einigen Jahren der Förderverein Wollingster See mit Sanierungsmaßnahmen begonnen hat. Der früher schlammfreie, offene Sandboden war nur noch an wenigen Stellen zu sehen. Der weitaus größte Teil des Ufers und des Gewässerbodens war bedeckt mit geringeren oder dickeren Schlammauflagen, herbeigeführt durch stärkere Vegetationsentwicklung. Die wenig Masse produzierende Brachsenkraut-Lobelien-Gesellschaft, die hier früher das Bild beherrschte, war auf weite

Abb. 287: Dystrophierung. Luftverschmutzung fördert hier die Versauerung, die sich in enormem Wachstum von Torfmoosen und Zwiebelbinsen *(Juncus bulbosus)* zeigt, welche die Lobeliengesellschaft überwachsen. Ahlder Pool im Emsland bei Schüttorf, Südwest-Niedersachsen. August 1987.

Abb. 288: Detail aus Abb. 287. Torfmoose beginnen, die Lobeliengesellschaft im Heideweiher zu überwachsen. Durch die Versauerung bildet sich ebenfalls verstärkt Humusschlamm auf dem Sandboden.

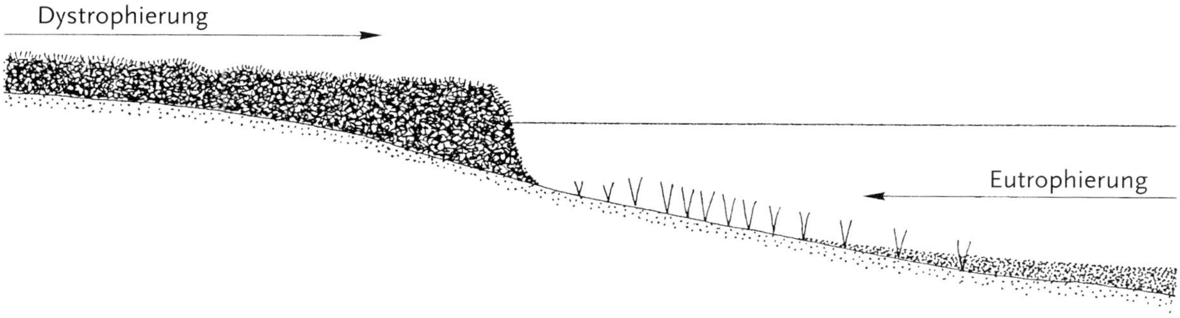

Abb. 289: Schematisches Vegetationsprofil durch das Südostufer des Wollingster Sees 1987. Die Brachsenkraut-Lobelien-Gesellschaft wird von der Dystrophierung und der Eutrophierung «in die Zange genommen».

Strecken von schneller wachsenden und mehr organisches Material erzeugenden Arten abgelöst worden. Das Brachsenkraut ist inzwischen ganz verschwunden.

Große Flächen in und über Wasser wurden von Moosen geradezu überwuchert (am Land: Krummtorfmoos *Sphagnum fallax*, im Wasser: Brunnenmoos *Fontinalis antipyretica*, im ganz flachen Wasser zwischen Schilf auch Ohrentorfmoos *Sphagnum auriculatum*). Schilf *(Phragmites australis)* hat sich inzwischen am See stark ausgebreitet, was schon Behre (1955: 255) beobachten konnte. Nach Lundbeck (1951: 39) ist es im Wollingster See sogar künstlich angepflanzt. Es ist zwar auch heute noch recht schlechtwüchsig, trägt jedoch einen erheblichen Anteil zur Ansammlung organischer Ablagerungen bei. Darüber hinaus bietet das Schilf Windschutz, sodass sich zwischen den Halmen am Boden die Torfmoospolster schwingrasenartig ins offene Wasser vorwagen können.

Es ist hier eine Entwicklung zu beobachten, die von einem rein mineralischen Boden zu mehr oder weniger mächtigen organischen Ablagerungen führt. Die Tendenz, die sich demzufolge am Wollingster See beobachten lässt, führt von oligotrophen Verhältnissen in einen Zustand, in dem sich Eutrophie und Dystrophie überlagern. Als Eutrophierungszeiger können hier gelten: *Phragmites australis, Juncus effusus*, wahrscheinlich auch *Fontinalis antipyretica* und auf jeden Fall die Wassertrübung durch Planktonalgen. Dystrophie, die im Grunde immer mit einer Versauerung einhergeht und heute durch «sauren Regen» extrem gefördert wird (vgl. Van Dam 1987, Arts 1990), zeigt der Massenwuchs von *Sphagnum fallax* an.

Die Brachsenkraut-Lobelien-Gesellschaft, die früher einen fast geschlossenen Gürtel vom ganz flachen bis einige Meter tiefen Wasser rund um den See bildete, wird heute «in die Zange genommen»: Von oben, vom Land her, wirkt sich die Dystrophierung durch vermehrtes Wachstum von Krummtorfmoos aus, wobei Brachsenkraut, Lobelie und Strandling unter einer dichten Moosdecke begraben werden. Von unten, über den Wasserkörper des Sees, wirkt die Eutrophierung durch Massenwuchs von Plankton, Brunnenmoos *(Fontinalis)* und Schilf. Durch die damit einhergehende, in der Tiefe zunehmende Schlammablagerung und allein schon durch die planktonbedingte Wassertrübung musste sich die Tiefengrenze der lichtliebenden Lobeliengesellschaft zwangsläufig nach oben verlagern.

Der Förderverein Wollingster See versucht seit einigen Jahren, durch geeignete Maßnahmen die Brachsenkraut-Lobelien-Gesellschaft zu retten und wieder auszubreiten. Dazu gehört vor allem das maschinelle Abschieben der zugewachsenen Uferpartien, sodass der offene Sand wieder zutage tritt. Auf ihm können sich Brachsenkraut, Lobelie und Strandling aus noch keimfähigen Samen nun wieder entwickeln.

Wie am Beispiel des Wollingster Sees deutlich gesehen werden kann, heben sich also Eutrophierung und Dystrophierung nicht gegenseitig auf, sondern wirken in der Weise zusammen (und damit gegen die oligotrophen Verhältnisse), dass sich Ablagerungen bilden und die Lobeliengesellschaft verdrängen, und zwar sowohl in tiefen Heideseen als auch in flachen Heideweihern. Daran hat auch die Unterschutzstellung der Gewässer nichts geändert. Im Gegenteil: Gerade in den Naturschutzgebieten sind die oligotrophen Heideweiher degeneriert. Es ist leicht einzusehen, dass der Grund dafür nicht in einer Übertretung der NSG-Verordnung zu suchen ist (z.B. unerlaubtes Baden), sondern in großräumiger Landschaftseutrophierung, in den «sauren Niederschlägen» und weiten Grundwasserabsenkungen.

Besser erhalten als die geschützten Gewässer sind Heideweiher, die nicht in Schutzgebieten liegen, sodass sich das merkwürdige Bild ergibt, dass die Lobeliengesellschaft als Charaktervegetation oligotropher Heideweiher nicht etwa in den Naturschutzgebieten, sondern außerhalb derselben besser entwickelt ist. Entsprechendes beschreibt Kaplan (1992) von *allen* für Heideweiher charakteristischen Pflanzenarten aus dem nordwestlichen Westfalen und dem südwestlichen Niedersachsen. Übereinstimmend urteilen auch Wittig (1980) und Arts, Schaminée & Van den Munckhof (1988), dass das Vorkommen von Arten der Strandlingsgesellschaften in Schutzgebieten noch nicht deren Schutz gewährleistet.

Das lässt die Frage entstehen, ob die oligotrophen Heideweiher in Naturschutzgebieten eventuell «totgeschützt» werden, weil sie doch eine mäßige, aber regelmäßige Störung brauchen. Womöglich sind ja die empfindlichen Charakterarten der Heideweiher aus der Klasse der Strandlingsgesellschaften gar nicht so empfindlich gegen mechanische Störungen wie Baden, Bodenverletzung usw., sondern vielmehr gegen das «ungestörte» Altern der Gewässer. Es wurde schon beschrieben, dass der Mensch mit seiner historischen Kulturlandschaft der wichtigste Faktor war, der die Heidegewässer immer wieder jung erhalten hat.

Wir konnten nun hinsichtlich der Zerstörung oder Beeinträchtigung der Heidegewässer eine Reihe von Ursachen nennen. So einleuchtend diese Zusammenhänge auch sind, es bleiben doch rätselhafte Phänomene bestehen, die sich so nicht erklären lassen.

Da ist beispielsweise der Erdfallsee im Naturschutzgebiet «Heiliges Meer» im nordwestlichen Westfalen. Er gehört als Sonderausbildung zu den Brachsenkraut-Lobelien-Heideseen, denn in ihm wachsen zwar Strandling und Lobelie, aber es fehlt das Brachsenkraut. Das mag daran liegen, dass der See noch sehr jung ist (entstanden am 14. April 1913 durch einen Erdfall) und sich das Brachsenkraut noch nicht ansiedeln konnte; der nächste Wuchsort ist 75 km entfernt (Großes Sager Meer). Andererseits siedelt sich dieses Eiszeitrelikt unter den heutigen Verhältnissen vielleicht ohnehin nirgends mehr neu an.

Der Erdfallsee beherbergte vor nicht allzu langer Zeit (1978) noch einen schönen Bestand der Lobeliengesellschaft. Als ich im Jahre 1987 den See untersuchte, waren fast alle Lobelien und die meisten Strandlinge verschwunden. Ein Grund war zunächst nicht zu finden. Der ehemalige Wuchsort der Gesellschaft wies auch jetzt noch sauberes Wasser und reinen Sandboden auf. Hier wuchs außer einigen sehr verstreuten Schilfhalmen gar nichts mehr. Die allerletzten Lobelienrosetten fanden sich unter den überhängenden Zweigen der Gagelsträucher, die am Ufer standen. Hier waren auch einige Trupps von Strandling verteilt. Was lag da vor? Warum wuchsen die Reste dieser extrem lichtliebenden Gesellschaft im Halbschatten von Büschen? Warum nicht auf der unmittelbar anschließenden sauberen und hellen Sandfläche im flachen Wasser?

Man könnte auf den Gedanken kommen, dass zwar das Wasser scheinbar sauber sein kann, es aber möglicherweise so sauer ist, dass die Lobelien und Strandlinge eingehen. Nun ist aber der Erdfallsee ein Gewässer, an und in dem schon seit langer Zeit ständig wasserchemische Untersuchungen gemacht werden. Die Biologische Station am See fordert dieses geradezu heraus. Aus den Ergebnissen wird deutlich, dass sich die Wasserqualität nicht wesentlich verschlechtert hat, jedenfalls nicht in Richtung Versauerung. Hier finden wir also keinen Hinweis auf Schädigungen, die zum Verschwinden der Lobeliengesellschaft geführt hätten. Nun sind wir etwas ratlos.

Wenn wir uns das Phänomen noch einmal genauer ansehen, wie die letzten Lobelien und Strandlinge da dicht am Ufer unter den Sträuchern stehen – und wenn wir dies als Geste auf uns wirken lassen –, dann können wir gegenüber diesem Bild etwas fühlen. Es ist wie eine Geste des Versteckens vor irgendetwas. Gerade das meiden, was von oben kommt. Von oben kommt normalerweise aber nur das Licht, das die ganze Gesellschaft so notwendig braucht. Und nun dieses Verstecken: Ist es vielleicht etwas anderes, Unsichtbares, was da von oben «scheint» anstelle des Leben spendenden Lichtes?

In diesem Zusammenhang kann ein anderer merkwürdiger Tatbestand festgestellt werden, bei dem noch einmal auf den Wollingster See zurückgeblickt werden soll. Wir sprachen bereits davon, dass die Brachsenkraut-Lobelien-Gesellschaft eine lichtliebende Vegetation ist. Entsprechend kommt das Brachsenkraut im Wollingster See nur noch im flachen (nur noch bis 70 cm tiefen) Wasser vor, weil die Wassertrübung viel Licht schluckt.

Merkwürdig ist nur, dass See-Brachsenkraut und Lobelie in intakten oligotrophen Seen mit extrem wenig Licht auskommen (8 Prozent des Tageslichtes, nach Vöge 1988, S. 94); es wird sogar von Brachsenkrautsiedlungen in 12 m Wassertiefe berichtet (Pietsch mündl. Mitteilung). Warum wachsen sie dann nicht im Wollingster See in größerer Tiefe? Wahrscheinlich spielt nicht nur die Lichtquantität, sondern auch eine ganz bestimmte *Qualität* des Lichtes eine Rolle für das Vorkommen oder Nicht-Vorkommen der Lobeliengesellschaft (Mäkirinta 1978, Vöge 1988).

Wir müssen diese Frage zunächst so stehen lassen. Stattdessen versuchen wir eine Zusammenfassung aller bisherigen Tatsachen und Zusammenhänge, die mit dem Verschwinden der Brachsenkraut-Lobelien-Gesellschaft und ihrer Wuchsgewässer zu tun haben. Und wir stellen auch hierzu eine grundsätzliche Frage: Was bildet sich in diesem Verschwinden eigentlich ab? Was ist das, was verloren geht, was tritt an dessen Stelle? Es ist hierbei nicht gemeint, dass irgendwelche seltenen Arten aussterben und häufigere, angepasstere sich ausbreiten. Sondern diese Frage zielt auf das Thema des Landschaftsorganismus und seiner gegenwärtigen «Befindlichkeit». Was hat die Lobeliengesellschaft mit dem Landschaftsorganismus zu tun?

Wir hatten weiter vorn schon gezeigt, dass Heideweiher und Heideseen nicht nur Glieder der Kulturlandschaft sind, und zwar speziell der Sinnesorganisation, sondern dass ihre Gestalt und ihre Prozesse sie wie Augen der Landschaft erscheinen lassen. Was bedeutet es, wenn diese Augen nun verschwinden?

Zunächst einmal kann man direkt zu den gesellschaftlichen Ursachen zurückgehen, um zu zeigen, dass die Zerstörung der Heideweiher-Prozessgestalt ein Ausdruck von Kräften ist, die sich im Sozialen abspielen. Auf der einen Seite haben wir die Eutrophierung durch eine Intensivierung der Stoffproduktion. Die Eutrophierung der Landschaft ist unmittelbare Folge einer gesteigerten Stoffproduktion in der Wirtschaft, die sich dann bis in den erhöhten Düngemitteleinsatz in der Landwirtschaft fortsetzt. Der Stoffwechselprozess der Warenproduktion geht einher mit gesteigerter Triebhaftigkeit und Genusssucht, auf deren Befriedigung sich das ganze Handeln richtet. Die Folge und sprechendes Bild davon ist die Über-Eutrophierung der Landschaft, die die Pflanzenwelt zu gesteigerter Triebhaftigkeit und zum Wuchern zwingt. In Heideweihern führt das zur Ansiedlung starkwüchsiger Sumpfpflanzen und zur schnellen Verschlammung und Verlandung (zum «Einschlafen»: Die Augen schließen sich).

Auch die vom «sauren Regen» hervorgerufene Dystrophierung hat ihre gesellschaftlichen Wurzeln. Das heute vorherrschende unlebendige Denken, das nicht auf liebevolles Verstehen, sondern Beherrschen der Naturvorgänge abzielt, findet seine materiellen Auswirkungen in der inzwischen lebensbedrohenden Technik. Die auf diese Technik aufbauende Industrie verbreitet verschiedenartigste, auch sehr giftige Substanzen in die Luft, wo sie sich weltweit verteilen und mit den Niederschlägen auf die Erde und in die Gewässer gelangen. Versauerung und Vergiftung sind die Folgen.

Die Auswirkungen auf die Vegetation können sehr deutlich gerade in Heidegewässern beobachtet werden. Versauerung und Vergiftung bewirken hier Dystrophierung, die das Gegenteil von wuchernden Stoffwechselprozessen ist: nämlich ein Todesprozess. Dieser zeigt sich unter anderem darin, dass sich eine einzige Art, meist das Krummtorfmoos *(Sphagnum fallax)* auf Kosten aller anderen so ausbreitet, dass sich eine dichte Decke über alles Lebende legt, die jeden Stoffumsatz erstickt und jeden Lichtzutritt verhindert. Das lebendig Gebildete (Zellen und Gewebe der Torfmoosköpfchen) wird sofort in tote Strukturen überführt, die völlig aus dem vegetativen Lebenszusammenhang ausscheiden und Torf bzw. Torfschlamm bilden.

Dystrophierung äußert sich zumeist in verstärktem Mooswachstum, nicht nur in Heidegewässern. In diesen bringen die Torfmoose eine Entwicklung in Gang, die sehr große Ähnlichkeit mit Hochmoorbildung und Hochmoorwachstum hat. Wir erinnern uns daran, was Wolfgang Schad über die Stellung der Hochmoore im Organismus der mitteleuropäischen Landschaften sagte: Sie sind das Gehirn der Landschaft. Und hier schließt sich der Kreis unserer Betrachtung: Unser unlebendiges, gehirngebundenes Denken wirkt über verschiedene Zwischenstufen in der Landschaft so, dass auch hier «Gehirn» gebildet und im gleichen Zug die Sinnesfähigkeit getrübt oder zerstört wird!

Das Bild kann nun abgerundet werden. Die Heideweiher und Heideseen gehören zur Sinnesorganisation der Landschaft, und zwar auch der Kulturlandschaft. Hier können sie speziell als die Augen aufgefasst werden, obwohl über die Wirksamkeit und die Effekte dieser Sinnesorgane für die Gesamtlandschaft bisher noch kaum etwas erforscht wurde. Das ist andererseits vielleicht auch wiederum kein Zufall, wenn man das Folgende in Betracht zieht.

Denn was geschah mit diesen «Augen» und entsprechend mit der landschaftlichen Sinnesfunktion im Verlauf des 20. Jahrhunderts? Neben der direkten Zerstörung waren es die beiden beschriebenen Prozesse, die zum Absterben dieser Augen führten. Die Eutrophierung kommt von «unten» aus einem überschießenden Stoffwechselprozess, aus einer wuchernden Triebhaftigkeit, die die Sinnesfunktion überlagert und vernichtet. Die Dystrophierung stülpt sich von «oben» über die wache Sinnestätigkeit, indem sie als Todesprozess alle Lebendigkeit beendet.

Wir brauchen nicht lange zu überlegen, um zu erkennen, dass wir das Gleiche bei uns Menschen finden. Auch *unsere* Sinnesfähigkeit wird mehr und mehr getrübt und bedroht, wobei hier als Gründe oft allgemein die Entfremdung von der Natur, die technisierte Alltagswelt und insbesondere die modernen Medien (Bildschirmtechnik) genannt werden. So richtig diese Aussage auch ist, so unverbindlich wirkt sie auf jeden Einzelnen von uns: Denn die Verantwortung wird so auf die Gesellschaft als Ganzer geschoben – was natürlich einerseits wieder stimmt, andererseits uns als denkende, fühlende und handelnde Individuen aus der Pflicht nimmt, weil wir den Angelpunkt der beschriebenen Prozesse in der Gesellschaft und nicht bei uns selbst suchen. Positive Veränderungen können aber immer nur von einzelnen Menschen ausgehen, und so ist die Frage, wo wir *in uns selbst* den Schauplatz derjenigen Prozesse finden können, von denen die Zerstörung der Heideweiher als landschaftlicher Augen ein Spiegelbild ist.

Die beiden Degenerationserscheinungen, die die Vegetation ins Bild setzt, sind ja auf gesellschaftliche Entwicklungen logisch zurückführbar. So ist die Vegetation nicht nur *Abbild* dieser Prozesse, sondern auch gleichzeitig die *Auswirkung* der im gesellschaftlichen Leben liegenden Ursachen. Das tote Denken erbringt Dystrophierung, die Triebhaftigkeit im Wirtschaftsleben erbringt Eutrophierung. Das ist über die Zwischenstufen direkt verfolgbar. Der Zusammenhang zwischen der Abnahme unserer Sinnesfähigkeit und dem parallelen Rückgang der Heidegewässer ist allerdings so nicht ableitbar. Es handelt sich hier um so etwas wie eine Koinzidenz, die wir schon einmal kennengelernt hatten, als es um das Zusammenfallen zweier Erscheinungen ging, deren Ursachenverhältnis jedoch dabei nicht zur Debatte steht.

Der Schritt, den wir nun weiter tun können, hat weiterhin auch mit der Sinnestätigkeit zu tun. Da können wir nämlich bemerken, wenn wir gegenüber uns selbst und unserer Gesellschaft aufmerksam sind, in welcher Art und Weise wir Natur, Landschaft und Vegetation wahrnehmen. Wir sprachen ganz zu Anfang in diesem Buch bereits davon.

Es ist unsere Wahrnehmung nämlich allzu oft nicht die einer liebevollen, unvoreingenommenen Zuwendung, sondern sie ist stark durchsetzt mit eigenen seelischen Impulsen. Diese sind zweifacher Art: Der eine sieht überall das Nützliche und damit das zu Begehrende. Man läuft dann ständig mit inneren Bildern herum, die gleichzeitig auf die Wahrnehmung aufgesetzt werden, beispielsweise das Bild einer maschinengerechten Feldflur bei Wahrnehmung einer reich gegliederten Kulturlandschaft, das Bild eines unkrautfreien Rasens angesichts einer blumenreichen Wiese, das Bild eines begradigten Vorfluters anstelle eines mäandrierenden Baches oder das Bild eines Kartoffelackers anstelle eines Lichtrasens.

Etwas anderes geschieht bei dem zweiten zu nennenden Impuls. Dieser Impuls projiziert im Augenblick der Wahrnehmung auch ein inneres Bild mit in das Phänomen hinein, das jedoch mehr aus dem Vorstellungsleben, aus den Gedanken kommt. Wir sind ja alle sehr stark von der naturwissenschaftlichen Denkart geprägt, auch alle diejenigen von uns, die sich nicht für Wissenschaftler halten. Aber auch sie haben durch Schule, Elternhaus, Medien usw. diese gedankliche Prägung der Neuzeit eingetrichtert bekommen.

Nun ist diese naturwissenschaftliche Denkgesinnung an sich nichts Schlechtes, im Gegenteil: Sie ist in unserer Zeit entwicklungsnotwendig. Die negative Begleiterscheinung ist aber leider, dass man gleichzeitig mit der Denkart auch die Denkinhalte unreflektiert übernommen hat. Über diese durchaus fraglichen Inhalte haben wir ja weiter vorn schon viel nachgedacht; ich erinnere nur an das Denken in Konkurrenzmechanismen, das aus der Marktwirtschaft in die Naturwissenschaft übernommen wurde, oder das Denken in militärischen Kategorien, wenn es um Entwicklung und Evolution geht, oder einfach das Ursache-Wirkungs-Denken, das ohne nachzudenken aus der Physik in die Biologie transportiert wird. Das alles konnten wir bereits in Frage stellen.

Dennoch werden wir – und mit uns der allergrößte Teil der Gesellschaft – von diesem Denken beherrscht. Das äußert sich im Augenblick der Wahrnehmung von Natur, Landschaft und Vegetation beispielsweise darin, dass sich bestimmte Vorstellungsbilder unmittelbar über die Wahrnehmungsbilder stülpen. So *sehen* wir (bzw. glauben zu sehen), dass in einer Wiese das eine Kraut das andere verdrängt, wir *sehen* die Aggression der Herkulesstauden, die sich überall ausbreiten, wir *sehen* den Kampf um Licht, Nahrung und Wasser usw.

Da, wo wir lebendige Phänomene beobachten, sehen wir in erster Linie nicht diese selbst, sondern Mechanismen, Modelle, Regelkreise. Und in unserer inzwischen von Gigabites geprägten Welt sehen wir seit neuestem auch deren Gegenbild in der Natur: Als das eigentlich Wirksame stellen wir uns nur die kleinsten Elemente des Lebens vor, die Gene, und sprechen diesen nun auch noch Individualität zu, was konsequent zur Vorstellung eines Kriegs der Gene gegeneinander führt.

Was durch alles das verloren geht, ist tatsächlich die Wahrnehmung selbst. Wenn ich mich den genannten Impulsen überlasse, werde ich die Erscheinungen nicht mehr *«wahr nehmen»*, also sie selbst *für wahr nehmen*, sondern nur meine Seelenbilder auf sie abspiegeln.

In Anbetracht dieser Zusammenhänge kann man auf die Idee kommen, dass es vielleicht gar nicht so unwichtig ist, *was* wir denken und *wie* wir denken. Kann *allein das* schon die Wirklichkeit beeinflussen? Wir kommen nun noch einmal auf unser rätselhaftes Phänomen zurück. Wir erinnern uns, dass die Lobeliengesellschaft aus dem Erdfallsee verschwindet, obwohl doch die chemisch-physikalischen Voraussetzungen gut zu sein scheinen.

Betrachten wir das Ganze unter dem Aspekt, dass an diesem See sehr viele gewässerchemische Exkursionen, Praktika und Seminare durchgeführt werden. Es kommen also laufend Studenten und Professoren von Universitäten, Lehrer mit Schulklassen u.a. hierher und messen die Gewässergüte praktisch tagein, tagaus. Welches Denken ist dabei aktiv? Ein analytisches, an chemischen und physikalischen Parametern orientiertes Denken, das aus dem Zusammenhang des lebendigen Seeorganismus Einzelnes herauslöst und berechenbar macht. Es ist das oben schon angesprochene tote, abstrakte Denken, das hier kontinuierlich direkt auf dem See und im See angewendet wird. Sollte das vielleicht die Lebenskräfte der Lobeliengesellschaft beeinflussen, auch ohne den «Umweg» über messbare Versauerung, Dystrophierung und Torfmooswachstum? Man kann sich dem Gedanken nicht ganz verschließen.

So bedrohlich das klingen mag, so finden wir doch genau hier die zukunftsweisenden Wege. Wenn wir am See nun eine andere Art der Forschung betrieben, oder besser gesagt, die notwendige analytische Tätigkeit in einen größeren, ganzheitlichen, lebendigen Forschungszusammenhang stellten – was würde dann geschehen? Würden wir die Lebenskräfte unterstützen? Wenn wir «sachlich richtig», also den Phänomenen angemessen forschen und dabei die Heideweiher und Heideseen liebevoll bedenken würden, dann könnten wir in unserer Vorstellung ein lebendiges Bild aufbauen, das nach und nach die vorhandenen «toten Bilder» ersetzte und zu einem Leitbild für zukünftige Handlungen und Gestaltungen würde. Dazu muss sich etwas in uns «entzünden».

Diese «Entzündung» (im positiven Sinne) ist heute umso notwendiger, als wir überall von Kälteprozessen umgeben sind. Sie zeigen sich in der Landschaft durch Überhandnehmen der Elemente Wasser und Erde, die nicht mehr ausreichend von Luft, Licht und Wärme durchdrungen werden. Abbilder davon hatten wir schon reichlich besprochen; ich erinnere nur an die Überwucherung der Lobeliengesellschaft durch Torfmoose (Erdelement erstickt Licht-/Luftelement) und an das Fehlen der Lichtrasen in der heutigen Kulturlandschaft.

Lobelien-Heideweiher und -Heideseen würden gerade diejenigen Elemente fördern, die Erde und Wasser gegenüberstehen, was als Ausgleich an möglichst vielen Stellen der Landschaft geschehen sollte. Luft, Licht und Wärme werden zwar auch durch Lichtrasen gefördert, aber diese «Himmelsgewässer» sind sozusagen das Tüpfelchen auf dem «I» der Lichtrasen, indem sie die Prozesse noch einmal verstärken.

So wünschenswert diese heilsamen Prozesse in allen mitteleuropäischen Kulturlandschaften sind, so können Brachsenkraut-Lobelien-Gewässer doch nur in Landschaften mit Sand oder kalkarmen Gesteinsböden existieren. Was ist mit dem großen Rest von Mitteleuropa? Auch hier breitet sich das Erdelement überall aus, wie an den allgegenwärtigen Mooswucherungen (z.B. auf Rasenflächen, in Gärten) zu sehen ist. Dazu ist noch einmal ein eigenes Kapitel notwendig.

11. Verdunkelung unserer Landschaften und die Himmelsteiche

Nicht nur die Unterwasser-Lichtrasen verschwinden heute, sondern auch die Lichtrasen auf dem Land: die trockenen Magerrasen und die mageren Feuchtwiesen – damit gehen auch die Kräfte von Wärme, Licht und Luft in der Landschaft immer mehr zurück. Stattdessen beherrschen Wasser- und Erdprozesse das Bild; das zeigt sich in der Ausbreitung von Pflanzengesellschaften mit flächenblättrigem, Stammraum- und polsterförmigem Gestaltelement, mithin in zunehmender Verwaldung und Vermoosung. In diesem Kapitel wird hierfür speziell eine Heilvegetation gesucht, die die notwendigen Licht- und Feuerprozesse verstärken soll. Wir finden sie bei einer besonderen Gruppe von Wasserpflanzen, die nicht das Luftelement ins Wasser bringt (wie bei den Heidegewässern), sondern sogar das Feuerelement unter Wasser gegen die Wasserkräfte aufbaut.

Pathologie des Erdelementes heute: Suche nach einer Heilvegetation

Wir hatten bei der Besprechung der Heidegewässer bereits das wuchernde Mooswachstum kennengelernt, das die Unterwasser-Lichtrasen aus Lobelie, Strandling und Brachsenkraut verdrängt. Wir hatten es auch bereits mit dem Erdelement in Verbindung bringen können. Ebenso sahen wir, dass das Moor derjenige Ort der Landschaft ist, wo sich die einseitige Moosdominanz gewissermaßen «ausleben» kann. Inzwischen finden wir dieses wuchernde Mooswachstum aber fast überall: auf Rasenflächen in Gärten und Parks genau wie in Naturschutzgebieten, wo die ursprüngliche Vegetation unter dicken Moosdecken erstickt wird (Abb. 290). Dieses Phänomen, das auf eine krankhafte Übersteigerung des Erdelementes hinweist, zeigt sich auch noch auf andere Weise, die insbesondere in den letzten zehn bis fünfzehn Jahren immer mehr erkennbar wird. Das ist einmal das Auftreten von massiven Nacktschneckenplagen in den Gärten und zum anderen vermehrte Pilzkrankheiten im Obst- und Gemüsebau.

Der Pilz hat durchaus im Naturhaushalt da seine Berechtigung, wo es um Abbauprozesse geht, und zwar im Boden. Auf jeden Fall sind Pilze typische Bodenlebewesen und tauchen nur als Krankheitserreger im Sprossbereich der Pflanzen auf: Mehltau, Mutterkorn, Monilia usw. Auch Schnecken sind ihrem Wesen nach Tiere des Erdbodens – jedenfalls des dunklen, feucht-kühlen Milieus. Bei sommerlich-trockenem Wetter sind sie in Erdlöchern verborgen und kommen bezeichnenderweise nachts und bei feuchtem Wetter an die Oberfläche.

Somit haben Moos, Pilz und Schnecke alle etwas Gemeinsames: ihre Verwandtschaft mit

Abb. 290: Moosdurchwucherter Rasen.

dem Erdelement. Wenn sie nun, wie gegenwärtig, aus dem Erdbereich in großer Menge nach oben, in den Luftbereich, aufsteigen und sich hier ausbreiten – deutet das nicht auf eine pathologische Form des Erdelementes hin, die alles andere zu überrollen droht? Es drängt sich natürlich die Frage auf: Woran liegt das? Wenn das Kronendach das Erdelement im Wald nach oben zieht, wenn die dichten Wolkendecken über dem Hochmoor das Gleiche hier tun, wer oder was zieht dann heute fast überall das Erdelement in die Atmosphäre hinaus? Ist es in der Reihe vom stabilen Blätterdach über die Nebelschwaden des Wolkendaches eine noch feinsubstanziellere «Dach»-Form, eine Sperrschicht innerhalb der Atmosphäre, die die Wirkungen von Wärme, Licht und Luft abschirmt? Die Frage soll hier nicht weiter verfolgt werden, sie ist sicherlich globaler Art.

Vielmehr soll das Augenmerk darauf gerichtet werden, ob und wie Kräfte gefunden werden können, die ein lokales Gegensteuern erlauben. Wir studieren dazu nochmals die Naturlandschaft. Das Hochmoor konnte ja als ein Bereich aufgefasst werden, der eine «natürliche Pathologie» des Erdelementes darstellt, d.h. einen extremen Pol der Mooswucherung, der aber hier auch seinen Platz hat. Nun machen wir uns auf die Suche nach etwas, was dieser Landschaft entgegengesetzt ist. Wir finden so etwas in der Salzmarsch.

Salzmarschen sind charakteristische Landschaften der Meeresküsten, und zwar der Teile, die noch deutlich vom Salzwasser beeinflusst sind. Das Watt gehört vor allem dazu (Abb. 291). Eine der typischen Wattpflanzen ist der Queller *(Salicornia europaea)*, ein Gänsefußgewächs. Er zeigt mit seiner Vorliebe für nährstoffreiche Salzböden eigentlich nur in extrem gesteigerter Form, was in der ganzen Familie der Gänsefußgewächse abgeschwächt veranlagt ist. Der Queller ist eine bemerkenswerte

Abb. 291: Salzmarsch an der Nordsee – das Watt auf Spiekeroog mit Pioniervegetation aus Queller *(Salicornia europaea)*. September 1980.

Pflanzengestalt. Er besteht nur aus Sprossgliedern ohne Blätter (vgl. Abb. 105, S. 140). Die einzelnen Glieder sind verdickt und zeigen in ihrer Sukkulenz eine Ähnlichkeit mit dem Mauerpfeffer, also das kornförmige Gestaltelement. Während der Mauerpfeffer jedoch eine Beziehung zum Feuerelement des trocken-warmen Felsenstandortes hat, ist die Frage, was denn das Feuer sein soll, auf das der Queller mit seinem kornförmigen Gestaltelement hinweist, zumal er doch zeitweise im Wasser steht. Wir hatten im Zusammenhang mit dem Wärmekomplex (S. 141) schon auf dieses merkwürdige Phänomen hingewiesen. Hier liegt gestaltbiologisch ein Hinweis auf verborgene Feuerprozesse vor, also auf etwas, was den Erdprozessen des Hochmoores entgegengesetzt ist.

Ein weiterer Vertreter der Gänsefußgewächse siedelt am Fuße der großen weißen Meeresdünen auf Spülsaumhaufen, die das Winterhochwasser dort abgelagert hat und die im Sommer vom Sand überweht sind. Es ist das Kali-Salzkraut *(Salsola kali)*, das in den nährstoffreichen, salzhaltigen «Komposthaufen» unter der Sanddecke wurzelt. Seine grobe Stacheligkeit stellt es ebenfalls in die Gestaltverwandtschaft des kornförmigen Elementes und damit des Wärmekomplexes. In Gesellschaft des Kali-Salzkrautes kommt regelmäßig der Meersenf *(Cakile maritima)* vor, ein blassviolett blühendes Kreuzblütengewächs mit andeutungsweise gefiederten Blättern, die ebenfalls sukkulent sind (Abb. 292). Bemerkenswert ist, dass auch die Stammpflanze unseres Gemüsekohls *(Brassica oleracea)* ein Kreuzblütengewächs ist, das an nährstoffreichen Felsküsten wächst (z.B. auf Helgoland), ebenso wie der Echte Meerkohl *(Crambe maritima)*, der vor allem die stickstoffreichen Kiesstrände der Ostsee besiedelt. Kreuzblütler und Gänsefußgewächse sind also zwei Familien, die unsere Aufmerksamkeit im Folgenden verdienen.

Nach diesen ersten Befunden sollen nun die beiden Lebensräume Salzmarsch und Hochmoor einander gegenübergestellt und verglichen werden (Abb. 293). Dabei finden wir sehr viel Gegensätzliches. Hochmoorböden sind sauer und basenarm, Salzmarschböden alkalisch und basenreich. Die Hochmoorpflanzen neigen zur Verholzung (Zwergsträucher: Heidekrautgewächse) oder zur Vertorfung (Torfmoose), also zur Verhärtung und zum Absterben. Die Pflanzen der Salzmarschen verhalten sich gewissermaßen entgegengesetzt, indem sie überall Wasser einlagern und damit alle Teile in die Sukkulenz treiben. Das Hochmoor ist überaus moosreich, ja es besteht eigentlich fast nur aus einem einzigen riesigen Moospolster; in der Salzmarsch wachsen so gut wie keine Moose, höchstens einmal auf Sonderstandorten, an denen der Salzgehalt schon wieder geringer ist. Auch hinsichtlich der Mikroorganismen verhalten sich beide Lebensräume diametral: Das Hochmoor ist pilzreich und bakterienarm, die Salzmarsch pilzarm und bakterienreich. Ausdruck für das Hochmoor als besonderer Pilzstandort ist die Tatsache, dass die dort wachsenden Heidekrautgewächse eine sehr hochentwickelte Wurzelpilzsymbiose (Mykorrhiza) haben (Strasburger 1991: 380).

Abb. 292: Hellviolett blühender Meersenf *(Cakile maritima)*, ein Kreuzblütler auf Salzboden. Spiekeroog, September 1980.

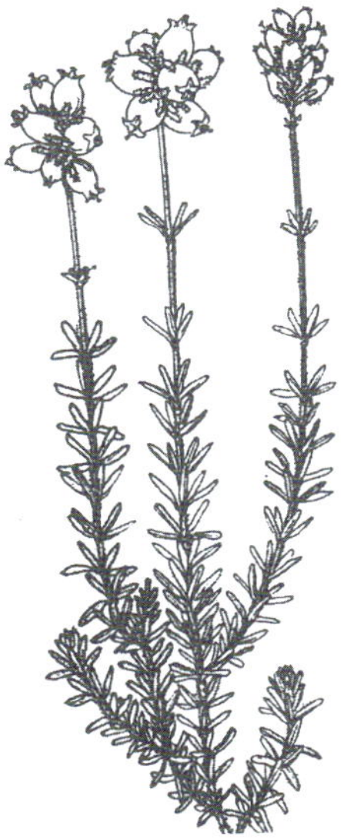

Hochmoor	**Salzmarsch**
sauer	alkalisch
basenarm	basenreich
Verholzung/Vertorfung	Sukkulenz
moosreich	moosarm
pilzreich	pilzarm
bakterienarm	bakterienreich
Mykorrhiza: hochentwickelt bei Heidekrautgewächsen	Keine Mykorrhiza: Gänsefußgewächse Kreuzblütler

Abb. 293: Charakteristika von Hochmoor und Salzmarsch im Vergleich.

Abb. 294: Blütenstand von Raps. Die gelbe Farbe weist auf den intensiven Schwefelprozess in der Blütenstandregion dieser typischen Kreuzblütlerpflanze.

Mykorrhiza ist ein weitverbreitetes Phänomen und tritt bei den meisten Pflanzen auf, nur nicht in einer so speziell entwickelten Form wie bei den Heidekrautgewächsen. In diesem Zusammenhang ist beachtenswert, dass die beiden für die Salzmarsch vorgestellten Pflanzenfamilien, nämlich Gänsefußgewächse und Kreuzblütler, gar keine oder äußerst gering entwickelte Mykorrhiza haben (Strasburger 1991) – also sich zu den Heidekrautgewächsen gegensätzlich verhalten!

Nun soll unser Augenmerk einer dieser Familien, den Kreuzblütlern, gelten. Wichtige Nutzpflanzen entstammen dieser Familie: z.B. die verschiedenen Kohlarten, Raps, Senf, Rettich. Der scharfe Geschmack weist auf bestimmte Substanzen, die als charakteristisch für die ganze Familie gelten können. Das sind Schwefelverbindungen in der Form von Senfölen. Diese sind es auch, die dem Senf – wie der Name Senföl schon sagt – die feurige Schärfe geben. Sie weisen auf den Schwefel als Feuer- und Lichtträger. Nach Grohmann (1981) durchziehen die den Senfölen zugrunde liegenden Schwefelprozesse in verschiedener Abwandlung alle Kreuzblütler.

Nachdem weiter oben im kornförmigen Gestaltelement der Gänsefußgewächse (beispielsweise beim Queller und beim Kali-Salzkraut) verborgene Feuerprozesse vermutet werden konnten, findet sich nun mit den Schwefelprozessen der Kreuzblütler ein weiterer Hinweis in dieser Richtung, da auch diese Familie mit mehreren Arten an den Meeresstränden vorkommt und auf ihre Weise die Aktivität des Feuerelementes anzeigt.

Sichtbarer Ausdruck der Schwefelprozesse ist die gelbe Farbe – und zwar die schwefelgelbe (!) Farbe – vieler Kreuzblütler-Blüten, wie wir sie beispielsweise von Senf und Raps kennen (Abb. 294). Das zeigt auch, dass normalerweise der Schwefel-(Sulfur-)Prozess bei den Kreuzblütlern in der Blüten- und Samenregion seinen Schwerpunkt hat, wo er – als innerer Feuerprozess – sich in Zusammenhang mit den äußeren Luft-, Licht- und Wärmeprozessen der umgebenden Atmosphäre entfaltet.

Nun konnte Grohmann zeigen, wie sich dieser «Normalfall» innerhalb der Kreuzblütler in gewisse Einseitigkeiten bewegen kann, indem der Sulfurprozess ganz andere Pflanzenteile ergreift, die normalerweise nicht unter der Herrschaft des Feuerelementes stehen. In einer ersten Metamorphosestufe wandert der Schwefelprozess in den Blatt-Spross-Bereich, etwa bei der Brunnenkresse (*Nasturtium officinale*, Abb. 295), deren unscheinbare, weiße Blütenstände zeigen, dass der Prozess sich aus der Blüten-Samen-Region zurückgezogen hat; seine Kraft

Abb. 295: Bei der Brunnenkresse *(Nasturtium officinale)* ist der Schwefelprozess in die Blätter hinuntergewandert. Die Blüten sind klein und unscheinbar.

ist nun um eine Stufe weiter nach unten in den Blatt-Spross-Bereich verschoben. Die scharf schmeckenden Blätter sind sinnlich wahrnehmbarer Ausdruck davon.

Wenn der Sulfurprozess schließlich noch einen Schritt weiter herabsteigt, erreicht er die Wurzel. Das ist der Fall beim Meerrettich *(Armoracia rusticana)*. Auch seine Blüten sind unscheinbar klein und weiß: Der Schwefelprozess ist aus dieser Region verschwunden (Abb. 296). Dafür präsentiert er sich nun in der Wurzelregion umso intensiver, wie man am brennend scharfen Geschmack leicht bemerken kann.

Was der Name *Meer*rettich bedeuten kann, zeigte sich mir einmal an einer Talsperre im nördlichen Hessen, dem Edersee. Auf einer Kanutour um die Pfingstzeit herum entdeckten wir im flachen Wasser in Ufernähe weiße Blütensträuße auf der Wasseroberfläche schwimmen. Bei genauem Hinsehen wurde klar, dass es sich um Meerrettich handelte, der hier etwa in einem Meter Wassertiefe wuchs und seine Blütenstände an langen Stielen gerade bis zum Wasserspiegel streckte (Abb. 297). Dies war zur Zeit des Hochwassers; zum Sommer hin fällt der Wasserstand der Talsperre jedoch stark ab, sodass die Wuchsorte vom Meerrettich dann trocken liegen. In dem dann nur noch normal feuchten Boden kann der Meerrettich so mehrere Monate lang als Landpflanze wachsen.

Es zeigt sich an diesem Phänomen, wie weit weg von Licht, Luft und Wärme der Meerrettich

Abb. 296: Im Meerrettich *(Armoracia rusticana)* findet man den Schwefelprozess in der dicken Pfahlwurzel.

Abb. 297: Überflutete, blühende Meerrettichpflanzen im Uferbereich des Edersees, Nordhessen. Ende Mai 1998.

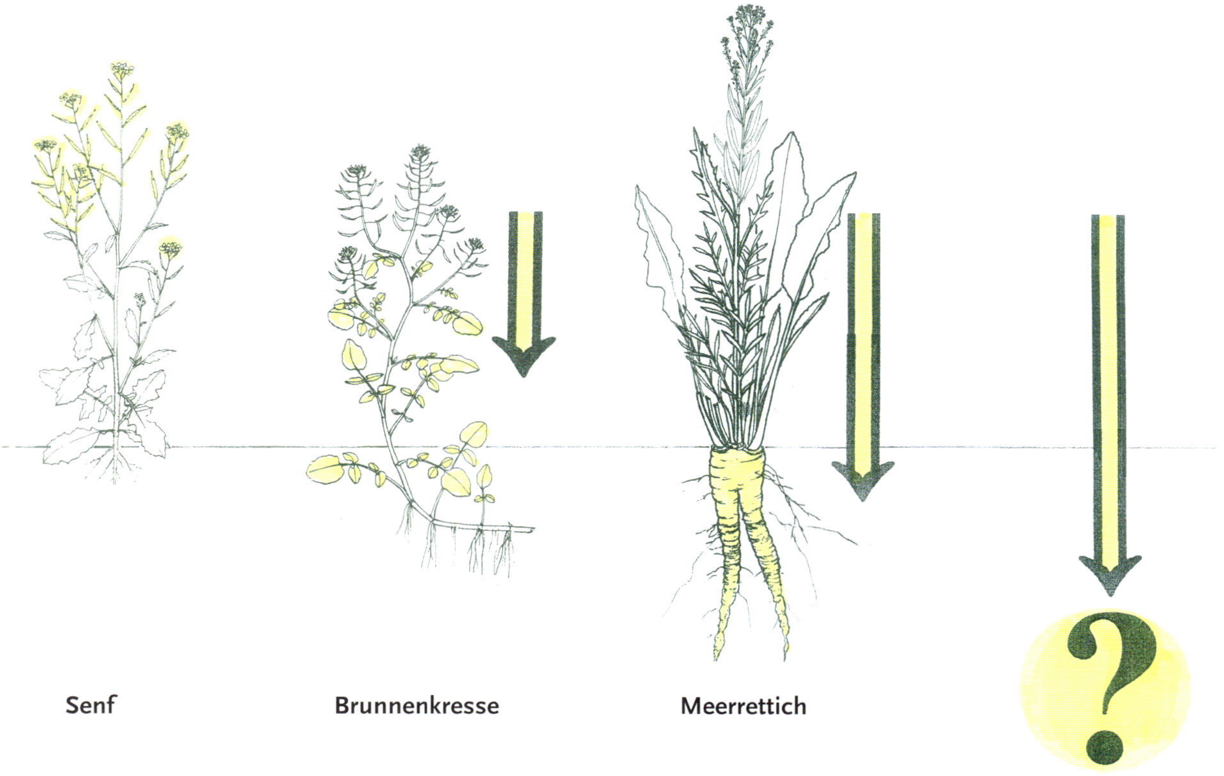

Abb. 298: Metamorphose des Sulfurprozesses bei den Kreuzblütlern von der durchwärmten und durchlichteten Atmosphäre bis in den Erde-Wasser-Bereich. Gelb: Hauptaktivitätszone des Sulfurprozesses. Fragezeichen: Gibt es eine Pflanze mit noch stärkerem Sulfurprozess?

seinen Sulfurprozess ausbilden muss – nicht wie bei Senf und Raps im fördernden Zusammenhang mit den äußeren Wärmeprozessen, sondern *aktiv gegen* die dunkle, feuchte und kühle Umgebung des Wassers und des Erdbodens. Vielleicht rührt daher seine besondere Schärfe: weil er den inneren Feuerprozess ohne äußere Unterstützung gegen die Kräfte des Erd- und Wasserelementes aufbaut.

Nun wird eben dieser Meerrettich als Heilpflanze gegen Pilzbefall im ökologischen Obst- und Gemüsebau eingesetzt. Dies ist sofort verständlich aus dem Zusammenwirken der Elemente: Pilzbefall ist Ausdruck des Nach-oben-Drückens des Wasser- und Erdelementes, das sich dem Luft-Licht-Raum überlagert. Der Feuerprozess des Meerrettichs wirkt dem direkt entgegen.

In der Metamorphosereihe der Kreuzblütler wandert der Sulfurprozess nach unten in den Erd-Wasser-Bereich, wo er beim hocheffektiven Meerrettich endet. Nun kann man sich fragen, ob es eine Pflanze gibt, die den inneren Feuerprozess vielleicht noch effektiver gestaltet. Beim Meerrettich ist das Hauptorgan die Pfahlwurzel, aber immerhin schauen der Spross und die Blüten noch aus dem Erd-Wasser-Bereich heraus (Abb. 298). Gibt es eine Pflanze, bei der *alles* in diesen Bereich untergetaucht ist? Wir müssten sie bei den Wasserpflanzen suchen.

Eine typische Wasservegetation, wie die Seerosen- und Laichkrautgesellschaften, zeigt zwei verschiedene Gestaltelemente: die runden Schwimmblätter, die, wie wir weiter oben schon gesehen haben, Ausdruck des Wasserkomplexes sind, und daneben untergetauchte, fein zerteilte Wasserblätter von ganz anderer Gestalt (Suchantke 2002). Ob Wasserhahnenfuß *(Ranunculus aquatilis)*, Tausendblatt *(Myriophyllum)*, Kleinlaichkräuter *(Potamogeton pusillus, P. pectinatus)*: alle sind von dem fadenförmigen Gestaltelement geprägt, das sich in seiner besonders reinen Ausprägung vor allem schließlich bei den Fadenalgen findet (Vahle 2003). Dieses Gestaltelement weist auf die Wirkung des Erdekomplexes unter Wasser.

Betrachten wir unter diesen Gesichtspunkten noch einmal das Profil einer Wiese, in dem alle Gestaltelemente harmonisch vereinigt sind (Abb. 299). Wir haben hierzu zwei verschiedene Vereinseitigungen kennengelernt. Den oberen Profilteil mit dem kornförmigen und linealischen Gestaltelement finden wir extrem ausgeprägt in den Trocken- und Magerrasen, die mit Wärme, Licht und Luft in Verbindung stehen. Der untere Profilteil vereinseitigt sich in der Wasservegetation mit den flächenblättrigen, polsterförmigen und fadenförmigen Gestalten in Korrelation zum Erd- und Wasserelement. Kornförmiges und linealisches Gestaltelement stehen also dem Wasserbereich diametral gegenüber; man sollte sie hier nicht vermuten.

Und doch gibt es Ausnahmen, die wir schon kennengelernt haben: Es sind die Pflanzen der Brachsenkraut-Lobelien-Gesellschaft der Heideweiher und Heideseen, die durch das linealische Gestaltelement gekennzeichnet sind. Was macht dieses linealische Element, das doch eigentlich mit Luft und Licht in Verbindung steht, unter Wasser? Die genauere Betrachtung des Lebensraumes hatte uns schon deutlich gemacht, dass hier das Wasser zwar physisch vorhanden ist, aber nicht als Element wirkt. Insbesondere ist es nicht, wie üblicherweise das Wasser in Teichen und Tümpeln, vom Erdelement durchzogen, denn Nährstoffe fehlen dem Heidegewässer nahezu ganz. Stattdessen ist das ganze Wasser durchzogen von den Wirkungen des Luftraumes, sei es durch das Niederschlagswasser, was aus diesem Luftraum kommt und seine Qualität weitgehend beibehält, sei es durch die Windwirkung, sei es durch das intensive Licht, das durch kristallklares Wasser strahlt.

Wir hatten auch gesehen, dass die Übereinstimmung zwischen Luftelement und linealischem Gestaltelement noch weiter geht. Denn diese besonderen Wasserpflanzen hängen nicht nur von dem «luftigen» Standort ab, sondern sie produzieren ihn gleichzeitig aktiv. So haben wir auch hier wieder ein Beispiel dafür, dass ein Prozess, der normalerweise zum Luft-, Licht- oder Wärmeraum der Atmosphäre gehört (und hier die Pflanze von außen beeinflusst), in innere Aktivität der Pflanze umschlägt, wenn er in die Wassersphäre eingetaucht wird (Vahle 1999b). So war es ja auch mit dem Kreuzblütler-Schwefelprozess beim Meerrettich.

Die Tatsache, dass die Brachsenkraut-Lobelien-Gesellschaft das Luftelement aktiv unter Wasser ausgestaltet, lässt die Frage entstehen, ob es eine andere Gruppe vom Pflanzen gibt, die das Gleiche mit dem Feuerelement tut. Hierzu soll eine Pflanzenfamilie näher betrachtet werden, die den eigenartigen Namen Armleuchteralgen trägt.

Zwerghornkraut-Mauerpfeffer-Trockenrasen *(Cerastietum pumili)* mit dominantem kornförmigem (und linealischem) Gestaltelement

Wiese mit vollständiger Abfolge der Gestaltelemente (von oben nach unten): kornförmiges, linealisches, flächenblättriges, Stammraum-, polsterförmiges, fadenförmiges Gestaltelement

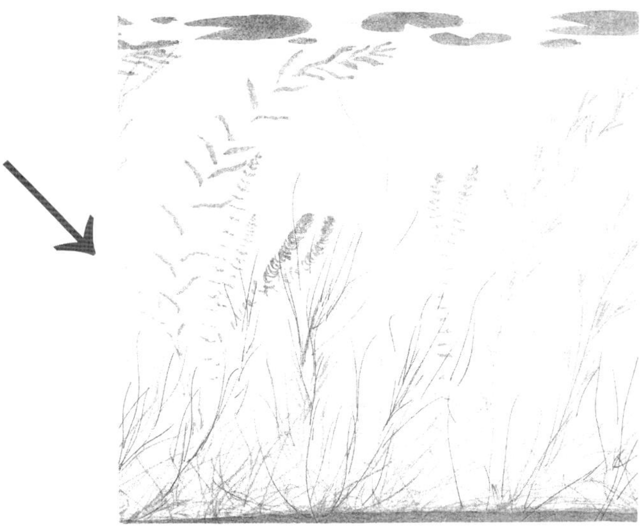

Seerosengesellschaft *(Myriophyllo-Nupharetum)* mit dominantem flächenblättrigem (und polsterförmigem) Gestaltelement

Abb. 299: Vegetationsprofil einer Wiese mit den Vegetationsgestaltelementen wie in Abb. 71 (S. 103), mit Zuordnung der extremen Vegetationsformen der Trockenrasen und der Wasservegetation.

Das Geheimnis der Armleuchteralgen

Die merkwürdige und unverwechselbare Pflanzenfamilie der Armleuchteralgen wird zwar zu den Grünalgen gezählt, steht aber aufgrund ihrer Wuchsform und ihrer Fortpflanzungsorgane sehr isoliert im System der Pflanzen (Oltmanns 1922, Samietz 1983, Schmidt 1981). Die Gestalt der Armleuchteralgen *(Characeen)* ist geprägt durch den schachtelhalmartigen Bau: Von einer aufrechten (bei manchen Arten meterlangen) Mittelachse gehen in regelmäßigen Abständen Quirläste ab, auf denen die männlichen und weiblichen Fortpflanzungsorgane wie die Lichter auf den Armen eines Kandelabers oder Armleuchters sitzen (Abb. 300). Dies hat ihnen auch den deutschen Namen «Armleuchteralgen» eingebracht. Im Gegensatz zu den Schachtelhalmen wachsen die *Characeen* aber nur rein untergetaucht. Durch ihren besonderen Aufbau haben sie mehr Ähnlichkeiten mit unter Wasser lebenden Blütenpflanzen (zum Beispiel Hornblatt: *Ceratophyllum*) als mit Algen. Dennoch gehören sie zu den Sporenpflanzen, wie an den Fortpflanzungsorganen (Gametangien) zu erkennen ist.

Abb. 301: Typische Armleuchteralge mit starker Bestachelung: Steifhaarige Armleuchteralge *(Chara hispida)*.

Abb. 300: Quirl der Zerbrechlichen Armleuchteralge *(Chara globularis)* mit Fortpflanzungsorganen (Gametangien).

Zieht man Armleuchteralgen aus dem Wasser, dann fällt der eigenartige, scharfe Geruch auf. Er überlagert den allgemeinen «Teichschlammduft», der allen Wasserpflanzen anhaftet. Er hat eine deutliche Ähnlichkeit mit einer Mischung aus Senf, Meerrettich und außerdem Knoblauch, und Analysen des Pflanzensaftes bestätigen, dass es sich hier um eine ähnliche Substanz wie bei den Kreuzblütlern handelt: senfölartige Verbindungen (Krause 1997). Das ist ein erster Hinweis auf die gesuchten Sulfurprozesse, die die Pflanzen im Wasser gegen die Wasserkräfte aufbauen.

Der zweite Hinweis liegt in der Gestalt der Pflanzen selber. Wenn man die typische Gattung

Abb. 302: Trockengefallener Armleuchteralgen-Tümpel in einem ehemaligen Kalkflachmoor bei Hannover mit dichtem Bodenrasen aus Steifhaariger Armleuchteralge *(Chara hispida)*, der durch die getrockneten Kalkrinden der Pflanzen weiß erscheint. Am Ufer Röhricht aus Binsenschneide *(Cladium mariscus)*. September 1984.

Chara in den Mittelpunkt der Betrachtung stellt, fallen einem sofort die drastischen Unterschiede zu den meisten anderen Unterwasserpflanzen auf: Das sind die starke Bestachelung und die Sprödigkeit (Abb. 301). Die *Chara*-Arten sind alles andere als weich; sie haben eine stabile Kalkummantelung, die ihnen ein hell-graugrünes Aussehen verleiht. Fällt solch ein Bestand trocken, leuchtet die nun ebenfalls abgetrocknete Kalkrinde weiß, sodass die ganze Gesellschaft an eine Schneefläche erinnert (Abb. 302). Die Stacheln, Dornen und Warzen der *Chara* stellen diese gestaltlich in den Zusammenhang mit der Vegetation trocken-heißer Standorte.

Die *Characeae* sind die einzige heute noch lebende Familie der im Erdaltertum reicher gegliederten Ordnung *Charales*, die schon im Devon nachgewiesen wurde (Samietz 1983, Wartenberg 1972). Die rezenten Arten müssen demnach als Relikte einer sehr alten Pflanzengruppe angesehen werden, womit vielleicht auch die Besonderheit der von ihnen besiedelten Lebensräume und ihr bemerkenswertes Wuchsverhalten zusammenhängt.

Die meisten Armleuchteralgen benötigen für ihr Gedeihen möglichst saubere, *oligotrophe* Gewässer. Zur Erinnerung: oligotroph = *geringe Intensität der organischen Produktion.* Natürlich spielt dabei der Nährstoffgehalt eine große Rolle: ohne Nährstoffe kann nicht viel produziert werden. Aber auch andere Faktoren bestimmen die Produktionsintensität: Wärme, Licht, Feuchtigkeit fördern sie, und Kälte, Dunkelheit und Trockenheit wirken hemmend.

Abb. 303: Tiefwasserpolster aus Vielstacheliger Armleuchteralge *(Chara polyacantha)*.

Wasser ist natürlich an den Wuchsorten der Armleuchteralgen immer reichlich vorhanden. Aber in fast allem anderen unterscheiden sich die Ansprüche der *Characeen* von denen der häufigeren, allgemeinen Wasserpflanzen. Während diese ihre optimale Entfaltung im warmen, durchlichteten, nährstoffreichen Oberflächenwasser haben, ziehen sich die Armleuchteralgen in die tieferen, dunkleren und kühleren Zonen der Seen zurück (Abb. 303). Hier können sie, hochtransparentes Wasser vorausgesetzt (wie es für oligotrophe Seen typisch ist), bis in 60 m Tiefe hinabsteigen (Round 1981, zit. nach Krieg & Kies 1989). So meiden sie geradezu die Bereiche des üppigen Lebens.

Nun kommen Armleuchteralgen allerdings auch im Flachwasser vor, was dem obigen Befund zu widersprechen scheint, bei genauerem Hinsehen ihn jedoch noch verstärkt. Denn es gibt zwei Fälle von typischen Flachwassersiedlungen von *Characeen*: einerseits Quellteiche und Quellgewässer, andererseits Regenwasserteiche und -tümpel. In Quellgewässern wachsen die Pflanzen zwar auch im flachen Wasser, dieses hat aber gar nicht die Qualität wie die Flachwasserbereiche von Seen und Teichen mit üppiger Vegetationsentfaltung (Abb. 304). Das Quellwasser ist kalt und nährstoffarm und damit oligotroph. Man kann sich die besondere Qualität auch so klarmachen: Das Quellwasser dringt aus größerer Tiefe, aus dunklen und kalten Zonen, nach oben. Es bringt also etwas mit, was dem kalten, dunklen Tiefenwasser von Seen wesensverwandt ist. Im Quellwasser drückt also diese spezielle Armleuchteralgen-Wasserqualität bis an die Oberfläche.

Genau andersherum verhält es sich in den Flachgewässern, die nur vom Regenwasser gespeist werden und deshalb oft auch in Trockenzeiten (Sommer) austrocknen. Auch das können spezielle *Characeen*-Gewässer sein. Sie beherbergen dann, im Gegensatz zu den

Abb. 304: Winterlicher Quellteich mit blaugrünen Polstern von Armleuchteralgen *(Chara vulgaris* und *Chara contraria)* am Boden. Kalkriese bei Osnabrück. Foto: Uwe Wisniewski.

Abb. 305: Zeitweise austrocknender, nur von Niederschlagswasser gespeister Tümpel in einem Kalksteinbruch mit der Gewöhnlichen Armleuchteralge (*Chara vulgaris)*, die kleine, dunkle Polster am Grund bildet. Weserbergland bei Springe, Niedersachsen. Juni 1985.

ausdauernden Siedlungen in Seen und Quellteichen, zumeist kurzlebige, einjährige Armleuchteralgengesellschaften (Abb. 305). Sie keimen und wachsen in der wasserbedeckten Phase und überdauern die Trockenzeit in Sporenform. «Andersherum» sind die Verhältnisse hier im Vergleich zu tiefen Seen und Quellteichen, weil das Wasser nicht aus der Tiefe kommt, sondern von oben, aus der Atmosphäre. Diese Flachgewässer nennt man deshalb auch «Himmelsteiche», da sie vom Wasser aus dem Himmel gespeist werden.

Auch das Niederschlagswasser hat, bevor es in den organischen Kreislauf der Biosphäre eintritt, zunächst oligotrophen Charakter, ist es doch so gut wie nährstofffrei. Erst im Laufe der Zeit löst es aus dem Untergrund Nährsalze heraus und wird dann eutropher. Aber dieses Stadium wird in den Himmelsteichen fast nie erreicht, denn vorher trocknet das Gewässer wieder aus, und die gleiche Entwicklung beginnt von vorne.

Gibt es nun Gemeinsamkeiten aller dieser Gewässer, die als Charakteristikum für Armleuchteralgenvorkommen gelten können? Krause (1981: 409) bezeichnet *Characeen* als «Spezialisten für Wasser ..., das entweder neu in den organischen Kreislauf eingetreten ist oder, wenn es ihm schon seit langem unterworfen war, von ihm erst wenig beeinflusst werden konnte». Bei genauerer Betrachtung erkennt man, dass die Armleuchteralgen die Bereiche intensiver Lebensprozesse meiden: In Seen ziehen sie sich von der Zone der höheren Wasserpflanzen in die Tiefe zurück, in Quellbereichen stehen sie in Kontakt mit noch fast sterilem Grundwasser, in frisch mit Regen- oder Grundwasser gefüllten Becken wachsen die Armleuchteralgen, bevor höhere Wasserpflanzen erscheinen und ein reges Leben einsetzt. Das kann folgendermaßen ausgedrückt werden: *Characeen* meiden «biosphärisches» Wasser und bevorzugen «außerbiosphärisches» Wasser (Vahle 1990: 90) bzw. «abiosphärisches Wasser» (Krause 1997: 49). Das bedarf jedoch noch genauerer Erläuterungen (nach Vahle 1990).

Die Biosphäre ist die von Lebewesen besiedelte dünne Haut der Erde, die sich an der Grenze von Lithosphäre (Gesteinsuntergrund) und Atmosphäre eingliedert (vgl. Abb. 2, S. 15). Durchdrungen werden alle drei Bereiche von der Hydrosphäre, die als Wasserdampf und in Tröpfchenform in der Atmosphäre zu finden ist, als Oberflächengewässer in der Biosphäre und als Grundwasser in der Lithosphäre. Kennzeichen der Hydrosphäre ist ihr stetiger Kreislauf zwischen und in den anderen Sphären. Die zentrale Schicht der Biosphäre ist der Bereich der Pflanzendecke, hier finden wir die größte Besiedlungsdichte an Lebewesen und den regsten Stoffumsatz. Nach oben (fliegende Samen, Pollen, Insekten, Vögel etc.) und unten (Tiere und Wurzeln im Unterboden, Grundwasser- und Höhlenbewohner) nimmt die Besiedlungsdichte rasch ab; wir kommen hier in Grenzgebiete der Biosphäre.

Dringt nun Grundwasser von unten an die Erdoberfläche herauf oder fällt Niederschlagswasser von oben herab, so handelt es sich um Qualitäten, die als *außerbiosphärisch* oder *abiosphärisch* bezeichnet werden können, weil sie von außerhalb der Biosphäre hereinströmen. An Stellen, wo solches Wasser Becken ausfüllt, sind die bevorzugten *Characeen*-Standorte zu finden. Wuchsorte in großen und tiefen Seen stehen mit dieser Überlegung nicht im Widerspruch: Der Zone intensiverer Lebensprozesse im Oberflächenwasser der Seen steht das dunkle und kalte Tiefenwasser gegenüber (vgl. Thienemann 1928: 7 ff.). Dem Oberflächenwasser würde in dieser Betrachtung das Zentrum der Biosphäre entsprechen, das Tiefenwasser stände der Lithosphäre schon sehr nahe. In Abb. 306 wird zusammenfassend gezeigt, wie sich die *Characeen*-Standorte in Biosphäre, Atmosphäre und Lithosphäre eingliedern.

Mit dem Bild der Biosphäre ist ebenfalls eine

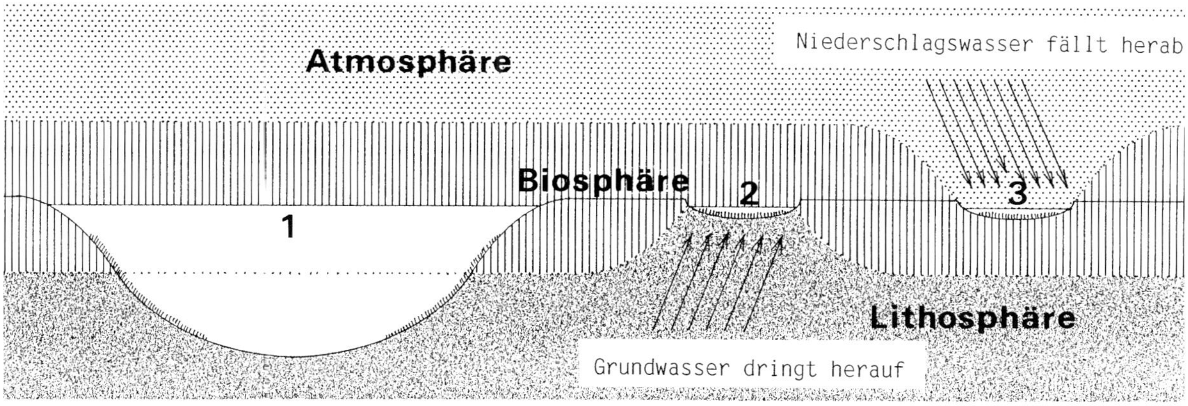

Abb. 306: Skizze der wichtigsten Lebensräume der Armleuchteralgen mit ihren Beziehungen zu «außerbiosphärischem» Wasser. Zentrum der Biosphäre in unmittelbarer Nähe der Erdoberfläche (schraffiert), Atmosphäre gepunktet, Lithosphäre dunkelgrau. Die *Chara*-Gewässer können als «Dellen» oder «Löcher» in der Biosphäre angesehen werden, in die Wasserqualitäten der Atmosphäre bzw. Lithosphäre eindringen. 1: Oligotropher See mit Tiefenwasser, 2: Quellgewässer, 3: Regenwassertümpel.

Trophiegliederung verbunden. Im Bereich der Biosphäre ist die Trophie natürlich am höchsten, von hier aus nimmt sie nach oben, zur Atmosphäre, und nach unten, zur Lithosphäre, ab. Wasser, das als Niederschlag aus der Atmosphäre oder als Grundwasser aus der Lithosphäre in die Biosphäre eindringt, trägt die Qualitäten der Oligotrophie mit hinein. Wenn es hier dann jedoch mit der Zeit in die Lebensprozesse integriert wird (z.B. in den stehenden Oberflächengewässern), bekommt es mehr und mehr eutrophen Charakter.

Ob paläontologische, stammesgeschichtliche oder ökologische Befunde: alle Phänomene deuten auf die völlige Sonderstellung der *Characeen* unter den Wasserpflanzen. Ihr eigenartiges Wuchsverhalten bestärkt dies, denn sie besiedeln die Gewässer meist in räumlicher oder zeitlicher Trennung von höheren Wasserpflanzen. Man hat oft den Eindruck, dass sie gerne unter sich bleiben. Wir hatten darüber gesprochen, dass sie sich von den Zonen intensiver Lebensprozesse (dem Zentrum der Biosphäre) geradezu zurückziehen. So sind die Armleuchteralgen in größeren Seen dem Beobachter nicht so leicht zugänglich wie andere Wasserpflanzen.

Sind auch in größeren Gewässern die untergetauchten Laichkrautgesellschaften oft schon vom Ufer aus gut zu sehen, können die Unterwasserrasen der Armleuchteralgen im Allgemeinen nur vom Boot aus und dann auch nur bei außerordentlich klarem Wasser erkannt werden. Mit Sicherheit findet man sie jedoch nur durch Abtauchen der Seen. Denn in großen und tiefen Seen erreichen die *Characeen* ihre optimale Entfaltung oft erst unterhalb der Laichkrautzone in mehreren Metern Tiefe. Dort unten wachsen sie allerdings nur noch langsam, und Sporen werden kaum mehr gebildet. Sie entziehen sich auch teilweise dem Jahreslauf der Biosphäre, indem sie wintergrün bleiben. Mit zunehmendem Alter gehen die *Characeen*-Siedlungen des Tiefwassers in eine Art Erstarrung über: «Ein überalterter *Chara*-Bestand erinnert an eine versunkene Stadt, deren vielgestaltige Gebäude noch stehen, in der jedoch alle Bewegung erloschen ist» (Krause 1969).

Ein völlig anderes Wuchsverhalten zeigen Armleuchteralgen in neu entstandenen, frisch ausgeräumten oder neu gefüllten Gewässern, in denen sie als Pioniervegetation auftreten. Hier kommt vor allem die ausgeprägte *zeitliche* Trennung von anderen Wasserpflanzen in Betracht. In Baggerseen, Fischteichen, Regenwasserlachen, wassergefüllten Wagenspuren, Gräben usw. können sie in wenigen Monaten dichte und massereiche «Unterwasserwiesen» bilden, noch bevor die ersten höheren Wasserpflanzen erscheinen. Ihre im Schlamm am Gewässergrund liegenden Sporen scheinen sehr lange lebensfähig zu sein und keimen offenbar sofort, wenn optimale Bedingungen hergestellt werden: durch Entschlammung und Zufuhr von frischem Wasser. Im Gegensatz zu den Beständen im Tiefwasser «fruchten» (eigentlich müsste es heißen: «sporen») die Pflanzen dieser Pioniersiedlungen sehr reichlich, sodass für kommende Gelegenheiten wieder ein genügend großes Potenzial zur Verfügung steht. So schnell, wie sie gekommen sind, verschwinden sie jedoch auch meist wieder.

Das Wuchsverhalten dieser Pionierbestände mit der überreichlichen Sporenbildung, explosivem Wachstum (130 dz/ha sind gemessen worden: Krause 1969) und der Kurzlebigkeit ähnelt sehr der Wachstumsdynamik einjähriger Landpflanzen-Pioniergesellschaften. Hier wie dort spielt dabei das kornförmige Vegetationsgestaltelement (hohe Samenproduktion) eine besondere Rolle. Bei den *Characeen* wird dieses nicht nur durch die Bildung vieler kleiner schwarzer Oosporen-«Körner» zum Ausdruck gebracht, sondern auch durch die gerade in Flachwasser-Pioniersiedlungen stark entwickelte Bestachelung. Mit dem kornförmigen Gestaltelement ist wiederum ein Hinweis auf das beteiligte Feuerelement gegeben.

Die bisher geschilderten Phänomene sollen nun zusammengefasst werden. Da ist zunächst die Sonderstellung der *Characeen* innerhalb der gesamten Wasservegetation und die Vermeidung von Gesellschaften jener Wasserpflanzen, die durch ihre Gestalt die Verbindung zum Wasser- und Erdelement zeigen. Armleuchteralgen scheinen sich also – wiewohl im Wasser wachsend – zu diesen Elementen diametral zu verhalten. In gleiche Richtung weist auch das kornförmige Gestaltelement, das für Wasserpflanzen sehr ungewöhnlich ist, da es normalerweise mit der Vegetation trocken-warmer Standorte in Verbindung steht. Die Vermutung einer Wirksamkeit des Feuerelementes, die sich hier andeutet, wird schließlich durch die besonderen Inhaltsstoffe erhärtet: Schwefelverbindungen als Träger von Licht- und Feuerwirkung, wie sie auch von den Kreuzblütlern bekannt sind. So zeigen sich die Armleuchteralgen als Feuerpflanzen unter den Wassergewächsen.

Nun wollen wir den Bogen wieder zu unseren beiden gegensätzlichen Landschaften schlagen, dem Hochmoor und der Salzmarsch, und sehen, wie die Armleuchteralgengesellschaften dazu stehen. Man kann Hochmoor und Salzmarsch hinsichtlich ihres Säuregrades auf eine Skala bringen (Abb. 307). Beide markieren dann die Extrempositionen mitteleuropäischer Landschaften mit pH-Werten von 3–4 beim Hochmoor und 8–9 bei der Salzmarsch. Der chemische Neutralwert läge mit pH 7 in Richtung auf die Salzmarsch verschoben, also nicht mittig. Betrachtet man aber den «normalen» mitteleuropäischen Wald-, Acker- oder Grünlandboden, also das, was *landschaftlich* die Mitte bestimmt, liegt dieser mit pH 6 genau in der Mitte zwischen Hochmoor und Salzmarsch.

Untersucht man nun das Vorkommen der Armleuchteralgen auf der pH-Skala, dann fällt auf, dass der Schwerpunkt deutlich in Richtung auf die Salzmarschseite verschoben ist. Ganz besonders interessant ist dabei, dass die weichen, fadenförmigen Gestalten der Gattung *Nitella* wiederum zur Hochmoorseite tendieren und die Gattung *Chara* zusammen mit den übrigen sehr seltenen Gattungen *Tolypella, Lamprothamnium* und *Nitellopsis* ganz deutlich die Beziehung zum Salzmarschbereich signalisieren: Nur *deren* Vegetationsgestalten zeigen dementsprechend das kornförmige Gestaltelement.

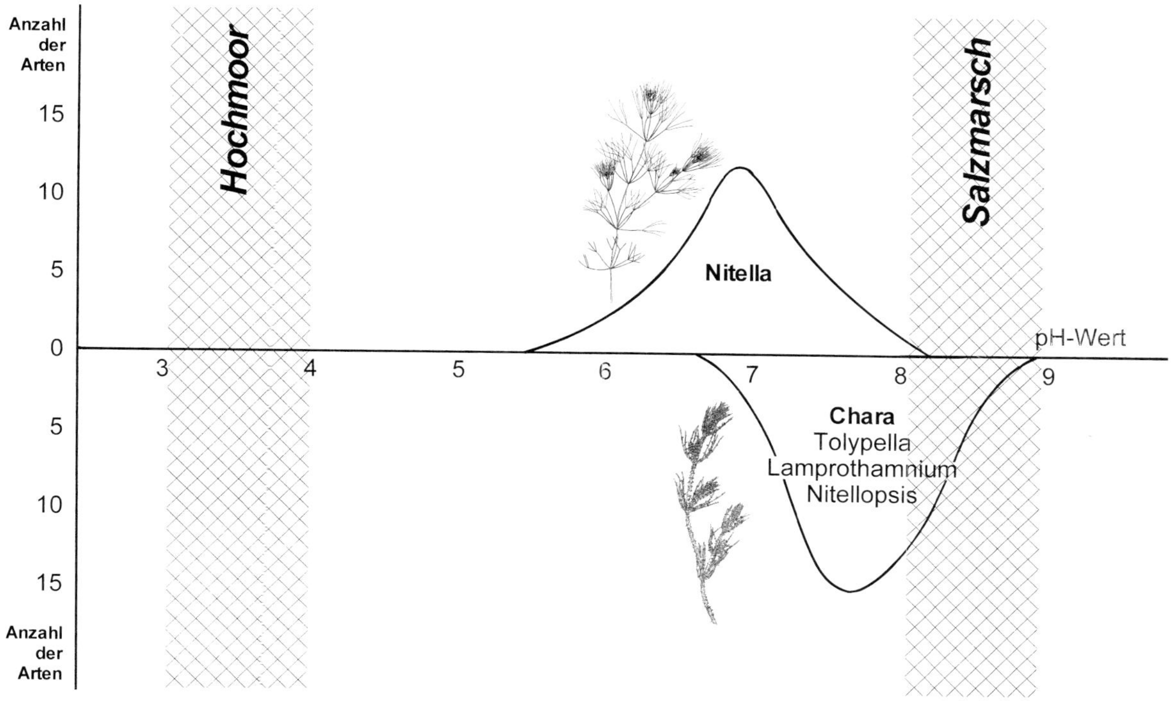

Abb. 307: Verteilung des Säuregrades (pH-Wert) zwischen Hochmoor und Salzmarsch mit der Häufigkeit von Arten aus den *Characeen*-Gattungen.

Eine Pflanzenfamilie, die ihren eindeutigen Schwerpunkt auf der Hochmoorseite hat, den Armleuchteralgen also entgegengesetzt ist, sind die Torfmoose. Torfmoose und Armleuchteralgen kennzeichnen nicht nur ganz verschiedene Landschaften, sie sind auch physiologisch gesehen größte Gegensätze. Torfmoose sondern aktiv Wasserstoffionen ab, um im Austausch dafür Metallionen als Nährstoffe an sich zu binden (Verhoeven & Liefveld 1997, Wilmanns 1998: 257). Abgeschiedene Wasserstoff (H^+)-Ionen versauern aber das Wasser noch weiter, als es ohnehin schon ist. Umgekehrt machen es die Armleuchteralgen, vor allem die *Chara*-Arten: Sie sondern aktiv OH^--Ionen ab, die das Wasser alkalischer machen (Krause 1997). Damit hängt auch die unterschiedliche Reaktion auf die Einflüsse der Luftverschmutzung zusammen: Torfmoose werden durch Versauerung und Schwermetalle gefördert, Armleuchteralgen gehemmt. Die «Entsäuerung des Wassers ist nur eine der durch Armleuchteralgen hervorgerufenen Wirkungen. Es gibt noch weitere, die auch unmittelbar, ohne Messungen, ins Auge fallen.

Ein bekanntes Phänomen in Seen und Teichen ist die sogenannte Algenblüte, die darin besteht, dass sich – zumeist im Sommer – das Wasser ganz grün färbt. Das wird durch mikroskopisch kleine, meist einzellige Planktonalgen verursacht, die frei im Wasser schweben und von den gelösten Nährstoffen leben. Je mehr Nährstoffe zur Verfügung stehen und je wärmer es ist, desto schneller entwickeln sich diese Algen und desto grüner wird das Wasser.

In solch einer planktontrüben Form zeigten sich bis in die Achtzigerjahre des 20. Jahrhunderts die niederländischen Veluwerandmeere (Beschreibung dieses Beispieles nach Van den Berg et al. 1997). Das sind nährstoffreiche, mehrere Quadratkilometer große Flachseen von nur 1–2 m Tiefe. Ihr hoher Nährstoffgehalt und die reichliche Planktonentwicklung, die im

Sommer nur Sichttiefen von etwa 30 cm ermöglichte, waren deutliche Hinweise auf die starke Vorherrschaft des Erdelementes in diesen Gewässern.

Ab 1987 konnte nun eine bemerkenswerte Veränderung festgestellt werden. Durch Verringerung des Fischbesatzes siedelte sich in einer Ecke des Gewässersystems eine Armleuchteralge, nämlich *Chara contraria*, an. Sie breitete sich von hier aus im Verlauf von zehn Jahren über viele Hektar aus, sodass sie schließlich etwa die Hälfte der Bodenfläche der Veluwerandmeere bedeckte. War diese explosionsartige Vermehrung einer eher als empfindlich geltenden Art schon äußerst erstaunlich, dann war doch noch verwunderlicher, was mit dem Wasser selbst geschah.

Überall dort, wo die Armleuchteralgen wuchsen, war das Wasser kristallklar! Nur durch einen wenige Meter (!) breiten Übergangsstreifen getrennt davon die andere Zone: ohne Armleuchteralgen, aber ganz trübe von Plankton. Nun war lange das Rätselraten der Ökologen: War zuerst das Wasser klar und die Armleuchteralgen siedelten sich deshalb an, oder breiteten sich zuerst die Armleuchteralgen aus und klärten dann das Wasser nachträglich aktiv? Schließlich wurde deutlich, dass die Armleuchteralgen die entscheidenden Aktivposten in dieser ganzen Entwicklung waren, indem sie sogenannte allelopathische Stoffe ausschieden, die das Wachstum der Planktonalgen massiv behinderten (Blindow & Hootsmans 1991, Wium-Andersen et al. 1982).

Interessant wird dieser Befund nun vor dem Hintergrund unserer Elementebetrachtung. Denn hier zeigt sich mit großer Deutlichkeit: Der Feuerprozess der Armleuchteralgen ist so effektiv, dass er die Wirksamkeit des Wasser- und Erdekomplexes in ihrem angestammten Wasserkörper verdrängt, was äußerlich durch das Verschwinden der Planktonalgen sichtbar wird.

Die offenbar hohe Wirksamkeit der Armleuchteralgen betrifft nicht nur die lebenden Pflanzen. Alten Berichten zufolge sind in Gegenden, in denen früher größere *Chara*-Seen vorkamen, diese Algen regelmäßig aus dem Wasser gefischt worden, um damit die Felder zu düngen und um Schädlinge zu vertreiben (Baumann 1911, Schröter & Kirchner 1902). Im Bodensee war es vor allem die Hirschgeweih-Armleuchteralge (*Chara tomentosa*), die zweimal jährlich «schiffsladungsweise» (Krause 1997) geerntet wurde. Inzwischen ist diese Art der Felddüngung in Vergessenheit geraten: einerseits wegen der Ablösung der traditionell-nachhaltigen Landwirtschaft durch die Hightech-Agrokultur mit chemischen Kunstdüngern, andererseits durch das Verschwinden der *Chara tomentosa* aus dem Bodensee infolge der Gewässerverschmutzung. Auch nach der Bodenseesanierung am Ende des 20. Jahrhunderts ist diese Art hier nicht wieder erschienen (Krause 1997).

Als weitere Wirksamkeiten der Armleuchteralgen können angeführt werden: 1. Gepresste und in Herbarien eingelegte Pflanzen werden kaum von Herbarschädlingen befallen, sind also mehr oder weniger immun gegen Insektenfraß (Krause 1981). 2. Es wurde festgestellt, dass Mückenlarven in Wasser, in dem Armleuchteralgen wachsen, nicht zur Entwicklung kommen, weil die Pflanzen anscheinend für die Larven toxische Stoffe ins Wasser abgeben. Das konnte jedoch nicht in allen Versuchen bestätigt werden (z.B. Blazencic 2001, Gonzalves & Vaidya 1963, Hamlyn-Harris 1932, Macgregor 1924).

Alle Befunde zusammengenommen zeigen, dass der Schwefel-Feuer-Prozess der Armleuchteralgen nicht allein eine gestaltbiologisch-elementarische Gedankenableitung bleibt, sondern praktisch so effektiv ist, dass er gegen alles zu wirken scheint, was mit dem Wasser- und Erdelement verbunden ist. Dies schlägt nun den Bogen zu unseren eingangs erwähnten pathologischen Erscheinungen des Erdelementes, die sich in Vermoosung, Verpilzung und «Verschneckung» zeigen. Es ist sehr stark zu vermuten, dass für die «Therapie» dieser Erscheinungen die Armleuchteralgen genau die richtigen Heilpflanzen sind, wobei die exakte Art der Anwendung noch geklärt werden muss.

Auch ihre besonderen Wirkungen haben nicht verhindern können, das die Armleuchteralgen heute sehr selten geworden sind. Ihr Rückgang ist umso drastischer, als diese Pflanzengruppe früher in Mitteleuropa recht häufig vorkam. Es wurde schon angesprochen, dass sie oligotrophe Gewässer benötigen, diese sind jedoch durch die Veränderungen unserer Landschaften in den letzten fünfzig bis sechzig Jahren kaum mehr vorhanden: Großflächige Entwässerungen und ebenso großflächige Überdüngung der Landschaften durch die moderne Landwirtschaft und durch Luftimmissionen haben sie weitgehend zerstört.

Während die natürlichen Vorkommen der *Characeen* in tiefen Seen und in periodisch gestörten Flachgewässern von Fluss- und Stromtälern auf diese Weise sehr stark eingeschränkt wurden, lässt sich in anderen, vom Menschen geschaffenen Gewässern eine gegenläufige Tendenz beobachten: Sehr viele neue Wuchsgewässer, teilweise auch mit extrem seltenen Arten, sind in den letzten Jahren dadurch entstanden, dass einerseits an vielen Stellen neue Kleingewässer, sogenannte «Artenschutzgewässer», angelegt wurden und andererseits Baggerseen durch Kies- und Sandabbau entstanden.

Vielfach machen diese vom Menschen geschaffenen Gewässer gar nicht einmal einen besonders natürlichen Eindruck, sondern sehen eher «roh» aus: aufgerissener Boden mit Maschinenspuren, zerstörte Vegetation, teilweise noch mit herumliegenden, rostenden Geräten. Aber genau diese Pioniersituation, dieses absolute Anfangsstadium einer neu einsetzenden natürlichen Entwicklung ist der passende *Characeen*-Lebensraum. Wenn das Gewässer dann langsam vom Leben wiedererobert wird, wenn das oligotrophe Wasser durch vielfältige organische Kreisläufe in eutrophe Verhältnisse übergeht, dann verschwinden die Armleuchteralgen wieder.

Und hier liegt das Problem für den Naturschutz, speziell den Artenschutz. Denn wie sollen diese seltenen Armleuchteralgen auf Dauer in den Landschaften erhalten werden, wenn sie verschwinden, sobald ein natürliches «Zuwachsen» der Gewässer einsetzt? Und wenn die ausgleichende natürliche Dynamik, die z.B. durch Hochwässer immer wieder neue Pioniersituationen in den Gewässern schaffen würde, fehlt? Man müsste, aus Artenschutzgründen, hier regelmäßig Biotoppflege betreiben, d.h. das Gewässer mechanisch mit Maschinen ausräumen, entschlammen usw. Das ist einerseits teuer, und andererseits bleibt die Frage, wohin mit dem Material.

Hier kann ein Blick auf die historische Kulturlandschaft helfen, in der Armleuchteralgen ihren Platz in den vielen kleinen, extensiv genutzten Gewässern hatten, in denen sie durch die regelmäßige oder gelegentliche Störung dauerhaft erhalten wurden, wie Gräben, Fischteiche, Flachsrotten. Dadurch wurde ihre Ausbreitung sogar gefördert und erreichte etwa um 1850 ein Optimum (Schmidt et al. 1996). Mit der Nutzungsaufgabe starben hier auch die Armleuchteralgen aus, denn zur dauerhaften Erhaltung in Flachgewässern sind regelmäßige Störungen (z.B. Entschlammung, Beerntung, Trockenlegen) notwendig. Das wäre auch heute in erster Linie sichergestellt, wenn die Gewässer bewirtschaftet würden.

Dazu müsste man eine sinnvolle landwirtschaftliche Nutzung finden, und die liegt in den oben geschilderten Effekten begründet. Ein «landschaftstherapeutischer» Einsatz gegen die Erscheinungen des überwuchernden Erdelementes (Verpilzung, Vermoosung, «Verschneckung») bietet sich an. Wenn die Armleuchteralgen aus den Gewässern in regelmäßigen Abständen ausgemäht und geerntet werden, dann sind damit automatisch zwei positive Effekte verbunden: 1. der Nutzen als Heilpflanzen für die Landwirtschaft und 2. die Verjüngung der Armleuchteralgen-Populationen und damit Anregung zu verstärkten neuen Wachstums. Landwirtschaft und Naturschutz würden gleichermaßen davon profitieren.

Anthropogene Kleingewässer, als Lebensraum für Armleuchteralgen, können praktisch in allen mitteleuropäischen Landschaften angelegt oder aus alten verlandeten Teichbecken restauriert werden. Sie sind nicht, wie die Heidegewässer, auf Sandgebiete beschränkt. Insbesondere in lehmig-tonigen Landschaften kommen die *Characeen*-Himmelsteiche den Heideweihern in ihrer ökologischen Funktion schon recht nahe, indem sie oben auf flachen Hügelkuppen liegen und nur vom Niederschlagswasser gespeist werden. Wegen der Lehm- und Tonböden wächst hier dann allerdings keine Brachsenkraut-Lobelien-Gesellschaft, sondern wir finden die Armleuchteralgen: Sie sind es, die in den Lehmlandschaften die Licht- und Wärmeprozesse in die Gewässer bringen, von wo aus sie in die umgebende Landschaft ausstrahlen können. Wobei das «Ausstrahlen» darin bestehen kann, dass die *Characeen* geerntet und auf die Felder gebracht werden, oder vielleicht auch darin, dass Wirkungen von diesen Himmelsteichen ausgehen, die von unseren groben Messinstrumenten bisher nicht erfasst werden konnten.

Wenn man konsequent denkt, müssen solche Wirkungen da sein. Denn die Armleuchteralgen sondern ja diese aromatischen Schwefelverbindungen ab, die durch Geruch wahrnehmbar sind, wenn die Pflanzen aus dem Wasser gezogen werden. Dann erst nehmen wir Menschen den Geruch wahr. Aber was ist, wenn die Pflanzen noch im Wasser sind? Warum sollten sie nicht dann auch «duften»? Mit anderen Worten: Es ist sehr wahrscheinlich, dass *Characeen* auch unter Wasser ihre Aromastoffe abgeben – woher sollten sonst die außergewöhnlichen Wirkungen gegen Planktonalgen und Mückenlarven kommen?

Wenn man das einmal weiter denkt, kann man sich vorstellen, dass so ein Wasserkörper, in dem Armleuchteralgen wachsen, ganz von diesem *Chara*-Aroma durchzogen ist. Und weiter: Wasser verdunstet ständig, auch aus dem *Chara*-Teich, und man kann davon ausgehen, dass auch die leicht flüchtigen Senföle «verduften». Das *Chara*-Aroma breitet sich also von dem Teich – insbesondere wenn er als Himmelsteich oben und offen in der Landschaft liegt – in die umgebende Kulturlandschaft aus.

In seinem *Landwirtschaftlichen Kurs* hat Rudolf Steiner (1924) im 4. Vortrag darauf hingewiesen, wie wichtig die Duftkommunikation zwischen Pflanzen ist. Es ist also denkbar, dass sich die Positivwirkungen der Licht- und Wärmeprozesse der Armleuchteralgen über das Aroma den benachbarten Kulturpflanzen mitteilen. Also – Himmelsteiche mit Armleuchteralgen als homöopathische Landschaftstherapie? Wer weiß?

12. Vegetationskunde als allgemeines Bildungsgut

«Vegetationskunde als allgemeines Bildungsgut» wurde im Vorwort als Notwendigkeit angesprochen und war letztlich auch der Anlass zum Schreiben dieses Buches. Nachdem die Bedeutung der grünen Pflanzendecke nun in vielen Facetten geschildert wurde, schließt dieses Buch mit praktischen Hinweisen, wie jede Leserin und jeder Leser sich im Alltag weiter mit der Vegetation vertraut machen kann. Einige Übungen werden beschrieben, die vom «einfachen» Kennenlernen der Pflanzenarten über das Bekanntwerden mit Pflanzengesellschaften bis hin zur Wahrnehmung von Jahresläufen gehen. Diese Übungen münden in Überlegungen zur Landschaftsheilung, wozu am Schluss noch ein Hinweis gegeben wird.

Was Sie morgen tun können

Kehren wir nun aus der Welt der seltenen und besonderen Pflanzen zurück zu unserer Alltagslandschaft, die ja doch heute zumeist ganz anders aussieht. Wenn wir auch nicht gerade Autobahnen, Stadtlandschaften, Industrie- oder Gewerbegebiete um uns herum haben, dann sind es doch zumindest intensiv bewirtschaftete Agrarlandschaften. Aber: Mögen diese auch noch so ausgeräumt sein – immer sind sie doch Teil der erdumspannenden Biosphäre, und immer bieten sie uns Gelegenheiten, uns der Sphäre der Vegetation zuzuwenden.

Vor diesem Hintergrund möchte ich ein paar Vorschläge machen, falls Sie nach dem Lesen des Buches Interesse an der Vegetationskunde bekommen haben und sich fragen, was Sie selbstständig weiter tun können. Die folgenden Vorschläge haben Übungscharakter bzw. können als regelmäßige Übungen erweitert oder fortgesetzt werden. Gemeinsam ist allen, dass sie Annäherungen an die Vegetation von unterschiedlichen Seiten darstellen. Das Ziel ist also gleich, nur die Wege sind anders.

Von den dargestellten Möglichkeiten können Sie sich – bei Bedarf – eine oder mehrere aussuchen, die zu Ihnen passen. Besonders schön und effektiv wird das Ganze dann, wenn Sie die Übungen nicht allein für sich, sondern mit anderen interessierten Menschen zusammen durchführen. Das bringt erstens mehr Freude und hat zweitens den Vorteil, dass eine gewisse Kontinuität im Üben eher gewährleistet ist, als wenn man sich immer nur allein aufraffen muss.

Pflanzenarten und Pflanzenfamilien kennenlernen

Die erste Übung ist das Kennenlernen der Pflanzenarten. Das ist eigentlich der «normalste» Weg bzw. der Weg, den die meisten Menschen gehen, die sich für die Pflanzendecke interessieren.

Inzwischen gibt es sehr viele Pflanzenbestimmungsbücher, sodass Sie sich schon eine ganze Menge damit selbst erschließen können. Empfehlenswert ist auch hier, es nicht allein zu tun, sondern mit anderen zusammen. So können Sie sich gegenseitig aushelfen, wenn einer einmal nicht weiter weiß. Besonders viel können Sie erreichen, wenn Sie eine Fachfrau oder einen Fachmann hinzuziehen. (Es gibt heute viele erwerbslose Biologen, die wahrscheinlich gerne im Bildungsbereich arbeiten würden.) Oder Sie nehmen an geführten Exkursionen teil, falls so etwas in Ihrer Gegend angeboten wird.

Nun können Sie das Ganze noch steigern und sind dann schon beim zweiten Übungsfeld. Hier geht es um das Kennenlernen von Pflanzenfamilien. Sie können dies als «Aufbaukurs» nach der ersten Übung der Artenkenntnis machen oder ohne diese Vorbereitung gleich in das «Familienthema» einsteigen. Auch das ist möglich: dass Sie sich zuerst mit den Charakterzügen einer Pflanzenfamilie beschäftigen und sich von da aus «rückwärtsschreitend» mit den zugehörigen Gattungen und Arten bekannt machen. Sie können sich beispielsweise einmal mit der Familie der Hahnenfußgewächse beschäftigen. Dann lernen Sie den Grundcharakter dieser Familie kennen und versuchen, diesen dann bei den einzelnen Gattungen und Arten wiederzufinden, als da wären Scharfer Hahnenfuß *(Ranunculus acris)*, Kriechender Hahnenfuß *(Ranunculus repens)*, Buschwindröschen *(Anemone nemorosa)*, Akelei *(Aquilegia vulgaris)*, Blauer Eisenhut *(Aconitum napellus)* ... usw. Hierzu lohnt es sich sehr, ein persönliches Herbarium anzulegen, in dem die Pflanzen nach Familien, Gattungen und Arten geordnet sind. Und auch dabei ist fachliche Beratung nicht zu verachten, wenn Sie sie bekommen können.

Wenn Sie Freude daran haben, sich sehr intensiv mit einigen Familien zu beschäftigen, können Sie hier auch das Prinzip der Metamorphose studieren. Denn jede Familie hat eine typische Grundgestalt, von der die Gestalten der zugehörigen Gattungen und Arten spezielle Ausprägungen sind. In einer konkreten Pflanze den zugehörigen Familientypus zu entdecken, ist dann Aufgabe dieses Übungsschrittes. Der dabei geschulte «Familienblick» hilft Ihnen auf späteren Exkursionen immer mehr, bei unbekannten Pflanzenarten recht schnell zu einer Bestimmung zu kommen, wenn Sie erst einmal die Familie erfasst haben.

Pflanzengesellschaften kennenlernen

Eine weitere Übung besteht darin, dass Sie nicht die Familienverwandtschaft in den Vordergrund stellen, sondern die Wahlverwandtschaft, also die Pflanzengesellschaft. Sie können sich z.B. ein paar Quadratmeter einer Wiese, eines Waldes oder eines Staudenbestandes abstecken und dann versuchen, alle Pflanzenarten zu bestimmen, die in diesem Quadrat wachsen. Dabei werden Sie schnell bemerken, dass viele Pflanzen der Fläche gar nicht blühen und deshalb mit einem Pflanzenbilderbuch nicht zu bestimmen sind – denn diese Bücher zeigen von den Pflanzen fast immer nur den blühenden Teil.

Sie brauchen deshalb aber nicht aufzugeben. Sie können stattdessen den unbekannten Pflanzen selbstgewählte Fantasienamen geben und dann versuchen, die verschiedenen Individuen so einer Art überall auf der Fläche wiederzufinden. Das hat sogar den Vorteil, dass Sie sich die Gestalt und die Merkmale selbst erarbeiten und nicht durch einen Bestimmungsschlüssel vorgegeben bekommen. Wenn Sie dann später die «richtigen» Namen erfahren, haben Sie ein viel reicheres Vorstellungsbild der Pflanze als etwa bei einer Exkursion, wo der Leiter eine Pflanze vorzeigt und gleich den Namen dazu sagt.

Freilich ist es schön, wenn Sie für Ihre Mühen schließlich belohnt werden, indem Sie die Namen der von Ihnen so intensiv erarbeiteten

Pflanzenarten nun auch verraten bekommen. Das können jedoch fast nur Fachleute leisten, die Pflanzen auch im blütenlosen Zustand zu identifizieren vermögen. Somit ist diese Übung mehr als die vorhergehenden an eine Mitarbeit von ausgebildeten Biologen oder verwandten Berufsgruppen gebunden. Das bedeutet von Ihrer Seite etwas mehr Organisation und Vorausschau; dieser Aufwand lohnt sich erst dann eigentlich richtig, wenn mehrere interessierte Menschen beteiligt sind, die von den Veranstaltungen gemeinsam profitieren können. Abgesehen von dem etwas höheren Organisationsaufwand ist diese dritte Möglichkeit, nämlich Pflanzen über ihre Gesellschaften kennenzulernen, die effektivste und spannendste, und sie macht in der Gruppe erfahrungsgemäß am meisten Spaß.

Sie lernen so nicht nur die Pflanzen an sich kennen, sondern bemerken mit der Zeit auch, *was* mit *wem* zusammen wächst. Sie bekommen langsam ein Gefühl für diese Zusammenhänge, und mehr noch: Sie können recht genau abspüren, welche Pflanzen und Pflanzengesellschaften an welchen Standorten wachsen. Sie bekommen ein wachsendes Bewusstsein für Landschaftszusammenhänge. Das ist vielleicht noch wichtiger als die Artenkenntnis, aber ohne diese wäre jenes nicht möglich geworden.

Eine etwas abgewandelte Methode der Übung kann sehr gut für den Botanikunterricht in Schulen verwendet werden. Hier ist ja vielfach ein Mangel an Artenkenntnis zu beklagen, der nur durch unmittelbare Erfahrung in der Landschaft behoben werden kann. Die vorgestellte Methode folgt Anregungen von Höppner (1981), ist aber etwas verändert. Ziel ist es, dass Schüler einen Rasen, auf dem sie sonst spielen, einmal auf andere Art wahrnehmen. Sie sollen bemerken, welche Vielfalt an Pflanzenarten da zu ihren Füßen wächst, auf denen sie sonst, ohne sie besonders zu beachten, herumlaufen.

Zur Vorbereitung werden mehrere Flächen von 1 m^2 mit einem Band, z.B. Maurerschnur, abgesteckt. Für eine Schulklasse sollten so viele Quadrate abgesteckt werden, wie einem Viertel der Klassenstärke entspricht, damit jede Fläche von vier Kindern untersucht werden kann. Zur Vorbereitung gehört ferner, dass sich die Betreuer (Lehrer, interessierte Eltern, ältere Schüler) die Untersuchungsfläche vorher angeschaut und schon einmal eine Liste aller dort wachsenden Kräuter (nicht Gräser) angefertigt haben. Die verschiedenen Grasarten sind, da sie auf einem Rasen fast nie blühen, nicht nur für die Schüler ein Bestimmungsproblem, sie werden deshalb mit dem Sammelbegriff «Gras» belegt und nicht weiter differenziert.

Die Kräuterliste wird nun zu einem lokalen Bestimmungsschlüssel umgearbeitet, in dem jede Pflanzenart mit dem Namen, einem Bild und einem farbigen Symbol gekennzeichnet wird (Abb. 308). Als Bildvorlagen eignen sich sehr gut die schwarzweißen Strichzeichnungen aus dem «Rothmaler-Atlas». Bei der Anordnung der Pflanzen in diesem Bestimmungsschlüssel sollten Sie darauf achten, dass Pflanzen mit ähnlichen Gestalten nahe beisammen stehen – das erleichtert die Unterscheidung.

Die Symbole werden aus farbigem Papier ausgeschnitten. Genau diese bunten Papierstückchen brauchen Sie dann auch für die eigentliche Arbeit. Denn mithilfe des Bestimmungsschlüssels sollen die Schüler die verschiedenen Arten des Versuchsquadrates herausfinden und bei jedem Individuum (oder jeder Pflanzengruppe) dieser Art ein solches Papiersymbol anbringen. Dies geschieht durch Aufspießen des Papiers auf einen Zahnstocher, der dann direkt neben der Pflanze in den Boden gesteckt wird. Nach getaner Arbeit sieht der Quadratmeter sehr bunt aus (Abb. 309).

Nun wird die Fläche von den Schülern abgezeichnet, also kartiert – was wiederum Querverbindungen zum Geografieunterricht und zum Kartenzeichnen ermöglicht. So können sich die Schüler den Rasen auf eine ganz neue Art

Abb. 308: Sehr einfacher Bestimmungsschlüssel für die Kräuter des zu untersuchenden Rasenstückes mit bunten Symbolen für jede Pflanzenart. Diese bunten Papierfähnchen werden mit Zahnstochern an die Pflanzen des Rasens gesteckt (siehe Abb. 309).

«aneignen», und vielleicht setzen sie doch in Zukunft ihren Fuß ein *wenig* anders auf. Durch diese Art der Zuwendung entsteht eine neue Aufmerksamkeit und Beziehung zur Pflanzendecke, mit der wir täglich zu tun haben.

Vegetationsfarben sehen lernen

Die folgende Übung spricht eine ganz andere Ebene an. Ich hatte einmal während eines Kurzurlaubes das Pech, dass gleich am ersten Tag meine Brille zerbrach. Da ich reichlich kurzsichtig bin, sah die Welt für mich in den nächsten Tagen plötzlich komplett verändert aus. Strukturen verschwanden nahezu, und die umgebende Landschaft bestand für mich nur noch aus leuchtenden Farben. Ich begriff schnell, dass der Unglücksfall mit der Brille eigentlich ein Glücksfall war, der mir dieses unglaubliche Farbenschauspiel von Landschaft und Vegetation bescherte. Seitdem nehme ich immer bewusst die Brille ab, wenn ich mich auf die Farben der Vegetation konzentrieren möchte. Das ist für einen normalsichtigen Menschen sicherlich kaum nachvollziehbar, aber vielleicht auch nicht notwendig. Vielleicht liegt in der Kurzsichtigkeit ein Mangel, aber auch eine Chance. Deshalb mein Vorschlag an alle Kurzsichtigen: Nehmen Sie draußen einmal die Brille ab oder die

Abb. 309: Rasenfläche mit fertig eingesteckten Pflanzenarten-Fähnchen.

Kontaktlinsen heraus und lassen Sie sich von den Vegetationsfarben überraschen! Sie werden merken, dass jede Pflanzengesellschaft auch ihren eigenen Farbcharakter hat.

Für alle, die diese Möglichkeit nicht haben, da sie normal sehen können, wäre als Alternative das altbekannte «nach hinten durch die eigenen Beine gucken» denkbar, was ja auch die Farben intensiver werden lassen soll. Oder man kneift die Augen zusammen und macht das Bild bewusst unscharf. Das muss jeder von Fall zu Fall ausprobieren.

Wenn Sie üben, die Vegetationsfarben intensiver wahrzunehmen, werden Sie vielleicht von sich aus schon an die nächste Übung denken, nämlich das Gesehene in gemalte Farben umzusetzen. Hier höre ich schon die ersten Einwände: «Ich kann aber nicht malen.» Es geht auch gar nicht ums Können. Es soll ja kein Kunstwerk entstehen, sondern das Malen soll der weiteren Vertiefung der Wahrnehmung dienen, wie wir es schon auf S. 62 ff. über das Vegetations-Aquarellmalen besprochen hatten.

Sie können das malerische Spiel mit dem Vegetationsgrün in einem weiteren Schritt noch vertiefen, indem Sie versuchen, Vegetationsprofile zu malen. Hierbei wird der Gestalt, also der Form, wieder etwas mehr Beachtung geschenkt. Beispiele dazu sind ja in diesem Buch reichlich vertreten. Bitte haben Sie keine Angst, hierbei verschiedene Techniken zu kombinieren, etwa das mehr flächige Aquarellmalen für die Grundstruktur und für die unteren, flächenblättrigen Schichten, sowie die Strichzeichnung mit Buntstiften beispielsweise für das lineaische Element. So kommen Sie relativ schnell zu ästhetischen Erfolgserlebnissen und lernen zudem viel über die Gestaltelemente und ihre Schichtungen.

Auf Gestaltreihen aufmerksam werden

Eine weitere Gruppe von Übungen befasst sich mit der Wahrnehmung von Metamorphosen, von Gestaltverwandlungen der Vegetation. Das kann sowohl räumlich als auch zeitlich betrachtet werden. In diesen Übungen können Artenkenntnis, Gestaltblick und Farbwahrnehmung kombiniert werden. Den Gestaltblick hat eigentlich jeder, man muss nur einmal darauf aufmerksam werden. Sie können die Vegetationsreihe zwischen Wiese und Wald, die wir eingehend behandelt haben (S. 64 ff.), als Ausgangs- oder Anhaltspunkt nehmen. Denn diesen Übergang von einer Wiese oder einem Rasen zu einem Gehölz finden Sie fast überall, vor allem in kleinem Maßstab. Schauen Sie sich dazu noch einmal die Abbildungen 44 und 45 (S. 72 f.) an. So etwas können Sie zu Hause wahrscheinlich auch irgendwo sehen.

Veränderungen im Jahreslauf erleben

Eine Übung ganz besonderer Art ist die Wahrnehmung von Vegetationsveränderungen im Zeitverlauf. Dazu suchen Sie sich eine Stelle aus, die Sie ohne großen Aufwand regelmäßig besuchen können. Was «regelmäßig» bedeutet, bestimmen Sie selbst. Wichtig ist, dass Sie die jahreszeitlichen Wandlungen der Vegetation und ihrer Gestalt beobachten können. Sie können sich hierzu von einem wunderschönen kleinen Buch inspirieren lassen: *Unser Buchenwald im Jahreslauf* von Reinhold Tüxen (1986 posthum herausgegeben von O. Wilmanns).

Es muss für Ihre eigenen Beobachtungen aber kein Buchenwald oder sonst etwas «Großartiges» sein. Besser ist sogar etwas völlig Unspektakuläres, z.B. irgendeine «Unkrautgesellschaft» wie die nächstbeste Brennnessel-Giersch-Gesellschaft, die Sie fast überall an Zäunen, Mauern oder an Wegrändern finden können.

Es ist auch nicht notwendig, solch eine Jahreslaufbeobachtung am 1. Januar zu beginnen. Der Einstieg ist jederzeit möglich; es kommt vor allem darauf an, in die Gestaltbewegung der Vegetation einzutauchen – von wann bis wann, ist dabei zweitrangig. Es wird sich vielfach sogar anbieten, im Sommerhalbjahr mit der Übung zu beginnen, da Sie dann wirklich wissen, mit welcher Pflanzengesellschaft Sie es zu tun haben. Beginnen Sie im Winter, ist andererseits der Überraschungseffekt größer; Sie werden sich vielleicht wundern, was aus dem winterlichen Fleckchen Erde im Sommer geworden ist.

Besuchen Sie solch eine Pflanzengesellschaft regelmäßig, erleben Sie nicht nur den Gestaltwandel an sich, sondern erfahren auch viel über die Einflüsse des Umkreises. Von den Wetteränderungen im Jahreslauf bis zu den Wirkungen von Mensch und Tier können Sie die bestimmenden Faktoren kennenlernen, die gerade diese Pflanzengesellschaft hier an diesem Ort erhält.

Von lebendigen Vorstellungen zur Landschaftsheilung

Wir haben nun verschiedene Übungen kennengelernt, die uns der Vegetation alle ein Stückchen näherbringen. Wir werden dadurch immer besser in die Lage kommen, Landschaft – auch die vom Menschen geprägte Landschaft vor unserer Haustür – verstehen zu lernen. Haben wir das eine Zeit lang gemacht, dieses Eintauchen in die Schrift oder die Sprache der Landschaft, bemerken wir, dass manche Landschaften lebensreicher und vielfältiger sind als andere. Das kann die Frage nach den Ursachen aufkommen lassen, möglicherweise auch den Wunsch, etwas zum Positiven zu verändern.

Was kann das sein, was wir tun können? Nach den Ausführungen in diesem Buch ist eigentlich klar, dass den Kräften von Wärme, Licht und Luft wieder mehr Raum gegeben werden muss – wodurch die größte Vielfalt und gleichzeitig besonders seltene Arten gefördert werden. Aber wie soll das praktisch gehen? Und wo ist mein persönlicher Ansatzpunkt?

Ich mache dazu einen Vorschlag, der sich konsequent aus den Gedanken dieses Buches ergibt. Es geht zunächst darum, ein stärkeres Bewusstsein für die Vegetation zu entwickeln. Dazu ist wiederum als erster Schritt die Schulung der Wahrnehmung notwendig. Setzen wir also bewusst wieder unsere Sinne ein, machen wir unsere Sinne wach.

Wenn wir die im letzten Abschnitt beschriebenen Übungen durchführen, werden wir nicht nur eine Menge lernen, sondern wir werden, da es sich um Wahrnehmungsübungen handelt, in der Landschaft persönlich anwesend sein. Allein dadurch verbessern wir schon die zu Anfang des Buches beklagte Situation, dass die Landschaft heute vom Menschen verlassen sei. Sie ist es durch unsere aufmerksame Anwesenheit nun schon nicht mehr so sehr! Im Augenblick der Wahrnehmung sind wir jedenfalls physisch in der Landschaft da, auch unsere mentalen Kräfte richten wir auf sie, weil unser Denken in den Dienst der Wahrnehmung gestellt wird. Ebenfalls ist unsere emotionale Ebene angesprochen, denn wenn wir keine Sympathie gegenüber dieser Landschaft hätten, wären wir doch gar nicht erst dorthin gegangen. Wir sind also wieder in der Landschaft «angekommen», die Landschaft ist nicht mehr ganz so verlassen, und ein erster Schritt zu einer Landschaftsheilung ist eingeleitet.

«Landschaftsheilung» klingt nach einem hohen Anspruch und nach einem Ziel, das in weiter Ferne liegt. Wenn man aber nicht so sehr das Ziel als vielmehr den Weg dorthin im Auge hat, wird man bemerken, dass schon die ersten Schritte – seien sie auch noch so klein – erstaunliche Wirkung haben. Solch ein erster kleiner Schritt ist es auch, wenn wir die Vegetation «nur» wahrnehmen. Es gibt ein altes Sprichwort aus der Zeit, als die Landwirtschaft noch naturverbundener war: «Das Auge des Bauern ernährt das Vieh.» Allein die liebevolle Wahrnehmung wirkt sich demnach schon förderlich auf Lebensprozesse aus, auch auf Landschaft und Vegetation!

Das lässt sich in gewisser Weise noch steigern. Wir können über die Wahrnehmung hinausgehen und Visionen von wünschenswerten, besseren, heilsameren Zuständen entwickeln. Dabei sollten wir uns nicht zu sehr vom eigenen Begehren leiten lassen, sondern aus der Sache selbst – also aus den landschaftlichen Lebensprozessen – heraus denken. Hier hilft es sehr, wenn man erkannt und ein Gefühl dafür bekommen hat, was der jeweilige Typus oder das «Typische» ist: Was ist die *typische* Wiese, der *typische* Heideweiher, die *typische* Dorfgemarkung? Hat man den Typus, den Grundgedanken, in seiner lebendigen Prozessgestalt erfasst, wirkt dieser wie ein Leitbild – in uns, aber auch schon außerhalb von uns in den Lebensprozessen.

Wir können uns beispielsweise mit dem Typus der Dorfgemarkung als Organismus anfreunden und versuchen, ihn immer lebendiger zu denken. Wir können bei Wanderungen versuchen, in der konkreten Landschaft das allgemeine Prinzip wiederzufinden. Und uns fragen: Wo liegen die alten Höfe? Gibt es noch Reste von Lichtrasen? Sind die Grünlandauen als solche noch zu erkennen?

Dann können wir uns fragen: Wie könnten wir das noch besser gestalten? Was ist das, was wir hier der Natur, der Landschaft, der Vegetation zurückgeben können? Wir befinden uns vielleicht in einer Landschaft, die stark von Wasser und Erde geprägt ist, in der sich also viel Wald- und Gebüschbewuchs angesiedelt hat (oder angepflanzt wurde), wo hohes, massiges Kraut ohne viele bunte Blumen wuchert (z.B. Brennnesselsäume), wo Mähweiden mit fettem Gras wachsen und wo intensiver Ackerbau betrieben wird. Hier werden wir nach der Lektüre des Kapitels über die Kulturlandschaft einen grundsätzlichen Mangel bemerken: das Fehlen von Luft-, Licht- und Wärmeprozessen und das Vorherrschen von Wasser- und Erdkräften. Damit einher geht eine Artenarmut, die oft an die Dominanz des Wasser- und Erdelementes gekoppelt ist. So ist der mitteleuropäische Buchenwald auf saurem Boden extrem arm an Pflanzenarten und sehr blumenarm, die daraus entstandenen Wiesen und Weiden – insbesondere in ihrer Lichtrasenform – jedoch überaus arten- und blumenreich (vgl. Abb. 233, S. 267). Das liegt an den Licht-, Luft- und Wärmeimpulsen, die der Mensch dieser Kulturvegetation gegeben hat.

Wir können noch anderes bemerken. Vielleicht gibt es in unserer Agrarlandschaft, die wir gerade betrachten, flache Mulden und kleine Hügel, weit ausgezogene, vom Umland kaum abgesetzte Bachniederungen, trockenere Kuppen mit etwas steinigem Boden usw. Von der Natur wäre hier also ein Relief angelegt, das jedoch nicht auffällig ist und auch von der heutigen Nutzung kaum beachtet wird: Die großen Ackerschläge ziehen sich einfach über alles hinweg und nivellieren die vorhandenen Unterschiede.

Interessant zu wissen ist hierbei, dass auch die «reine Natur», also der Wald, diese Standortunterschiede tendenziell nivellieren würde. Von Natur aus würde hier wohl ein Buchenwald wachsen, der sich ebenfalls über die Senken und Hügel hinwegziehen würde. Durch den hohen Wasserverbrauch würde der Wald die etwas feuchteren Stellen «trockenlegen» und im Gegenzug dazu die trockeneren Orte feuchter machen, da sich die höhere Luftfeuchtigkeit im Waldesinneren auch dem Boden mitteilt. Der Wald gleicht also aus!

Wir können uns nun fragen: Wenn die Natur schon durch ihr Relief bestimmte Tendenzen in der Landschaft angelegt hat, die sie aber selbst (durch ihr Waldwachstum) wieder gezwungen ist aufzugeben, könnte dann nicht eine Aufgabe für uns Menschen sein, diese Tendenzen aufzugreifen und weiter zu entwickeln, sogar zu erhöhen? Das wäre ein künstlerischer Prozess! Und das wäre vor allem mithilfe von Lichtrasen möglich, die kleinste Standortunterschiede ins Bild setzen. Aber auch vieles andere gehört dazu, z.B. die Gestaltung der Grünland-Ackerland-Grenze und überhaupt die Gestaltung von Grenzsituationen als Übergangs- und Durchdringungsstreifen.

Nehmen wir an, wir befinden uns demnächst in einer Landschaft, in der wir diese Überlegungen anstellen. Oder wir erinnern uns an eine uns bekannte Landschaft, für die wir jetzt, im Nachhinein, solche Gedanken entwickeln. Es bleibt die Frage: Wenn ich mir diese Vorstellungen mache, die keimhaft angelegten Tendenzen in der Landschaft durch Gestaltung mit der Vegetation sichtbar werden zu lassen – wenn ich diese Vorstellungen in meinem Denken entwickle, wie kann das dann Wirklichkeit werden? Stehen einer Realisierung nicht viele Hindernisse im Wege? Ja, natürlich – einerseits.

Andererseits gibt es einen Raum, in dem wir vollkommen kreativ werden können und keine Hindernisse im Weg liegen – außer die selbstgemachten. Was ist das für ein Raum? Stellen wir uns einmal vor, wir wollen eine neue Wohnung einrichten. Wie gehen wir da vor? Vorausgesetzt, wir streben schön eingerichtete Zimmer an, die uns gefallen, in denen wir uns wohlfühlen können.

Da machen wir vorher eine Art Planung – im Kopf oder auf dem Papier, dem PC oder wie auch immer. Vielleicht schneiden wir uns die Möbelstücke in verkleinertem Maßstab aus Papier und schieben sie auf dem Grundriss der Wohnung hin und her. Oder wir schauen uns interessante Zeitschriften über Innenarchitektur an, lassen uns inspirieren und entwickeln eigene Konzepte. Oder wir besuchen Freunde und holen uns von dort Ideen. Oder, oder ...

Was tun wir da, so oder so? Wir entwickeln Visionen. Das Wort Vision ist verwandt mit der Tätigkeit des Visualisierens. Wir visualisieren zukünftige Möglichkeiten. Wir tun dies in dem Freiraum, der uns zur Verfügung steht: in unserem Vorstellungsleben, unserem bildhaften Denken. Dies ist der Raum, in dem wir frei sind, in dem wir Fantasie entwickeln können. Und zwar eine Fantasie, die nichts Fantastisches, völlig Willkürliches ist, sondern mit den gegebenen Rahmenbedingungen umgeht: Wohnungsgröße, vorhandene und geplante Möbel usw.

Versuchen wir einmal, dies in unserer Vorstellung auf die Landschaft zu übertragen. Auch hier haben wir Vorgegebenes (Relief, Wasserläufe, Gebäude ...) und verschiedene «Möbel», die wir so oder so (zunächst gedanklich) kombinieren können: Diese «Möbel» sind die Pflanzengesellschaften. Wie wir in unserer Wohnung den Geschirrspüler nicht neben das Bett und die Dusche nicht neben das Bücherregal stellen, so müssten wir auch in der Landschaft darauf achten, die verschiedenen Pflanzengesellschaften nicht irgendwie und irgendwo zusammen anzusiedeln, sondern nach einem gestaltlichen und funktionellen Muster. Und wir würden auch nicht wirklich kaputte oder schäbige Einrichtungsgegenstände haben wollen, sondern schöne und funktionstüchtige. So auch die Pflanzengesellschaften: Sie sollen ästhetisch, harmonisch, artenreich, typisch, sprechend, wirkungsvoll und charakteristisch für die Region sein.

Gerade die weitgehend ausgeräumten Landschaften bieten sich an, in der eigenen Vorstellung kreativ zu werden. Wir wissen ja, dass in allen Landschaften Potenziale schlummern, die größer sind und mehr umfassen als das, was gerade vor unseren Augen liegt und zurzeit verwirklicht ist. Hier können wir beginnen, Potenziale zu *sehen*. Wir können zu den realen Landschaftsbildern andere Bilder visualisieren, die lebendiger, vielfältiger, artenreicher und bunter sind. Sie können wir wie eine zweite Schicht über das gerade sichtbare Bild legen.

Dies kann und soll zunächst als Übung für sich gemacht werden, ohne den Blick auf Realisierung. Es entwickelt dann eine innere Kraft, die in irgendeiner Weise zur Verwirklichung drängt. Die lebendigen Bilder, die in uns entstehen, sind der Quellpunkt für spätere mögliche Veränderungen, Neugestaltungen, Verwandlungen der Heimatlandschaft. Wenn diese Bilder mit Begeisterung in uns getragen werden, sind sie eine ganz andere, langfristige Basis für Handlungen als Förderprogramme, finanzielle Anreize, administrative Regelwerke usw.

Wir sind ja in unserem Beispiel von einer überdüngten Ackerbaulandschaft ausgegangen, in der die Elemente Wasser und Erde den Ton angeben. Wir haben aber auch gelernt, dass diese Elemente in Mitteleuropa von Natur aus ohnehin sehr stark sind und dass deren «Gegenspieler» Luft und Wärme gerade durch uns Menschen in die Landschaft gebracht werden können, insbesondere durch die Lichtrasen. In den letzten beiden Kapiteln über die Heideweiher und die Himmelsteiche mit den Armleuchteralgen haben wir auch gesehen, dass diese besonders seltenen und «naturnahen» Biotope «Lichtrasen unter Wasser» sind, die von der traditionellen Landbewirtschaftung gefördert oder erst ermöglicht wurden. Damit wurden die Luft-, Licht- und Wärmekräfte sogar unter Wasser aufgebaut.

Hier zeigt sich die konstruktive Seite von uns Menschen, die Licht-, Luft- und Wärmewirkungen auslösen kann. Diese kreative, ja liebevolle Seite in uns ist ein tatsächlicher ökologischer Faktor ersten Ranges, der Leben fördern, Vielfalt steigern und Kräfte von Licht, Luft und Wärme freisetzen kann. Eine Orientierungshil-

Abb. 310: Projekt Ravensberger LichtLandschaften – Vision eines blumenreichen Getreidefeldes.

fe können die lebendigen Bilder, die Visionen des schlummernden Potenzials geben.

In diesem Sinne haben wir vor kurzem ein Modellprojekt gestartet. *Ravensberger LichtLandschaften* nennen wir diese Initiative zur Landschaftsentwicklung, die im Ravensberger Hügelland zwischen Bielefeld, Osnabrück und Minden tätig ist. Hier soll die lebendige Vielfalt gesteigert werden, und zwar in Hinblick auf Naturschutz, Landwirtschaft und Landschaftsästhetik, wobei auch die Einbindung der Pädagogik (Schulpädagogik wie Erwachsenenbildung) eine große Rolle spielt.

Als Grundlage des Projektes arbeiten wir mit den Pflanzengesellschaften, die regionaltypisch für das Ravensberger Hügelland sind, wobei viele dieser Gesellschaften neu entwickelt werden müssen, da sie in der intensiv genutzten Agrarlandschaft inzwischen verschwunden sind. Damit unterscheidet sich dieses Vorhaben von vielen anderen Projekten der Landschaftsentwicklung, die oftmals an noch bestehende Vielfalt (z.B. noch intakte Bergwiesen, Feuchtgrünland, Magerrasen) anknüpfen und diese *erhalten* wollen. In den *Ravensberger LichtLandschaften* können wir nur noch an wenig anknüpfen, sondern müssen viel stärker mit Visionen arbeiten (Abb. 310), müssen selbst kreativ werden – aber nicht willkürlich, sondern getreu im Rahmen des Landschaftstypus (des schlummernden Vegetationspotenzials). Das ist ein spannender Prozess.

Literatur

Armstrong, W. (1967): The use of polarography in the assay of oxygen diffusing from roots in anaerobic media. In: *Physiol. Plant.* 20: 540–553.

Armstrong, W. (1969): Rhizosphere oxidation in rice: An analysis of intervarietal differences in oxygen flux from the roots. In: *Physiol. Plant.* 22: 296–303.

Armstrong, W., Justin, S.H.F.W., Beckett, P.M., Lythe, S. (1991): Root adaptation to soil waterlogging. In: *Aquatic Botany* 39: 57–73. Amsterdam.

Arts, G. H. P. (1990): *Deterioration of Atlantic soft-water systems and their flora, a historical account*. Proefschrift Nijmegen.

Arts, G.H.P., Schaminée, J.H.H. & Van den Munckhof, P.J.J. (1988): *Human impact on origin, deterioration and maintenance of Littorelletalia-communities.* Sympos. Synanthropic Flora and Vegetation V, Bratislava.

Bahner, T. & Burandt, E. (1997): *Die Nutzung von Magerrasen und Feuchtgrünland in der biologisch-dynamischen Landwirtschaft.* Mskr. Hitzacker (Projektbüro Kulturlandschaft).

Bairacli Levy, J. De (1987): *Das Kräuterhandbuch für Stall und Weide.* Verlag Zweitausendeins, Frankfurt/M. 507 S.

Barkman, J.J. (1979): The investigation of vegetation texture and structure. In: Werger, M.J.A. (Ed.): *The study of vegetation*: 123–160. The Hague, Boston, London.

Barkman, J.J., Moravec, J. & Rauschert, S. (1986): Code of phytosociological nomenclature / Code der pflanzensoziologischen Nomenklatur / Code de nomenclature phytosociologique. In: *Vegetatio 67 (3)*, 145–195.

Baumann, E. (1911): *Die Vegetation des Untersees (Bodensee).* Arch. Hydrobiol. Suppl. 1.

Beck, R. (1994): Die Abschaffung der «Wildnis». In: *Der Bürger im Staat 44 (1)*: 14–21.

Behre, K. (1955): Die Algenbesiedlung einiger Seen um Bremen und Bremerhaven. In: *Veröff. Institut für Meeresforschung in Bremerhaven 3*: 221–383.

Blazencic, J. (2001): Uticaj prsljenèica (Charophyta) na komarce. (Effects of stoneworts (Charophyta) on mosquitoes). In: *Nuaèni skup «Zasavica 2001»*, Zbornik radova S. 159–164. PMF Institus za biologija Novi Sad i Goransko-ekolosk pokret Sremska Mitovica [Servo-croatian, english summary].

Blindow, I. & Hootsmans, M.J.M. (1991): Allelopathic effects from Chara spp. on two species of unicellular green algae. In: Hootsmans, M.J.M. & Vermaat, J.E. (eds.): *Macrophytes, a key to understanding changes caused by eutrophication in shallow freshwater ecosystems*: 139–144.

Bockemühl, J. (1982): Äußerungen des Zeitleibes in den Bildebewegungen der Pflanzen. In: Schad, W. (Hrsg.): *Goetheanistische Naturwissenschaft. Bd. 2. Botanik*: 36–43. Freies Geistesleben, Stuttgart.

Bockemühl, J. (1997): Aspekte der Selbsterfahrung im phänomenologischen Zugang zur Natur der Pflanzen, Gesteine, Tiere und der Landschaft. In: Böhme, G. & Schiemann, G. (Hrsg.): *Pänomenologie der Natur*: 149–189. Suhrkamp, Frankfurt/M.

Böhme, G. (1997): Phänomenologie der Natur – ein Projekt. In: Böhme, G. & Schiemann, G. (Hrsg.): *Phänomenologie der Natur*: 11–43. Suhrkamp, Frankfurt/M.

Böhme, G. & Böhme, H. (2004): *Feuer, Wasser, Erde, Luft. Eine Kulturgeschichte der Elemente.* München. 344 S.

Bönke, M., Kosiek, K., Kurpan, S., Schöller, G. (1996): *Der Wollingster See. Ein Pflege- und Entwicklungskonzept für einen oligotrophen Brachsenkraut-Lobelien-Geestsee.* Studentische Projektarbeit am Institut für Landschaftsplanung und Naturschutz der Universität Hannover. Manuskript.

Born, M. (1989): *Die Entwicklung der deutschen Agrarlandschaft.* Erträge d. Forsch. Bd. 29. Darmstadt.

Brämer, R. (2003): Zurück zur Natur? – Die Wald- und Wiesen-Therapie. In: *Psychologie heute,* Heft 4/2003: 20–28.

Brandes, W. (1897): *Flora der Provinz Hannover.* Hannover, Leipzig.

Braun, A. (1851): *Betrachtungen über die Erscheinung der Verjüngung in der Natur, insbesondere in der Lebens- und Bildungsgeschichte der Pflanzen.* Leipzig.

Braun-Blanquet, J. (1964): *Pflanzensoziologie. Grundzüge der Vegetationskunde.* 3. neu bearb. Aufl. Berlin, Wien, New York.

Breidbach, O. (1998): Kurze Anleitung zum Bildgebrauch. In: Haeckel, E.: *Kunstformen der Natur.* Reprint der Erstausgabe 1904 (Leipzig und Wien). Verl. Prestel, München, New York: 7–16.

Briemle, G. (2005): Neueste Erkenntnisse aus langjährigem Magerrasen-Versuch. In: *Fachdienst Naturschutz Baden-Württemberg, Naturschutz-Info 3/05*: 49–50.

Brockhaus Enzyklopädie (1969): Bd. 7, V. Nr. W 842. 17. Aufl. Brockhaus. Wiesbaden. 824 S.

Brockmann, C. (1933): Lage und Bodenverhältnisse des Wollingster Sees. In: *Schr. Verein Naturkunde Unterweser, Neue Folge 6*: 3–7.

Burrichter, E., Hüppe, J., Pott, R. (1993): Agrarwirtschaftlich bedingte Vegetationsbereicherung und -verarmung in historischer Sicht. In: *Phytocoenologia 23*: 427–447. Berlin, Stuttgart.

Callo, C., Hein, A., Plahl, C. (2004): *Mensch und Garten.* Tagungsdokumentation zur gleichnamigen Fachtagung. Books on Demand, Norderstedt.

Campbell, B. (1985): *Ökologie des Menschen.* München.

Daghlian, C.P. (1982): A review of the fossil record of monocotyledons. In: *Bot. Revue 47*: 517–555.

Dam, H. Van (1987): *Verzuring van vennen: een tijdsverschijnsel.* Diss. Wageningen. 175 pp.

Dam, H. Van & Arts, G. H. P. (1993): *Ecologische veranderingen in Drentse vennen sinds 1900 door menselijke beïnvloeding en beheer.* Drenthe.

Diekjobst, H. (1964): Untersuchungen zum Bestandsklima des Mittelklee-Odermennig-Saumes. In: *Natur und Heimat 24(4)*: 69–75. Münster.

Dierking, U. (1993): Das Projekt «Stauchmoränen am Hessenstein». In: *Perspektiven des Naturschutzes in Schleswig-Holstein – 20 Jahre Landesamt für Naturschutz und Landschaftspflege* (Hrsg.: Landesamt für Naturschutz und Landschaftspflege Schleswig-Holstein): 24–25.

Dierschke, H. (1994): *Pflanzensoziologie. Grundlagen und Methoden.* Stuttgart. 683 S.

Dierschke, H., Hülbusch, K.H., Tüxen, R. (1973): Eschen-Erlen-Quellwälder am Südwestrand der Bückeberge bei Bad Eilsen, zugleich ein Beitrag zur pflanzensoziologischen Arbeitsweise. In: *Mitt. Flor.-soz. Arbeitsgem. N.F. 15/16*: 153–164. Todenmann, Göttingen.

Dierssen, K. (1972): Die Erhaltung westdeutscher Heidegewässer – ein Beitrag zur regionalen Naturschutzplanung. In: *Natur und Landschaft 47 (6)*: 166–167.

Dierssen, K. (1982): *Die wichtigsten Pflanzengesellschaften der Moore NW-Europas.* Conservatoire Jardin Bot. Genève. 382 S.

Dierssen, K. (1990): *Einführung in die Pfanzensoziologie (Vegetationskunde).* Wiss. Buchgesellschaft. Darmstadt. 241 S.

Dobel, R. (Hrsg.) (1968): *Lexikon der Goethe-Zitate.* Artemis. Zürich, Stuttgart. 1308 S.

Eibl-Eibesfeldt, I. (1984): *Die Biologie des menschlichen Verhaltens.* München.

Eibl-Eibesfeldt, I. (1998): Ernst Haeckel – der Künstler im Wissenschaftler. – In: Haeckel, E.: *Kunstformen der Natur.* Reprint der Erstausgabe 1904 (Leipzig und Wien). Verl. Prestel, München, New York: 17–28.

Ellenberg, H. (1937): Über die bäuerliche Wohn- und Siedlungsweise in NW-Deutschland in ihrer Beziehung zur Landschaft, insbesondere zur Pflanzendecke. In: *Mitt. Flor.-soz. Arbeitsgem. Niedersachsen 3*: 204–235.

Ellenberg, H. (1956): Aufgaben und Methoden der Vegetationskunde. In: Walter, H. (Ed.): *Einführung in die Phytologie*, Bd. 4, Teil 1. Ulmer. Stuttgart. 136 S.

Ellenberg, H. (1996): *Vegetation Mitteleuropas mit den Alpen.* 5. Aufl. Ulmer. Stuttgart. 1096 S.

Farmer, A.M (1985): The occurence of vesicular-arbuscular mykorrhiza in Isoetid-type submerged aquatic macrophytes. In: *Aquatic Botany 21*, 245–249.

Firbas, F. (1931): Untersuchungen über den Wasserhaushalt der Hochmoorpflanzen. In: *Jb. wiss. Bot. 74*: 457–696.

Flessa, H. (1994): Plant-induced changes in the redox potential of the rhizospheres of the submerged vascular macrophytes *Myriophyllum verticillatum* L. and *Ranunculus circinatus* L. In: *Aquatic Botany 47*: 119–129. Amsterdam, London, New York, Tokyo.

Frisch, K. (1996): Zum tagesrhythmischen Säurestoffwechsel der Kakteen und anderer Pflanzen. In: *Tycho de Brahe-Jahrb. f. Goetheanismus 1996*, 77–127.

Froebe, H.A. (1985): Goethes Morphologie der Pflanzen – ihre Stellung in der Entwicklung der Botanik. In: *Hoppea, Denkschr. Regensb. Bot. Ges. 44*: 345–371.

Ganzert, C. (1994): Die Landwirtschaft zwischen Natur und Markt. In: *Der Bürger im Staat 44 (1)*: 28–36.

Garleff, K. (1968): Geomorphologische Untersuchungen an geschlossenen Hohlformen («Kaven») des Niedersächsischen Tieflandes. In: *Göttinger Geograph. Abhandlungen 44*:142 pp.

Geiger, R. (1961): *Das Klima der bodennahen Luftschicht.* 4. Aufl. Vieweg. Braunschweig. 646 S.

Gerken, B. (1995): Die Weser von morgen. Teil 1: Entwicklung eines Leitbildes für die Weser auf anthropologischer und naturgeschichtlicher Grundlage. In: Gerken & Schirmer (Hrsg.): *Die Weser. Limnologie aktuell, Bd. 6.* Stuttgart.

Gessner, F. (1939): Die Phosphorarmut der Gewässer und ihre Beziehung zum Kalkgehalt. In: *Internat. Revue ges. Hydrobiol. u. Hydrograph. 38*: 203–211.

Göbel, T. (1989): Welches Denken fordert die Biologie heute? In: *Tycho de Brahe-Jahrbuch für Goetheanismus 1989*: 16–38. Niefern-Öschelbronn.

Gonzalves, E.A. & Vaidya, B.S. (1963): On the larvicidal properties of Charophytes. In: *Hydrobiologia 21*, S. 188–192.

Gothan, W. & Weyland, H. (1973): *Lehrbuch der Paläobotanik.* BLV München, Bern, Wien.

Gradmann, R. (1950): *Das Pflanzenleben der Schwäbischen Alb.* Stuttgart.

GRAHAM, B.F. & BORMANN, F.H. (1966): Natural root grafts. In: *The Botanical review 32 (3)*: 255–292. New York.

GRAHLE, H.O. & STAESCHE, U. (1964): Die natürlichen Seen Niedersachsens. In: *Geologisches Jahrbuch, Band 81*, S. 809–838.

GROHMANN, G. (1981): *Die Pflanze. Ein Weg zum Verständnis ihres Wesens. Bd. 1.* 2. Aufl. Freies Geistesleben. Stuttgart. 207 S.

HAMLYN-HARRIS, R. (1932): Some further observations on Chara fragilis in relation to mosquito breeding in Queensland. In: *American J. Trop. Medicine Parasitology 26*, S. 519–524.

HEINRICH, W. (1992): Thüringen und Hessen: Geschichte, Botanik und Geschichte der Botanik – ein Grußwort zur Magerrasentagung in Marburg 1991. In: *Botanik u. Naturschutz Hessen, Beih. 4 «Magerrasenschutz»*: 14–18.

HELLMARK, M. (2005): Natur som läker. In: *Sveriges Natur 96(1)*: 16–22.

HERING, B. (2004): *Farben im Jahreskreis. Entwurf einer Farbphänologie Mitteleuropas am Beispiel zweier Standorte im Naturschutzgebiet Heuckenlock an der Süderelbe bei Hamburg.* Mskr.

HÖPPNER, H. (1981): Rasen betreten verboten! In: *Unterricht Biologie, Heft «Vegetationskunde», 5 (55)*: 14–19. Seelze.

HUBER, B. (1935): Der Wärmehaushalt der Pflanzen. In: *Naturwissenschaft und Landwirtschaft 17*: 1–148. Freising-München.

JAECKEL, E.-G. (1963): *Gutachten über die Verlandungsvorgänge an den ostfriesischen Binnenseen Uphuser Meer, Bansmeer und Sandwater im Hinblick auf die Schutzwürdigkeit des Bansmeeres im Sinne des Reichsnaturschutzgesetzes.* Manuskript im Archiv des Landesamtes für Ökologie, Hannover.

JANTSCH, E. (1982): *Die Selbstorganisation des Universums.* Hauser. München. dtv.

JAYNES, M.L. & CARPENTER, S.R. (1986): Effects of vascular and nonvascular macrophytes on sediment redox and solute dynamics. In: *Ecology 67 (4)*: 875– 882.

KAPFER, A. (1995): *Streuwiesen und Nasswiesen. Biotope in Baden-Württemberg 5*: 1–49. Karlsruhe.

KAPFER, A. & KONOLD, W. (1994): Streuwiesen. In: *Der Bürger im Staat 44 (1)*: 50 – 54.

KAPLAN, K. (1992): Farn- und Blütenpflanzen nährstoffarmer Feuchtbiotope – Aktuelle Verbreitung und Situation im nordwestlichen Westfalen und südwestlichen Niedersachsen. In: *Metelener Schriftenr. Naturschutz 3*: 114 pp.

KESSLER, K.F. (1880): O zakone vzaimnoi pomoshchi. In: *Trudy Sankt-Petersburg-skogo Obsh chestva Estestvoispytatelei 11(1)*: 124–135.

KLETT, M. (1985a): Zum Verständnis europäischer Kulturlandschaften. In: *Lebendige Erde 1985 (1)*: 2–14.

KLETT, M. (1985b): Der Mensch als Gestalter der Erde. In: B. ENDLICH (Hrsg.): *Der Organismus der Erde.* Stuttgart.

KOCKEL, F. (1992): The Origin of a Hypothesis on Terrestrial Plants Developed from Fresh-Water Green Algae. In: *Cour. Forsch.-Inst. Senckenberg 147*: 55–58. Frankfurt/M.

KRAUSE, W. (1969): Zur Characeenvegetation der Oberrheinebene. In: *Arch. Hydrobiol. Suppl. 35 (2)*: 202–253.

KRAUSE, W. (1981): Characeen als Bioindikatoren für den Gewässerzustand. In: *Limnologica 13 (2)*: 399–418.

KRAUSE, W. (1997): Charales (Charophyceae). – In: ETTL, H., GÄRTNER, G., HEYNIG, H., MOLLENHAUER, D. (Hrsg.): *Süßwasserflora von Mitteleuropa.* Bd. 18. 202 S. Fischer. Jena, Stuttgart, Lübeck, Ulm

KRIEG, H. & KIES, L. (1989): *Artenschutzprogramm Armleuchteralgen (Charophyta) und Süßwasser-Rotalgen (Rhodophyta) im Gebiet der Freien und Hansestadt Hamburg.* Naturschutz u. Landschaftspfl. Hamburg, Schriftenr. d. Umweltbehörde 30.

KROPOTKIN, P.A. (1908): *Gegenseitige Hilfe in der Tier- und Menschenwelt.* Thomas. Leipzig.

KUNTZE, H. ROESCHMANN, G., SCHWERDTFEGER, G. (1994): *Bodenkunde.* 5. Aufl. Ulmer, Stuttgart. 424 S.

KUNZE, H. (2005): Plastizität und Beharrlichkeit des Staubblatt-Typus am Beispiel der Asclepiadiodeae (Apocynaceae s.l.). – In: HARLAN, V. (Hrsg.): *Wert und Grenzen des Typus in der botanischen Morphologie.* Wiss. Schriftenr. Inst. Evolutionsbiologie und Morphologie Univ. Witten/Herdecke: 181–187. Martina-Galunder-Verlag Nümbrecht-Elsenroth.

KÜSTER, H. (1999): *Geschichte der Landschaft in Mitteleuropa.* Beck, München: 424 S.

LADE, U. (1974): Der Wollingster See. Ein Beitrag zum Alter und zur Entstehung. In: *Jahrbuch der Männer vom Morgenstern, Band 54*: 9–32.

LARCHER, W. (1994): *Ökophysiologie der Pflanzen.* 5. Aufl. Ulmer. Stuttgart. 394 S.

LEHRS, E. (1953): *Mensch und Materie. Ein Beitrag zur Erweiterung der Naturerkenntnis nach der Methode Goethes.* Verl. Vittorio Klostermann, Frankfurt/M., 476 S.

LEISTIKOW, K.U. (1994): Anthropologische Vorurteile der Pflanzenmorphologie und ihre Berichtigung. In: *Senckenberg-Buch 70*: 81–100. Frankfurt/M.

LEISTIKOW, K.U. & KOCKEL, F. (1990): Zur Entwicklungsgeschichte der Pflanzen – ein didaktisches Modell. In: *Palm. Hort. Francofurt. Wiss. Ber. 2*: 1–74. Frankfurt/M.

LEUTHOLD, C. (1998): Ökogenese – die Biografie eines Landschaftsorganismus. Grundgesten organischer

Entwicklung am Beispiel der ökologischen Sukzession eines Lärchen-Arven-Waldes. In: SUCHANTKE, A. (Hrsg.): *Goetheanistische Naturwissenschaft Band 5: Ökologie*. Freies Geistesleben. Stuttgart: 141–278.

LÜBBEN, U. (1973): Zur Verbreitung und Ökologie der Wasserlobelie (Lobelia dortmanna L.) in der Bundesrepublik Deutschland. In: *Mitteilungen der Floristisch-soziologischen Arbeitsgemeinschaft. Neue Folge Band 15/16*: 28–40.

LUNDBECK, J. (1934): Über den «primär oligotrophen» Seetypus und den Wollingster See als dessen mitteleuropäischen Vertreter. In: *Archiv für Hydrobiologie, Band 27*: 221–250.

LUNDBECK, J. (1951): Zur Kenntnis der Lebensverhältnisse in sauren Binnenseen. In: *Archiv für Hydrobiologie, Supplement-Band 20, Heft 1*: 18–117.

MACGREGOR, M.E. (1924): *Tests with Chara foetida and Chara hispida on the development of mosquito larvae.* Parasitology 1924.

MÄGDEFRAU, K. (1956): *Paläobiologie der Pflanzen*. Fischer. Jena.

MÄKIRINTA, U. (1978): Spektrale Lichtmessungen im freien Wasser und in der Wasservegetation des Sees Kukkia, Südfinnland, unter besonderer Berücksichtigung der Zonation. In: *Aquilo Ser. Bot. 16*: 39–53.

MARTI, T. (1989): *Heuschrecken und Landschaft. Ein exemplarischer Einblick in Theorie und Praxis goetheanistischer Naturwissenschaft*. Haupt. Bern, Stuttgart. 206 S.

MEINERTZHAGEN, R. (1954): *Birds of Arabia*. Edinburgh, London.

MEISEL, K. (1958): Vergleich zwischen Boden- und Vegetationskarte. In: *Angewandte Pflanzensoziologie 15*: 118 – 130.

MESCHEDE, F. (1911): Die Wassernuss, Trapa natans L., eine im Aussterben begriffene Pflanze. In: *Jahresbericht des Westfälischen Provinzial-Vereins für Wissenschaft und Kunst 39*: 131–137.

MORGENSTERN, M (1997): *Nicolai Hartmann zur Einführung*. Junius-Verl. Hamburg. 192 S.

OCHSE, M. (1973): *Die Bedeutung von Magerrasen in der Landwirtschaft*. Arbeitsstelle für Vegetationskunde Hannover, Mskr.

OHLENDORF, O. (1907): Beiträge zur Anatomie und Biologie der Früchte und Samen einheimischer Wasser- und Sumpfpflanzen. In: *Jahresberichte des Naturwissenschaftlichen Vereins zu Osnabrück 16*: 33–139.

OLTMANNS, F. (1922): *Morphologie und Biologie der Algen. Band 1: Chrysophyceae – Chlorophyceae*. 2. Aufl. Jena

OPPERMANN, R. & GUJER, H.U. (2003): *Artenreiches Grünland – bewerten und fördern*. Ulmer, Stuttgart.

OVERBECK, F. (1975): *Botanisch-geologische Moorkunde*. Wacholtz. Neumünster. 719 S.

PEPPLER, C. (1987): Nardetalia-Gesellschaften im Werra-Meißner-Gebiet. In: *Tuexenia 7*: 245–265.

PORTIELJE, R. & ROIJACKERS, R.M.M. (1995): Primary succession of aquatic macrophytes in experimental ditches in relation to nutrient input. In: *Aquatic Botany 50*: 127–140. Amsterdam, Lausanne, New York, Oxford, Shannon, Tokyo.

PREISING, E. & VAHLE, H.-C. (1997): Koelerio-Corynephoretea Klika 1941 in Klika et Nowak 1941, Sand- und Felsgrus-Trockenrasen. In: E. PREISING; H.-C. VAHLE; D. BRANDES; H. HOFMEISTER; J. TÜXEN & H. E. WEBER: *Die Pflanzengesellschaften Niedersachsens. Bestandsentwicklung, Gefährdung und Schutzprobleme. Teil 6: Rasen-, Fels- und Geröllgesellschaften. Naturschutz Landschaftspfl. Niedersachs. 20 (5)*: 31–58.

PREISING, E., VAHLE, H.-C., BRANDES, D., HOFMEISTER, H., TÜXEN, J., WEBER, H.E. (1990 ff.): *Die Pflanzengesellschaften Niedersachsens. Bestandsentwicklung, Gefährdung und Schutzprobleme. Natursch. Landschaftspfl. Nieders. 20 (1–10)*. Hannover.

RAUNKIAER, C. (1934): *Life forms of plants*. Oxford.

REMMERT, H. (1990): *Naturschutz*. 2. Aufl. Springer-Verl. Berlin usw., 202 S.

RINGLER, A. (1989): Das Dorf in der Landschaft. In: *Naturschutzzentrum Nordrhein-Westfalen, Seminarberichte 3 (8)*: 7–22.

ROELOFS, J.G.M. & BLOEMENDAAL, F.H.J.L. (1988): Trofie. In: BLOEMENDAAL, F.H.J.L. & ROELOFS, J.G.M.: *Waterplanten en Waterkwaliteit*. Kon. Ned. Natuurhist. Ver. Utrecht: 113–125.

RUNGE, F. (1978): Die *Naturschutzgebiete Westfalens und des früheren Regierungsbezirks Osnabrück*. 3. Aufl. Münster.

RUNGE, F. (1979): Vegetationszyklen bei nordwestdeutschen Pflanzengesellschaften. In: *Gesellschaftsentwicklung (Syndynamik). Ber. Internat. Sympos. IVV Rinteln 1967*: 379–385. Hrsg.: R.TÜXEN.

SAMIETZ, R. (1983): Armleuchteralgen (Charophyten) in Thüringen. In: *Landschaftspflege u. Naturschutz in Thüringen 20 (4)*: 89–97.

SAND-JENSEN, K., PRAHL, K., STOKHOLM, H. (1982): Oxygen release from roots of submerged aquatic macrophytes. In: *Oikos 38*: 349–354. Copenhagen.

SCHAD, W. (1982a): Biologisches Denken. In: SCHAD, W. (Hrsg.): *Goetheanistische Naturwissenschaft. Bd. 1: Allgemeine Biologie*: 9–25. Freies Geistesleben. Stuttgart.

SCHAD, W. (1982b): Niedermoor und Hochmoor, ein goetheanistischer Ansatz zur Landschaftskunde. In: SCHAD, W. (Hrsg.): *Goetheanistische Naturwissenschaft. Bd. 2. Botanik*: 199–222. Verl. Freies Geistesleben, Stuttgart.

SCHAD, W. (1987): Der goetheanistische Forschungsansatz und seine Anwendung auf die ökologische

Problematik des Waldsterbens. In: SCHNELL, R. et al. (Hrsg.): *Waldsterben – Aufforderung zu einem erweiterten Naturverständnis*. Verl. Freies Geistesleben, Stuttgart: 79–99.

SCHAD, W. (1997): *Die Zeitintegration als Evolutionsmodus*. Habilitationsschr. Fak. Naturwiss. Univ. Witten/Herdecke. Mskr. 134 S.

SCHAD, W. (2001): Was ist Goetheanismus? In: *Tycho de Brahe-Jahrbuch für Goetheanismus*: 23–66. Niefern-Öschelbronn.

SCHAMINÉE, H. H. J., WESTHOFF, V. & ARTS, G. H. P. (1992): Die Strandlingsgesellschaften (Littorelletea Br.-Bl. et Tx. 43) der Niederlande, in europäischem Rahmen gefasst. In: *Phytocoenologia 20*: 529–558.

SCHEFFER, F. & SCHACHTSCHABEL, P. (1973): *Lehrbuch der Bodenkunde*. 8. Aufl. Enke. Stuttgart. 448 S.

SCHMIDT, D. (1981): Die Characeen – eine im Aussterben begriffene Pflanzengruppe unserer Gewässer. In: *Gleditschia 8*: 141– 157.

SCHMIDT, D., VAN DE WEYER, K., KRAUSE, W., KIES, L., GARNIEL, A., GEISSLER, U., GUTOWSKI, A., SAMIETZ, R., SCHÜTZ, W., VAHLE, H.-C., VÖGE, M., WOLFF, P., MELZER, A. (1996): Rote Liste der Armleuchteralgen (Charophyceae) Deutschlands. In: *Schr.-Reihe Vegetationskde. 28*: 547–576.

SCHÖN, M.D. (1997): Wollingster Vor- und Frühgeschichte. In: C. VON GLAHN: *800 Jahre Wollingst*. Bremervörde.

SCHRÖTER, C. & KIRCHNER, O. (1902): Die Vegetation des Bodensees, 2. Teil. In: *Schr. Verein Geschichte Bodensee u. Umgeb. 31*: 1–86.

SCHUMACHER, W. (1992): Schutz und Pflege von Magerrasen. In: *Botanik u. Naturschutz Hessen, Beih. 4 «Magerrasenschutz»*: 19–39.

SCHWEITZER, H.-J. (1990): *Pflanzen erobern das Land*. Kleine Senckenberg-Reihe 18. Frankfurt/M.

SMIDT, J.T. DE (1979): Origin and destruction of northwest European heath vegetation. In: *Werden und Vergehen von Pflanzengesellschaften. Ber. Internat. Sympos. IVV Rinteln 1978*: 411–432. Red.: O. WILMANNS & R. TÜXEN.

SMITS, A.J.M., LAAN, P., THIER, R.H., VAN DER VELDE, G. (1990): Root aerenchyma, oxygen leakage patterns and alcoholic fermentation ability of the roots of some nymphaeid and isoetid macrophytes in relation to the sediment type of their habitat. In: *Aquatic Botany 38*: 3–17. Amsterdam.

STEBLER, F. G. (1898): *Die besten Streuepflanzen*. Bern.

STEINER, R. (1917): *Von Seelenrätseln*. GA Nr. 21, 4. Aufl. Dornach 1976.

STEINER, R. (1924): *Geisteswissenschaftliche Grundlagen zum Gedeihen der Landwirtschaft*. 2. Vortrag vom 10. Juni 1924. GA Nr. 327, 6. Aufl. Dornach 1979.

STEUSLOFF, U. (1938): Beiträge zur Kenntnis der Flora stehender Gewässer im südlichen Westfalen. In: *Abh. Westfäl. Prov.-Museum Naturk. Münster 9 (3)*: 3–20.

STOCKMAR, S. (2003): Zum Phänomen der Blüte. Eine Frühlings- und Osterbetrachtung. In: *Die Drei 73 (4)*: 16–32. Frankfurt/M.

STRASBURGER (1991), Hrsg. v. Sitte u.a.: *Lehrbuch der Botanik*. 33. Aufl. Stuttgart.

SUCHANTKE, A. (1981): Zum Begriff und zur Bedeutung der Dreigliederung für den Unterricht. Bund der Freien Waldorfschulen, *Lehrerrundbrief 1/1981*: 17–24.

SUCHANTKE, A. (1983): Das Blatt – «der wahre Proteus». In: *Die Drei 53(6)*: 371–389. Stuttgart.

SUCHANTKE, A. (1986). Palästina – die Landschaft des Menschen. In: *Die Drei 56 (4)*: 259–278. Stuttgart.

SUCHANTKE, A. (1988): Natur in Israel – Brennpunkt und Synthese weltweiter Einflüsse. In: SUCHANTKE, A. (Hrsg.): Mitte *der Erde – Israel im Brennpunkt natur- und kulturgeschichtlicher Entwicklungen*: 15–269. Verl. Freies Geistesleben, Stuttgart.

SUCHANTKE, A. (1993): *Partnerschaft mit der Natur: Entscheidung für das kommende Jahrtausend*. Urachhaus. Stuttgart.

SUCHANTKE, A. (1998a): Die Wahrnehmung der Wahrnehmung. Zur Aktualität des Goetheanismus. In: DORKA, R., GEHLIG, R., SCHAD, W., SCHEFFLER, A. (Hrsg.): *«Zum Erstaunen bin ich da.» Forschungswege in Goetheanismus und Anthroposophie*. Verlag am Goetheanum. Dornach: 84–103.

SUCHANTKE, A. (1998b): Verjugendlichungstendenzen in der Evolution und ihre ökologische Bedeutung. In: SUCHANTKE, A. (Hrsg.): *Goetheanistische Naturwissenschaft. Band 5: Ökologie*. Freies Geistesleben, Stuttgart: 279–311.

SUCHANTKE, A. (2002): *Metamorphose – Kunstgriff der Evolution*. Verl. Freies Geistesleben, Stuttgart. 332 S.

SUNTUM, U. VAN (1989): Johann Heinrich von Thünen (1783–1850). In: J. STARBATTY (Hrsg.): *Klassiker des ökonomischen Denkens, Bd. 1*. München.

SZMEJA, J. (1994): Dynamics of the abundance and spatial organisation of isoetid populations in an oligotrophic lake. In: *Aquatic Botany 48*: 19–32.

TESSENOW, U. & BAYNES, Y. (1978): Redoxchemische Einflüsse von Isoetes lacustris L. im Littoralsediment des Feldsees (Hochschwarzwald). In: *Arch. Hydrobiol. 82*: 20–48. Stuttgart.

THIENEMANN, A. (1928): *Der Sauerstoff im eutrophen und oligotrophen See. Die Binnengewässer Band 4*. Stuttgart.

THOMAS, B.A. & SPICER, R.A. (1987): *The evolution and palaeobiology of landplants*. London, Sydney.

TODES, D.P. (1995): Darwins malthusische Metapher und russische Evolutionsvorstellungen. In: ENGELS,

E.-M. (Hrsg.): *Die Rezeption von Evolutionstheorien im 19. Jahrhundert.* Suhrkamp. Frankfurt/M.: 281–308.

TORNBJERG, T., BENDIX, M., BRIX, H. (1994): Internal gas transport in *Typha latifolia* L. and *Typha angustifolia* L. 2. Convective throughflow pathways and ecological significance. In: *Aquatic Botany 49*: 91–105. Amsterdam, Lausanne, New York, Oxford, Shannon, Tokyo.

TREPL, L. (1988): Gibt es Ökosysteme? In: *Landschaft + Stadt 20 (4)*: 176–185. Stuttgart.

TRINCHER, K. (1995): *Mut zur Wissenschaft. Eine Autobiografie.* Verl. Leben-Kunst-Wissenschaft, Ludwigsburg, Wien. 266 S.

TROLL, W. (1928): Die urbildliche Denkweise. In: TROLL, W.: *Organisation und Gestalt im Bereich der Blüte.* Springer. Berlin. (Nachdruck in: TROLL, W.: *Gestalt und Urbild. Gesammelte Aufsätze zu Grundfragen der organischen Morphologie.* Leipzig.)

TÜRK, W. (1991): Beitrag zur Kenntnis der Vegetationsverhältnisse der Nordfriesischen Insel Amrum. Pflanzengesellschaften der Geest und Marsch. In: *Tuexenia 11*: 149–170.

TÜXEN, R. (1954): Pflanzengesellschaften und Grundwasserganglinien. In: *Angew. Pflanzensoz. 8*: 64–98. Stolzenau/Weser.

TÜXEN, R. (1956): Die heutige potenzielle natürliche Vegetation als Gegenstand der Vegetationskartierung. In: *Angew. Pflanzensoz. 13*: 3–42. Stolzenau/Weser.

TÜXEN, R. (1957): Die Schrift des Bodens. Kurzer Führer durch die Sammlung von Bodenprofilen nordwestdeutscher Wald- und Heidegesellschaften aus der Bundesanstalt für Vegetationskartierung. In: *Angew. Pflanzensoz. 14*: 1–41. Stolzenau/Weser.

TÜXEN, R. (1958): Die Eichung von Pflanzengesellschaften auf Torfprofiltypen. Ein Beitrag zur Koinzidenzmethode in der Pflanzensoziolgie. In: *Angew. Pflanzensoz. 15*: 131–141. Stolzenau/Weser.

TÜXEN, R. (1965): Wesenszüge der Biozönose. Gesetze des Zusammenlebens von Pflanzen und Tieren. In: TÜXEN, R. (Hrsg.): *Biosoziologie. Ber. Int. Symp. IVV Stolzenau/Weser 1960*: 10–13. Den Haag.

TÜXEN, R. (1977): *Macromorphologie comparée des sols fossiles. Naturaliste canadien 104 (1/2)*: 157–165.

TÜXEN, R. (1979): *Die Pflanzengesellschaften Nordwestdeutschlands.* 2. völlig neu bearb. Aufl., Lieferung 2. Vaduz.

TÜXEN, R. (1986): Unser Buchenwald im Jahreslauf. In: *Beih. Veröff. Naturschutz Landschaftspflege Bad.-Württ. 47*: 1–128 (hrsg. v. O. WILMANNS). Karlruhe.

VAHLE, H.-C. (1989): Die ökologische Gestalt eines Lebensraumes. Der Lobelien-Heideweiher. In: *Tycho de Brahe-Jahrbuch f. Goetheanismus 1989*: 100–124.

VAHLE, H.-C. (1990): Grundlagen zum Schutz der Vegetation oligotropher Stillgewässer in Nordwestdeutschland. In: *Naturschutz Landschaftspfl. Niedersachs. 22*: 1–157. Hannover.

VAHLE, H.-C. (1994): Das Breitblättrige Pfeilkraut (Sagittaria latifolia Willdenow) am Steinhuder Meer (Niedersachsen). In: *Tuexenia 14*: 381–386. Göttingen.

VAHLE, H.-C. (1995): Oligotrophe Heideweiher als anthropogene Ökosysteme. In: *Natur und Landschaft 70 (7)*: 295–301. Stuttgart.

VAHLE, H.-C. (1996a): Vegetation – die Schrift der Landschaft. In: *Die Drei 66 (7/8)*: 736–753.

VAHLE, H.-C. (1996b): Pflanzensoziologie. Ein Weg zu einer goetheanistischen Landschaftskunde. In: *Tycho de Brahe-Jahrbuch f. Goetheanismus 1996*: 129–207.

VAHLE, H.-C. (1997): Der Wollingster See. In: C. VON GLAHN (Hrsg.): *800 Jahre Wollingst. Wollingst*: 299–330.

VAHLE, H.-C. (1998): Auf der Suche nach der Leitidee der nordwestdeutschen Kulturlandschaft. In: SUCHANTKE, A. (Hrsg.): *Goetheanistische Naturwissenschaft Band 5: Ökologie.* Stuttgart: 312–368.

VAHLE, H.-C. (1999a): Magerrasen im Ravensberger Lösshügelland? In: *Ber. Naturwiss. Verein für Bielefeld u. Umgegend 40*: 145–169. Bielefeld.

VAHLE, H.-C. (1999b): Die Optimierung des eigenen Standortes durch das Isoeto-Lobelietum. In: Mitt. *bad. Landesver. Naturkunde u. Naturschutz N.F. 17 (2)*: 281–291. Freiburg/Brsg.

VAHLE, H.-C. (2001): Das Konzept der potenziellen Kulturlandschafts-Vegetation. In: *Tuexenia 21*: 273–292. Göttingen.

VAHLE, H.-C. (2003): *Gestaltbiologie von Pflanzengesellschaften in ökologischer und dynamischer Hinsicht.* Habilitationsschrift an der Fakultät für Naturwissenschaften der Universität Witten/Herdecke. Galunder-Verlag, Nümbrecht-Elsenroth. 233 S.

VAHLE, H.-C. (2004a): Lichtrasen. Zum landschaftsökologischen, ästhetischen und landwirtschaftlichen Verständnis von Magerrasen. In: *Natur und Landschaft 79 (1)*: 10–17.

VAHLE, H.-C. (2004b): Das Geheimnis der Armleuchteralgen (Characeae). In: *Tycho de Brahe-Jahrbuch für Goetheanismus 2004*: 77–117. Niefern-Öschelbronn.

VAHLE, H.-C. (2005): Lichtrasen für die Landwirtschaft. Zum Wert extensiver Wiesen und Weiden für Landwirtschaft und Landschaft. In: *Lebendige Erde 56 (1)*: 40–43. Darmstadt.

VAHLE, H.-C. & DETTMAR, J. (1988): «Anschauende Urteilskraft» – ein Vorschlag für eine Alternative zur Digitalisierung der Vegetationskunde. In: *Tuexenia 8*: 407–415. Göttingen.

VAN DEN BERG, M.S., DOEF, R.W., ZANT, F.M., COOPS, H. (1997): Kranswieren, helder water en macrofauna in de Veluwe randmeeren. In: *De Levende Natuur 98*: 14–19

VERHOEVEN, J.T.A. & LIEFVELD, W.M. (1997): The ecological significance of organochemical compounds in Sphagnum. In: *Acta Bot. Neerl. 46 (2)*: 117–130. Oxford etc.

VÖGE, M. (1988): Tauchuntersuchungen der submersen Vegetation in skandinavischen Seen unter Berücksichtigung der Isoetiden-Vegetation. In: *Limnologica 19 (2)*: 89–107.

VOIGT, C. (1998): *Bergwiesen im Weser-Leine-Bergland.* Mskr. Hameln.

VOLKART, A. (1919): *Gutachten der «Schweizerischen Samen-Untersuchungs- und Versuchsanstalt» in Oerlikon betreffend Anbau von Besenriedstreue.* Mskr.

VOO, E. E. VAN DER (1962): De Twentse vennen. In: *Twentenatuur-historisch 3: Heiden, venen en vennen. Wetensch. mededel. Kon. Ned. Nat. Hist. Ver. 43*: 39–63.

VOO, E. E. VAN DER & LEENTVAAR, R. (1959): Het Teeselinkven. In: *Levende Natuur 62*: 128–136.

WAGNER, H. 1983: Gedanken zur Zukunft pflanzensoziologischer Forschung. In: *Tuexenia 3*: 529–533.

WALTER, H. & BRECKLE, S.-W. (1991): *Ökologie der Erde. Bd. 4. Spezielle Ökologie der gemäßigten und arktischen Zonen außerhalb Euro-Nordasiens.* Fischer, Stuttgart. 586 S.

WARTENBERG, A. (1972): *Systematik der niederen Pflanzen.* Stuttgart.

WEIS, J., MUCHOW, T., SCHUMACHER, W. (2000): Akzeptanz von Programmen zur Honorierung ökologischer Leistungen der Landwirtschaft. In: SCHWEPPE-KRAFT, B. (Hrsg.): *Innovativer Naturschutz – partizipative und marktwirtschaftliche Instrumente. Angewandte Landschaftsökologie, Bonn-Bad Godesberg 34*: 107–120. Landwirtschaftsverlag.

WESTHOFF, V. (1965): Plantengemeenschappen. In: LANJOUW, J. et al.: *Uit de plantenwereld*: 288–349. De Haan, Zeist; Van Loghuus Slaterus, Arnhem.

WESTHOFF, V. (1969): Die Reste der Naturlandschaft und ihre Pflege. In: BUCHWALD, K. & ENGELHARDT, W. (Hrsg.): *Handbuch für Landschaftspflege und Naturschutz, Bd. 3.* München, Basel, Wien.

WESTHOFF, V. (1979): Bedrohung und Erhaltung seltener Pflanzengesellschaften in den Niederlanden. In: *Werden und Vergehen von Pflanzengesellschaften. Ber. Internat. Sympos. IVV Rinteln 1978*: 285–310. Hrsg.: R. TÜXEN.

WESTHOFF, V. et al. (1981): *Wilde planten. Flora en vegetatie in onze natuurgebieden.* Deventer. 359 S.

WHITE, J. (ed.) (1985): The population structure of vegetation. In: *Handb. Veg. Sci. 3*: 1–666. Dordrecht.

WILMANNS, O. (1993): Ericaceen-Zwergsträucher als Schlüsselarten. In: *Ber. Reinh.-Tüxen-Ges. 5*: 91–112. Hannover.

WILMANNS, O. (1998): *Ökologische Pflanzensoziologie.* 6. Aufl. Quelle & Meyer. Wiesbaden. 405 S.

WITTIG, R. (1980): *Die geschützten Moore und oligotrophen Gewässer der westfälischen Bucht.* Schriftenr. LÖLF 5.

WIUM-ANDERSEN, S. (1971): Photosynthetic uptake of free CO_2 by the roots of Lobelia dortmanna. In: *Physiol. Plant.* 25: 245–248.

WIUM-ANDERSEN, S. & ANDERSEN, J.M. (1972): The influence of vegetation on the redox profile of the sediment of Grane Langsø, a Danish Lobelia lake. In: *Limnol. Oceanogr. 17*: 948–952.

ZIMMERMANN, Y. (2004): Die potenzielle Kulturlandschafts-Vegetation im Bergisch-Märkischen Hügelland. In: *Wiss. Schr.-R. Institut Evolutionsbiol. 10.* Martina-Galunder-Verl. Nümbrecht.

Register